铌微合金化高性能结构钢

Niobium

Bearing
Structural Steels

北 京
冶金工业出版社
2011

内 容 简 介

本书精选了原定于 2009 年 1 月在巴西举办的"含铌结构钢国际研讨会"上的 31 篇文章。这些高水平的技术论文来自亚洲、北美、欧洲等先进钢铁企业、科研院所以及下游行业的设计和应用单位,精辟论述了结构钢的整体发展及其用于桥梁、建筑、造船、容器和集装箱等诸领域的品种钢研发和应用的最新进展。全书包含桥梁钢、建筑用钢、造船用钢、压力容器和集装箱用钢以及高附加值长材等七部分内容。

本书反映了当今全球范围内结构钢最新成果、发展现状和趋势,可供冶金行业的广大技术人员在研发高性能结构钢时参考,同时也可供高等院校的研究人员在从事相关领域的科研时参考。

图书在版编目(CIP)数据

铌微合金化高性能结构钢/中信微合金化技术中心编译.
—北京:冶金工业出版社,2011.10
ISBN 978-7-5024-5624-5

Ⅰ.①铌… Ⅱ.①中… Ⅲ.①合金钢:结构钢—文集
Ⅳ.①TG142.41-53

中国版本图书馆 CIP 数据核字(2011)第 144955 号

出 版 人 曹胜利
地   址 北京北河沿大街嵩祝院北巷 39 号,邮编 100009
电   话 (010)64027926 电子信箱 yjcbs@cnmip.com.cn
责任编辑 李 梅 于昕蕾 美术编辑 李 新 版式设计 孙跃红
责任校对 王永欣 责任印制 张祺鑫
ISBN 978-7-5024-5624-5
北京兴华印刷厂印刷;冶金工业出版社发行;各地新华书店经销
2011 年 10 月第 1 版,2011 年 10 月第 1 次印刷
787mm×1092mm 1/16;21 印张;541 千字;319 页
88.00 元
冶金工业出版社投稿电话:(010)64027932 投稿信箱:tougao@cnmip.com.cn
冶金工业出版社发行部 电话:(010)64044283 传真:(010)64027893
冶金书店 地址:北京东四西大街 46 号(100010) 电话:(010)65289081(兼传真)
(本书如有印装质量问题,本社发行部负责退换)

Editorial Committee

编译委员会

译者的话

中信微合金化技术中心在 2006 年和 2007 年分别翻译出版了《汽车用铌微合金化钢板》和《石油天然气管道工程技术及微合金化钢》两本论文集，在传播推广铌微合金化技术和应用中起到很大作用；现在翻译出版的《铌微合金化高性能结构钢》，为全面介绍铌作为重要微合金化元素广泛应用于低合金高强度钢又迈出了重要一步。本书译自原本定于 2009 年 1 月在巴西组织召开的"含铌结构钢国际研讨会"的会议论文集，虽然会议因故取消，但是在本书各作者的大力支持下，论文集有幸继续出版，与世人见面。

本论文集收录了三十多篇高水平的有关结构钢的文章，来自亚洲、北美、欧洲等先进钢铁企业、科研院所以及下游行业的设计和应用单位的知名专家精辟论述了结构钢的整体发展及其用于桥梁、建筑、造船、容器和集装箱等诸领域的品种钢研发和应用的最新进展，显示出现代钢铁材料向更高强度、更高安全性、更优 HAZ 韧性趋势发展。与我们的生活息息相关的结构钢，俨然已成为铌微合金化机理研究和应用的最重要的实践者与受益者。

在巴西 CBMM RMC 公司和 Steven Jansto 先生的支持下，经 TMS 授权，中信微合金化技术中心得以组织编译冶金工业出版社出版的中文版《铌微合金化高性能结构钢》，可供中国的钢铁材料和相关工业领域的技术研究人员借鉴和参考。

相信中文译本《铌微合金化高性能结构钢》的出版必将会对我国低合金高强度钢的深化发展产生积极的推动作用，以适应当今社会、环境和资源可持续性发展的需求，在研发和生产大型船舶、海洋平台、大跨钢桥、高层建筑、近海风力发电基座等大型工程结构用钢方面发挥出铌微合金化技术责无旁贷的作用。

　　本书的翻译出版工作得到了宝钢、鞍钢、武钢、首钢、钢铁研究总院、北京科技大学以及冶金工业出版社的大力支持，在此对他们的辛勤工作表示衷心的感谢！尽管所有译校者认真负责，力求忠实原文准确翻译各篇论文，但由于水平有限，书中不妥之处在所难免，敬请读者批评指正。

中信微合金化技术中心

中 信 金 属 有 限 公 司

2011 年 8 月

Preface

Structural steels represent well over half of the total global steel production and consumption. Structural steels include beams, plate, rods, bar, shapes and long products for a variety of applications. Niobium continues to provide designers and engineers with opportunities to improve structural steel properties at a valueadded cost for wide-ranging properties needed for diverse applications. This publication is a collection of state-of-the-art structural steel papers from around the world that will advance the body of knowledge for niobium use. The niobium bearing structural steel findings presented by leading steel producers and end users/designers integrates the metallurgy, the steelmaking process and the application. With applications in diverse global market segments such as construction, ships, pressure vessels, containers, bridges, wind towers, power transmission components, reinforcing bars and many other uses, niobium continues to gain in popularity because of the properties that can be attained.

The global steel industry has accepted the challenge to cost effectively design and produce value added niobium bearing structural steels with superior toughness, weldability, seismic and fire resistance, corrosion resistance, controlled yield to strength ratios and higher strengths to meet demanding end user requirements. The need for higher quality steels in structures is compelling to help mitigate the effects of catastrophic earthquakes and other manmade and natural disasters. Niobium bearing structural steel development and commercialization also contributes to industry sustainability and a cleaner environment. Many of these high strength niobium bearing steels help designers to build more with less, saving scarce resources and producing less greenhouse gas emissions per structure.

This compilation of important papers by world-renown authors from our CBMM customer family and esteemed colleagues is offered in the spirit of advancing the structural steel sector through technology exchange, knowledge transfer, and high-level metallurgical expertise to share the niobium solution. We at CBMM gratefully acknowledge the authors who contributed to make this book the niobium structural steel technology global reference text for the 21st century. We recognize the importance of the authors' contribution and appreciate the opportunity to publish their work to share this valuable metallurgical expertise with the world during a time of compelling need and rigorous demand.

Marcos Stuart-CBMM Director of Technology

序

  结构钢占了全球钢产量和消费量的一半以上。结构钢应用广泛，产品包括型钢、板材、棒材、线材以及长材等多种类别。对于各种应用，铌不断为设计者和工程师们提供性能改善的结构钢，以增值的方式满足广泛的性能要求。本书收集了全球高水平的有关结构钢的论文，将会提升铌应用的知识体系。由领先的钢铁生产企业、用户/设计师所阐述的这些含铌结构钢的研究成果，涉及了物理冶金、炼钢工艺及应用。在全球诸多应用领域中，像建筑、压力容器、集装箱、桥梁、风力发电、输电结构件及钢筋等，铌因其能给钢材带来的优越性能而持续受到广泛欢迎。

  全球钢铁工业已经接受了有效成本设计和生产具有附加值的含铌结构钢的挑战，这些钢具有优异的韧性、焊接性能、抗震性能和耐火性能、耐腐蚀性能、合理的屈强比控制和更高的强度，从而满足最终用户的需求。为减轻地震等自然的或人为的各种灾难性的危害，各种结构愈加需求更高质量的钢材。含铌结构钢的发展和商业化也有利于工业的可持续性发展和拥有一个更清洁的环境。众多的这些高强含铌钢帮助设计师实现用更少的材料建造更多的结构，节约了稀缺资源，减少了温室气体排放。

  这些重要文章的知名作者来自我们 CBMM 客户大家庭和受人尊重的同事们。这些文章旨在通过技术交流、知识转化和高水平冶金专业知识分享铌应用方案。在这里，CBMM 由衷地感谢各位作者，正是由于这些作者才使本书成为 21 世纪含铌结构钢技术的全球典范。我们不得不承认各位作者所做出贡献的重要性，非常感谢各位作者同意发表他们的成果，在这迫切需要和严格要求的时代与全球分享这些宝贵的冶金专门知识。

CBMM 技术总监　Marcos Stuart

目　录

压力容器和集装箱用钢

高附加值长材

工程机械用钢

含铌结构钢

21 世纪含铌结构钢

Steven G. Jansto

CBMM-Reference Metals Company

1000 Old Pond Road，Bridgeville，PA 15017，USA

摘　要：为提高 21 世纪建筑结构性能，满足对材料性能日益增长的需求，高附加值铌微合金钢被不断开发，并得到广泛应用。含铌钢具有良好的韧性、抗断裂、耐火性和可焊性，主要用于大中型型钢、锅炉、桥梁、集装箱、重型设备、长材、压力容器、造船、储油罐和风塔等。目前，钢厂面临着开发低成本微合金钢的挑战，满足用户对减薄、高强度、好的低温韧性的需求，以抵抗建筑、压力容器、船舶领域中抗脆性破坏性能，并提高抗震强度，抗飓风强度，建筑、桥梁和隧道防火性，提高可焊性。铌往往是获得这些成果的关键元素。本文将对铌的市场机遇和成熟的冶炼、铸造、轧制高强钢的关键操作实践进行讨论。铌冶金过程主要是利用铌获得超细晶粒、均匀的显微组织与结构钢优越的力学性能。此外，由于环境和资源可持续性日益受到关注，采用先进的高强度含铌建筑结构用钢已经证明可以减少资源的浪费和降低碳排放。最近，铌微合金化钢应用使产品设计更加高效，减少了炼钢碳排放和能源消耗。

关键词：大梁，桥，耐火，高强钢，铌，压力容器，抗震钢筋，韧性

1　引言

铌赋予了结构钢独特的冶金属性，使得含铌结构钢能很好地满足机械、腐蚀和高温等方面的严格要求。

含铌结构钢独特的冶金性能够很好地满足机械、腐蚀和高温的严格要求。19 世纪 80 年代，含铌结构钢生产受到限制应用。在过去的 20 年中，钢厂、大学、研究机构以及 CBMM（巴西矿冶公司）进行了大量的全球范围含铌结构钢研发活动，取得了重大进展。含铌结构钢得到了广泛的应用。本文将重点讨论含铌结构钢市场的多样化和未来的潜力，并对铌在冶炼、浇铸和轧制中的冶金工艺一贯制要求和成本效益最大化进行概述。

2　背景

对于许多先进的高强结构和土木工程应用来说，含铌钢的应用可以减少整体材料的使用并降低工程费用。尽管有不同的土木工程设计和多元化的产品应用于建筑市场，但含铌钢也可以达到同样的效果。铌微合金钢钢种体系的广泛应用满足了不同最终用户的要求。目前，结构钢需求特性有：（1）改善低温韧性；（2）更高屈服强度的小截面结构；（3）高伸长率；（4）改善可焊性，减少施工时间；（5）改善高温性能；（6）提高断裂韧性；（7）抗震性；（8）提高抗疲劳性。含铌钢的大量应用带动了大型结构设计的多样化，以及从梁到储油罐各种产品性能的提高。最近，含铌钢在更高力学性能且要求严格的长材产品领域中，获得较快应用，如汽车悬挂部件、电力传输用微合金非调质钢部件、高碳钢钢轨、风塔支撑结构和抗震钢筋。

建筑用碳钢占世界粗钢总产量比例最高，超过 60%。2009 年，在 6.699 亿吨建筑钢板和长材中 10% 以上是含铌钢。2009 年主要建筑用钢比例如图 1 所示。

图 1 全球长材和板材占总建筑用钢比例

目前铌在建筑用钢中主要用于建筑钢板和型钢，超过在线材、钢筋和商品条钢等长材中应用。然而，当前和未来的产品开发活动将致力于含铌高碳合金长材领域技术进步。例如，随着对建筑材料耐火性和抗震性要求的提高，开发了 S500 和 S600 Nb-Mo 钢筋并进行了工业化试验，并在预应力混凝土桥、楼房和隧道建筑上得到应用。含铌建筑用钢板、梁杆和棒材根据各自的定位，广泛应用于终端用户，并且进入到一些新的产品开发领域，如表 1 所示。

表 1 建筑领域最终用户含铌钢的应用和开发

建筑钢板	建筑型钢	棒 材	线 材	建筑钢管	钢 筋
风塔支撑件	轻型到巨型梁	弹簧钢	预应力高碳钢	脚手架结构	抗 震
桥	桥	锻造件	工 程	建筑物	耐 火
压力容器和集装箱	建筑物（自由塔）	汽车悬挂系统	冷镦钢	灌溉和公用事业	桥
铁路罐车和火车车厢	发电厂	渗碳齿轮和轴	高强螺栓	锅炉管	建筑物
船板/海洋平台	拖车导轨支架	淬火和回火	钢绞线	发电厂	隧 道
重型机械	轨道				

全球结构钢的开发、研制、工业生产需要改变传统的冶金方法，目前结构钢和长材产品制造所面临的挑战与过去 10 年汽车钢生产者开发先进高强钢面临的挑战是相同的。同样，管线钢从 X-52 到 X-100 的发展演变，存在着类似的挑战：炼钢和加工工艺发展为高温轧制工艺（HTP），以满足对这些产品及产品质量的要求。很多这类技术可以转移到含铌结构钢的生产上。

在很多情况下，与高附加值汽车、管线和建筑钢类似，高附加值结构钢的成功生产需要炼钢厂和轧钢厂的不断实践。在冶炼、浇铸、板坯/矩形坯/方坯加热和轧制采取严格的过程控制可以提高产品性能。对高品质结构钢的生产需要采取不同的控制策略，这些策略包括：在转炉（BOF）或电炉（EAF）以及方坯/矩形坯/板坯铸机中降低残余元素、废钢分类和采用低硫、低磷、低碳方法，以及控制氮含量。这样的操作和冶金实践曾在长材结构用钢生产中被认为是不必要的。然而，与中厚板发展进程类似，新一代高附加值长材产品要求在操作实践中进行改进。

本着传播和分享铌技术持续创新的精神，CBMM（巴西矿冶公司）于 2005 年 12 月在 Araxa 举办汽车用钢研讨会和 2006 年 1 月管线用钢研讨会，在会议上，用户、研究机构和大学发表了许多含铌钢论文[1,2]。本论文集收录含铌结构钢相关的内容，目的是：（1）汇编铌结构钢先进技术论文；（2）确定铌在高附加值结构钢中未来的发展；（3）提供全面的铌结构钢参考书。本书中呈现了大量的实践案例，这些案例突出显示了从工艺冶炼到物理冶炼中成功生产满足最终用户期望的结构钢产品。

3 21 世纪含铌结构钢的技术、挑战、变化和机遇

不同于汽车或者管线钢中碳的含量通常都低于 0.10%，很多结构钢板中碳含量都超过了 0.15% 并接近上限 0.22%。全球仍有大量结构钢板和型钢生产中碳含量控制优势。其中原因很多，包括冶金工艺、轧机配置过程和加热炉效率和生产性能。有些工厂选择利用高碳含量提高强度，但牺牲了韧性、焊接性和其他产品

性能。工厂的加热和轧制工艺还不能适应低碳微合金的冶金操作要求，在这种情况下，板材产品没有充分发挥铌在降低碳含量同时又提高屈服强度、塑性、韧性和可焊性的优点。长材产品生产中，Nb 在高碳合金长材的加入量曾受到限制，但现在处于 Nb 含量和应用都在不断增加的过程，详见表1。

3.1 结构钢板和型钢

50% 以上的结构钢板、型钢是碳含量在 0.15% ~ 0.22% 的中碳钢。不过现在一些工厂正在转变思路。在一些寻求生产高附加值结构钢板、梁部件的工厂，正在生产碳含量小于 0.10% 的低碳含铌微合金板材和长材。其优势不仅在于提高力学性能和应用性能，而且通过提高产能、减少不合格率以及提高产品质量减少了总体吨钢成本。

由于低碳铌微合金化良好的研究成果和开发进展，该技术在全世界范围内钢板、型钢以及轧制钢梁的商业化应用方面获得了巨大的成功，本文将介绍这方面取得的冶金成果。随着原料和能源消耗的不断增加，用以提高冶金性能的工艺参数，如加热温度、热轧后的冷却速度等在显著降低消耗方面也有很大作用。采用低碳低合金方法（LCLA ©），即采用选定的快冷方法和更合适的加热温度控制可以进一步降低生产成本。

3.2 成本效益

成本效益分析系统可以协助钢材生产商采用最低的总成本实现 LCLA 钢材的商业化生产。系统中从原料到最终产品形成一个完整的供应链，诸如精确的原材料、替代原料的实际增量成本、产品结构变化、产能/质量指标、经营和间接成本等都是该系统的关键组成部分。具体用于某个生产厂时，该系统将依据其经营、生产和客户的要求做出经济解释。

图2是采用传统冷却工艺生产的高碳高合金 500MPa 钢板的成本效益分析结果。图3是成本效益分析系统显示的采用 LCLA 方法生产的含铌钢板的分析结果。

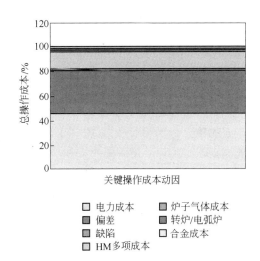

图2 采用传统冷却工艺生产高碳
高合金成分的 500MPa 含铌钢板

高合金组成:0.092% C,0.048% Nb,0.011% Ti,1.80% Mn,
0.30% Cu,0.24% Ni,0.25% Cr,0.16% Mo

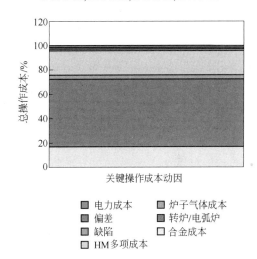

图3 采用快冷、低碳低合金成分的
500MPa 含铌钢板

LCLA 组成: 0.04% C, 0.10% Nb,
0.015% Ti, 1.50% Mn（加速冷却）

图2 中合金的成本占到总运营成本的 46%，而图3 中采用 LCLA 方法生产时合金原料成本仅占 18%。

3.3 其他考虑

生产高强度和高韧性结构钢板以及部分长材时需要洁净的钢质，如硫含量不超过

0.010%，磷含量不超过 0.020%，并且要控制夹杂物含量，碳含量最好不超过 0.10%。目前，世界级的钢材生产厂正在实施这一战略，即经济高效地生产同时具有优良的强度、韧性、可焊性的低合金钢板。

区分不同的控轧控冷类型非常重要：热机轧制（TMR）、快冷和回火（AC（+T））、直接淬火回火（DQT）。把不同的 TMR 类型和快冷方法结合获得不同的生产工艺，而这取决于最终要生产的产品是船板、桥梁板、海洋平台结构、管线钢还是其他用途的钢板。在住友应用 TMCP 工艺获取高的成本效益和高性能产品时铌是一个关键因素。

在奥钢联应用铌微合金化 LCLA 方法生产出了强度为 960MPa，同时具有优良韧性的钢板（厚度 10mm 钢板 - 80℃夏比冲击功为 100J）。

3.4 含铌产品发展机遇

高附加值钢材市场需求如下：（1）优异的韧性和低温性能；（2）优良的屈服和拉伸强度平衡，最小的屈强比变化率；（3）超细晶结构；（4）优良的焊接性能；（5）优良的抗疲劳性能。此外还要求低硫、低磷、控制钙处理并严格控制夹杂物形态和含量等，以生产满足要求的低温高韧性、低屈强比波动，良好的抗疲劳性能、焊接性能的钢材。

下列领域是铌微合金化技术的机遇和挑战。

（1）结合快冷工艺生产更经济的 LCLA 钢材，替代部分高合金钢。

（2）结合 TMCP 和铌微合金技术大量生产碳含量不超过 0.10% 的建筑结构钢。

（3）加快在碳含量超过 0.50% 的钢材（铁路用钢、重型设备、耐磨板）中添加 0.005% ~ 0.020% 的铌进行晶粒细化技术的开发。

（4）发挥铌-钼纳米级复合析出强化效果，开发 S500、S600 级别耐火、抗震钢筋系列。

（5）商业化生产耐火建筑钢板/型钢。

（6）开发含铌细晶粒压力容器钢提高其抗蠕变和疲劳性能。

（7）借鉴在土木工程设计中采用高强低合金钢以减少结构重量，采用铌微合金技术开发汽车用钢满足汽车减重以降低燃耗和减少排放的要求，同时在钢材的生产和焊接工艺中也将减少排放和能耗。

（8）从碳排放量的角度（资源的可持续性和排放）密切分析钢筋混凝土桥和钢桥的设计。

（9）在大部分碳钢中应用铌的细化晶粒作用，以获取更细的晶粒结构，从而提高其加工性能（如减少缺陷、减少偏差、提高生产率等）。

（10）与目前铌在汽车和管线钢中的高添加量相比，铌在结构钢中的含量建设谨慎地控制在较低的水平。

4　桥梁钢

全球钢铁业在发展高附加值高性能桥梁钢材料上前景广阔，这符合未来船舶市场对产品结构和材料性能的需求。由于原料、合金和炼钢成本的提高，土木工程界迫切需要能够为美国、欧洲桥梁工程提供成本更低的桥梁钢，以及在巴西、中国、俄罗斯和印度建设新的桥梁。更低碳含量合金桥梁钢的发展空间很大。目前很多 490MPa 和 700MPa 高性能钢含有很高合金成分，这提高了终端消费者的应用成本。全球性研究都集中在系列含铌（LCLA）桥梁钢的开发上，以达到 HPS 50W，HPS 70W 和 HPS 100W 的性能要求。

2007 年世界桥梁组织召集了土木工程界人士发表了对当前全球桥梁的设计和制作观点[8]。从材料工程来分析，下面列举了土木工程界和最终用户提出的对材料和加工的要求和需求[9]。这些目标有助于钢铁生产企业对未来桥梁钢和下一代桥梁钢发展的思考；这代表着含铌钢的发展机会，具体如下：

（1）减轻桥梁组件重量从而加快组装的时间。

（2）土木工程的目标：两端起重式集成桥可横跨 6 车道高速路（减少交通拥堵时

间）。

（3）改善焊接性，以提高制造和现场建造的生产效率。

（4）提高弯桥梁的热成形使用。

（5）降低高性能桥梁钢材料的成本。

（6）隧道和长跨度用耐火钢（螺纹钢）（第二类易燃卡车交通）。

（7）提高结构性能（如变形、膨胀）。

4.1　现状

同欧洲和美国一样，中国已经从未采用细化晶料和控制轧制的低强度 16Mnq 系列（345MPa）发展到目前重点使用 530MPa 和 690MPa 高强度桥梁钢来维持负载，满足抗震性、抗腐蚀性要求。目前，通过低碳铌微合金化技术的使用，WQ530E（14MnNbq），WNG 570 和 WNQ690 等级钢的开发已应用于很多桥梁，如南京大胜关长江大桥的建造。WNG 570 和 WNQ690 等级耐候钢是专门设计用于大跨度桥梁的，具有高屈服强度、韧性好以及极好的耐腐蚀性的特点[10]。

除了向低碳钢方向发展，另外研究具有良好焊接性和低温韧性的新型高强度桥梁钢也是必要的。武钢已经开发了一系列含有超低碳贝氏体组织的高强度桥梁钢（WNQ570 钢和 WNQ690 钢）。该 WNQ570 贝氏体钢已经被成功地应用于南京大胜关长江大桥和海上钻井平台悬臂梁，WNQ690 钢已被成功安装在上海振华港口机械公司生产的浮吊上[10]。

欧洲的一些桥梁钢通常含有 0.015% ~ 0.040% 的 Nb，例如，在杜赛尔多夫（Dusseldorf）机场附近的莱茵河大桥（Ilverich）使用的厚度达 100mm 的 460ML（EN10025）等级钢。该高强度塔设计是由于位于机场附近的航道桥低，使用了低碳（约 0.39% 碳当量 C_{eq}）的 CuNiMoNb 钢，其设计显示了在 -80℃ 时 27J 的优良韧性的标准[10]。

配合以下冶金过程，使这些先进的高强度耐候桥梁钢具有超低碳针状铁素体组织，如严格的二次钢包冶炼（即硫含量低于 0.005%，磷含量低于 0.02%），有选择性的废钢分类以降低残余元素，并与控制轧制工艺合为一体。

美国造桥工业要求钢的焊接性提高和韧性提高。原有的淬火和回火（Q&T）高性能钢（HPS）最初并不含有 Nb。后来加入 0.01% ~ 0.03% 的 Nb，并保持较低的碳，从而实现了在 -30℃ 具有优良的冲击性能[12]。

桥梁的发展和高强度管线钢的发展类似，这种工艺和物理冶金的交叉应用最初源自铁素体和珠光体的微观组织，而这些组织与不同的成分有关，通常为高碳含量。随后的发展涉及贝氏体和铁素体微观组织成分含量变化不大，碳含量减少。当前的板材生产朝着成分和组织均匀，中温转变过程中形成的针状铁素体方向发展。通过这种冶金工艺的发展方案，或许可以尝试一种生产 X80 管线钢工业试验，如果不成功，该材料可以重新应用到相似级别结构钢。在这种方式下，不成功的试验产品可被交叉应用到基本的板材产品中。

4.2　钢与钢筋混凝土相对比的桥梁设计

在任何桥梁的设计中，土木工程设计师都要选择用钢还是用混凝土，最终，这是由材料、劳动力、制造、焊接和建筑的整体成本来决定的。根据对含铌高强度桥梁钢的研究，创新的设计可实现钢材代替预应力混凝土并降低桥梁建造的成本。显而易见，460M/ML 等级钢在法国米约高架桥上的应用就是一个很好的例子。这架桥代表了新的世界纪录，总高度为 342m，长度为 2460m，跨过塔恩河的桥面公路高 270m，而最初土木工程师指定的是预应力混凝土桥梁。

新的设计是一个钢桥面和塔组成的多斜拉桥，成本效益分析显示，钢的建造周期短、重量轻（360 亿吨钢相当于 1200 亿吨混凝土）、整体框架梁的高度减少了 4.2m，减少了斜张力电缆和基础工作。将近一半的结构由高强度细粒 S460ML 厚度为 10 ~ 120mm 的结构钢制造[11]。

5　建筑钢材

对于建筑钢材，最终用户需求的是提高抗

震性能、防火性能、韧性、合理的屈强比和可焊接性。

JFE 钢铁公司开发了一种 780MPa 等级的建筑钢板应用于建筑领域，这些钢板所具有的微观组织是均匀的贝氏体组织中分散着 M-A 岛。这种板材具备高强度、高韧性、良好的变形能力和可焊接性的完美结合的特点。关键的冶金工艺技术是在控轧控冷过程中快冷之后立即通过在线热处理来控制微观结构[13]。

巴西矿冶公司与美国钢铁生产商建立了深入的研究合作。研究开发证明，含铌型钢代替含钒型钢使产品的韧性有了明显的提高。ASTM992 型钢（S355）的研究就是基于工业试制，实现了低碳含铌型钢替代只含钒的低碳型钢的生产。铌合金技术的采用，并通过晶粒细化和轧制过程中控制冷却工艺，使得大梁钢的韧性明显提高。铌的添加使晶粒细化了 2 个 ASTM 级别，同时碳含量降低了 0.07%，导致韧性进一步提高。铌微合金化连铸结构梁，同钒微合金钢相比较，在相似的 S、P、N 含量和冷却速度条件下，室温下的冲击功不同，如图 4 所示。

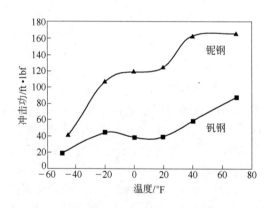

图 4　夏比 V 形缺口冲击功比较

研究的第二部分是关于不同冷却速度的比较。金相分析表明，在较低的冷却速度下，主要微观组织为多边形铁素体和珠光体，中、高速冷却下微观组织成分为板条状铁素体或贝氏体铁素体，还有退化珠光体和传统的铁素体-珠光体。随着冷却速度的加快，微观结构中板条状铁素体或者贝

氏体铁素体的形成趋势增加，同时传统的铁素体-珠光体组织不断减少[15]。图 5 显示了铌对提高韧性的退化珠光体转变的作用，在一定等级的含钒钢中没有退化珠光体的出现。

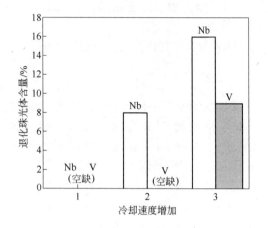

图 5　铌和钒微合金钢退化珠光体的百分比[16]

下面介绍耐火钢板。目前有关于耐火钢板现状的文献发表，美国对该钢板已有研究并开发了 ASTM 标准。耐火建筑钢材需要在高温下具有高的强度[17]。全球提供商业化耐火板产品的数量有限，为了满足高性能耐火结构钢在建筑中需求的增加，中国的宝钢开展了此项工作。通过控轧控冷的低钼-铌方法获得了理想的高温强度[18]。

耐火型钢和钢筋有着非常大的发展机会。

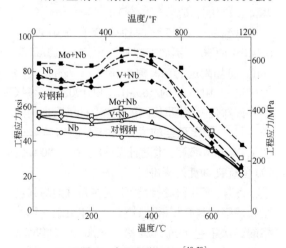

图 6　高温性能对比[19,20]

当前的研究目标是更深层的发展铌-钼复合的设计，使其在 600℃ 时能保持 2/3 的屈服强度。图 6 显示了在超高温下铌-钼钢板的性能与其他 ASTM A572 或 ASTM A992 型结构钢性能的对比。

高温下的对比研究已经完成，试验样品的化学成分如表 2 所示，高温性能对比如图 6 所示[20]。

表 2 耐火钢化学成分　　　　　　　　　　　（%）

项　目	C	Mn	P	S	Si	Cu	Ni	Cr	Mo	V	Nb	Al	N
钢种成分 基本含量	0.11	1.16	0.018	0.013	0.19	0.25	0.08	0.17	0.02	0.004	0.001	0.002	0.010
Nb	0.10	1.06	0.005	0.031	0.27	0.39	0.16	0.09	0.047	0.001	0.021	0.003	0.016
Mo + Nb	0.10	0.98	0.008	0.028	0.30	0.38	0.15	0.10	0.48	—	0.017	0.004	0.010
V + Nb	0.08	1.13	0.005	0.030	0.27	0.32	0.11	0.13	0.036	0.047	0.021	0.003	—
新日铁Ⅰ	0.11	1.14	0.009	0.020	0.24	—	—	—	0.52	—	0.03	—	—
新日铁Ⅱ	0.10	0.64	0.009	0.050	0.10	—	—	—	0.51	—	—	—	—

结果表明，低温终轧（如 650℃）能够提高耐火钢的高温性能，这是由于在此温度下终轧产生的铁素体，在高温下之所以能够维持强度是由于该铁素体形成过程中发生形变产生位错亚结构[21]。

恒定负荷试验结果表明了不同成分钢之间的差异，在相同条件的测试下，含 Mo + Nb 的钢的耐火性能比含 C-Mn、V 或者 Nb 的钢更好[22]。其较好的高温强度和蠕变性能归因于微观结构中高的晶格间摩擦应力，该结构是由 MC 精细的析出分布、Mo 的固溶和 650℃ 左右强度较大的二次沉淀波形成的。正是晶格间的摩擦力维持了 600℃ 晶界开始滑移时的强度[23]。然而，我们发现少量添加 0.017% 的 Nb 就能够得到更好的高温强度并且抵消了在此温度下微观结构发生重大变化的影响[19]。

6 船板钢

造船商们在注重提高生产率、可靠性和质量的同时，按照最佳的成本效益比例来改善安全、效率和环保等。目前迫切需要提高船板的抗脆性断裂、疲劳性和提高抗海水腐蚀性。这些要求适用于多种船舶类型，包括油船、集装箱船、液化天然气船、散装船、液化石油气船、化学品船、汽车运输船等。在过去的几年里，船板的焊接技术有了显著的进步。焊接方

法得到了发展，允许单道次大热输入量焊接应用在含铌厚钢板上，使得造船生产效率大大提高。

贝氏体钢以其高强度、高韧性和良好的焊接性特点，受到造船业的欢迎。当然，前面讨论过，冶金过程是最重要的，其涉及洁净钢的冶炼、残余元素的限制、连铸和热机械控制等。洁净钢的迪林根-TMCP 工艺路线就是一个很好的例子[24]。

新日铁已经成功开发了高附加值含铌船板。YP460MPa 等级厚船板具有高韧性、优良的抗裂性和良好的大热能输入量焊接性，可用于巨型集装箱船船体结构[25]。EH47 铌合金化钢板和相应的焊接技术的开发，为巨型集装箱船用中厚板的 3 个主要挑战提供了解决方案：

（1）提高断裂韧性防止脆性断裂，提高基体金属稳固性防止脆性裂纹扩展；

（2）在加大船的尺寸和强度的同时减少船板的横截面积，提高燃油效率；

（3）通过大热输入量焊接提高造船生产率[26]。

这些大型集装箱船用厚船板的强度、韧性和焊接性之间具有良好的平衡。浦项通过铌含量为 0.02% 的 3 个等级化学成分和 TMCP 工艺参数的优化，已经开发了 EH36、EH40 和 EH47 级高强度钢板。并且，EH36 钢板的大热输入焊

接超过 550kJ/cm，其中的 TiN 颗粒可改善热影响区的韧性[27]。由于铌和硼的共同作用，可溶性的铌弥补了硼在力学性能上的不足，EH40 和 EH47 钢板的强度明显增加[28]。

中国的鞍钢已经掌握了低碳铌微合金技术和 TMCP 工艺优化，成功生产了造船板和海洋平台用钢，采用碳含量水平在 0.03% ~ 0.05% 之间的 Mn-Nb 体系，其中含有少量的 Cr、Ni、Cu 和 Mo 合金，开发了 420MPa、460MPa、500MPa 和 550MPa 一系列强度等级，在 -60℃ 均具有良好的韧性（14mm 厚度为 250J，80mm 厚度为 200J）[29]。这种低碳方法使得钢材生产商在加速冷却厚板的过程中能够在较宽的冷却范围下灵活地获得均匀细致的贝氏体或针状铁素体的中间转变组织。

7　压力容器钢

全球压力容器市场都在不断提高产品的性能、优化结构和控制成本。压力容器板的终端细分市场是十分多样化的，例如反应容器、换热容器、存储容器、耐腐蚀容器和多层复合高压气瓶。随着全球天然气和丙烷需求的增加，LNG（液化天然气）和 LPG（液化石油气）压力容器的需求也在不断增长，锅炉板用于制造气瓶和低压或高压锅炉，所有板材中，对上述产品钢板标准是最严格的。最小屈服强度为 460MPa 级的非合金或含铌微合金钢被大量应用。

蒂森克虏伯开发的高质量含铌中厚板用于多种压力容器的生产制造，这些钢板的厚度主要在 10 ~ 50mm 之间，其特点是：

（1）较高的强度及韧性；
（2）良好的冷成形性；
（3）较高的疲劳强度；
（4）良好的焊接性。

例如，对于 60 级 P265GH/ASTM A516，在做不含铌微合金的钢测试时其最小冲击功（-50℃，27J）不能满足可靠性要求。铌的加入是按照标准中规定的最高值为 0.02% 的限制值来操作的。由于晶粒的细化，韧性有所提高，冲击功在 -50℃ 时平均增加 60J[30]。铌微

合金化抑制晶粒的增长，原因是碳化物和碳氮化物的形成以及晶粒长大的临界温度升高[31]。

压力容器钢在中国的生产开始于 370 MPa 级钢的开发，后来武钢进行 15MnNbR 级（570MPa）钢的开发，其在 -20℃ 的夏比 V 形缺口试验、焊接性和成形性均有所改善，该级别的钢被应用于最大容积为 3000m³ 的 LPG 和丙烯球型压力容器[32]。

7.1　含镍含铌压力容器钢

焊接时热影响区的抗裂纹萌生和钢板的抗裂纹扩展性是压力容器和 LPG 储罐用钢板性能要求的关键。降低碳含量[33]并添加镍[34]使正火 2.5% 镍钢板抗断裂扩展性有所提高。由于多数情况下镍价格成本高以及市场波动难以预测，采用铌微合金化结合热机械控制来细化晶粒能够代替传统的正火或淬火 + 回火的 2.5% 镍钢。这种化学成分的调整可以改善焊接接头处抗裂纹萌生并提高钢板的抗裂纹扩展性。

9% 镍钢越来越多地被使用于地上的 LNG 存储罐的双壳储罐的内胆。含少量铌和硅的 9% 镍钢板厚度达 50mm，已成功应用于 200 × 106 L 的 LNG 储罐。较低的硅和碳含量使得马氏体岛状组织减小从而提高了热影响区的韧性。含有 0.005% ~ 0.03% 的铌可提高金属的强度和热影响区的韧性。表 3 列举了其化学成分。

表 3　LNG 用钢化学成分[35]　　　（%）

项　目	C	Si	Mn	P	S	Ni	Nb
热处理样 A	0.05	0.25	0.60	0.003	0.001	9.0	
热处理样 B	0.06	0.08~0.25	0.40	0.003	0.001	9.0	
热处理样 C	0.06	0.16	0.40	0.003	0.001	9.0	0.03

这种 50mm 厚的低 Si-Nb 系列 9% 镍钢板满足 JIS G3127 SL9N590 钢板的所有要求。焊接接头处有足够的韧性，防止脆性裂纹萌生。进一步的分析表明，铌含量在 0.006% ~

0.010% 之间能够提高热影响区的性能。这些应用都纳入低碳/洁净/高附加值铌微合金化钢的生产方法[35]。

7.2 含铌铁素体锅炉钢的发展

目前，全世界都在积极研发提高锅炉寿命和效率的替化钢材，要求能够改善蠕变、疲劳和高温下抗氧化性。含铌-铁素体锅炉钢能够满足上述要求。铌合金化的铁素体和奥氏体钢用于超超临界火电厂的锅炉机组，并达到了预期效果[36]，这些钢中铌含量约为 0.05%。经过锅炉长期服役后该铁素体钢中主要的析出物为 MX、$M_{23}C_6$、拉弗斯（laves）相和 Z 相。$M_{23}C_6$ 和拉弗斯相较粗沿晶界分布，MX 较细，基本是纳米尺度，在晶粒内部或沿晶界分布。这些细小的 MX 纳米析出物为 NbC、VC、Nb(CN) 和 V(C,N)，能确保钢具有高稳定的抗蠕变断裂强度。铌是形成重要的 MX 相的关键元素，确保锅炉在高温下长期服役后锅炉钢微观组织的稳定性[36]。

8 高附加值长材钢

微合金化和 TMCP 工艺一般被应用于中厚板轧制。然而，越来越多的生产高碳长材工厂应用 TMCP 工艺[37]。工艺（物理冶金设计）取决于对强度、韧性、焊接性和成形性的要求。长材产品碳含量可以超过 0.40%，如钢轨钢、耐磨棒、电力传输和工程合金钢。在锻造工业中，这些微合金化中碳钢不需额外的锻件热处理，就可得到所需的冶金性能[38]。在这些情况下，铌作为晶粒细化元素改善生产加工性和成形性，从而降低工艺成本。

8.1 高碳微合金长材

含量为 0.01% 铌可以细化晶粒提高高碳合金钢的韧性和抗疲劳性。这种技术在日本和欧洲已获得一定程度的应用。目前研究人员正以 20 年前的高水平研究成果为依托开展高碳钢研究[39]。

随着铌的增加，螺纹钢、结构型材和汽车结构部件的力学性能得到改善，如弹簧钢。

例如，与传统弹簧相比，含 Mo-V-N 和 0.51% C 的北美车前悬架弹簧力学性能得到显著改善。性能改善是由于晶粒细化，微观组织、夹杂物形态控制和铌沉淀强化的共同作用[40]。新长材产品发展趋势是添加少量铌来细化渗碳钢的晶粒和缩短淬火和回火热处理周期。含铌微合金锻造钢可替代淬火和回火合金产品，从而降低能源消耗和生产成本[41]。

因碳氮化铌在高碳钢中溶解度低，在某些情况下，铌并没有被作为合金元素用于高碳当量钢中。然而，在过去的 20 年里，高碳铌合金钢的研究提高了铌含量。在高碳钢中加入 0.040% 以上铌对晶粒细化、显微组织控制和沉淀强化非常必要。随着高碳钢铌含量的增加，工艺控制的难度随之增加。

在过去的几年里，已经很好掌握了含铌高碳钢生产工艺技术。这些对改善含低铌高碳钢的疲劳、断裂韧性、延展性和整体产品性能是非常有用的，应用结果表明铌含量并不是越多越好。根据实际操作经验，优化铌含量和控制加热炉是至关重要的。铌的最佳添加量直接与碳含量有关，实际上与加热炉工艺参数、加热情况及燃烧条件有关。例如，通过调节燃烧状况将空燃比控制在 1.0 以下，可提高碳含量大于 0.50% 的高碳方坯和板坯加热均匀性。

8.2 提高含铌高碳钢力学性能的可能性

铌在线、棒等高碳钢中最重要的影响之一是抑制热处理（如渗碳）过程中奥氏体晶粒粗化。晶粒粗化开始温度随着铌含量的增加而增加。图 7 显示了 JIS SCr420（0.2% C-1% Cr）钢的铌含量与晶粒粗化温度之间的关系。

把铌添加到 1035 钢中（0.35% C-0.3% Si-1% Mn）可提高屈服强度、抗拉强度和韧性。方坯加热到 1100℃ 后控轧可显著提高冲击性能。加热炉控制和燃烧稳定性有助于获得优良的韧性。在这个温度下部分铌以析出物形式存在，起到细晶强化和沉淀强化的作用。图 8 说明了 1035 钢性能的改善[43]。

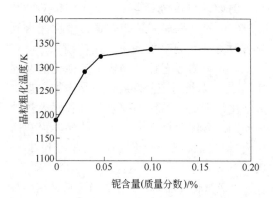

图 7　铌含量与晶粒粗化温度之间的关系[42]

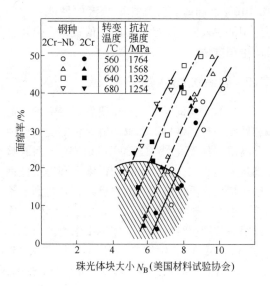

钢种		转变温度/℃	抗拉强度/MPa
2Cr-Nb	2Cr		
○	●	560	1764
△	▲	600	1568
□	■	640	1392
▽	▼	680	1254

图 9　2% Cr 和 2% Cr-Nb 线材面缩率对比

（4）可焊性。

在相似的硬度级别下，含铌 1080 钢因珠光体微观结构细小，比马氏体和铁素体球化渗碳结构具有更好的耐磨性。仅需 0.02% 铌即可细化钢轨钢珠光体团的大小[45]。

8.3　抗震钢筋的开发

随着飓风、地震和龙卷风频率和强度的增加，市场需要开发出伸长率为 25% ~ 30% 的 S600 和 S500 的钢筋。土木工程师也提出钢铁企业生产出伸长率接近 30% 的钢筋。采用铌和钼微合金化可生产达到上述伸长率要求，强度为 600MPa 和强屈比为 1.28 ~ 1.30 的钢材[46]。Nb-V 成分体系的强屈比为 1.18，而含铌 S500 在 700℃ 自回火时强屈比为 1.24。技术规范要求强屈比应达到在北美地区抗震 ASTM A706 钢的水平。除 Nb 或 Nb/Mo 化学成分以外，为满足性能要求，严格执行规定的淬火工艺也非常重要。

钢筋 S600 和 S500 的合金设计方案包括：

（1）降低碳当量，提高可焊性；

（2）改善延展性和韧性；

（3）良好的屈服点伸长率。

添加 0.020% ~ 0.035% 的铌来加强析出强化效果，提高晶粒细化，提高淬透性以弥补降

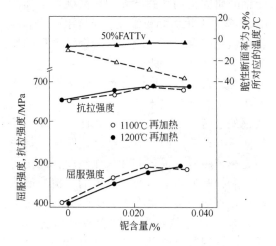

图 8　铌对 1035 钢抗拉强度和
V 形缺口冲击强度的影响

采用类似的化学成分（0.80% C）生产了钢轨钢和预应力线材。图 9 显示了 2% Cr 和 2% Cr-Nb 线材的珠光体团大小和压缩率的关系[44]。

断面收缩率随着珠光体团尺寸的增加而增加（珠光体团尺寸减小）。加入 0.02% Nb 可降低奥氏体晶粒尺寸，减小珠光体团大小。因此，以百分比表示的断面收缩率得到改进。

随着对高速钢轨需求的增加和对钢轨性能要求的提高，需要开展铌在钢轨中的应用研究。通过以下性能指标来评价改进的钢轨性能：

（1）耐磨损；

（2）轧制接触疲劳抗力；

（3）延展性；

碳和降锰而导致的强度损失。为满足苛刻的地震应用环境并提高防火性能，添加 0.05% ～ 0.10% 钼来提高淬透性，使伸长率超过 25%，接近 30%。铌和钼相互作用可获得铁素体和贝氏体核心，以代替传统的表面预先淬火的铁素体和珠光体核心。微合金元素（Mo + Nb + Cr + Ni）含量小于 0.30%，碳含量在 0.10% ～ 0.20% 范围，锰含量在 0.60% ～ 1.20% 范围，并采取特殊卷取工艺和控制低硫/低磷以满足 S500 性能要求。进一步调整轧制温度和冷却条件可满足 S600 性能要求。这是一个需要持续研究的领域[47]。

铌和钼协同产生纳米级沉淀（5 ～ 10nm 的大小）均匀分布在整个基体。晶粒细化和纳米级析出的结合产生了更加细小的铁素体和贝氏体核心，这可代替传统的表面预先淬火的铁素体和珠光体核心[46]。未来地震钢筋开发是采用 Mo + Nb 复合微合金化，碳在 0.10% ～ 0.20% 范围，严格控制锰含量小于 1.00%，并利用特殊的冷却方法及将硫、磷含量控制在较低水平，硫含量小于 0.007%，磷含量小于 0.020%。这种做法将极大提高企业生产 S500 性能要求的能力，进一步调整轧制温度和冷却条件可提高 S600 产品的要求。由于与钢筋的冲击韧性相关的文章不多，为有效地生产 S420、S500 和 S600 抗震钢筋，生产技术规程中应包括一些基本的冶金因素。要求严格控制以改善韧性的 3 个关键要素，如图 10 所示。

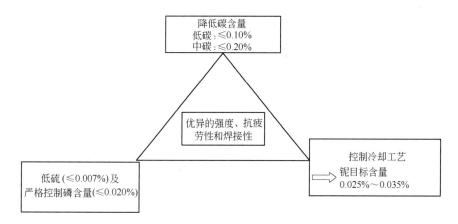

图 10　超高强度抗震钢筋的生产工艺[48]

通过采用低碳-铌合金化成分设计，并结合更好的加热炉温度控制和合适的快速冷却方式，可实现低成本生产钢材。例如，与含钒螺纹钢比较，含铌螺纹钢在 1100 ～ 1150℃ 范围内伸长率非常稳定。因此，1100 ～ 1150℃ 是同时获得好的延展性和低成本能源消耗的最佳加热温度（即 mmbtu/t）。与添加钒的螺纹钢比较，添加铌的螺纹钢强屈比变化减小而且质量高，成本低[49]。

推荐钢铁生产商开发抗震和防火钢筋时考虑如下因素和冶金工艺参数[48]。

（1）螺纹钢和长材产品的生产者应借鉴目前高强度高韧性的汽车钢、管线钢和其他关键结构钢（如锻造用大梁钢、船板、压力容器钢等）的成功工艺技术。这些钢种的化学成分设计和冶金工艺结合对生产高品质、高强度抗震钢筋具有非常重要的作用。

（2）高强度、高韧性抗震钢筋要求采用洁净钢生产工艺，控制硫含量低于 0.010%，磷含量小于 0.020% 和其他残余元素含量，并应考虑采用小于 0.10%C 或 0.10% ～ 0.20%C 方法。

（3）利用现有熔炼和热轧装备，工厂能成功生产螺纹钢 S600 和 S500。为满足抗震性能，硫含量要低于 0.007%，磷含量要低于 0.020%。

（4）目前耐火含铌钢板的研究为开发铌-钼化学成分系列的钢种提供了宝贵基础。

（5）含铌、钼的抗震耐火钢在 600℃ 高温条件下具有优良的韧性，并维持其2/3屈服强度。需进一步研发以将该技术应用于高附加值的 S500 和 S600 钢种。

此外，土木工程和材料工程界应在优化结构设计、屈强比标准和含铌钢钢筋材料的选择等方面加强合作。

8.4　不锈钢结构

在过去数年，不锈钢钢筋和相关产品的使用大大增加。不锈钢钢筋在腐蚀环境下延长混凝土结构的使用寿命，从而减少了结构检测和维修、重建的频率。不锈钢钢筋应用在桥梁、围墙和甲板建设中，延长道路和海洋结构物疲劳周期。含碳铁素体钢中加铌降低了晶间腐蚀敏感性。铌在铁素体钢中具有双重作用：

（1）细化晶粒；

（2）促进铁素体的形成，从而保护铬不被氧化，将 Cr_2O_3 形成的危害降至最低。

9　环境和成本因素

与非微合金钢结构比较，含铌微合金结构钢（如桥梁）可实现减重。一般来说，人们考虑以较低的材料成本和较少的施工建设相关费用来节约成本。间接利益是减少排放量和能源消耗。

下面的研究表明，与10000t桥梁钢 S235 比较，9000t 含铌0.03%的低合金高强度钢 S355 排放量（CO_2/lb）和能源消耗（mmbtu：百万英制热量单位）显著减少。考虑桥梁设计的刚度、规格要求和设计因素，保守估计可减重10%。

表4（二氧化碳减排）和表5（百万英制热量单位）比较了采用转炉和电炉工艺生产钢板和型钢的 CO_2 排放和能量消耗情况[50]。

表4　二氧化碳减排——转炉与电弧炉对比

因　素	转炉吨钢 CO_2 减排量 /lb	排放减小量 /lb	电弧炉吨钢 CO_2 减排量/lb	排放减小量 /lb
焦炭节约	102	1.02×10^5	0	—
高　炉	2000	20.0×10^5	0	—

续表4

因　素	转炉吨钢 CO_2 减排量 /lb	排放减小量 /lb	电弧炉吨钢 CO_2 减排量/lb	排放减小量 /lb
转　炉	490	4.9×10^5	0	—
电　炉	0	—	1012	10.12×10^5
真空脱气/钢包	78	0.78×10^5	141	1.41×10^5
连　铸	39	0.39×10^5	39	0.39×10^5
热　轧	376	3.76×10^5	282	2.82×10^5
酸　洗	155	1.55×10^5	85	0.85×10^5
CO_2 排放减少	—	32.40×10^5	—	15.59×10^5

CO_2 排放减少：转炉减少 1620t，电炉减少 779.5t

注：1lb = 0.45359237kg。

表5　能量节约——转炉和电弧炉对比

因　素	转炉吨钢能量节约 /btu	能量减小量 /btu	EAF 吨钢能量节约 /btu	能量减小量 /btu
焦炭节约	3.35×10^6	3.35×10^9	0	0
高　炉	10.73×10^6	10.73×10^9	0	0
转　炉	0.88×10^6	0.88×10^9	0	0
电弧炉	—	—	5.25×10^6	5.25×10^9
真空脱气/钢包	0.62×10^6	0.62×10^9	1.07×10^6	1.07×10^9
连　铸	0.29×10^6	0.29×10^9	0.29×10^6	0.29×10^9
热　轧	2.30×10^6	2.30×10^9	3.53×10^6	3.53×10^9
酸　洗	1.21×10^6	1.21×10^9	0.68×10^6	0.68×10^9
英制热量单位节约	—	19.38×10^9	—	10.82×10^9

能量消耗减少：19380mmbtu（转炉）和10820mmbtu（电炉）

10　冶金操作一体化

冶金工艺、物理冶金以及最终性能明显取

决于轧机的性能、轧机相关操作、操作认识以及钢铁厂的文化背景。对于每个轧机而言，最佳的设备工艺组合和贯通都是不同的，我们称之为冶金操作一体化（图 11），简称 MOI。MOI 是连接产品需求和轧机能力及工艺执行的桥梁。产品的研究和开发从实验室转移到工厂需要严格的技术转换。这完全取决于所用轧机根据不同钢种采取的熔炼和加热制度、轧机马力限制、加热炉操作工艺以及轧制操作过程中形成的热断面，这些都是关键。即便具备以上条件，更新以及更具有挑战性的钢种的开发仍然离不开钢铁厂领导的创新和尽职尽责。

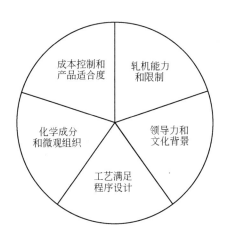

图 11　冶金操作一体化

采用铌的冶金工艺，与一些关键参数更加相关，这些参数能明显影响产品的性能、质量和变化。主要包括：

（1）熔化制度和可控残余元素；
（2）洁净钢；
（3）连铸质量；
（4）板坯、小方坯、方坯加热的均匀性；
（5）持续热处理轧制工艺；
（6）持续淬火以减小性能变化；
（7）是否配有加速冷却。

物理冶金包括：

（1）晶粒细化过程中微观组织控制；
（2）可控相变；
（3）精细沉淀物分布；
（4）尽可能降低碳添加量；

（5）通过厚度微观结构/晶粒尺寸一致性。

力学性能与下列因素有关：

（1）稳定的屈强比；
（2）强度和低温性能；
（3）焊接性；
（4）腐蚀性；
（5）抗震、防火性能；
（6）轧机和用户可制造性的提高。

每个轧机都有所不同，某个独特的新产品在这台轧机生产相比另一台差异较大，比如最佳成本方面可能适合或不适合，这就导致了利润最大化和轧机生产率会有明显的不同。

生产经验表明实验室的仿真或物理模型研究不能准确地代表实际的轧机操作。尽管许多时候实验室结果与实际相接近，但实际上往往不够好，无法通过第一次试验。所以，可能需要进行多次工业试验，才能成功开发出新产品。冶金操作一体化分析增加了成功的几率。必须仔细审核工艺试验数据和先前讨论过的物理冶金参数，以便将工艺参数和相关性能联系在一起，从而制定标准操作准则（SOP）。由于每台轧机都是独一无二的，因此就化学成分、冶炼控制、加热炉温度以及热轧环境而言没有普遍适用的方案。轧机进行精准试验时必须将实际生产中的熔炼、浇铸、加热炉和轧机操作参数以及生产过程中的各种变化与最终分析结合在一起以获得期望得到的力学和高温性能。

非常重要的一点是，领导和组织文化可以增加新产品开发的成功率。这些包括创新能力和奉献精神。这也是为何一些轧钢厂在新产品开发方面更加成功的另一个原因。

总而言之，冶金操作一体化（MOI）包括工艺/物理冶金以及特定的轧钢厂文化背景和生产能力，以达到新产品开发方面获得期望的结果。上述的一体化概念需全面地理解熔炼、二次冶炼、加热炉燃烧、热轧、淬火，以及成本驱动，钢厂文化等促使成功的要素。如果我们可以深刻理解如何在 21 世纪的建筑市场上通过铌合金技术实现钢材所需的特性，那么就可以给实施者带来难得的机会和丰硕成果。

参 考 文 献

1　International Symposium on Niobium Microalloyed Sheet for Automotive Applications, TMS, Araxa, Minas Gerais, Brazil, December 5-8, 2005.

2　International Symposium on Microalloyed Steels for the Oil and Gas Industry, TMS, Araxa, Minas Gerais, Brazil, January 23-26, 2006.

3　S. Jansto, "Niobium Market and Technical Development for Civil Engineering Structural Applications," International Symposium of HSLA Steels for the Construction Industry, Tianjin, China October 22-23, 2007.

4　S. Jansto, "Cost Effective Microalloy Structural Steel Balance of Process Metallurgy and Materials Engineering," MS&T, Pittsburgh, PA, October 2008.

5　S. Jansto, "Cost Benefit Methodology Analysis," presented at HIPERC meeting, San Sebastian, Spain, January 17-18, 2008.

6　S. Suzuki, "Niobium in Structural Steels," see this book.

7　R. Grill, "The Role of Niobium in the Production of Heavy Plate at Voestalpine Grobblech GmbH with Special Emphasis on High Strength Steel Grades," see this book.

8　World Bridge Symposium 2007, New Orleans, Louisiana.

9　S. Jansto, "World Bridge Symposium Perspective & Relevance to Steel Industry," presented at American Iron & Steel Institute, March 26, 2008, Washington, D. C.

10　A. Guo and Lunxiong Yi, "Development and Application of Steels for Bridges and Buildings in China," see this book.

11　Fluess, R. Valentin, V. Schwinn, F. Hanus "Application of Nb in TMCP structural Steel Plates with Thicknesses up to 120mm," see this book.

12　A. D. Wilson, J. H. Gross, R. D. Stout, R. L. Asfahani, and S. J. Manganello, "Development of an Improved HPS 100W Steel for Bridge Applications," International Symposium on Microalloyed Steels,

ASM International, 2002.

13　S. Suzuki, K. Ueda "Development of Nb Bearing High Strength Steel for Buildings by Microstructural Control Through the On-Line Heating Process," see this book.

14　D. Misra, S. Shanmugam, T. Mannering, D. Panda, and S. Jansto, "Some Process and Physical Metallurgy Aspects of Niobium Microalloyed Steels for Heavy Structural Beams," International Conference on New Developments in Long Products, 2006, pp. 179-187.

15　D. Misra, T. Mannering, D. Panda and S. Jansto, "Physical Metallurgy of Nb-Microalloyed Steels for Heavy Structural Beams," see this book.

16　S. Shanmugam, R. D. K. Misra, T. Mannering, D. Panda and S. G. Jansto, Materials Science and Engineering A, Vol 437, 2006, p436-445; and Vol 460-461, 2007, pp. 335-343.

17　J. G. Speer, S. Jansto, J. Cross, M. Walp, D. K. Matlock, "Elevated Temperature Properties of Niobium-Microalloyed Steels for Fire-Resistant Applications," 2005 HSLA Conference, Sanyun, China.

18　D. Wen, Z. Li and J. Cui, "Development of Fire-Resistant Weathering Steel for Buildings in Baosteel," see this book.

19　J. G. Speer, S. Jansto, J. Cross, M. Walp, D. K. Matlock, "Elevated Temperature Properties of Niobium-Microalloyed Steels for Fire-Resistant Applications," 2005 HSLA Conference, Sanyun, China.

20　J. G. Speer, R. W. Regier, D. K. Matlock, and S. G. Jansto, "Elevated Temperature Properties of Nb-Microalloyed Fire Resistant Constructional Steels," International Symposium on New Developments: Metallurgy & Applications of High Strength Steels, May 26-28, 2008, Buenos Aires Hotel, Argentina.

21　R. Regier, J. Speer, S. Jansto, A. Bailey and D. Matlock, "Thermomechanical Processing Effects on the Elevated Temperature Behavior of Niobium Bearing Fire-Resistant Steel," Materials Science & Technology Conference, Detroit, Michigan, Sept. 16-

20, 2007 { AIST 2008 Hunt-Kelly Award Paper} .

22 J. Speer and S. Jansto, "Nb Microalloyed Fire Resistant Steel," see this book.

23 W. Sha, F. S. Kelly, and Z. X. Guo, "Microstructure and Properties of Nippon Fire-Resistant Steels," Journal of Materials Engineering and Performance, Volume 8(5), October 1999.

24 Fluess, R. Valentin, V. Schwinn, F. Hanus "Application of Nb in TMCP structural Steel Plates with Thicknesses up to 120mm," see this book.

25 A. Yoshie, "Recent Developments of Nb-Bearing Structural Steels for Ships and Infrastructure at Nippon Steel," see this book.

26 S. Sasaki et al., "Development of Two-Electrode Electro-Gas Arc Welding Process," Nippon Steel Tech. Report, 380(2004), p. 57.

27 O. Kwon, C. Lee, S. Kim and K. UM, "Niobium Thick Steel Plates for Large Container Shipbuilding," see this book.

28 Ph. Maitrepierre, J. Rofes-Vernis and D. Thivellier, Hardenability of Boron-Treated Low Carbon Low Alloy Steels, Proc, Int. Symp. On Boron Steels, TMS-AIME, Milwaukee, 1979, pp 1-18.

29 W. Hua and, "Microstructure and Mechanical Properties of 420-550MPa Grade Heavy Gauge Offshore Platform Steel," see this book.

30 J. Gottlieb, A. Kern, U. Schriever and G. Steinbeck, "High Performance Steels for Pressure Vessels," Thyssen Krupp Steel AG, see this book.

31 A. Kern, W. Reif: Steel Research 57 (1985), Nr. 7, pp. 321-331.

32 Q. Xu, "Present Status and Future Developments in Pressure Vessels and Steels in China," see this book.

33 O. Furukimi, Y. Nakano and S. Ueda, Proceedings of the Conference on the Transport and Storage of LPG and LNG, II, Royal Flemish Society of Engineering, Antwerpen, (1984), p. 1.

34 S. Hasebe and Y. Kawaguchi, Tetsu-to-Hagane, 61(1975), p. 101.

35 T. Kubo, A. Ohnori and O. Tanigawa, "Properties of High Toughness 9% Ni Heavy Section Steel Plate and Its Applicability to 200,000kL LNG Storage Tanks," Kawasaki Technical Report, No. 40, 1999.

36 Z. D. Liu, S. C. Cheng, G. Yang, Y. Gan, "Investigation and Application of Ferritic Boiler Steels in Ultra-Super-Critical-USC Power Plants," see this book.

37 J. Speer, D. Matlock and G. Krauss, "Recent Developments in the Physical Metallurgy of Ferrous Long Products," Transactions Indian Institute of Metallurgy, Vol. 59, No. 5, October 2006, p. 756.

38 N. Fonstein, "Effects of Nb, V and Ti on the Evolution of Structure of Medium Carbon Steels during Various Hot Forging Steps," see this book.

39 T. Wada, K. Fukuda and T. Taira, Tetsu-to-Hagané, 70(1984), S511.

40 M. Head, T. King and A. Radulescu, "Development of New Microalloy Steel Grades for Lightweight Suspension Systems," presented at AISI Great Designs in Steel Seminar, 2005, Livonia, Michigan.

41 J. Speer, D. Matlock and G. Krauss, Materials Science Forum, 500-501, 2005, p. 87.

42 Y. Kurebayashi: Denki Seiko, 67 (1996), 26 (D)*.

43 T. Sampei, T. Abe, H. Osuzu and I. Kozasu: HSLA Steels Technology & Applications, 1984, p. 1063.

44 T. Takahashi, M. Naguma and Y. Asano, Journal Japan Society of Technological Plasticity, v 19, 1978, p. 726.

45 Y. Tamura, M. Ueda, T. Irie, T. Ide, J. Fukukawa and M. Muraki, NKK Technical Report, No. 79, 1978, p. 335.

46 S. Jansto, "Niobium-beating Steel Development for Weldable Structural Steel Applications," International Roundtable on Yield to Tensile Ratio, Beijing, China, June 17-18, 2008.

47 V. Kumar, R. Datta, S. Kumar, A. Deva et al.,

"Development of Earthquake Resistant TMT Rebars," Steel Scenario, Vol. 15, Q3-2006, pp. 76-77.

48　S. Jansto, "Production and Application of High Strength Earthquake Resistant Nb-Bearing Reinforcement Bar," Seminar on Niobium Beating Structural Steels, New Delhi and Mumbai, India, March, 2010.

49　S. Jansto, "Production and Niobium Application in High Strength and Earthquake Resistant Reinforcing Bar," International Reinforcing Bar Symposium, Beijing, China, May 18-20, 2009.

50　S. Jansto, "Bridge Sustainability Study," CBMM internal study, December 2008.

（首钢技术研究院　代云红　郑　瑞
　　魏丽艳　郄　芳　译,
　　魏丽艳　郄　芳　校）

结构钢铌微合金化的历史展望

W. B. Morrison

Consultant, Physical Metallurgy of Steels Rotherham, UK, S60 2TX

摘　要： 20 世纪 50 年代，得益于巴西、加拿大巨量铌矿储备的发现，铌的价格得以降低。加之朝鲜战争爆发，促使美国进行了首次铌合金化钢的商业生产。在开始的几年时间里，铌合金化钢的生产受到了带钢热轧线的限制，在对其强化机理有了更深入的理解之后，才建立了更多的生产线。很快人们发现在强度、硬度和焊接性能方面这种结构钢有显著的提高。铌合金钢的第一个国家标准是在 1962 年制定于英国。随着钢中铌合金化机理的深入研究和第一个标准的制定，促成了铌合金钢结构钢在全球市场的快速发展。

关键词： 结构钢，铌，微合金化，析出，Petch 关系

1 引言

在 20 世纪初期随着平炉和转炉等炼钢技术的发展，普碳钢成为桥梁、锅炉容器和造船等行业最常用的结构材料。而高强度合金钢由于价格高，限制了其在这些方面的应用。1902年建造纽约皇后区大桥时仍然使用了价格相对昂贵的含镍 3.25% 钢。1906 年建造的曼哈顿大桥使用的加强桁木也采用了类似的钢材。可见为了减少重量和尺寸，使用这类成本高的结构钢，仍然是必要的[1]。

20 世纪 30 年代，美国钢铁业开发的高强度低合金钢含铜、镍和铬元素，合金总含量 0.55% ~ 2.45% 不等。加入一些合金元素可以使钢材屈服强度从 250MPa 增加到

350MPa。由于这类钢材具有耐大气腐蚀等优良性能，能够为用户带来经济效益。因此尽管比碳锰钢价格高，仍然在很多方面获得应用[1]。

20 世纪 40 年代之前，上述所有钢材一般通过例如铆钉之类的紧固件连接起来。然而焊接技术普遍用于钢材的连接之后，焊接性能成为其中一个问题。断裂韧度与焊接缺陷相关，其重要性同样日益增长，这为开发焊接性能改善的合金钢提供了机遇。表 1 给出了早期开发的结构钢的成分和现在合金钢的成分[2]。悉尼港和墨尔本的大桥使用的钢材采用了当时具有代表性的成分。第四轨道桥采用了不同成分的钢材，钢板的制造工艺采用了相对低的精轧温度，使得成分改变成为可能。

表 1　100 年来结构钢成分示例 （19mm，屈服强度 350MPa）　　　　　（%）

结　构	C	Si	S	P	Mn	Cr	Al	Nb	CEV
第四轨道桥（1890）	0.23	0.02	0.024	0.046	0.69	—	—	—	0.35
悉尼港桥（1929）	0.34	0.20	—	—	1.00	—	—	—	0.51
墨尔本国王大街桥（1961）	0.23	0.19	0.026	0.017	1.58	0.24	< 0.005	—	0.54
英国近海（1994）	0.08	0.31	0.002	0.012	1.41	0.027	0.034	0.028	0.32

注："—"表示无数据。

因为钢材是通过铆钉组装在一起的，悉尼港大桥用的钢材成分碳当量高，但在建造过程中并没有造成什么影响。而墨尔本大桥是通过熔焊组装的，出现了重大裂纹问题。这是由于制造者经验不足使用了某种高强钢（BS 968：1941）所致，因为这种碳含量的高强钢在某些情况下使用是不符合规范的[3]。表中同样列出了现代合金钢的成分，其中包含了细化晶粒的铝元素和铌元素。这类高强钢的强度和韧性通过细化晶粒产生，而晶粒的细化是通过控制轧制或者正火处理实现的。这种方法是相对于以前靠高碳含量提高强度、热轧后不经热处理使用的情况而言的。

2　早期含铌钢的使用情况

在 1958 年成功商业化生产铌钢之前，铌在钢中作为合金元素已经被广泛使用[4]。美国从 20 世纪 30 年代中期开始使用 FeNb 提高奥氏体不锈钢的性能。铌元素使钢种碳化物稳定存在，并且提高了钢的高温性能和可浇铸性能。铌也被添加到基于 Fe-Cr-Ni-Co 成分的超级合金中，并且在加快开发涡轮叶片和喷气机引擎过程中发挥了突出作用。

事实上，在这之后的 25 年里铌并没有成为普碳钢的一种合金成分。之后，人们在合金钢中加入铌并发现了性能的改变。在 1939 ~ 1941 年 Becket 和 Franks 的专利认为合金钢和普碳钢中加入 0.02% ~ 1.00% 的铌之后，其性能将有一些提高[6]。在这个专利被授权之后，铌正式成为钢铁材料的一种合金成分。铌对钢材性能的改变主要是由晶粒细化引起的，细化的晶粒提高了抗拉强度和冲击性能。加入 0.28% 铌的普碳钢热轧试样和正火试样，屈服强度分别提高了 80MPa 和 95MPa。低铌含量的普碳钢在正火状态下强度增加量较少。Becket 和 Franks 的专利虽然说明少量添加铌能够改善普碳钢性能，但会给我们这样的印象：如此高的加入量已经大大地超过了需求量。

3　铌的供应与价格

在 20 世纪 40 年代，铌精矿的最大生产商

在非洲，尼日利亚产量最大，其次是一个英联邦成员。其他生产国是比属刚果（刚果民主共和国）、挪威、马来亚（马来西亚）和巴西[5]。美国是铌矿的最大消费国，以 1955 年为例，美国共进口 3600t 精矿，相当于全世界产量的 90%[5]。

1950 ~ 1953 年朝鲜战争期间，由于铌的战略重要性，美国对铌的使用进行了限制，美国国防采购部门对国内和国外的 FeNb 生产商采取了 100% 的奖金政策。美国国内的 FeNb 产量只能满足一小部分需求。奖金刺激政策开始于 1952 年，授权到 1958 年 12 月或者总储备量达到 6800t 的时候终止。1950 ~ 1958 年期间铌矿价格的增长给铌在钢铁工业中的应用带来不利影响[5]。然而铌铁的价格在 1955 年达到顶峰后，1958 年降到一个较低的水平。图 1 给出了 1940 ~ 1970 年期间铌铁美元价格的变化[7]。20 世纪 60 年代由于巴西和加拿大开始供应铌铁之后，铌铁价格得以稳定，促进了铌在钢中作为合金元素的应用，从而使得铌合金钢广泛传播和使用增长。

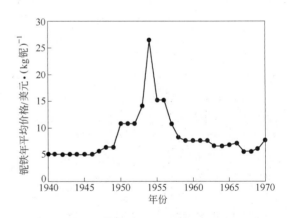

图 1　铌铁年平均美元价格曲线图

4　早期的尝试

20 世纪 50 年代在巴西 Araxa 和加拿大 O-kay 发现了巨量铌矿[5]。这些发现大大增加了世界探明铌矿的储备。1957 年美国钼公司得到了在巴西采矿 25% 的份额（CBMM 的前身）[8]。为了试验铌的新用途，该公司接洽了

一些美国钢铁公司，试验向碳锰钢中添加少量的铌。钼公司（Molycorp）的 W. G. Wilson 先生了解 Becket 和 Franks 的工作，1957 年在美国钢铁公司 Homestead 厂进行第一次试验，他预期轧制后的钢板晶粒将会细化，强度和韧性将会提高。实验时每吨钢水中加入 0.25~1kg 铌铁（相当于铌收得率在 80% 时，铌含量在 0.02%~0.08%），本炉次的碳锰钢水经半镇静处理，铸成的钢锭采用常规工艺轧制。轧制后的钢板强度虽然提高，但是非常脆[8,9]，由于这个令人失望的结果，此后再没有继续进行类似实验。

第二次商业化尝试是在钼公司（Molycorp）N. F. Tisdale 先生的建议下开展的，实验在美国国家钢铁下属的大湖（Great Lakes）钢铁公司进行[8]。这一次又采用半镇静碳锰钢铸锭加入少量铌铁的做法，每吨钢加入 0.11~0.45kg 铌铁[10]。铸锭轧成厚度大于 13mm 的钢板，性能检测结果优良。轧成厚度大于 38mm 以上的钢板时，由于组织中存在大尺寸晶粒，钢板韧性很差，这与美国钢铁公司的试验结果类似。然而大于 13mm 厚度的钢板实验结果是令人满意的，于是 1958 年大湖钢铁公司开展了第一次铌合金化碳锰钢的商业化生产[4]。

5 早期的研究情况

大湖钢铁公司宣布拥有 GLX-W 系列铌钢品种之后，引起了世界其他钢铁生产者的兴趣。神奇之处在于 0.005%~0.03% 如此少量的铌竟然能导致强度如此大程度的提高。他们认为钢的屈服强度能提高 90MPa，抗拉强度提高 70MPa，源于加铌后钢的凝固原理发生改变，产生了细小的晶粒组织[4]。这个结果激励了其他钢铁企业各自进行铌合金化试验和铌强化机理的研究。

美国联合碳化物公司 C. A. Beiser、Niagara Falls 最先开展了铌钢的实验室研究，他分析了大湖钢铁公司的商业化生产样品和实验室熔炼的样品。这个分析结果刊登在一个预印本里但是从来没有公开发表[11]。Beiser 发现热轧成 15mm 厚的钢板随着铌含量的增加，尽管晶粒

细化、强度增加，但同时损害了夏比冲击性能。图 2 中可见，正火处理之后铌对冲击性能的危害被完全逆转了。Beiser 意识到单纯晶粒大小的改变并不能解释铌对性能的影响，他认为加铌热轧带钢中的碳化物构成的晶界网状结构是冲击性能降低的原因，他同时指出这个脆性网状结构与含铌钢屈服强度的增加是有关系的。

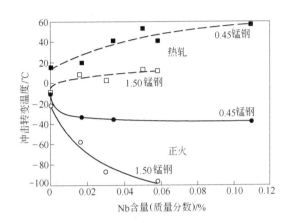

图 2   铌对热轧和正火试验钢
20J 转变温度的影响[11]

1959 年欧洲主要钢铁制造商英国 Motherwell 的 Colvilles 有限公司也参与了碳锰结构钢板铌合金化的尝试，试验结果与美国钢铁公司的类似。厚度 12mm 以上的热轧钢板添加少量铌强度增加，但是冲击性能降低。Colvilles 没有发现能够解释这一性能变化的微观组织特点[12]。美国钢铁公司的 W. C. Leslie 认为，除非设计一种经济的方法消除碳化铌对含铌热轧厚板冲击韧性的影响，否则含铌钢只能用于对冲击性能要求低的薄钢板[13]。

铌处理钢的进一步发展，尤其是用于工程结构的厚板和型材，需要研究铌元素的影响机理。为此在 1959 年 Colvilles 在谢菲尔德大学冶金系开展了一项为期一年的研究工作，这是第一次在商业化钢种的研究中采用 Petch 关系。

$$\sigma_y = \sigma_o + k_y d^{-1/2} \qquad (1)$$

$$\beta T_c = \ln\beta - \ln C - \ln d^{-1/2} \qquad (2)$$

式中，σ_y 是下屈服应力；σ_o 是相对于位错的

晶格摩擦应力；k_y 是穿过晶界传播总变形的局部应力；d 是晶粒直径；T_c 是冲击转变温度；β 是关于 σ_0 的材料常数；C 是裂纹传播难度值。

这些关系被尝试用于分离铌细化晶粒的作用和其他可能的作用。尽管对于给定的钢材 σ_0 和 k_y 是常数，实际研究中发现含铌钢中它们的关系如图 3 所示[16,17]，并不遵守公式 1 的规律。通过高奥氏体化温度获得的粗大晶粒，可见铌除了对晶粒尺寸有影响，还对屈服应力有影响。而且铌提高了钢的冲击转变温度，不依赖于晶粒尺寸。Heslop 和 Petch[18] 的基本数据可以看出铌会造成 σ_0 的增加[16]，这被认为是细小的碳化铌、氮化物和碳氮化物引起的[16,17]。

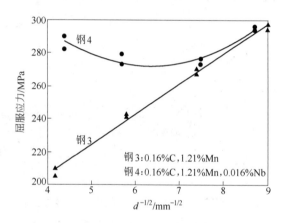

图 3　商业化生产碳锰钢（0.16% C，
1.21% Mn）中 0.16% Nb 对 σ_y 和
$d^{-1/2}$ 关系的影响[16,17]

Morrison[19] 进一步的研究结果直接证实了细小碳氮化物的存在，并且按行排列。后来 Gray 和 Yeo[20] 认为这是由于在相变过程中，在不断推进的 α/γ 界面上析出形成的。来自于 Morrison 的数据显示了铌含量对热轧带钢屈服应力的影响，数据在图 4 中，与 Ashby-Orowa 关系相一致[21]。这个预测表明铌对钢材的强化作用是由于存在尺寸在 5~10nm 范围内的析出物引起的。

早期研究发现的另外一个重要影响是在奥氏体中的固溶作用，它降低了 1.5% 左右高锰含量钢向贝氏体转变的温度[19,22]。图 5 所示的

CCT 曲线是由 Ronn[22] 测得，并由 Kazinczy 等人进行了解释[23]。研究发现，厚板热轧过程中粗大奥氏体晶粒的出现为厚板冷却过程中针状结构的出现提供了必要条件。由于粗大晶粒和析出硬化造成了含铌钢的脆性，针状结构进一步增强了脆性。

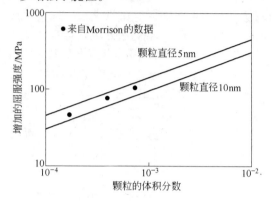

图 4　实验室含 0.004% ~ 0.15% Nb、
0.12% C、0.5% Mn 碳锰钢中的
析出强化关系
（析出物尺寸由 Ashby-Orowan 关系计算得出[21]，
屈服强度折算成晶粒尺寸为 12μm）

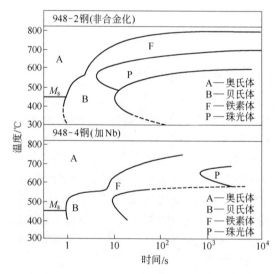

图 5　0.036% Nb 含量对 0.11% C，
1.01% Mn 钢[22,23] 转变特性的影响

6　工艺的改进

Mackenzie[24] 发现精轧温度低于 900℃ 时

会有好的缺口延性，这一现象在热轧 13mm 以上的钢板时会自然出现。更大厚度的型钢由于轧制速度慢和相应的低精轧温度，因而也可以接受（如图 6 所示）。很明显，为了充分发挥厚板中铌合金化的作用，热轧工艺应控制低精轧温度，像带钢热轧那样达到细化晶粒的目的。

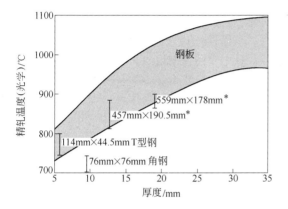

图 6　中厚钢板和型材中厚度和
精轧温度的一般关系[24]
*—通用型钢，翼缘温度

Vanderbeck[25] 在 1958 年发现欧洲企业生产中厚板时将热轧温度控制得较低，最后一个道次轧制温度控制在 850℃ 左右。厚度大于50mm 的碳锰钢板就是通过这种轧制工艺提高冲击性能的。由于这种轧制工艺以降低生产效率为代价，所以没有广泛传播。当类似的轧制工艺应用到铌合金钢时，取得了不同的结果。20 世纪 60 年代，人们发现铌能够大大降低形变奥氏体的再结晶速率。要使铌合金钢的晶粒细小均匀，必须在制定轧制工艺时考虑到 Nb 的这一性能。在最终对产量影响最小化的基础上，针对铌合金钢成功开发了热机械控制轧制工艺，使得多种厚度的钢板都取得了优良的力学性能。

7　早期的结构钢

在铌微合金化钢刚开始商业化生产时，常被接受的结构钢是碳锰中厚钢板和型材。碳锰钢被应用于桥梁、建筑、造船用焊接钢板和储存容器以及其他用途。普通碳锰钢的主要优点是成本低，并且易于制造。尽管那时高强度低合金钢早已经能够制造出来，但是由于价格昂贵和复杂的制造工艺，所以这些钢材只对了解高强钢特殊需求的工程师们有吸引力。然而在普通、低成本、半镇静的碳锰钢中加入少量铌就能够提高钢强度的方法，对钢铁生产者和消费者是双赢的结果。铌合金钢并不像其他高强钢碳当量（C_{eq}）值大大高于普通碳锰钢，加入的铌对焊接性能没有影响。

$$C_{eq} = w(C) + \frac{w(Mn)}{6} +$$
$$\frac{w(Cr) + w(Mo) + w(V)}{5} +$$
$$\frac{w(Ni) + w(Cu)}{15} \qquad (3)$$

当然，添加的铌在保持钢材原有强度的同时，也具有降低碳当量的趋势。

美国大湖钢铁公司热轧带钢轧机进行了第一次铌合金化碳锰钢板生产，产品屈服强度大于 415MPa，用于制造低压容器、卡车结构件和管线钢[10]。很显然如果一个新开发的品种一旦拥有了国家标准将会被广泛接受，销量也会上升。铌合金钢的第一个国家标准在 1962年制定于英国，是关于 50mm 以上厚度的中厚板和型材结构钢。高碳高锰（0.30% C，1.5% Mn）结构钢由于焊接困难，因此在 1941年制定了国家标准 BS968，将碳含量限定在0.23% 以内。BS968：1941 满足了可焊接高强钢日益增长的需求，通过铌的微合金化降低了碳和锰含量，维持或者增加原有强度的同时改善了焊接性能。BS968：1962 钢要优于钒合金化的 ASTM A441 钢和欧洲的完全铝镇静钢DIN 17100 St 52。图 7 比较了为中厚板和型材制定的 BS968：1962 和 BS968：1941 国标保证范围。由于在正火热处理时强大的晶粒细化作用，厚度大于 13mm 的 BS968：1962 标准中铌合金钢强度优势尤其明显。尽管适用于冷成形，新的标准对于热成形仍存在一些问题[24]。13mm 厚度以下的热轧钢板不适用于热成形，否则铌的析出强化作用将消失。13mm 厚度以

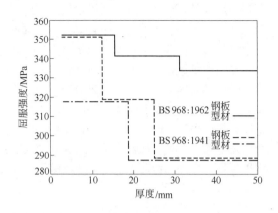

图 7　中厚板和型材英国国标 BS968：1941 和
BS968：1962[24] 屈服强度保证范围

上的铌合金钢热成形时要求温度在正火温度开始，否则铌元素的晶粒细化作用将受损害。

铌合金钢早期也用于制造锅炉和其他压力容器。对铌处理钢、铝处理钢和硅镇静钢高温状态下的设计应力进行比较发现，铌处理钢在室温到 400℃ 范围内性能优于其他钢种[24]。英国在 1964 年对国标进行了修改，允许含铌夹杂物作为合金添加剂（BS1501：213，223），以保证屈服强度和优良的缺口延性。很多生产商使用这类钢制造压力容器[28]。

8　讨论

尽管人们在 1940 年以前已经对碳锰钢中加入少量铌的好处有了一定认识，但是直到 1957 年才开展了第一次商业化生产实验，这里面的原因有很多。20 世纪 50 年代中期的铌铁价格非常高，导致美国进行大量囤积（1952～1958 年），这必然阻碍了铌在碳锰钢中的使用。实际上 20 世纪 40 年代铌铁的价格低于 50 年代和 60 年代，所以价格不是铌在钢中延迟使用的唯一原因。

早期的研究中铌的加入量比合金化含量水平高了一个数量级[6,29]，这并不令人惊讶，因为早期钢中钒和钛的典型合金化水平是 0.1%～0.2%[2]。即使在铌铁价格较低的 20 世纪 40 年代，这么高的加入量使得铌并不是一种经济的合金化元素，因为合金化元素的作用是从该元素对性能的作用和它的成本两方面来考虑

的。另外，铌之前一直被当作不锈钢和高温合金提供特殊性能的添加剂，与碳锰结构钢无关。之前对铌的需求量是通过非洲开采满足的，世界上有限的储量不能为铌创造新的市场机会。20 世纪 50 年代，在巴西和加拿大，大量铌矿的发现为开拓新的市场提供了机遇。后来对这些储量拥有股份的 Climax Molybdenum 尝试在碳锰钢中进行铌合金化的实验，并富有远见的将添加的铌含量控制在微合金化的水平，从而使得铌合金化经济有效，并易于接受。这个时期一个重要的因素是在美国铌铁囤积（1952～1958 年）后期铌铁价格的降低。

即使在铌处理薄钢板开始商业化生产之后，铌对钢性能影响的机理仍然未被深入理解，这阻碍了铌合金化钢的进一步发展。然而铌加入量少、成本低，却能极大的改变钢材力学性能的特点引起了国际社会的兴趣，并开始开展了一系列研究项目，开发了我们仍在使用的铌合金化钢家族。这项研究因钢铁公司和大学的合作而蓬勃发展，对于成功得到铌合金钢是非常必要的。同时需要注意的是，铌合金钢的成功开发也促进了其他合金元素的研究，也促进了这些元素的使用。

铌合金化结构钢的商业化被接受是很关键的，工程师看重的经济效益包括结构减重、节能和建造成本的降低。将铌加入到普通半镇静碳锰钢中的能力，在促进早期含铌钢的发展中发挥了相当大的作用，因为这大大降低了生产成本[24]。这只有在铌的脱氧能力很弱时才有可能[30]。这一优点在后来使用全脱氧钢生产更高质量钢时就不重要了。

多种用途的铌作为微合金元素是很明显的。在初期的碳锰钢开发之后，加入铌微合金化并使用多种生产工艺，包括热轧、正火、控制轧制、退火和回火。更多不同成分的钢种得以开发出来，例如传统低合金钢、碳含量低于 0.08% 的低合金钢[31]。这些钢的开发得益于铌铁稳定的价格和供应，使得铌元素保持了结构钢中主要微合金元素的地位。

9　结论

通过以上的研究得出如下结论：

（1）尽管20世纪30年代就在实验室中发现了少量铌在提高碳锰钢力学性能方面的好处，但过了20年才进行第一次商业化生产。巴西、加拿大巨量铌矿的发现和为这些铌矿寻找新的市场需求两个方面的原因，推动了铌钢的商业试制。朝鲜战争期间和之后，新发现的储量与美国结束铌铁囤积政策后的价格降低是同一时期的事情。

（2）与传统合金元素相比铌铁价格较高，若以典型合金含量水平加入铌是不经济的。然而在适当的合金化水平，铌对力学性能和焊接性能的改善吸引了制造商的注意力，因为这样他们就可以减少钢材使用量弥补增加的合金成本。铌铁稳定的价格和稳定的供应对于铌在结构钢和其他钢中的持续使用是很重要的。

（3）铌铁对钢材性能的影响缺乏深入的认识，这会阻碍铌合金钢的开发。但是第一次商业化生产开始后，国际上在这方面的研究，迅速弥补了这方面的不足，并可以继续成功开发新钢种。

（4）铌作为结构钢中微合金元素已被广泛接受，这源于它在钢中的丰富冶金作用，例如可以影响晶粒细化、析出强化、相变强化和奥氏体再结晶等多种功能，从而可以通过各种生产工艺路线开发出具有各种性能的钢材。

致 谢

作者希望对提供有用数据的 Malcolm Gray 和 Fulvio Siciliano 表示感谢！

参 考 文 献

1 Anon,The Making, Shaping and Treating of Steels, Eighth Edition, United States Steel Corporation, Pittsburgh, PA, 1964, 1098.

2 W. B. Morrison, HSLA Steels 2000, Xian, China, Chinese Society for Metals, Metallurgical Industry Press, Beijing, 2000, 11.

3 Anon,Report of the Royal Commission into the Failure of King Street Bridge, Australia, Govt. printer, Melbourne, 1963.

4 F. W. Starratt, J. of Metals, Vol. 10, 1958, 799.

5 G. L. Miller, Tantalum and Niobium, Butterworth Scientific publications, London, 1959.

6 F. M. Becket and R. Franks, US Patent No. 2, 158, 651, May 16, 1939；No. 2, 158, 652, May 16, 1939；No. 2, 194, 178, March 19, 1940；No. 2, 264, 355, Dec. 2, 1941.

7 L. D. Cunningham, Columbium (Niobium), US Geological Survey, Minerals Information Commodity Statistics, http：// minerals. usgs. gov / minerals/ pubs/commodity/niobium/230798. pdf.

8 J. D. Vital, The American Experience, CBMM, Sao Paulo, Brasil, 1999, 45-47.

9 H. Stuart and B. L. Jones, Journal of Metals, Vol. 35, 1983, 17.

10 C. L. Altenburger, AISI Regional Tech. Meetings, Buffalo, NY, 1960, 59.

11 C. A. Beiser, The Effect of Small Columbium Additions to Semi-killed Medium Carbon Steels, ASM Preprint No. 138, 1959.

12 A. MacLean, The mechanical testing of JTA 101 quality steel containing columbium, Metallurgical Report No. D10/5, Colvilles Ltd., Motherwell, UK, 16 Sept, 1959.

13 W. C. Leslie, J. of Metals, Vol. 12, 1960, 159.

14 N. J. Petch, JISI, Vol. 174, 1953, 25.

15 N. J. Petch, Fracture, Proc Swanscott Conf, John Wiley, New York, 1959, 54.

16 W. B. Morrison, The Effect of Small Niobium Additions on the Mechanical Properties of Commercial Mild Steels, M Met Thesis, Dept. of Metallurgy, Sheffield University, UK, June 1960.

17 W. B. Morrison and J. H. Woodhead, JISI, Vol. 201, 1963, 43.

18 J. Heslop and N. J. Petch, Phil. Mag. Vol. 3, 1958, 1128.

19 W. B. Morrison, JISI, Vol. 201, 1963, 765.

20 J. M. Gray and R. B. G. Yeo, Trans. ASM, Vol. 64, 1968, 225.

21 T. Gladman,Mat. Sc. and Tech. ,Vol. 15,1999, 30.

22 L. Ronn, Niobs Inverkan, pa TTT-Diagrammat av ett Mjukt Stal, Thesis for Degree of Metallurgical Engineer, The Royal Institute of Technology,

Stockholm, 1963.

23　F. de Kazinczy, A. Axnas and P. Pachleitner, Jerk. Ann. , Vol. 147, 1963, 408.

24　I, M, Mackenzie, Metallurgical Developments in Carbon Steels, Sp. Report 81, ISI, London, 1963, 30.

25　R. W. Vanderbeck, Welding Research Supplement, Vol. 37, 1958, 114.

26　J. J. Irani, D. Burton, J. D. Jones and A. B. Rothwell, Strong Tough Structural Steels, Sp. Report 104, ISI, London, 1967, 110.

27　J. D. Jones and A. B. Rothwell, Deformation Under Hot Working Conditions, Sp. Report 108, ISI,

London, 1968, 78.

28　M. J. May, Strong Tough Structural Steels, Sp. Report 104, ISI, London, 1967, 11.

29　A. B. Kinzel, W. Crafts and J. Egan, Trans. AIME, Vol. 125, 1937, 560.

30　J. T. Mareta and R. W. Joseph, O. H. Proc. , Vol. 44, 1961, 421.

31　T. J. Burgan and M. G. Stanistreet, Strong Tough Structural Steels, Sp. Report 104, ISI London, 1967, 78.

（首钢技术研究院　季晨曦　译，
中信微合金化技术中心　王厚昕　校）

桥 梁 钢

桥梁及建筑结构用钢的发展及应用

郭爱民　邹德辉

武汉钢铁（集团）公司研究院，湖北武汉，430080

摘　要： 本文综述了桥梁及建筑结构用钢的发展趋势，介绍了近年来为适应国内外桥梁及建筑钢结构市场的发展，武钢在高性能桥梁及建筑钢的自主研制开发方面取得的研究成果以及产品在国内外重大工程上的应用情况。

关键词： 桥梁钢，建筑钢，发展趋势，武钢，生产，应用

1　桥梁及建筑钢的发展趋势

1.1　桥梁钢

1870 年美国圣路易斯城附近一座横跨密西西比河的桥梁拱形桁架采用了含铬为 1.5%～2.0% 的低合金钢[1]。结构制造主要采用铆接，设计准则主要采用抗拉强度。随着在某些领域结构制造中日益广泛地采用焊接技术，设计准则逐步采用屈服强度。对于钢种的焊接性及冲击韧性开始提出要求，降低碳含量和碳当量是大势所趋，钢种向低碳微合金化方向发展。V、Ti、Nb 等微合金化元素扮演了重要的角色。如果说这些元素同铝一样，以前只是作为晶粒细化元素在一些特殊钢中应用，当时已经作为微合金化元素来开发特定用途的低合金高强度钢，目前桥梁钢正由单元素微合金化向多元素复合合金化方向发展。

由于传统的高强度桥梁钢存在低温韧性偏低、焊接性较差等问题，因此，国内外材料工作者提出了高性能钢（High Performance Steel，HPS）的概念。高性能钢材主要是指材料的某项或几项性能较传统钢材得到改善的钢材，除了具备较高强度外，还包括高的延伸性，优良的断裂韧性、焊接性、冷成形性和耐腐蚀性能。高强度耐候桥梁钢作为高性能钢的一个分支，在国外的研究比较领先，如美国 ASTM709 中的 HPS-70W 钢和日本的 SMA570W 系列钢等。HPS-70W 钢目前在美国的桥梁工程上已得到了广泛的应用。日本的 SMA570W 系列钢已在钢结构桥梁、城市高架轻轨车站建筑物工程上得到应用等，并已纳入 JIS 标准。高强度桥梁钢的 3 种研制路线为：（1）采用传统的调质生产工艺路线，如 ASTM709/A709M-95 中的 70W、100W，其对焊接工艺要求较高，同时需焊前预热，因此生产周期较长，成本较高；（2）采用非调质即 TMCP 工艺，但其碳含量仍然相对较高，一般在 0.07%～0.10%，在应用中还存在一些问题，如 HPS-70W，取消了传统的调质生产工艺；（3）组织设计采用超低碳贝氏体，生产高强度耐候桥梁钢，如美国专利 US6315946 中超低碳贝氏体耐候钢，日本 JIS 标准中的改良型 SMA570W 钢等。

我国桥梁从 20 世纪 50 年代至今，经历了一个漫长的发展阶段，从武汉长江大桥、九江长江大桥到芜湖长江大桥，桥梁主跨由 128m 发展到 312m，结构形式逐渐向栓焊、整体节点发展。尤其是芜湖长江大桥的建设，使我国桥梁制造达到国际先进水平。

与桥梁设计及制造相比，国内桥梁用钢的发展起步较早，但发展缓慢。20 世纪 90 年代

以前，我国桥梁用钢还停留在传统的低合金高强度钢水平上，如 16Mnq、15MnVq、15MnVNq 等，这些钢种都存在低温韧性偏低、焊接性较差的弱点，且板厚效应严重，铁路桥梁仅用到 32mm 板厚。15MnVNq 仅用于九江长江大桥。20 世纪 90 年代中期，芜湖长江大桥开建时，基于当时国内桥梁钢面临无钢可选的局面，桥梁设计部门准备选用进口钢材。大桥局和武钢联合开发了大跨度桥梁用 14MnNbq 钢。采用降碳加铌和超纯净冶金方法，保证了在屈服强度不小于 370MPa 的基础上，具有优异的 -40℃低温冲击韧性（ -40℃ $A_{KV} \geqslant 120J$ ）。同时焊接性能也大大提高，解决了板厚效应问题，可大批量供应 32～50mm 厚钢板。芜湖长江大桥建设后，14MnNbq 钢全面满足了铁路桥梁建设的需要，并成为当今铁路桥梁建设的首选钢种。

随着我国铁路桥梁近年的跨越式发展，铁路桥梁跨度及承载的不断提高，厚度突破 50mm，且强度进一步提升已成为必然，开发具有优异焊接性能和低温韧性的新型高强度桥梁钢已势在必行。为此，武钢又开发出超低碳贝氏体（ULCB）组织的 WNQ570 和 WNQ690 系列高强钢，其中 WNQ570 钢成功应用于南京大胜关长江大桥和中海油海上石油钻井平台（JU2000 型）悬臂梁焊接钢结构件，WNQ690 钢成功用于上海振华港机（集团）公司 4000t 浮吊上的悬臂梁结构。

总体而言，国内外桥梁钢发展趋势从组织设计原理上看，首先从成分差别较大的铁素体＋珠光体两相组织发展到成分差别较小的铁素体＋贝氏体两相组织，再发展到成分差别小、中温转变的针状铁素体＋贝氏体两相均匀组织；对应代表钢种为从 16Mn、Corten 系列到 HPS-50W、100W、SM570 系列，再到进一步解决耐蚀性及使用寿命问题的碳含量不大于 0.05% 的日、美专利高强度钢种，如 JIS 标准中的改良型 SMA570W 钢等。

1.2　建筑钢的发展趋势

建筑钢结构具有强度高、自重轻、抗震性能好、施工速度快、工业化程度高、外形美观、管线布置方便、易于做成大跨度、大空间等一系列优点，与混凝土结构相比它是环保型的和可再次利用的，也是易于产业化的结构，发达国家在建筑中广泛采用钢结构。

1998 年美国实施的 ASTM A992 结构钢标准，要求屈服强度不小于 350MPa 级钢具有好的焊接性，并严格控制拉伸性能，在美国历史上第一次强调了最小及最大屈服强度和屈强比（Y/T），同时限制最大碳当量 C_{eq} 保证焊接性[2]。1990 年伊朗 Manjil-Roundbar 地震后，也针对钢结构设计实施了新的建筑抗震规范[3]。与此同时，日本领先开发出了一系列的低 Y/T 型建筑钢，如 HT490、HT590 和 HT780 钢等，均具有窄屈服强度波动范围[4]，其中 NKK 开发出的 60kg 级低 Y/T 新建筑钢材，$Y/T \leqslant 0.80$[5]。目前国外已开发出并广泛使用抗拉强度为 490MPa、590MPa 和 780MPa 级的建筑用钢材。

目前工业发达国家建筑结构用钢的主要产品标准有：

（1）美国：ASTM A 283—93 低中强度碳钢，包含钢种为 A 283 系列；ASTM A 572—93 焊接结构用高强低合金 Nb-V 钢，包含钢种为 A 572 系列。

（2）日本：KS D 3515—1992 & JIS G 3106—1992［SM］焊接结构用钢，包含钢种为 SM400 和 SM490 系列；KS D 3503—1993 & JIS G 3101—1987 通用结构钢，包含钢种为 SS300、SS400 和 SS490 系列；JIS G 3136—1994［SN］造船结构用钢，包含钢种为 SN400 和 SN490 系列。

（3）英国：BS 4360—1986 焊接结构钢，包含钢种为 40 系列、50 系列及 55 系列。

（4）德国：DIN 17100—1986 通用结构钢，包含钢种为 St33、St37、St44、St52 系列。

在我国，随着建筑钢结构的发展，于 2000 年制订了 YB 4104—2000《高层钢结构用钢板》行业标准，该标准非等效采用日本 JIS G 3136—1994 标准，包含钢种为 Q235GJ 及

Q345GJ 系列；在 2005 年底制订了 GB/T 19879—2005《建筑结构用钢板》国家标准，该标准结合了《低合金高强度结构钢》（GB/T 1591—1994）和日本 JIS G 3136—1994 标准，将钢种由 Q235GJ 及 Q345GJ 系列扩大为 Q235GJ、 Q345GJ、 Q390GJ、 Q420GJ 及 Q460GJ 系列。上述两标准的特点是：相对 GB/T 1591—1994 对 P、S 等杂质元素含量做了进一步的限制，对屈服强度有上限要求，对屈强比的要求比 JIS G 3136—1994 宽松，为保证焊接性能，对碳当量进行了限制。总体而言，对比国外标准还体现不出先进性。此外，上述两标准中都没有涉及材料满足大线能量焊接性能的要求，对耐火和耐候性能也没有考虑。日本 JIS G 3136—1994 标准中 SN490B 焊接时能承受的最大线能量也仅为 37kJ/cm[6]。

目前虽然 GB/T 19879—2005 中纳入的最高强度建筑钢为 Q460（抗拉强度为 550 ~ 720MPa），但国内建筑用钢大量使用的仍为 Q235（抗拉强度为 375 ~ 500MPa）和 Q345（抗拉强度为 470 ~ 630MPa）两个强度级别的钢种，高强度建筑用钢板尚未形成完整的系列，附加特殊性能要求的品种规格亦不配套。目前国内外建筑钢发展的主要趋势为：高强化及满足抗震（低屈强比）、耐火（FR 钢）、耐候、Z 向性能和抗大线能量焊接等特殊要求，如图 1 所示，建筑用钢正向高强度、高性能、大型化方向发展[7,8]。

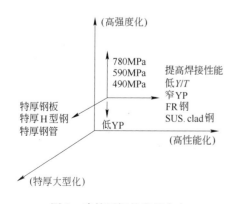

图 1　建筑用钢的发展方向

2　武钢桥梁钢及建筑钢

为适应市场对高性能桥梁及建筑钢的需求，近年来，武钢自主研发了一系列的桥梁及建筑钢新钢种，并在国内外诸多重大工程中获得了推广应用。

2.1　桥梁钢

随着我国大型结构桥梁向全焊接结构和高参数方向发展，对桥梁结构的安全可靠性要求越来越严格，要求桥梁钢不仅具有高强度以满足结构轻量化要求，而且还应具有高韧性、优良的焊接性等特点，以满足钢结构的安全可靠、长寿等要求。这不仅对设计者提出了更高的要求，而且对钢板的强韧性和焊接性能也提出了更高的水准。桥梁设计及制造单位迫切希望武钢利用其先进的冶金装备及其工艺条件，生产高韧性的桥梁钢板以满足桥梁对钢材韧性日益提高的要求。

为了改变我国桥梁钢长期落后的局面，近年来，武钢自主研制开发了 5 大系列共 20 余个高性能桥梁用系列新钢种，包括铁路桥梁用系列钢、公路桥梁用系列钢、跨海大桥管桩用系列钢、大桥护栏用系列钢及高强度耐候桥梁系列钢等。

其中，在铁道部大桥局支持下，1996 年武钢研制出 14MnNbq 钢，并成功地应用于京杭运河大桥，同年通过部级鉴定。1997 年底武钢在国内外多家钢厂参与竞争的情况下最终赢得了芜湖大桥的钢板供货权。武钢与铁道部大桥局联合开发的 14MnNbq 钢克服了桥梁钢板厚效应问题，铁路桥梁使用厚度已达到 50mm，且该钢具有优异的低温韧性和良好的焊接性能，已成为目前我国大跨度桥梁制造的首选钢种。芜湖长江大桥建成后，武钢又赢得了武汉长江三桥、南京长江二桥的供货权，同时又开发了控轧型 WQ490D、WQ490E 等系列钢。承接了黄河长东二桥、缅甸大桥、洛口大桥、宜昌长江大桥、军山长江大桥、秦沈高速铁路桥共计约 14 万吨订货合同。

武汉钢铁（集团）公司作为国家"973"

项目第二期参加单位之一，根据国外高性能桥梁钢的发展概念，在国内又率先开展了耐蚀性能较高的高强度桥梁用系列钢的研究。该系列钢抗拉强度级别在 600 ~ 900MPa 之间，目前已进行大批量工业性生产的有抗拉强度级别为 600MPa 和 700MPa 的高强度耐候桥梁系列钢。该系列钢以超低碳贝氏体（ULCB）为设计主线，并充分利用组织细化、组织均匀等关键技术，使开发钢种具有高强度、高韧性和优异的焊接性，经过多轮工业性试验，其实物性能水平达到了国际同类钢种的先进水平，具有低成本、高性能、对环境友好等特点，代表了今后我国桥梁钢的发展方向。

武钢高强度耐候桥梁系列钢的主要特点如下：

（1）高性能桥梁钢为新一代桥梁用钢，具有新颖构思，采用超低碳针状铁素体（AF）组织设计，超纯净以及低硫球化处理，并采用 TMCP 轧制工艺，使该钢达到了集高强韧性、优异的低温韧性、良好的耐候性和优异焊接性于一体的目的。

（2）具有较好的抗冷裂纹敏感性，相应的焊接材料时的接头有优良的性能。其中 WNQ570 钢埋弧焊接头 HAZ 在 -40℃ 冲击功为 110J 以上，手工焊和气保焊的接头 HAZ 在 -40℃ 冲击功则为 150J 以上，钢板对焊接工艺规范有较好的适应性，能满足现代桥梁建设的要求。

（3）WNQ570 和 WNQ690 系列钢具有较好的耐腐蚀性能。其耐腐蚀性能明显优于 09CuPCrNi 钢，并且时间越长，这种优势越明显。

2.2　建筑钢

为了适应国内外建筑钢结构行业的迅猛发展，满足建筑钢结构行业对建筑钢板不断提升的基本力学性能和特殊性能的需求，武钢近年来自主研制开发了 6 大系列共 18 个高性能建筑用系列新钢种，包括耐火耐候建筑钢用系列钢、高韧性建筑钢用系列钢、抗震建筑钢用系列钢、耐火建筑钢用系列钢、耐候建筑钢用系

列钢和极低屈服强度建筑钢用系列钢等。钢板抗拉强度从 490MPa 延伸至 590MPa，其中高性能耐火耐候建筑用钢 WGJ510C2 和高韧性低屈强比建筑用系列钢 WGJ490B、WGJ490C 已分别于 2001 年和 2004 年通过省部级技术成果鉴定。高韧性低屈强比建筑用 WGJ510C、WGJ510D 系列钢于 2006 年通过公司级技术成果鉴定。

其中高性能耐火耐候建筑用 WGJ510C2 钢集高耐火性（在 600℃ 高温下屈服强度不低于室温下屈服强度的 2/3）、高耐候性（耐大气腐蚀性能为普通建筑用钢 Q345 的 2 ~ 8 倍）、高 Z 向性能（钢板 Z 向断面收缩率不小于 35%）且能承受大线能量（50 ~ 100kJ/cm）焊接于一体；高韧性低屈强比建筑用系列钢 WGJ490B、WGJ490C、WGJ510C、WGJ510D 集高韧性（0 ~ -40℃ 的冲击韧性 $A_{KV} \geqslant 47J$）、低屈强比高抗震性（$R_e/R_m \leqslant 0.80$，适用于地震多发地区使用）及优良焊接性于一体。先后由 6 位院士及国内相关专家组成的鉴定委员会一致认为：高性能耐火耐候钢"集高耐火性、高耐候性、高 Z 向性能和能承受大线能量焊接于一体，在所查文献范围中未见与本研究内容相同的文献报道，属技术首创"，"其技术性能指标达到了国际领先水平"，"该钢种的研制成功，标志着我国建筑用钢迈上了一个新台阶"。该钢种可广泛应用于各类建筑工程，特别是对于耐火耐候要求较高的，而且条件比较苛刻的建筑结构，可提高其防灾安全性，延长使用寿命。可大量替代进口，有十分广阔的前景。高韧性低屈强比系列钢 WGJ490B、WGJ490C 的研制成功"填补了我国抗震建筑用钢的空白"，"标志着我国高韧性低屈强比建筑用钢迈入国际先进行列，是建造高层、超高层、大跨度和轻钢轻板建筑结构的理想用材"。

高性能耐火耐候建筑系列用钢主要特点如下：

（1）高性能耐火耐候钢采用全新的复合优化成分设计，在钢中利用单元合金元素的双重互补作用和多元微合金的叠加交互作用，使

同一钢种同时具有高耐火性（600℃屈服强度不低于室温屈服强度的 2/3）、高耐候性（耐大气腐蚀性能为普通建筑用钢 Q345 的 2 ~ 8 倍）。该项目已获得国家发明专利授权。

（2）采用微合金化技术，研究出了钢水中最佳氧、氮含量下添加最佳的微合金元素，使其在钢中形成大量弥散分布的高熔点第二相质点，从而突破了钢板不能承受大线能量（100kJ/cm）焊接的难关，使钢板在大线能量焊接下其热影响区仍具有高的强度和高的韧性。

（3）新钢种严格控制 P、S 含量及气体夹杂含量，使之具有高的纯净度和优良的内在质量，保证了钢板良好的抗层状撕裂性能，即具有高的 Z 向性能。

高韧性低屈强比抗震建筑系列钢 WGJ490B、WGJ490C、WGJ510C、WGJ510D 主要特点如下：

（1）采用专用的两相区控轧控冷工艺，获取相对软质相（铁素体组织）和硬质相（针状铁素体及珠光体组织）的合理比例及分布的组织结构，使钢板得到了最佳匹配的强韧性，从而保证了该钢具有低的屈强比（不大于 0.80）和优良的抗震性。这一技术已被列为武钢的生产技术诀窍。

（2）通过严格控制钢中的 P、S 含量及气体夹杂含量，使之具有高的纯净度和优良的内在质量，保证了钢板具有优良的抗层状撕裂性能，有效解决了普通建筑用钢 Z 向性能偏低的难题。

（3）钢板强韧性匹配优良，具有高强度、高韧性、低屈强比、高 Z 向性能等特点，产品性能稳定，其实物质量分别达到了国际先进水平。

总体而言，武钢高性能桥梁钢及建筑钢新钢种的研发均立足于高性能起点，即钢板性能指标均不同程度的高于相关钢种国内外标准的要求，或不同程度的高于同强度级别钢种相关技术指标要求，如建筑钢各系列产品中均包括强度等级对应于 GB/T 19879—2005 标准中的 Q345GJ、Q390GJ、Q420GJ 及 Q460GJ 钢的钢种，但钢板抗震性指标及韧性指标均高于 GB/T 19879—2005 标准中相对应钢种的要求等。

3　武钢桥梁钢及建筑钢应用业绩

3.1　桥梁钢

迄今为止，武钢已按企业标准及相关行业和国家标准生产高性能桥梁系列钢近 60 万吨，成功应用于京沪高速铁路南京大胜关长江大桥（图 2）、杭州湾跨海大桥（图 3）、芜湖长江大桥（图 4）、黄河长东二桥、南京长江二桥、宜昌长江大桥、武汉长江三桥、中海油海上石油钻井平台（JU2000 型）、上海振华港机（集团）公司 4000t 浮吊（图 5）、缅甸大桥、武汉阳逻长江大桥等国内外重大桥梁及钻井平台工程，取得了显著的企业和社会经济效益，为国家重大工程建设做出了突出的贡献。表 1 为武钢高性能桥梁系列钢应用业绩。

图 2　武钢 WNQ570、14MnNbq、WQ490D 钢应用于
京沪高速铁路南京大胜关长江大桥

表1　武钢高性能桥梁系列钢应用业绩

序 号	钢 种	桥梁名称	用钢量/t	竣工或在建时间/年
1	WQ530E（14MnNbq）铁路及公路桥梁用钢	芜湖长江大桥	46000	1999～2001
		黄河长东二桥	4200	1998
		缅甸大桥	2100	1998
		秦沈高速铁路桥	8700	2000
		松花江大桥	2000	2001
		长寿长江大桥	8000	2002
		兴澄运河大桥	2000	2005
		南京大胜关高速铁路桥	23800	2007
		小　计	96800	
2	WQ490D（Q345qD）铁路及公路桥梁用钢	武汉长江三桥	12000	1999
		洛口大桥	1200	1998
		宜昌长江大桥	6000	1999
		军山长江大桥	7000	2000
		海河大桥	3000	2003
		南京大胜关高速铁路桥	8250	2007
		小　计	37450	
3	WQ510D 公路桥梁用钢	武汉阳逻长江大桥	20000	2005
		小　计	20000	
4	WQ490E（Q345qE）公路桥梁用钢	南京长江二桥	22000	1999～2000
		润扬长江大桥	4500	2002
		小　计	26500	
5	WNQ570 高强度耐候桥梁钢	南京大胜关高速铁路桥	13000	2007
		中海油海洋平台	1000	2004
		小　计	14000	
6	WNQ690 高强度耐候桥梁钢	上海振华深海打捞船	800	2007
		小　计	800	
7	WGZ345C 跨海大桥管桩用钢	杭州湾大桥一期	130000	2003
		杭州湾大桥二期	240000	2004
		小　计	370000	
8	Q390C-HL 大桥护栏用钢	杭州湾大桥	12000	2007
		小　计	12000	
	总　计		577550	

图 3 武钢 WGZ345C 钢应用于杭州湾
跨海大桥南航道 A 型独塔斜拉桥

图 4 武钢 14MnNbq 钢应用于
芜湖长江大桥

图 5 武钢 WNQ690 钢应用于
上海振华深海打捞船悬臂梁

3.2 建筑钢

至 2007 年底,武钢已按企业标准及相关
行业和国家标准生产高性能建筑系列钢 30 万

余吨,成功应用于奥运国家主体育场(鸟巢)(图 6)、首都新国际机场(图 7)、拉萨火车站、中央电视台(图 8)、北京电视中心、北京国贸三期工程、广州新电视观光塔(图 9)、北京银泰中心、中关村金融中心、北京中石油大厦、北京国家大剧院、上海残疾人体育艺术中心、武汉民生银行大厦、印度尼西亚电站及武钢科技大厦等国内外重大钢结构工程,取得了显著的企业和社会经济效益,为国家重大工程建设做出了突出的贡献。表 2 为武钢高性能建筑系列钢已供应/正在供应材料的工程项目清单及数量、供应时间等。

表 2 武钢高性能建筑系列钢应用业绩

序号	工程名称	材 质	数量/t	供应时间/年
1	武汉中国民生银行大厦	Q345B/C-J	24000	2001~2002
2	中关村金融中心	Q345B/C-J	9000	2003
3	北京电视中心	Q345B/C-J	45000	2004
4	北京银泰大厦	Q355NHD-J	3000	2004~2005
5	首都国际新机场	Q345C/D-J	12000	2005
6	印度尼西亚电站	Q345B/C-J	9900	2004
7	广州合锦大厦	Q345B/C-J	4000	2004
8	鸟 巢	Q345C/D-J	30000	2005
9	中央电视台	Q345B/C/D-J Q390D-J	35000	2005~2006
10	北京中石油大厦	Q345C-J	3400	2005
11	广州新电视观光塔	Q345C-J Q390C-J	34000	2006
12	广州珠江西塔	Q345D-J Q390D-J	22000	2007
13	北京财源中心	Q345C-J	11000	2007
14	拉萨火车站	Q345B-J	12000	2005
15	北京南火车站	Q345C/D-J	35000	2006~2007
16	北京国贸三期	Q345C/D-J	12000	2006~2007
17	武钢科技大厦	WGJ510C2	2800	2005
18	上海残疾人体育艺术中心	WGJ510C2	200	2001
19	北京国家大剧院	WGJ510C2	220	2002
	总 计		304520	

注: 1. Q345B/C/D-J、Q390C/D-J 等同于 GB/T 19879—2005 标准牌号 Q345GJB/CD、Q390GJC/D;

2. 表中各材质含对应的 Z15、Z25 等钢种。

图 6　武钢高性能建筑钢应用于国家体育馆——鸟巢工程

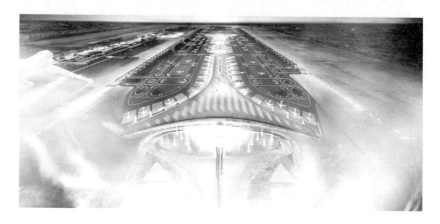

图 7　武钢高性能建筑钢应用于首都新国际机场工程

图 8　武钢高性能建筑钢应用于中央电视台工程

4　结束语

国民经济的高速发展，使得桥梁及建筑业发展迅猛，对两大领域中所使用钢材品种和质量的要求不断提高。武钢高性能桥梁及建筑系列钢的研制和成功应用，为我国大型

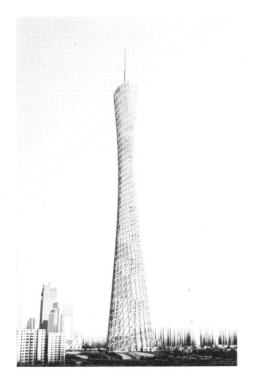

图9 武钢高性能建筑钢应用于
广州新电视观光塔工程

结构、高参数桥梁用高性能桥梁钢及高层、
超高层、大跨度建筑用高性能建筑钢板的发
展起到了积极的推进作用，其优异的实物性
能及冶金质量受到了桥梁及建筑钢结构设计
部门、制造行业和用户的高度评价。尤其是
高性能桥梁的自主研发，使我国桥梁钢在国
产化的道路上迈出了重要的一步，大批量的
推广应用也确立了武钢在国内生产桥梁板的
龙头地位。

参 考 文 献

1 王祖滨，沈荣. 建筑钢结构用低合金高强度钢[J]. 钢结构，2002，17(3)：47-51.

2 R. Bjorhovde. Development and Use of High Performance Steel[J]. Journal of Constructional Steel Research，2004，60：393-400.

3 F. Nateghi. Retrofitting of Earthquake-damaged Steel Buildings[J]. Engineering Structures，1995，17(10)，749-755.

4 百合冈信孝，奥村诚，神崎昌久. 建筑土木用厚板とその溶接[J]. 金属，1995，65(10)：899-908.

5 H. Shimaoka，K. Sawamura，T. Okamoto. New Construction Materials for Social Infrastructures[J]. NKK Technical Review，2003，88：88-99.

6 S. Yoshihino，H. Hohsuke，K. Hisaya. Welding Heat-input Limit of Rolled Steels for Building Structures Based on Simulated HAZ Tests[J]. Transactions of JWRI，2001，30(1)：127-134.

7 W. Sha，F. S. Kelly，P. Browne，et al. Development of Structural Steels with Fire Resistant Microstructures[J]. Materials Science and Technology，2002，18(3)：319-325.

8 W. Lee，S. Hong，C. Park，et al. Carbide Precipitation and High-Temperature Strength of Hot Rolled High Strength Low Alloy Steels Containing Nb and Mo[J]. Metallurgical and Materials Transactions，2002，33A(6)：1689.

（武汉钢铁(集团)公司研究院　邹德辉　译，
中信微合金化技术中心　王厚昕　校）

屈强比在钢结构设计中的作用

K. S. Sivakumaran

Professor, Department of Civil Engineering,

McMaster University, Hamilton, Ontario, L8S 4L7, CANADA

摘　要：通常我们依靠钢结构及其构件的延性来防止地震等极端情况下可能发生的结构坍塌。这些年来，表征钢材延性指标的屈强比从 0.5 提高到 0.85，甚至更高。本文将就以下几个方面展开论述：（1）屈服强度-抗拉强度-屈强比之间的关系；（2）在结构设计中屈强比的应用；（3）北美钢设计规范中对屈强比的规定。本文的重点仅限于土木工程结构延性设计，如房屋设计和桥梁设计。钢材的力学性能统计分析表明，屈强比随着钢材的屈服强度和拉伸强度的增加而增加。然而，屈强比在结构设计中的显著作用，仅仅体现在抵抗应变硬化范围内的应力和应变的钢结构体系和构件，如抗震结构体系中的延性单元、带孔的受拉构件和梁以及基于塑性分析设计的结构。本文讨论了防止钢构件和结构的过早失效以及确保具有足够的延性所需的几何和材料条件。

关键词：弯矩，弹性设计，地震，规范，应力-应变，屈强比

1　引言

为了能抵抗如地震、飓风、海啸、暴风雪等自然灾害而进行结构的设计已经成为一种挑战，而且时常会出现失效。对自然灾害的本性和影响加以认识，了解结构的使用以及居住要求，对于完成一个成功的结构设计是必要的。作为最低要求，建筑物的设计必须满足在正常使用和服役过程中安全耐用，并且在地震等极端事件中可以避免坍塌。如果建筑物及其构件的设计具有足够的强度和稳定性，且作用在最不利节点上的极限荷载值小于或者等于其抵抗力，则建筑物的安全将得到保障。此外，结构部件及其连接的构造应保证结构不会因为局部破坏而导致大范围的倒塌（结构的整体性）。根据材料的性能以及对建筑物使用的要求，我们可以通过限制一些反映结构构件和框架适用性的参数（如挠度，振动等）来实现其适用性。为了使建筑物的经济性最大化，并防止结构在地震等极端条件下的倒塌，这将依赖结构的延性。"延性"是结构的一项性能指标，它

是指结构的构件和单元以及结构材料在不损失强度的情况下能够经受非弹性变形的能力。结构钢是现代结构工程材料中延性最好的材料。在加拿大，结构钢必须满足 CSA 标准 G40.20/G40.21（CSA，2004）的要求，而在美国必须满足美国材料与试验协会标准（ASTM，2008）的要求。

20 世纪初，北美的建筑物和桥梁使用的是中碳钢，其规定的最小屈服强度 R_e 在190 ~ 225MPa 之间，相应的抗拉强度 R_m 为 380 ~ 450MPa，规定屈强比 R_e/R_m 为 0.5。屈强比是一种表征钢材应变硬化能力和延性的指标。多年来，随着人们对高强度钢材需求的日益增加，炼钢技术得到极大的改进，使生产具有良好的焊接性、高韧性、良好的抗大气腐蚀（耐候性）性能的高强钢（屈服强度为 345 ~ 690MPa）成为可能。目前，ASTM A992/A992M 钢级在美国和加拿大已经成为宽翼缘截面钢材的主流钢种。ASTM A992 钢级要求拉伸性能包括：屈服点在 345 ~ 450MPa（50 ~ 65ksi）之间，最小抗拉强度 450MPa（65ksi），

以及最大屈强比为 0.85。A992 钢材的屈强比 R_e/R_m 在 0.77 ~ 0.85 之间。近年来,通过淬火—自回火工艺生产的高强度低合金钢材 A913/913M 钢级被加入建筑规范。ASTM A913 的 65 钢级力学性能要求为:屈服强度为 450MPa(65ksi),抗拉强度为 550MPa,对应屈强比为 0.82。桥梁用钢包含在 ASTM A709/709M 中。高性能钢(HPS)是桥梁用钢的最新成员。其中应用最广泛的 HPS-70W [485W],ASTM 要求其最低屈服强度 485MPa(70ksi),抗拉强度 585 ~ 760MPa,对应屈强比为 0.83 ~ 0.64。HPS-100W [690W] 的屈服强度 690MPa(100ksi),抗拉强度 760 ~ 895MPa,屈强比 0.91 ~ 0.77,从而也可以减少桥梁构件的厚度(布罗肯伯勒和梅里特,2006)。因此,多年来,结构钢的屈强比从 0.5 增加到规范允许的最大值 0.85。较高的屈强比意味着低的加工硬化能力和低韧性。对高屈强比高强钢而言,与低屈强比钢的相关安全限度相对比,使其获得足够的加工硬化能力和韧性以达到足够的安全限度来防止断裂,这一课题得到了人们越来越多的关注。本文着重论述了:(1)屈服应力-抗拉强度-屈强比之间的关系;(2)屈强比在结构设计中的角色;(3)北美钢设计规范中对屈强比的规定。本文重点限于土木工程结构延性设计,如钢结构建筑的延性设计和钢桥的非弹性设计。

2 结构钢的应力-应变性能

应力-应变关系是土木工程结构设计中应用的最为普遍的材料力学性能。钢材的这些性能是依照 ASTM A370 "钢产品力学性能试验方法和定义" 所进行的拉伸试验而获得的(ASTM,2008)。在土木工程结构设计中比较关注的力学性能指标有:屈服强度(R_e),屈服应变(ε_y),抗拉强度(R_m),极限应变(ε_u)或断裂应变(ε_f)。尽管对有明显屈服平台钢材的屈服应力可以通过屈服平台的应力表示,但是通常采用残余应变为 0.2% 对应的应力。在最近的试验(Arasaratnam,2008)中,同一批 A992 钢级的拉伸试样实验结果表

明,其平均屈服强度和应变分别为 445MPa 和 0.0022,相应的抗拉强度和极限应变分别为 577MPa 和 0.1381。基于标距为 200mm(8in)的引伸计的测量结果,测得的断裂应变为 0.2082。试验结果与钢梁供应商提供的工厂检测报告吻合得很好。图 1 所示为钢材的理想应力-应变曲线。从屈服应力应变和极限应力应变可以得到其他的一些重要参数,如弹性模量(E)、应变硬化模量(E_{st})、屈强比(Y/T)以及通过极限应变和屈服应变之比的伸长率(μ)表示的延伸能力等。通过试验得到 $E = 200900$MPa,$E_{st} = 971$MPa,$Y/T = 0.77$ 以及 $\mu = 63$。

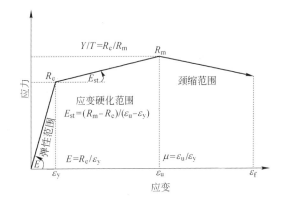

图 1   理想的应力-应变特性

3 屈服强度、抗拉强度以及屈强比之间的关系

在 20 世纪 70 年代,技术条件在引入钢结构概率设计之前,因为那时钢的级别用最小值屈服强度表示,所以钢材力学性能的统计值没有普遍建立。Galambos 和 Ravindra(1978)以及 Kennedy 和 Gad Aly(1980)的研究,分别为美国和加拿大的钢铁设计标准确定了钢结构设计的统计学参数,但他们的研究集中在屈服应力而未涉及抗拉强度。当时有关钢铁研究的报告也并不完整,而且在研究中使用的钢铁材料性能数据也是有限的。但是,Lilly 和 Carpenter(1940)提供了其研究涉及的铆接板梁的连接板、盖板以及翼角钢的屈服点和抗拉强度。试验中所采用的两个拉伸试件均考虑了以

上这些因素，两个拉伸试样的屈服强度介于
290～370MPa（42～54ksi）之间，相应的抗拉
强度介于419～505MPa（61～73ksi）之间。
然而，从那时起有关不同钢级的统计屈服强度
和相应的抗拉强度方面的研究报道开始大量
涌现。

　　Yamanouchi 等（1990）建 立 了 SS41（规
定最低屈服强度 R_e = 235MPa，抗拉强度 R_m =
403～510MPa）和 SM50A（规定最低屈服强度
R_e = 315MPa，抗拉强度 R_m = 490～607MPa）
钢级的统计力学性能，这是因为在当时的日本
这些等级的钢被广泛地应用在一般钢结构建筑
中。该研究依据 1986 年下半年内日本 6 个最
大钢厂高炉生产的该等级钢的 4160 份工厂试
验报告。研究表明，对同一钢级的屈服强度，
薄板比厚板测得的值要高。同样，屈服强度的
离散性比相应的抗拉强度的更大。

　　Frank 和 Read（1993）基于 13536 份工厂
试验报告总结了 ASTM A572 50 钢级的力学性
能。此后，Jaquess 和 Frank（1999）依据
ASTM A370 规定的试验方法（ASTM，2008）
测得的 59 个拉伸试样试验数据建立了 A572 50
级异型钢材的力学性能。

　　Sooi 等（1995 年）基于 3 家钢厂生产的
9.5～25.4 mm（3/8～1in）厚轧板进行 33 组
取样拉伸试验，测得了高强度-低合金钢 HS-
LA80（550MPa）的应力-应变性能。

　　Brockenbrough（2003）对建筑施工中常用
板材的工厂试验报告进行了统计调查。这项调
查考虑了美国 3 个钢铁厂一年内所有的钢产
品，包括 ASTM A36、A572（50、60、65 级）、
A588、A852 以及 A514，板厚涉及范围从
4.8mm（0.188in）到 101.6mm（4in）。

　　由于目前北美使用的大部分结构钢为单材
料钢级，即 ASTM A992/A992M，它的力学性
能满足或者超过了 A36、A572-50 级（CSA
G40.21 300 和 350 级），因此 Bartlett 等
（2003）集中研究了 A992 级钢的材料性能。
在这一研究中，他们依照 ASTM A370 标准，
进行了 207 组试验，总结了 ASTM 992 的材料
性能。试验所需试样包括 3 个生产商提供的 8

种不同钢型的 38 个炉次。这些结果被用来与
Dexter 等（2000）对由北美和欧洲钢厂提供的
超过 20000 份 A992 的力学性能实验报告做了
比较。

　　高性能钢（HPS）在北美的桥梁用钢中的
应用越来越广泛。Dexter 等（2000）研究了
19mm 厚 HPS-485W（70W）钢板的拉伸性能。
为了提供一个参考框架，他们也研究了 ASTM
A709-50 级钢和 HPS-690W（100W）的 19 mm
钢板。Sause 和 Fahnestock（2001）报告了
HPS-100W 钢的拉伸应力-应变关系。试验结果
来源于对 19mm（3/4in）厚的翼缘板的 6 次测
试和对 10mm（3/8in）厚的腹板的 4 次测试。
Kayser 等（2006）最近报告了 HPS-485W
（70W）钢板的力学性能。他们的试验结果来
源于 22 mm（7/8in）厚钢板的 70 个试样和
51mm（2in）厚钢板的 26 个试样的拉伸结果。

　　图 2 表明了屈强比与屈服强度以及屈强比
与抗拉强度之间的关系。图中数据来源于上述
讨论的研究结果，屈强比来源于其力学性能。
结果表明，屈强比随着钢材的屈服强度的增加
而增加，同时，也随着钢的抗拉强度的增加而
增加。

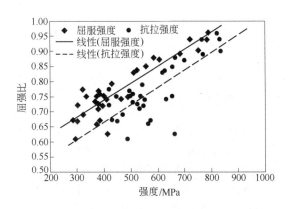

图 2　屈强比和钢材强度之间的关系

3.1　一般问题

　　如图 1 所示，结构钢的正常的应力-应变
关系的初始部分是在弹性范围内，应力应变遵
循胡克定律而加载和卸载都不产生残余变形。
结构设计与施工经验表明：当（1）·结构的工

作应力在正常荷载下不大于 $0.6R_e$，在罕见荷载下不超过 $0.8R_e$；（2）在极少发生地震地区使用的结构体系；（3）无多余约束的结构体系（简支梁）等，这些结构即使在极端载荷下或者并未采取延性设计的情况下也能保持弹性。由于在任何时候结构的应力和应变水平均低于屈服强度和屈服应变，所以钢材的屈强比与结构设计和性能无关。相反，屈强比与钢结构体系（延性抗弯框架、延性钢板墙）、钢构件（节点、连梁）、钢构件的各个组成部分（翼缘、腹板、翼缘孔、带孔的受拉构件）有关，它们被用来承受应变硬化范围内的应力和应变，甚至颈缩应变（见图1）。

为了在需要时表现出延性而设计的钢框架系统，为中高级地震活跃地区提供最经济的抗震解决方案。然而，这些钢结构系统能否抗震直接取决于系统承受塑性变形能力。现代地震-力-抵抗系统设计是基于载荷设计原则。因此，特别的结构单元或受力机制将被用于消散大地震产生的能量，所有其他结构单元也必须有足够的强度以保证能量耗散的实现。在此设计理念下，延性消能系统将被用于限制延性结构单元的非弹性反应。这意味着所有其他的结构单元和构件在地震动期间将保持弹性。在这种情况下，屈强比是仅和延性结构单元有关，而与其他保持弹性的结构单元无关的因素。

宽翼缘型钢、中空结构型钢以及焊接钢板桁架，通常是采用不同宽厚比的翼缘和腹板制作而成。这些钢构件的局部屈曲抗力取决于翼缘和腹板宽厚比。而钢梁抵抗弯矩和塑性变形能力取决于翼缘和腹板的局部抗弯阻力。短粗的"抗震厚实"截面构件可以在发生非弹性局部弯曲之前达到塑性弯矩和塑性转角，而"厚实"截面在发生非弹性局部屈曲之前达到塑性弯矩，并有可能产生一定的塑性转角。而其他"非厚实"截面和"柔薄"截面的构件将经历弹性局部屈曲。在结构的延性设计中采用厚实截面。屈强比仅仅与"厚实"截面有关，而与"非厚实"截面和"柔薄"截面无关，因为它们受力处于弹性阶段并发生弹性局部屈曲破坏。通常用来进行螺栓连接的翼缘孔处可能会导致局部应力集中。在翼缘孔附近产生的应变可能超出弹性范围。在这种情况下，屈强比可能会决定带孔洞受拉翼缘是否会提前断裂。

3.2 受拉构件：强度和延性

带孔的受拉构件（如有螺栓孔的支撑和拼接板）或变截面受拉构件常处于非均匀受拉状态，而且它们极易由于脆性断裂而失效。为保证带孔受拉构件的延性性能，必须使构件的全截面屈服早于净截面破坏。即：$(A_g \cdot R_e) < (A_n \cdot R_m)$ 或 $(A_n/A_g) > (R_e/R_m)$，A_n 为净截面面积，A_g 为全截面面积。1989年，Kuwamura 和 Kato 研究了净截面和全截面关系，采用屈强比为 0.63、中部带孔、A_n/A_g 值分别为 0.7 和 0.5 两种钢材。结果表明 A_n/A_g 为 0.7 的钢材变形能力更强，而 0.7 大于钢材的屈强比。同年，他们也研究了屈强比分别为 0.63、0.71、0.77 和 0.93 的4种钢材的变截面受拉构件。结果发现随着屈强比增加在双曲线锥型面的断裂伸长率 ε_f 减少。1995年，Sooi 等人做了类似的拉伸试验，得到了类似的结论，不同之处在于，他们采用的是 HSLA80（550MPa）低合金高强钢（屈强比为 0.88），并采用直线变截面（梁的受拉翼缘承受渐变的线性弯矩），麦克马斯特大学按照 ASTM A370 试验程序（ASTM，2008）规定，对 9.4mm 带孔（不同尺寸单孔）和不带孔的钢板试件进行了研究。试验所用钢材包括 ASTM A992（平均屈服强度为 445MPa；屈强比为 0.77）和 CAN/CSA G40.20/G40.21 350 W（平均屈服强度为 428MPa；屈强比为 0.74）级钢。如图3所示，单孔拉伸试件的 A_n/A_g 分别为 0.5、0.6、0.7、0.8 和 0.9。试件的荷载-位移之间的关系同样见图3。从屈服强度为 445MPa（$\varepsilon_y = 0.22\%$）A992 钢的试验结果中可以看出：对于 $A_n/A_g > Y/T$ 的试件，其最大承载力大于屈服荷载。而对于 $A_n/A_g < Y/T$ 的拉伸试件最大承载力不能达到屈服荷载，且塑性变形很小。例如，对于 $A_n/A_g = 0.60$ 的试件，A_n/A_g 值要小于其屈强比 0.77，试件的平

均应力为369MPa，仅为屈服强度的83%，而试件的伸长率为2%（延性系数为9）。虽然试件的延性有限，但在净截面断裂前荷载略大于$A_n \cdot R_m$。总之，依据$(A_n/A_g) > Y/T$的判据，可以使拉伸构件获得足够高的强度和延性。上面的结论同样适用于承受均匀弯矩梁的受拉翼缘（带孔）。2002年，Dexter等人

对试验得到的屈强比进行了一系列统计分析。该研究结果表明，对于$R_e < 345\text{MPa}$（50ksi）钢材，只要满足$(A_n/A_g) > (R_e/R_m)$即可获得足够的延性；对于诸如HPS-485W（70W）的高强度钢材，则需要$(A_n/A_g) > 1.1(R_e/R_m)$。受拉延性也许可以用梁的转动延性来衡量。

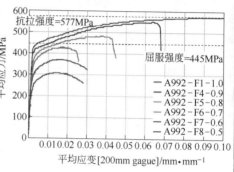

图3　单孔样品的拉伸结果

3.3　受弯构件：截面强度和延性

基于塑性分析的抗震系统和梁的延性元件被用于经受明显的非弹性转动变形。通常情况下基于非弹性分析方法设计的抗震梁的非弹性转动能力要求在6左右，最少必须为3。但是，梁的非弹性转动能力可能受以下几种情况的限制：

（1）受压翼缘过早的出现局部屈曲；

（2）梁的侧扭屈曲；

（3）受拉翼缘断裂。

本节将讨论屈强比对"抗震厚实"和"厚实"截面梁非弹性转动能力的影响。

3.3.1　受压翼缘的局部屈曲

梁的非弹性转动能力取决于翼缘和腹板的非弹性形变能力，而后者则取决于：

（1）翼缘和腹板的宽厚比；

（2）屈强比。

我们可以通过研究单轴受压钢板的非弹性性能来了解翼缘的宽厚比和屈强比对转动能力的影响。图4所示的是有限元方法的分析结

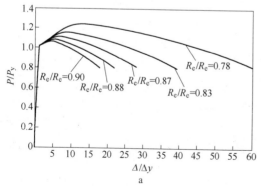
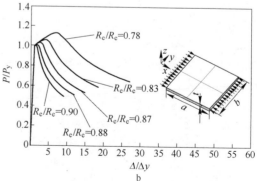

图4　屈强比对于钢板强度以及延性的影响

a—$b/t = 7$；b—$b/t = 20$

果。在有限元分析中采用方形板材承受逐渐增加的轴向荷载，并考虑了材料的残余应力和初始几何缺陷。该材料为理想的双线性弹性应变硬化钢。分析中通过改变屈服强度和抗拉强度值使屈强比在 0.78 ~ 0.90 之间变化。结果表明：（1）窄而厚的板（$b/t = 7$）具有更好的延性；（2）增加屈强比会导致延性的降低。如果我们定义当延性系数为 10 时板材具有足够的塑性转动能力，那么当屈强比为 0.9，宽厚比为 7 和屈强比为 0.78，宽厚比为 20 时板材具有足够的塑性转动能力。

3.3.2　梁的侧扭屈曲

如果需要梁有非弹性转动的能力，那么在梁上就必须设置足够的支撑防止梁的侧扭屈曲。在一些情况下，构件的局部屈曲和侧扭屈曲是同时发生的。因此，钢结构强度和转动变形能力不仅取决于翼缘和腹板的宽厚比，同样取决于钢结构自身长度方向上的长细比。关于该问题，前人曾经进行了一系列的研究（如 2002 年的 Green 等人，2000 年的 Earls 等人，1994 年的 Dalli 以及 Korol），由于文章篇幅所限，关于侧向支撑在屈强比方面的要求，本文没有予以讨论，但为防止侧扭屈曲，对于基于塑性设计的构件和抗震设计中有能量耗散单元的构件，其无支撑的长度需要严格的加以控制。

3.3.3　受拉翼缘断裂

当钢梁的受拉翼缘带有紧固孔时，为防止受拉翼缘断裂，钢梁的强度和延性必须被加以

控制。麦克马斯特大学对 A992 级钢材（实测屈服强度为 409MPa，抗拉强度为 513MPa，屈强比 $Y/T = 0.77$）W200 × 42［W8 × 28］截面梁进行了受弯试验研究。图 5 所示为模拟全支撑梁的试验装置。为防止侧扭屈曲，在钢梁平面外布置了多个支撑，截面能够达到塑性抵抗弯矩 $M_p = 176$kJ。截面的理论屈服抵抗弯矩 $M_y = 160$kJ。试验梁的长度大约为 3m，四点弯曲。梁端分别为铰支座和滚轴支座。所有的梁排成一线，梁上均设有支撑和安装有测量装置，在梁上施加逐渐增加的位移荷载直至试件破坏。根据支座和加载点的距离可以求得梁的弯矩和转角。图 5 所示为无量纲化后的转角和弯矩之间关系曲线。转角通过 θ_p 无量纲化，θ_p 为对应于塑性弯矩 M_p 时梁的塑性转角。梁受弯分别考虑以下情况：

（1）无孔受拉翼缘；

（2）不同尺寸的两孔受拉翼缘。

孔洞分布在跨中的受拉翼缘处，孔洞尺寸根据 $A_n/A_g = 0.5$、0.6、0.7、0.75、0.8、0.85 和 0.9 分为 7 种。试件 A-100 表示梁的翼缘无孔洞，而试件 A-75 表示翼缘净截面面积占翼缘总面积的 75%，而孔洞面积为 25%。从图 5 中可以看出无翼缘孔梁能承受高于理论塑性弯矩更高的弯矩。试验得到的钢梁极限弯矩为 214kJ，比理论塑性弯矩要高出 22%，其中理论塑性弯矩是基于钢材出厂合格书上的屈服强度得到的。从图 5 中可以求得梁的转动延性。以梁的理论抗弯承载力时的转角为基准，

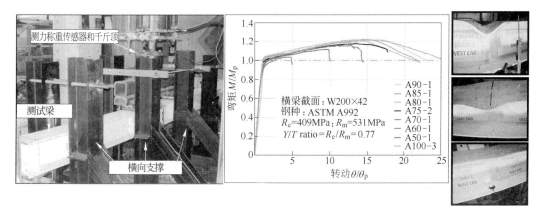

图 5　带有单孔的受拉翼缘梁的抗弯性能

与极限弯矩对应的延性 $\theta_m/\theta_p^+ = 15.2$，与下降的强度对应的总的极限延性系数 $\theta_p^-/\theta_p^+ = 25.2$。显而易见，转动延性系数和应变延性系数有很大差异。正如图 5 中所示，实心梁的最终失效是由于受压翼缘的局部失效而导致的。由于受拉伸的翼缘孔的尺寸增大而引起了最终位移的增大，试件的极限弯矩、极限延性系数和总的延性系数下降。同时，试件的破坏模式从局部屈曲变成受拉翼缘断裂破坏。当满足条件 $(A_n/A_g) > (R_e/R_m) = Y/T$ 时，这种变化可以得到证实。不过，对于 $A_n/A_g = 0.5$ 的孔较大的梁，在翼缘的孔洞处发生净截面破坏，梁总的转动延性系数大于 5。

4 当前北美钢铁设计规范对屈强比的规定

加拿大的"钢结构极限承载力设计规范-CAN/CSA-S16-01"（CSA，2005）为加拿大钢结构的设计、制造以及安装提供了相关准则。本设计是基于极限状态的理念。结构钢必须满足 CSA—G40.20/G40.21（CSA，2005）标准或者 ASTM—A992/A992M（ASTM，2008）标准。标准允许使用的"结构钢"包括 8 个强度等级（钢材屈服强度在 260～700MPa 之间）以及 7 种类型：W 型可焊钢，WT 型焊接缺口-韧性钢，R 型耐大气腐蚀钢，A 型耐大气腐蚀可焊钢，AT 型耐大气腐蚀焊接缺口-韧性钢，Q 型低合金淬火回火钢板，QT 型低合金淬火回火缺口-韧性钢板。350A 以及 350AT 型钢通常用在桥梁上，而 350W 型钢则通常用在房屋建筑上。如今加拿大已经不再生产 350W 级别的钢了，而广泛采用 ASTM 标准下的 A992 级和 A572 号 50 级的钢材。在美国，W-型钢采用最为广泛的标准是 ASTM A992。因此，国际钢铁生产商生产出了满足多个北美规范要求的宽翼缘和其他标准下的工字型截面梁。以上所讨论的每一种钢材可以被用在基于弹性分析的土木结构设计领域，以及低地震区的建筑结构上。

在进行结构设计的塑性分析时，钢材的屈强比应满足 $Y/T = R_e/R_m \leqslant 0.85$（2005 年 CSA 的 8.6 号条款），通常情况下，除 700Q 以及 700QT 钢之外，其余钢材均满足规范对屈强比限值的要求。为防止过早的局部屈曲，加拿大钢结构极限承载力设计规范规定了工字型截面板件的宽厚比：翼缘 $b/t \leqslant 145/\sqrt{R_e}$，腹板 $h/w \leqslant 1100/\sqrt{R_e}$（规范第 11 条），为防止梁过早的侧扭屈曲，相邻两支撑间长细比必须满足条件：$(L_{cr}/r_y) \leqslant (25000 + 15000\kappa)/R_m$，其中 κ 是在无支撑区段的两端较大和较小计算端弯矩之比（使构件产生同向曲率时为正，反向曲率时为负）（规范第 13.7 条）。高强度钢梁更容易发生侧扭屈曲，因此，就需要在钢梁平面外设置更密集的支撑。用在消能抗震方面的结构用钢必须满足以下条件：

$$Y/T = R_e/R_m \leqslant 0.85$$

此外，R_e 的值不应超过 350MPa。非弹性设计的柱子仅用于柱基，其材料的 R_e 的值不应超过 480MPa（CSA，2005，第 27.1.1.5.1 条）。规范对延性抗弯框架中的梁、延性偏心支撑框架中的连梁和延性钢板墙的梁的翼缘和腹板宽厚比做了限制：翼缘 $b/t \leqslant 145/\sqrt{R_e}$，腹板 $h/w \leqslant 1100/\sqrt{R_e}$。梁的长细比满足 $(L_{cr}/r_y) \leqslant (17250 + 15500\kappa)/R_e$（CSA，2005，第 27 条）。

对于带孔的梁，当孔面积不超过翼缘毛截面面积的 15% 时，可基于毛截面的承载性能进行设计（CSA，2005，第 14.1 条）。否则应从毛截面面积中减去超出的部分并重新验证截面的承载性能。包括偏心支撑框架中的受拉支撑构件在内的受拉构件，其设计承载力应不小于 $A_g \cdot R_e$ 和 $0.85A_n \cdot R_m$。换句话说也就是当 $(A_n/A_g) > 1.176(R_e/R_m)$ 时，可以以截面面积计算其抗拉承载力。否则截面的抗拉承载力必须被限制在 $[0.85(A_n/A_g)/(R_e/R_m)] \cdot (A_g \cdot R_e)$ 条件下。

在加拿大，固定和可移动高速公路桥梁的设计、评估以及加固设计通常采用国家标准 CAN/CSA-S6-06 即《加拿大公路桥梁设计规范》（CSA，2006）。尽管该规范给出了桥梁用钢断裂韧性的要求，同时它也允许使用满足 CSA G40.20/G40.21（CSA，2004）规范的钢材。但是要求耐候钢必须使用 A 型耐大气腐蚀可焊钢，易断裂构件和受拉构件必须使用 AT 型、WT 型或者 QT 型钢。虽然 CAN/CSA-S6-06 要求在结构分析中应该酌情考虑结构的小挠度和大挠度理论，但规范对屈强比没有专门规定，因为规范将材料视为弹性材料并建议对桥梁进行弹性分析。不过，由于规范中的有关钢结构条款借用了《极限状态钢结构设计标准》——CAN/CSA-S16-01（CSA, 2005），因此只有受拉构件中材料的屈强比有一定提高。而在结构的塑性设计中，连续梁的非弹性转动能力仍然通过限制腹板和翼缘的宽厚比实现（即：$b/t \leq 145/\sqrt{R_e}$，$h/w \leq 1100/\sqrt{R_e}$）。

ANSI/AISC 360—05（AISC, 2005a）即《美国钢结构设计规范》为美国钢框架以及其他结构形式的设计提供了设计标准。低地震区钢结构的设计、制造以及安装，可以完全依据上述规定。然而，对于高地震区的钢结构建筑物，除了依据上述规定外，还必须满足钢结构建筑抗震设计规范——ANSI/AISC 341—05（AISC, 2005b）的基本要求。AISC 360—05（AISC, 2005a）允许使用满足 ASTM 2008 系列标准的热轧和其他结构钢材，但 ASTM A992/A992M 是 W 型钢最常用的型号。在有地震荷载作用的结构构件中，为利用结构的非弹性性能，钢材的屈服强度不应超过 345MPa（50ksi），同样，在结构非弹性设计和分析中，预期将产生塑性铰的构件其材料的 R_e 值不应超过 450MPa（AISC-360-附录 1-1.2 条）。规范对于预期承受塑性铰的"厚实"截面的腹板和翼缘宽厚比做了规定：工字型截面翼缘 $b/t \leq 0.38\sqrt{[E/R_e]} = 170/\sqrt{R_e}$，腹板 $h/w \leq 3.76\sqrt{[E/R_e]} = 1682/\sqrt{R_e}$（AISC-360-表 B4.1）。为防止钢梁过早的出现侧扭屈曲，支撑架上支撑铰链间距离最近的两点的横向长细比必须满足条件：$(L_{pd}/r_y) \leq [0.12 + 0.076(M_1/M_2)][E/R_e] = [24000 + 15200(M_1/M_2)]/R_e$，其中 M_1、M_2 分别为支撑长度范围内两端的较小端弯矩和较大端弯矩（使构件产生同向曲率时为正，反向曲率时为负）（AISC-360-附录 1：第 1.7

条）。

受拉构件按照全截面拉伸屈服时的最小值（$A_g \cdot R_e$）和净截面的断裂强度（$A_n \cdot R_m$）进行设计。但是在 AISC-360（CSA, 2005a）相关的抗力因子是不同的。鉴于上述差异并为和先前的加拿大规范（CSA, 2005）匹配，本规范规定：在满足（A_n/A_g）> 1.2（R_e/R_m）的条件下，可以采用毛截面来确定承载力。否则抗拉承载力必须限制在 $[0.833(A_n/A_g)/(R_e/R_m)] \cdot (A_g \cdot R_e)$。根据 AISC-360-F13 标准（AISC, 2005a），对于受拉翼缘带孔的梁，受拉翼缘的断裂要考虑以下几种情况：

（1）当 $R_e/R_m < 0.8$ 时，满足（A_n/A_g）>（R_e/R_m）时可不发生断裂；当 $R_e/R_m > 0.8$ 时，满足（A_n/A_g）> 1.1（R_e/R_m）时刻不发生断裂。此时可以采用毛截面确定截面的抵抗弯矩。例如对于屈强比为 0.8 的钢，有 20% 的截面面积可以不参与受力，并随着屈强比的提高而下降。

（2）如果以上条件不能满足，梁的抗弯承载力由受拉翼缘的断裂控制，即 $[(A_n/A_g) \cdot (S/Z)/(R_e/R_m)]M_p$，其中 M_p 为塑性弯矩承载力，S 和 Z 分别为弹性和塑性截面模量。

在高地震区，钢结构抗震体系延性设计可分为以下 3 种：

（1）延性；

（2）适度延性；

（3）有限延性。

按照 AISC-341 标准（AISC, 2005b），相应的抗震框架分为特殊抗弯框架（SMF），中等抗弯框架（IMF）和普通抗弯框架（OMF）。特殊抗弯框架在地震荷载作用下将产生较大的非弹性变形。因此，在该系统中，屈强比或许会扮演一个重要的角色，考虑到文章篇幅所限，我们在此仅就特殊地震载荷抵御系统进行讨论。通常而言，与这些特殊系统有关的构件，包括 SMF 体系的梁柱都应该是"抗震厚实"截面（翼缘宽厚比 $b/t \leq 0.30\sqrt{[E/R_e]} = 134/\sqrt{R_e}$，腹板宽厚比 $h/w \leq 2.45\sqrt{[E/R_e]} = 1096/\sqrt{R_e}$（AISC-341-表 1-8-1））。梁翼缘应设置侧向支撑，支撑间的长细比满足 $(L_b/r_y) \leq$ $0.086[E/R_e] = 17200/R_e$，对于适度延性和普通抗侧体系的长细比可以适度放宽。

美国荷载与抗力系数桥梁设计规范（AASHTO. 2007）在公路桥梁的设计、评估和结构修复加固设计中应用广泛。尽管 ASTM A709/709M 已经涵盖了桥梁钢，但 AASHTO 规范仍然包括了关于缺口韧性和焊接性的强制性要求。最新的 AASHTO 标准鼓励使用性能更好的高性能钢（HPS）来代替传统的桥梁钢，并列出了最小应力屈服强度在 250 ~ 690MPa 之间的 7 种钢，其抗拉强度范围为 400 ~ 760MPa。屈强比在 0.63 ~ 0.91 之间。AASHTO 钢结构设计条款大部分是来源于《加拿大公路桥梁设计规范》（CSA，2006）、《美国钢结构设计规范》、ANSI/AISC 630—05（AISC，2005a）以及其他一些规范。例如，对于受拉构件的设计，满足 $(A_n/A_g) >$ $1.188(R_e/R_m)$ 时，按毛截面承载力设计。否则设计承载力应小于 $0.842(A_n/A_g)/(R_e/R_m)$。对于连续"厚实"梁，通过限制翼缘和腹板的宽厚比来保证其非弹性转动能力：翼缘 $b/t \leq 0.38\sqrt{[E/R_e]} = 170/\sqrt{R_e}$，腹板 $h/w \leq$ $3.76\sqrt{[E/R_e]} = 1682/\sqrt{R_e}$，同时要求受压翼缘支撑间的长细比 $(L_b/r_y) \leq [0.12 + 0.076(M_1/M_2)](E/R_e) = [24000 + 15200(M_1/M_2)]/R_e$。总之，在桥梁结构的应用中，应当对材料的延性以及屈强比加以限制。

5　结论

土木工程结构，如建筑以及桥梁，其设计应当满足正常使用以及地震等极端服役条件下的使用及服役安全的性能要求，以免于垮塌崩溃。为了最大限度的提高钢结构的经济效率，防止在地震等极端情况下结构的倒塌，我们应该很好地利用结构的延性。在当今几乎所有的结构设计中，建筑物通过结构框架的能量耗散能力经受巨大的非弹性变形，使之能在大地震作用下生存下来。为保证在地震中结构的耗能以及按塑性设计的构件发生弯矩重分布，构件受力过程中形成的塑性铰必须能发生非弹性的转动并且不损失截面的抗弯能力。近年来，结构钢的屈服强度和屈强比不断增加。一般来说，屈强比随着屈服强度和抗拉强度的增加而增加。在结构受力处于弹性阶段或结构设计为非延性设计时，即便结构承受很大的荷载，屈强比对设计都几乎没有影响。但当结构承受的应力处于应变强化阶段时，屈强比对设计会产生影响。在带有紧固孔的受拉构件和受拉翼缘中，屈强比将决定它们是截面破坏（延性破坏）还是净截面破坏（脆性破坏）。为防止翼缘和腹板的局部屈曲，屈强比会影响宽厚比大小以及延性抗侧体系中梁受压翼缘的长细比。在当前的北美钢铁设计规范中，屈强比仅在加拿大建筑设计规范中被明确的提到，该规范指出，抗震钢框架中作为耗能单元的钢材以及钢结构塑性设计中的钢材，其屈强比 $Y/T = R_e/R_m \leq 0.85$。但是在这些规范中并未直接规定受拉构件和梁的屈强比大小，而是限制抗震构件中钢材的最大屈服强度。尽管采用屈强比来评判钢结构单元、钢构件和钢框架承受塑性荷载下的非弹性变形能力是非常方便的，但其他因素也会影响其变形能力。

参 考 文 献

1　AASHTO (2007), AASHTO LRFD Bridge Design Specifications (SI Units), American Association of State Highway and Transportation Officials, Washington, D. C., U. S. A.

2　AISC (2005a), Specification for Structural Steel Buildings, ANSI/AISC 360-05, American Institute of Steel Construction, Inc. , Chicago, Illinois, U. S. A.

3　AISC (2005b), Seismic Provisions for Structural Steel Buildings, ANSI/AISC 341-05, American Institute of Steel Construction, Inc. , Chicago, Illinois, U. S. A.

4　Arasaratnam, P. (2008), "Effects of Flange Holes on Flexural Behavior of Steel Beams", Ph. D. Thesis, McMaster University, Hamilton, Ontario, Canada, p. XXV, p. 350.

5   ASTM (2008), Annual Book of ASTM Standards, Section: 1-Iron and Steel Products, 〔A370-07-Standard Test Methods and Definitions for Mechanical Testing of Steel Products, A36-Standard Specification for Carbon Structural Steel, A572/A 572M-Standard Specification for High-Strength Low-Alloy Columbium-Vanadium Structural Steel, A709/A 709M-Standard Specification for Structural Steel for Bridges, A913/A913M-Standard Specification for High-Strength Low-Alloy Steel Shapes of Structural Quality Produced by Quenching and Self-Tempering Process (QST), A992/A 992M-Specification for Structural Steel Shapes〕ASTM International, PA, U. S. A.

6   Bartlett, F. M., Dexter, R. J., Graeser, M. D., Jelinek, J. J., Schmidt, B. J., and Galambos, T. V. (2003), Updating Standard Shape Material Properties Database for Design and Reliability, Engineering Journal, First Quarter, pp. 2-14.

7   Brockenbrough, R. L. and Merritt, F. S. (2006), Structural Steel Designer's Handbook, 4th Edition, McGraw-Hill, New York, U. S. A.

8   Brockenbrough, R. L. (2003), MTR Survey of Plate Material Used in Structural Fabrication, Engineering Journal, AISC, First Quarter, pp. 42-49.

9   CSA(2004), General Requirements for Rolled or Welded Structural Quality Steel/ Structural Quality Steel CAN/CSA G40.20-04/G40.21-04, Canadian Standards Association, Mississauga, Ontario, CANADA.

10 CSA (2005), Limit States Design of Steel Structures, CAN/CSA-S16-01, Canadian Standards Association, Mississauga, Ontario, CANADA.

11 CSA (2006), Canadian Highway Bridge Design Code, CAN/CSA-S6-06, Canadian Standards Association, Mississauga, Ontario, CANADA.

12 Dalli, M. L. and Korol, R. M. (1994), Local Buckling Rules for Rotation Capacity, Engineering Journal, AISC, Second Quarter, pp. 41-47.

13 Dexter, R. J., Graeser, M., Sarri, W. K., Pascoe, C., Gardner, C. A., and Galambos, T. V. (2000), Structural Shape Material Property Survey, University of Minnesota, MN, U. S. A.

14 Dexter, R. J., Alttstadt, A., and Gardner, C. A., (2002), Strength and Ductility of HPS70W Tension Members and Tension Flanges with Holes, Research Report, University of Minnesota, Minneapolis, MN, U. S. A.

15 Frank, K. H. and Read, D. R. (1993), Statistical Analysis of Tensile Date for Wide-Flange Structural Shapes, University of Texas at Austin, Austin, TX, U. S. A.

16 Galambos, T. V. and Ravindra, M. K. (1978), Properties of Steel for Use in LRFD, Journal of the Structural Division, ASCE, Vol. 104, ST9, September, pp. 1459-1468.

17 Green, P. S., Sause, R., and Ricles, J. M. (2002), Strength and Ductility of HPS Flexural Members, Journal of Constructional Steel Research, Vol. 58, pp. 907-941.

18 Earls, C. J. (2000), Influence of Material Effects on Structural Ductility of Compact I-Shaped Beams, Journal of Structural Engineering, ASCE, Vol. 126, No. 11, pp. 1268-1278.

19 Jaquess, T. K. and Frank, K. H. (1999), Charecterization of the Material Properties of Rolled Sections, Technical Report for SAC Joint Venture, University of Texas, Austin, TX, U. S. A.

20 Kayser, C. R., Swanson, J. A. and Linzell, D. G. (2006), Characterization of Material Properties of HPS-485W(70W) TMCP for Bridge Girder Applications, Journal of Bridge Engineering, Vol. 11, No. 1, pp. 99-108.

21 Kennedy, D. L. J. and Gad Aly, M. (1980), Limit States Design of Steel Structures-Performance Factors, Canadian Journal of Civil Engineering, Vol. 7, pp. 45-77.

22 Kuwamura, H. and Kato, B. (1989), Inelastic Behaviour of High Strength Steel Members with Low Yield Ratio, Pacific Structural Steel Conference, Australian Institute of Steel Construction, Australia, pp. 429-437.

23 Lilly, S. B., and Carpenter, S. T. (1940), Effective Moment of Inertia of a Riveted Plate Girder, Transactions, American Society of Civil Engineers, Paper No. 2089, pp. 1462-1517.

24 Sause, R. and Fahnestock, L. A. (2001), Strength and Ductility of HPS-100W I-Girders in Negative Flexure, Journal of Bridge Engineering, ASCE, Vol. 6, No. 5, pp. 316-323.

25　Sooi,T. K. , Green, P. S. , Sause, R. and Ricles, J. M.
(1995), Stress-Strain Properties of High-Performance
Steel and the Implication for Civil-Structure Design,
Proceedings of the International Symposium on High
Performance Steels for Structural Applications, Cleve-
land, Ohio, U. S. A, pp. 35-43.

26　Yamanouchi, H. , Kato, B. , and Aoki, H. (1990),
Statistical Features of Mechanical Properties of Cur-
rent Japanese Steels, Materials and
Structures, Vol. 23.

（北京科技大学　任勇强　译，
清华大学　施　钢　校）

高强度 Nb 微合金化热轧结构钢卷（定尺板）

Nitin Amte[1]，Gadadhar Ghosh[2]，S. K. Tiwary[3]

（1）、（2）、（3）Research and Product Development

Essar Steel Limited，Hazira，Surat，394 270. Gujarat，India

摘　要：热轧带钢产品一般根据建筑和工程机械行业的各种要求进行直接应用，这就要求钢材具有高的强度级别、高的成形性和良好的冲击韧性。这些综合性能使得建筑和工程机械行业能够满足重型结构的严格要求，因此，对结构的总体寿命产生了直接影响。为了满足这些要求，埃萨钢铁有限公司对于热轧高强度钢的发展，主要关注两个不同的概念：一个是高强度微合金化热机械轧制钢卷，另一个是相变强化钢（铁素体贝氏体钢、多相钢）。本文重点关注新开发的两种高强度 Nb 微合金化钢，其最小屈服强度分别为 600MPa 和 650MPa，并且在 0℃ 以下也具有良好的冲击韧性。本文也很关注这些钢种合金设计和工业生产过程中的许多方面。这种高强度钢特定的力学和机械工艺性能与复合组织密切相关，其组织组成为：铁素体、不规则铁素体、贝氏体、马氏体和微合金化组元。

关键词：强化机制，相变，热机械轧制，细化晶粒

1 引言

在过去的几年里，包括建筑工程领域对于钢种的高强度和良好的成形性的要求一直在不断提高。现如今研究的主要目标在于降低建筑构件的重量，但不影响材料的寿命。目前高强度低合金钢一直采用热连轧机进行生产，其应用范围为屈服强度 280 ~ 550MPa。近几年，由于热轧高强钢板能够替代热处理钢板，其需求已大大增加。由于能够降低成本和节约能源，

目前在机械行业采用热轧钢板代替调制板（Q&T）已经激发了科研工作者浓厚的兴趣。此外，调质板有固有的冶金缺陷，如残余奥氏体、残余应力、淬火开裂和变形。为了满足许多应用领域减少钢板重量的要求，埃萨钢铁有限公司研发出了超高强度级别的钢种，厚度为 3 ~ 10mm 的钢板，其屈服强度为 600 ~ 650MPa。图 1 所示为通过热连轧机组生产的普通高强度和超高强度热轧钢板的基本概况。从图 1 中可以看出从普通强度钢到超高强度甚

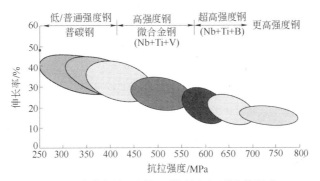

图 1　埃萨钢铁不同级别热轧钢级别整体概述

至更高强度钢的发展趋势。这些钢种都是在过去的几年里进行研究和开发的，旨在满足各领域市场包括建筑工程在内的不同应用。

为了达到如此高强度级别，必须优化各种强化机制，各种强化机制描述如下：

（1）间隙和置换元素（C，Mn，Si）产生的固溶强化；

（2）析出强化和细化晶粒（Ti，Nb，V）；

（3）位错和相变产生的强化。

高强钢的研发首先是确定最佳的化学成分设计，要考虑到每种元素对钢种最终性能的影响。第二，要采用恰当的轧制工艺，如热机械轧制、多级冷却或者加速冷却，这样才能获得理想的组织。考虑到强化机制，对高强度热轧带钢可以依据两个不同的概念进行分类，一个是高强度微合金化热轧钢，例如利用晶粒细化和析出强化的热机械轧制钢。另一个是相变强化钢（铁素体贝氏体钢、多相钢）。相变强化是以位错强化、晶粒细化和固溶强化为基础的。然而，尤其是旨在获得更高强度水平时，必须综合使用上述各种强化机制，以实现高强度和超高强度水平。众所周知，典型的铁素体和珠光体组织能够达到 500MPa 的强度级别，欲获得更高的强度级别，则需要得到贝氏体组织，典型的贝氏体钢的屈服强度约为 700MPa。随着钢中贝氏体组元量的增多，钢材通过细化晶粒和增加位错密度能够获得更高的强度，且不降低材料韧性，其中更加细小的晶粒尺寸能够弥补位错强化导致的韧性恶化[1,2]。这种冶金概念的选择是基于低碳铁素体-贝氏体钢，以使其达到强度、韧性、焊接性、弯曲或成形性及适用性的最佳配合。本文的目的是描述此类钢种的研发工作，其中包括合金成分和热机械加工参数的设计与优化，以获得最佳的强度和韧性匹配。

2　初步结果

一般情况下，低碳微合金钢中碳含量小于 0.080❶%，锰含量大约为 1.50%，且利用微

---

❶　质量分数。

合金化的理念来获得细晶组织。研发超高强度热轧钢的根本依据是通过控制轧制和合金化设计，使得在热轧过程中产生铁素体贝氏体组织。

研发过程中采用的基本原则是充分利用铌和硼对材料力学性能产生的显著影响。复合添加 Nb 和 B 大大降低铁素体的形核率，比 C-Mn 钢板低约 100 倍，这样在碳含量为 0.05% 的情况下，即使较低的冷却速率，也能够提供比较宽的贝氏体形成范围。硼的作用是分布在奥氏体晶界，由于硼原子与晶格缺陷（如位错、空位等）之间强烈的相互作用，阻止了铁素体形核，从而使得控轧控冷后溶质硼能够促进细化的贝氏体组织的形成。虽然为达到最终性能碳元素起了很大的作用，但碳含量要尽量低，这样才能在冷却的过程中避免马氏体的形成。碳元素对材料韧性、焊接性和成形性也都是有害的，但是，碳含量不能过低，否则晶粒细化不充分，会降低材料的韧性。

为了确保硼对淬透性的影响，必须通过一些强氮化物形成元素将氮固定下来。钛元素对氮有更好的亲和性，因此在化学计量比下能保持稳定。并且，形成的 TiN 在热轧前的再加热过程中能够阻止奥氏体晶粒的长大。根据文献报道的因素，选用最佳的合金成分设计以及适当的热机械加工参数，以确保获得强度、韧性、良好的弯曲以及优良的焊接性能的组合[1]。

3　试验

基于单个元素对钢材性能影响的初步研究，并且考虑到在钢中添加 Nb + Ti + B 的综合优势，埃萨钢铁有限公司进行了初步的试验工作。炼钢的化学成分基于初步的合金设计，其屈服强度分别为 600MPa（SR60）和 650MPa（SR65）。这两炉钢均在埃萨钢铁有限公司采用如下的工艺路线：HBI→EAF→LF→CCM→HSM。图 2 为埃萨钢铁工艺流程示意图。其化学成分如表 1 所示。

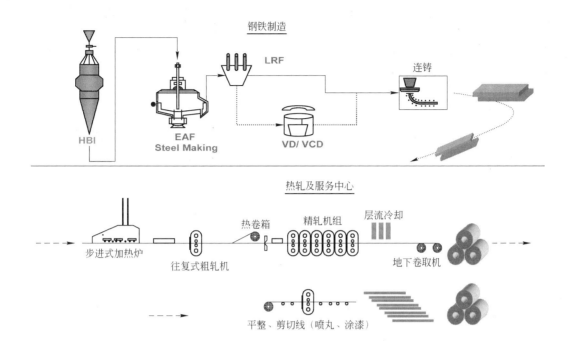

图 2　埃萨钢工艺流程图

表 1　微合金钢 SR60 及 SR65 的化学成分

钢　种	化学元素（质量分数，%）							
	C, max	Mn, max	Si, max	S, max	P, max	Al, min	Nb + Ti, max	B, max
SR60	0.060	1.600	0.250	0.005	0.015	0.020	0.120	0.0020
SR65	0.050	1.700	0.200	0.005	0.015	0.020	0.150	0.0020

钢中的主要化学成分基本目标是：C < 0.060% 、Mn < 1.70% 、Si < 0.25% 。其次的化学元素是 Nb + Ti（最多 0.15%）和 B（最多 20×10^{-4}%）。对钢种还要进行钙处理以便夹杂物改性。热轧生产过程以热机械加工过程开始。该过程包括钢板的再加热过程，即在 1220 ~ 1260℃ 保温。再加热温度能够控制在铸造后的冷却过程中形成的 Ti 和 Nb 析出物的溶解。钢中 TiN 能阻止奥氏体晶粒粗化。钢坯在规定的粗轧出口温度下，使用可逆的四辊轧机粗轧成中间坯。中间坯再立即进入板卷箱中热卷取，从而保证了沿中间坯长度方向温度一致性。随后，在预定的初轧温度下在四辊轧机中对中间坯进行 6 道次连轧，并在每一道次的轧制中保持一定的压下量。在输出辊道上通过两级冷却进一步冷却到规定温度，以获得所需的微观组织，进而获得所需的拉伸性能。带钢在规定温度下保温一段时间后在卷取机上进行卷取。图 3 所示为热轧带钢机生产出的钢卷。

图 3　埃萨钢铁热轧带钢机生产出的钢卷

试验的几炉钢通过热轧到 3 ~ 10mm 厚。对热轧钢卷进行沿着长度方向的拉伸和冲击韧性测定，以检测性能偏差。对结构来说，弯曲性能是一项最重要的指标，因此，对材料不同弯曲半径下的性能进行了测试，得到了材料的临界弯曲半径。从质量和数量上分别对不同厚度轧板的微观组织进行了分析。最终，在服务中心对热轧钢卷进行定尺剪切，剪切成使用形状后评估钢板的性能。

4　结果与讨论

4.1　力学性能

建筑用钢板的主要性能是屈服强度（R_e）、抗拉强度（R_m）、总伸长率（$El\%$）以及低温韧性和良好的成形性。不仅要使板带在热轧条件下具有这些性能，还要使板带在经过处理后仍然能满足性能要求。建筑用高强度级别钢要求能够满足一定的弯曲操作和可焊接性。表 2 所示为热轧后 SR60 和 SR65 钢的性能。对钢卷沿着长度方向不同位置的拉伸性能也进行了测试。图 4a 和图 4b 显示了钢卷长度方向的拉伸性能。图 5 所示为 SR60 和 SR65 钢典型力学性能的比较。

表 2　热轧 SR60 和 SR65 钢的力学性能

钢种	室温力学性能				
	屈服强度 /MPa	抗拉强度 /MPa	伸长率 /% (50mm)	180° 弯曲	−20℃ 冲击功 /J
SR60	>600	670 ~ 710	26 ~ 28	1.0 × 厚度	180
SR65	>650	740 ~ 760	16 ~ 20	1.0 × 厚度	175

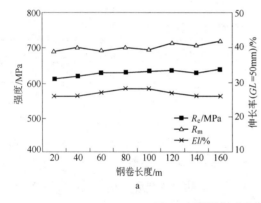

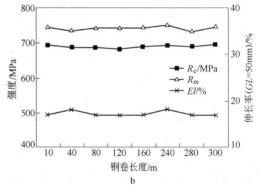

图 4　钢卷沿长度方向不同位置的拉伸性能

a—SR60；b—SR65

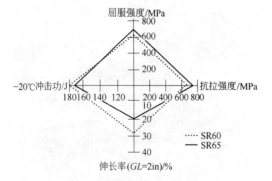

图 5　SR60 和 SR65 钢典型
力学性能的比较

4.2　弯曲性能

就弯曲性能而言，在切割边缘被打磨后，两种材料均能在弯芯半径为带钢厚度 1 倍条件下弯曲 180°。这种材料在对折弯曲实验中也表现出良好的性能，并未出现裂纹。图 6 所示为弯曲测试的试样。

4.3　夏比冲击韧性

对两种钢在 0 ~ −40℃ 不同温度下进行横向 V 形缺口冲击韧性测试。图 7 所示为两种钢

图6　SR65钢180°弯曲

的转变曲线。从实际应用的角度来看，－20～－30℃的温度范围尤为重要。两种钢在此范围内冲击功均超过50J。这种韧性是由于晶粒细化和夹杂物形貌改性。同时，由于贝氏体相阻碍裂纹扩展，对提高材料韧性也起到了一定的作用。

表3　SR60及SR65微观组织概况

钢　种	夹杂物级别 ASTM E-45	粒径 /μm	显微组织
SR60	< Thin 1.0 D	< 6.00	铁素体＋贝氏体
SR65	< Thin 1.0 D	< 5.00	铁素体＋贝氏体

采用2%硝酸酒精溶液对试样进行化学侵蚀，同时，用Le-Pera试剂侵蚀试样以显现出钢中不同的相。图8a、图8b和图9a、图9b分别为热轧SR60、SR65光学和扫描电镜显微

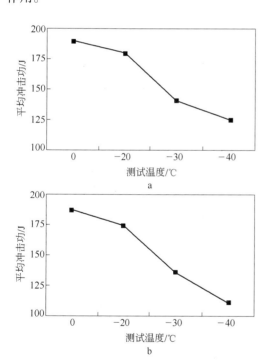

图7　SR60和SR65钢冲击韧性转变曲线

4.4　晶粒尺寸及微观结构

按照金相标准程序制备横向和纵向试样。分析试样夹杂物评级、晶粒尺寸和微观组织。表3所示为SR60和SR65钢微观组织观察结果。

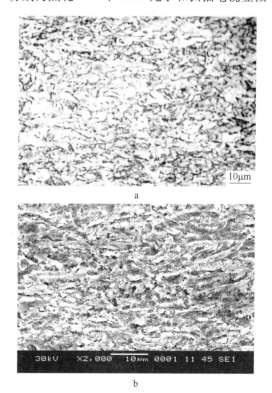

图8　SR60金相照片

a—光学组织（侵蚀剂：Lepera）；

b—扫描电镜组织（侵蚀剂：2%硝酸酒精溶液）

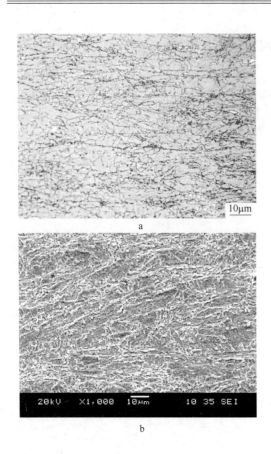

图9　SR65金相照片

a—光学组织（侵蚀剂：Lepera）；

b—扫描电镜组织（侵蚀剂：2%硝酸酒精溶液）

照片。由图可知，钢中主要的微观组织是铁素体，其次是贝氏体。贝氏体区的主要特征是存在显著的片状碳化物结构。由图9a可以看出，铁素体晶粒细小并沿着轧制方向伸长。铁素体的延伸是由于在控制轧制过程中奥氏体的形变所引起的。微合金元素Nb、Ti对转变动力学过程，如回复、再结晶和晶粒长大有很大的影响。微合金成分同样也会影响变形奥氏体组织以及晶粒尺寸。碳化物形成元素Nb和Ti在精轧过程中能够起到阻碍再结晶的作用，从而形成压扁的奥氏体结构，在奥氏体和铁素体转变过程中促进晶粒细化。从以上微观组织也可以推断出，在转变过程中，奥氏体晶粒保持其伸长状，这种晶粒形貌及可能发生的部分回复过程共同影响了铁素体形核，从而形成更加细小的多边形铁素体组织。同时，再结晶温度的升

高以及奥氏体再结晶的延迟均有利于细化晶粒[3,4]。

4.5　强化机理

在微合金钢中，屈服强度与微观组织并没有直接的联系。正如先前提到的，微合金钢的强度源于不同的强化机制。对于普通碳钢来说，其化学成分和晶粒尺寸与屈服强度的关系可用公式（1）近似估算[5,6]。

$$\sigma_{基体} = \sigma_o + \left(15.4 - 30w(C) + \frac{6.09}{0.8 + w(Mn)} \right) \cdot d^{-1/2} \quad (1)$$

$$\sigma_o = 63 + 23w(Mn) + 53w(Si) + 700w(P) \quad (2)$$

基体强度单位为MPa；元素含量的单位是%；铁素体晶粒尺寸（d）单位为mm。就目前的Nb-Ti微合金化SR65钢来说，其平均晶粒尺寸为5μm。按照公式（1）估算材料的基体强度约为355MPa。位错和析出强化对材料强度的影响并不简单。Nb-Ti微合金钢中微观组织和屈服强度的关系如公式（3）所示[5,6]。

$$\sigma_y = \sigma_{基体} + \sigma_{位错} + \sigma_{析出} + \sigma_{相变} \quad (3)$$

以上公式中包括了碳和锰的固溶强化以及晶粒尺寸效应对强度做出的贡献。SR65钢的平均屈服强度约为680MPa，其中由公式（1）得出的基体强度约为355MPa，则Nb-Ti钢中位错、析出强化和相变强化对强度所做的贡献约为325MPa。

5　结论

通过以上研究得出如下结论：

（1）埃萨钢为包括建筑工程应用领域在内的不同领域开发了屈服强度分别为600MPa和650MPa的超高强度钢。除了固溶强化和细小晶粒尺寸对基体强度的贡献外，析出强化和相变强化也对强度做出了很大的贡献。

（2）超高强度钢特定的力学性能是由其复杂的微观组织决定的，其组织组成为：铁素

体、贝氏体和微合金化组元。细小的贝氏体组织使得材料得到了较好的强韧性匹配。这种组织可通过优化合金设计、热机械轧制并加以层流冷却控制得到。

（3）两种钢在 -40℃ 下的冲击吸收功均大于 50J，这可能是由于钢中细小的晶粒尺寸和细小的贝氏体组织的作用。实验材料在 D = 2t 条件下具有良好的弯曲性能，且材料具有良好的焊接性能。

（4）材料在最终的成形切削过程中依然能够满足需求，并未出现翘曲现象和其他材料缺陷。

致　谢

特别感谢埃萨钢铁对作者的帮助、支持及及时指导。同样感谢所有车间（炼钢厂、热轧带钢车间和服务中心）及质量检测部门，感谢他们在产品研发过程中的大力支持。最后，要感谢尊敬的客户，感谢他们对材料使用性能方面的及时反馈及需求上的建议。

参 考 文 献

1　R. D. K. Misra, H. Nathani, J. E. Hartmann and F. Siciliano, Microstructural evolution in a new 770MPa hot rolled Nb-Ti microalloyed steel, Material Science and Engineering A 394, 2005, p 339-352.

2　Yang H. Bae, Jae Sang Lee, Jong-Kyo Choi, Wung-Yong Choo and Soon H. Hong, Effects of austenite conditioning on austenite ／ ferrite phase transformation of HSLA steel. Material Transactions, Volume 45, No. 1, 2004, p 137-142.

3　R. D. K. Misra, S. W. Thompson, T. A. Hylton, A. J. Boucek, Micro-structure of hot rolled high strength steel with significant difference in edge formability, Metallurgical and Material Transaction, Volume 32A, 2001, p 745-760.

4　R. D. K. Misra, K. K. Tenneti, G. C. Weatherly, G. Tither, Microstructure and texture of hot-rolled Cb-Ti and V-Cb microalloyed steels with differences in formability and toughness, Metallurgical and Material Transaction Volume 34A, 2003, p 2341-2351.

5　D. V. Edmonds, R. C. Cochrane, Structure-property relationships in bainitic steels, Metallurgical Transaction, Volume 21A, 1990, p 1527-1540.

6　P. Chouqet, P. Fabregue, J. Giusti, B. Chamont, J. N. Pezant, F. Blanchet, in: S. Yue (Ed), Mathematical Modelling of Hot Rolling of Steels. The Metallurgical Society of CIM, Montreal, 1990, p 34.

（郑超超　译）

Nb 在 120mm 厚 TMCP 结构钢中的应用

P. Fluess, R. Valentin, V. Schwinn, F. Hanus

Aktiengesellschaft der Dillinger Hüttenwerke, Dillingen, Germany

摘　要： 近年来，控制轧制技术（TMCP）已经应用到了厚度达 120mm 的结构钢板中。当钢中存在微合金元素 Nb 时，在特定温度下进行控制轧制后，能够显著地细化晶粒。由于细晶结构能够改善钢材韧性，同时提高钢材的屈服强度，因此，TMCP 技术能够在化学成分添加量较少的前提下，使钢材达到要求的抗拉性能。化学成分含量（尤其是碳含量和碳当量）降低后，钢材的可焊接性大大提高。用 TMCP 钢来取代传统结构钢后，可以扩大焊接金属在各种焊接规范下的适用范围，得到可接受的 HAZ 性能，同时可以很大程度上节约成本，给钢板生产企业带来非常好的经济效益。

基于优良的母材以及 HAZ 性能，TMCP 厚板被大量应用于近海平台、桥梁、高层建筑、近海风力发电基座等大型工程结构中。本文简要介绍了 TMCP 钢板的生产流程以及一些焊接方面的相关内容，特别提到了近期 Dillinger Hütted 公司的一些 TMCP 钢板应用项目。

关键词： TMCP，Nb，结构钢，HSLA

1　引言

在过去的几年中，结构钢板的生产开始面临更加严峻的挑战。随着环境温度和工作温度的下降，钢板的设计和测试温度要求也进一步降低。北海项目中的 CTOD 标准测试温度已经从 -10℃ 降低到 -40℃（见图 1）。

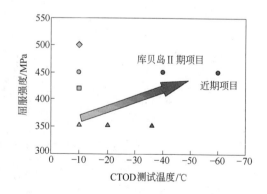

图 1　海洋平台用钢板技术要求的发展

工程结构的重量和成本对于节约资源来说非常重要，也就是说，在工程结构中需要应用更高等级的钢板，以此来减小钢板的厚度。对于复杂工程结构，可加工性是非常重要的一点。为了降低焊接过程中的预热和层间温度，需要新的工艺设计以达到降低碳当量的目的。对于以上要求，TMCP 工艺需要有特殊的解决方法。那么，上述内容与 Nb 有什么联系呢？

2　在 TMCP 工艺中加入 Nb 的原因

结构钢的生产中，Nb 对奥氏体化过程具有非常重要的作用。Nb 抑制变形后再结晶的作用与温度有关[1]。在较低的奥氏体温度区间，Nb 能够完全抑制再结晶。图 2 为 3 种合金元素（Nb、Ti、V）对再结晶的抑制作用随含量变化的对比图[2]。这种抑制作用使得轧后的奥氏体晶粒被拉长，因此，奥氏体转变为铁素体的形核位置大大增多。如果奥氏体在变形中或是变形后没有发生再结晶，这个过程就被称为热机械轧制工艺将获得的微观组织为非常细小的铁素体晶粒。许多文献 [1，3~6] 也对 Nb 在钢中的其他作用，如含 Nb 的碳氮化物阻碍晶格中的位错移动产生的析出强化效果，以及降低奥氏体向铁素体的转变温度等进行了研究。而 Nb 在 TMCP 工艺中所表现出的作用，仅仅通过热处理工艺是不能实现的。

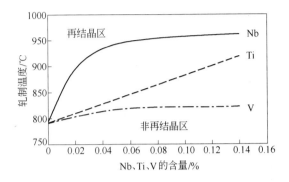

图 2　Nb、Ti 和 V 对奥氏体再结晶的
最低轧制温度的影响[2]

3　TMCP 工艺的优点

　　热轧后正火及部分 TMCP 轧制工艺曲线如图 3a 所示。再加热、奥氏体化、组织均匀化以及微合金元素的溶解在设定的不同温度区间内进行。对于板坯再加热后的常规轧制制度，轧制一般在奥氏体再结晶区进行。在终轧温度（T_{fr}）以下，钢板空冷至室温。然后通过额外的热处理过程来得到所需的钢板性能。而在 TMCP 轧制中，由于加入了诸如 Nb 等扩大非再结晶区的微合金元素，从而能够在非再结晶区进行轧制。钢板经过粗轧（再结晶晶粒细化的过程）后，随即在非再结晶区进行轧制。这样就能通过压扁奥氏体得到非常细小的铁素体晶粒。这种细晶微观组织可以通过不同的 TMCP 工艺来实现。最后一道轧制可以在两相区（$\gamma + \alpha$）利用铁素体的冷变形来进行，或者控制终冷温度（T_{fc}）和冷速，在奥氏体向铁素体的转变过程中通过加速冷却来进行。图 3b 和图 3c 为标准轧制工艺（N：正火过程）和不同 TM 工艺的对比图：其中包括工艺流程，屈服强度和微观组织晶粒细化程度的对比。可以看到，当屈服强度一定时，TM 工艺所需材料的碳当量相对于正火工艺较低（如图 4 所示），换句话说，当材料一定时，利用 TM 工艺轧制能够得到更高的屈服强度。

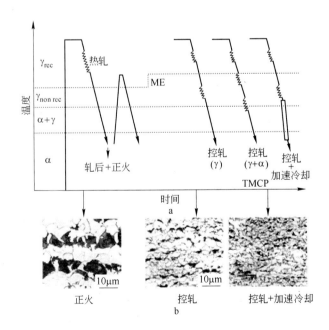

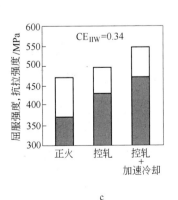

图 3　正火（N）和 TMCP 的工艺流程、微观组织以及性能对比
a—工艺；b—微观组织；c—性能

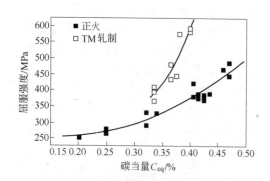

图 4　TMCP 钢-低合金含量

由于 TMCP 工艺能够获得细小的晶粒尺寸，在钢材强度提高的同时，韧性都得到了极大改善。从图 5 中可以看到，相对于正火工艺，TMCP 工艺处理后的试样韧脆转变温度降低，冲击功上平台能明显升高。当测试温度从 0℃ 降低到 -30℃ 或者更低时，如何使钢材仍然具有良好的韧性随即成为一个受到非常关注的问题。

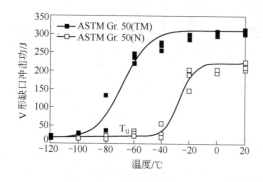

图 5　TMCP 钢-低合金含量

4　现代 TMCP 工艺：应对更困难的挑战

在过去几年里，钢板性能测试温度从 -10℃（北海项目）降低到了 -40℃（Sakhalin 和 Kashagan 项目）。为了将来能够适应更加恶劣的环境，必须使钢板具有在 -60℃ 的测试温度下性能达标的能力。Dillinger Hütte 公司在去年开发了一种 75mm 厚的特种钢。该钢种的屈服强度超过 450MPa，并且母材和 HAZ 同时具有 -80℃ 下的高韧性，CTOD 测试符合 -60℃ 的要求，DWT 测试在 -60℃ 下具有无塑性转变温度（NDT）[7]。

以上这种韧性要求可能会影响钢板的其他性能。但在钢铁企业的开发和投入下，可利用合金化和工艺控制技术来得到良好的综合性能。为了使得钢板具有高强度（TMCP 工艺下的结构钢强度需要达到 S500 级以上）和良好的低温韧性（满足 CVN、CTOD 和 NDT 测试），高纯净化是这类钢必需的前提条件。Dillinger Hütte 是一家集炼焦高炉炼铁、炼钢和两套轧机（Dunkerque 和 Dillingen）的综合型企业。在二次精炼中几乎进行 100% 的真空除气。其中一台连铸机是世界上最大的立式连铸机[8]，铸坯最大板厚达 400mm。由于铸坯厚度很高，本公司生产的 TMCP 结构钢的最大板厚可增大到 120mm[6]。

利用上面介绍的 TMCP 工艺，在轧制力强大的轧机上轧制板厚为 120mm 的厚板。正是由于厚板轧制的需要，轧机的轧制潜力被完全开发出来。每道次采用最大压下量可以改善厚板芯部的质量。这对于钢板在芯部和全厚度拉伸试验中取得良好的韧性非常重要。诸如再加热过程，在特定的开轧和终轧温度进行阶段轧制，以及随后的冷却过程都在严格监视和控制下完成。

为了得到良好的低温韧性，近年来开发出了 MULPIC 设备（多功能间歇式喷射冷却设备），实现在高速冷却和直接淬火加自回火过程所需的高冷速（图 6），以得到极其细小的晶粒组织确保钢板性能均匀[9~11]。钢板经过 MULPIC 冷却后，微观组织由铁素体-珠光体转变为铁素体-贝氏体和马氏体（图 7）。

5　工艺焊接性

5.1　TM 钢板的焊接

对于金属加工企业来说，TMCP 钢板与同等级同厚度的正火钢板相比，最显著的优势是焊接性能改善。同时也需要关注 HAZ 的硬度，氢脆引发的冷裂纹以及 HAZ 的韧性。

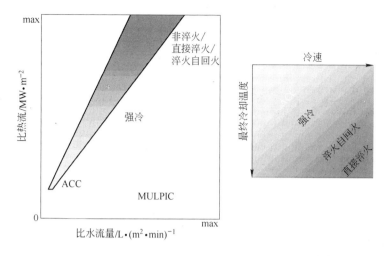

图 6   冷却强度、水流密度和冷却方式之间的关系[11]

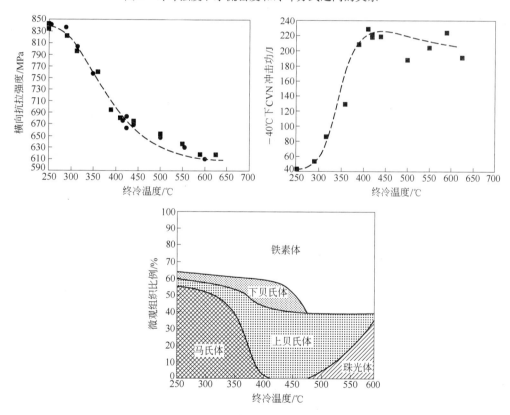

图 7   TMCP 钢-低的合金含量[9,11]

5.2   HAZ 的硬度

图 8 显示了两种 460MPa 级钢 HAZ 硬度随 $t_{8/5}$ 冷却时间变化的曲线。经过焊接条件为 $t_{8/5}$ = 10 ~ 30s 之间的常规焊接后，TMCP 钢 HAZ 的硬度明显低于 300HV。由于化学成分不同，TMCP 钢在试验的 $t_{8/5}$ 范围内 HAZ 硬度相对于正火钢下降了近 100HV。在较短的冷却时间下，HAZ 组织主要为马氏体，此时硬度的差异主要与钢中的碳含量有关，因为碳含量主导

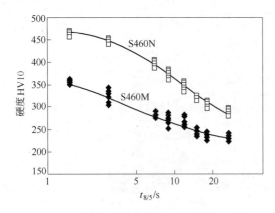

图 8　晶粒粗化的 HAZ 组织硬度
随焊接冷却时间变化的曲线

着马氏体的硬度。随着线能量的升高，合金含量和微合金元素的作用越发明显。如果规定了硬度范围在 350HV10 以内，则正火钢较高的 HAZ 硬度就限制了钢板的焊接工艺。

Nb 也是一种析出强化作用极强的元素。靠近焊缝区域的含 Nb 颗粒在高温下溶解后会在冷却过程中重新析出。Nb 的强化作用可以在 580℃ 左右的 PWHT 实验中观察到，此温度下钢中析出了大量半共格的第二相颗粒。

5.3　冷裂纹以及焊前预热的必要性

对于应用高强度钢生产大型结构的企业来说，如何防止焊接时产生氢致裂纹是非常重要的。虽然诸如预热以及焊后热处理等措施可以应对氢致裂纹对钢板的危害，但这需要耗费大量时间和资金，同时也难于在生产中进行控制。图 9 所示为不同热输入及对应的氢含量

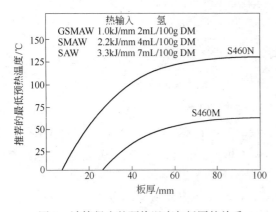

图 9　计算得出的预热温度与板厚的关系

下，一些典型焊接技术中推荐的最低预热温度随板厚变化的示意图。

用 TMCP 钢板取代正火钢板后，预热温度大大降低，甚至可以达到不预热的状态[12]。由此可见，当焊接技术发展到不预热的阶段时，可以大大降低氢的输入，同时也就意味着焊接成本的降低以及焊接质量的提高。

图 10 对比分析了 S355J2 + N 正火钢和高强度 Dillimax 500ML TMCP 钢的焊接工作范围。热输入的下限是为了避免氢致裂纹，热输入和道间温度的上限则是为了得到足够的强度和韧性。从图中可以明显看到，正火钢的焊接工作范围很小，而 TMCP 钢的范围很大，可以对其使用更高效的焊接工艺。

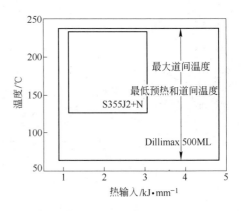

图 10　焊接工作范围

5.4　HAZ 韧性

对于近海平台用钢板来说，钢板 HAZ 需要在焊接热输入为 0.8 ~ 4.5kJ/mm 的不同焊接条件下具有足够的韧性。典型的北海规则要求钢板通过 -40℃ 的冲击韧性测试及 -10℃ 的 CTOD 测试（如图 11 所示）。Dillimax 500ML 钢板 HAZ 的冲击转变曲线如图 12 所示。由于 TMCP 钢具有较低的碳含量和微合金含量，焊后可以得到良好的韧性，在大范围的焊接热输入下韧性都不会恶化。在很多情况下，应用 TMCP 钢的焊接结构都不需要进行焊后热处理，这是因为这类钢在焊后已经具有很高的韧性以及适度的 HAZ 硬度。

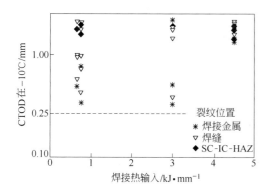

图 11 焊缝区域的 CTOD 实验结果
全尺寸 $B \times B$ SENB 试样，$a/W \sim 0.5$，
沿厚度方向开口，焊后状态，
数据来源于文献 [13]

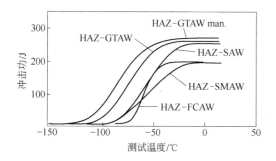

图 12 Dillimax 500ML 焊缝区域不同焊接
方法下的冲击曲线 [14]

6 Dillinger Hütte 公司生产的 TMCP 钢板的应用

下面章节将介绍部分应用 TMCP 钢板的大型工程结构项目。所有级别的钢板都采用了 Nb 微合金化，其含量在 0.015% ～ 0.040% 之间。

S460ML 级钢板在 Ilverich 大桥（德国）中的应用：由于在 Düsseldorf 机场的飞行航线附近，该大桥被要求设计成高度较低的塔形建筑。塔顶由于受力较大需要应用厚度达 100mm 的 S460ML（EN 10025）级钢板。钢板 1/4 厚度 – 80℃下的冲击韧性要求达到 27J。选用 CE_{IIW} 为 0.39% 的 CuNiMoNb 钢来设计生产 S460ML 级钢板。如图 13 所示，钢板韧性完全满足要求。

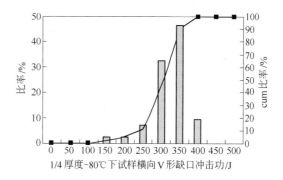

图 13 Ilverich 大桥用 S460ML 钢板 – 80 ℃的韧性
（CE_{IIW} 为 0.39% 的含 CuNiMoNb 钢，
厚度在 80 ～ 100mm 之间）

S500M3z 级钢板 Valhall 近海平台中的应用：基于挪威 NORSOK 标准（即屈服强度：500 ～ 580MPa，抗拉强度：600 ～ 750MPa，– 40℃的 CVN（横向，板厚中部）≥60J（单个试样测试≥42J）），在平台顶部一些区域应用了 S500M3z 级钢板，相对于 S420M3z 重量明显降低。重量降低带来的经济利益就是在建造过程中能够一次性起吊安装平台顶部甲板。采用大约 0.42% 的 CE_{IIW} 和经过 DQST 工艺（即直接淬火和自回火）生产厚度可达 80mm 的 S500M3z 钢板。应用以上工艺生产的钢板具有良好的韧性，即使在钢板芯部，韧性也能完全达到预期的要求（如图 14 所示）。

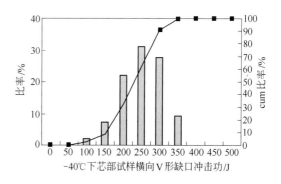

图 14 S500M3z 级钢板芯部横向 –40℃冲击韧性
（CE_{IIW} 为 0.41%，厚度在 40 ～ 80mm）

450EMZ 级钢板在库页岛 II 近海平台中的应用：在库页岛 II 项目中，对钢板性能的要求异常严格。由于使用环境非常恶劣，钢板芯部

位置 -60℃的韧性最低要求达到60J，并且要求 CTOD 的测试温度为 -39℃。为此，钢板使用 TMCP 工艺，加入适当的合金元素后轧制成90mm 厚板。为了达到较高的韧性要求，钢中加入的 Ni 含量增加。钢板的 CE_{IIW} 大约0.43%。图 15 所示为厚度在 60～80mm 的钢板的韧性分布曲线。

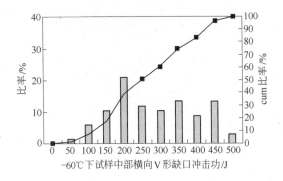

图 15　Sakhalin II 项目用 450EMZ 钢板
在 -60℃ 下的韧性
（钢板 CE_{IIW} 大约为 0.43%，
厚度在 60～80mm 之间）

Dillimax 500M/ML 级钢板在水力发电中的应用：中国拉西瓦水电站水闸门的下部用的是 Dillimax 500M/ML 级钢板，这种钢板热轧后最小屈服强度为 490MPa，最小抗拉强度为610MPa。共交货 3400t，厚度在 27～70mm 之间。这是第一次在水闸门上应用热机械轧制钢板。Dillimax 500M/ML 级钢板不仅具有优良的焊接性以及极高的强度，同时也极大减轻了工程结构的重量。图 16 为交货厚度范围内钢板的抗拉强度分布。

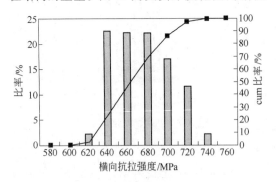

图 16　Laxiwa 水电站用厚度在 27～70mm 之间的
Dillimax 500M/ML 级钢板的抗拉强度分布

的抗拉强度分布。Dillimax 500M/ML 级钢板在欧洲水电站的建造和改造中也被大量利用（如瑞士的 Cleuson Dixence 水电站，法国的 Pragnères 水电站等）。

S460M（EN 10025）级钢板在上海世贸中心建造过程中的应用：高强度低合金钢另一个应用实例就是上海高层建筑"世贸中心"。上海世贸中心有 101 层 492m 高，是世界上最高的建筑之一。该建筑的特殊位置需要钢材具有加工方便的特点，最小屈服强度要求达到450MPa（如图 17 所示）。共有超过 7700t，最大厚度到 100mm 的 TMCP 工艺 S460M 级钢板交货。这一建筑在 2008 年 8 月竣工。

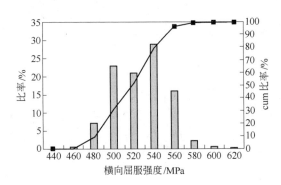

图 17　上海世贸中心用厚度在 20～100mm
S460M 级钢板的屈服强度分布

S460M/ML 级钢板在法国 Millau 高架桥中的应用：高达 343m，长度为 2460m，车道高度270m，横跨 Tarn 河谷的 Millau 高架桥刷新了桥梁建筑领域的世界纪录。起初该桥是按钢筋混凝土桥设计建造，后来改为由钢铁桥面和塔桥组成的多孔斜拉桥方案建造后，不仅建筑工期被大大缩短，而且相对于混凝土桥来说，该方案具有更轻更薄的桥面（钢结构 36000t/混凝土 120000t），混凝土箱臂高度降低到 4.2m（较低的风抗），斜拉索的使用量减少，基础工程寿命延长到 120 年。所有这些优点都极大降低了项目花费。几乎一半的工程结构应用了 S460ML 级高强度细晶结构钢（18000t，厚度在 10～120mm 之间）。采用特定的 TMCP 工艺使得这种钢在达到高强度的同时具有良好的焊接性。

图 18 和图 19 为厚度在 100~120mm 之间的 S460M/ML 级钢板屈服强度和抗拉强度分布情况（要求 $R_e \geqslant 430MPa$（100mm）/$\geqslant 400MPa$（120mm）；R_m：510~680MPa（100mm）/500~680MPa（120mm））。在这种厚度要求下，钢板选用 CE_{IIW} 在 0.39% 左右的 CuNiNb 钢，-50℃ 下 1/4 厚度和纵向的韧性完全满足要求（平均大于 27J），如图 20 所示。

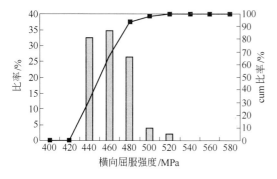

图 18　Millau 高架桥用厚度在 100~120mm 的 S460ML 级钢板的屈服强度分布

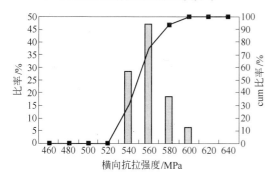

图 19　Millau 高架桥用厚度在 100~120mm 的 S460ML 级钢板的抗拉强度分布

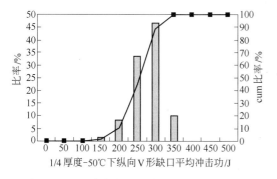

图 20　Millau 高架桥用厚度在 100~120mm 的 S460ML 级钢板在 -50℃ 下的韧性分布

除了以上介绍的这些例子以外，应用 TMCP 工艺生产的 HSLA 钢板在许多项目中都可以应用，其中根据各项目对钢板要求的不同，可以选择特殊的 TMCP 生产工艺来得到性能优良，厚度达 120mm 的厚板。

7　结论

本文介绍了近年来工程结构用 TMCP 钢板设计和生产工艺的发展，分析了诸如 Nb 等微合金元素对 TMCP 工艺的影响。Dillinger Hütte 公司经过长期的投入和发展，已经可以生产出具有高强度、低温高韧性、高加工性等综合性能优良的 TMCP 钢板，其满足了一系列在钢板规格和性能方面高标准的项目要求。

参 考 文 献

1　K. Hulka, Application of Niobium in Europe, Recent Advances of Niobium Containing Materials in Europe, Verlag Stahleisen, 2005, p 11-20.

2　K. Matsukura, K. Sato, Effect of Alloying Elements and Rolling Conditions on the Planar Anisotropy of the r Value in High Strength Hot-rolled Steel Sheet for Deep Drawing, *Transactions ISIJ*, Vol. 21, 1981, p 783-792.

3　K. -H. Tacke, V. Schwinn, Recent Developments on Heavy Plate Steels, *Stahl und Eisen*, Vol. 125, 2005, p 55-60.

4　W. Schuetz, F. Hanus, New Steels for Arctic Regions：Sakhalin II, a Challenging Project., *Dillinger Offshore Letter*, Vol. 1, 2005, p 2-3.

5　J. Bauer, P. Fluess, E. Amoris, V. Schwinn, Microstructure and properties of Thermomechanical Controlled Processing Steels for Linepipe Applications, *Ironmaking and Steelmaking*, Vol. 32, 2005, p 325-330.

6　V. Schwinn, W. Schuetz, P. Fluess, J. Bauer, Prospects and State of the Art of TMCP Steel Plates for Structural and Linepipe Applications, Thermec' 2006, *Materials Science Forum*, Vols. 539-543, 2007, p 4726-4731.

7　M. Philippi, P. Fluess, J. Schuetz, W. Schuetz,

Super Arctic Steel, *Dillinger Offshore Letter*, Vol. 1, 2008, p 2-3.

8　K. Harste, J. Klingbeil, V. Schwinn, N. Bannenberg, B. Bergmann, The New Continuous Caster at Dillinger Hütte to Produce Semi Products for High Quality Heavy Plates, *Stahl und Eisen*, Vol. 120, 2000, p 53-59.

9　W. Schuetz, H. J. Kirsch, P. Fluess, V. Schwinn, Extended Property Combinations in Thermomechanically Control Processed Steel Plates by Application of Advanced Rolling and Cooling Technology, *Ironmaking and Steelmaking*, Vol. 28, 2001, p 180-184.

10　V. Schwinn, P. Fluess, D. Ormston, Low Carbon Bainitic TMCP plate for structural and linepipe applications, Recent Advances of Niobium Containing Materials in Europe, Verlag Stahleisen, 2005, p 45-57.

11　H. J. Kirsch, P. Fluess, W. Schuetz, A. Strei-

ßelberger, Neue Eigenschaftskombinationen an Grobblech durch den beschleunigten Kühlprozeß, Stahl und Eisen, Vol. 119, 1999, p 57-65.

12　C. F. Berghout, H. Crucq, Kaltrißsicheres Schweißen an einer Brücke ohne Vorwärmung, DVS-Berichte, Deutscher Verlag für Schweißtechnik DVS-Verlag, Vol. 131, 1990, p 154-158.

13　J. C. Coiffier, T. Fröhlich et al. , Measurement of CTOD properties in welds of 500MPa yield strength steel recently developed for offshore application, Usinor-CRDM Dunkerque, Document No. 0002015, 2000.

14　Electricité de France, Etude de la soudabilitée des aciers S690QL et S500M, Journées Membres Inst. De Soudure, 2007.

（北京科技大学　舒　玮　译）

建筑用钢

控制在线热处理工艺中的组织开发建筑用含 Nb 结构钢

Shinichi Suzuki[1]，Keiji Ueda[1]，Shinji Mitao[2]，Nobuo Shikanai[2]，Takayuki Ito[3]

（1）JFE Steel Corporation；Steel Research Lab.，Kawasaki 210-0855，JAPAN；

（2）JFE Steel Corporation，Steel Research Lab.，Kurashiki 712-8511，JAPAN；

（3）JFE Steel Corporation，West Japan Works，Fukuyama 721-8510，JAPAN

摘　要：本文讨论了建筑用 780MPa 级（抗拉强度）高强钢板的开发。该种钢板具有优良的综合性能、高的强度、优良的韧性、可加工性及焊接性。为得到如此优良的综合力学性能关键技术是在 TMCP 工艺快冷后立即进行在线热处理，实现 M-A 及贝氏体型铁素体双相组织的组织控制。

开发的钢板的组织为细小的 M-A 岛分散在贝氏体型铁素体基体上，并且通过基体的金相观察发现，相变行为及组织形貌因在线热处理前的冷却终止温度和在线热处理温度不同而异。本文还简要讨论了开发的 780MPa 级钢板的试生产情况，结果表明，满足高强度、低屈强比、优良韧性及焊接性的综合性能要求。

关键词：建筑结构，可加工性，双相，M-A 岛

1　引言

近来不断增长的大型大跨度高层建筑的设计需求推动了建筑高强钢的应用[1~5]。为满足这些需求，JFE 钢铁公司开发了一系列高性能建筑用钢，如图 1 所示。到目前为止，由于受制于价格及焊接性能等因素，在日本的典型建筑结构钢板的抗拉强度为 590MPa（屈服强度为 440MPa）。为抵抗地震中的断裂，如日本工业标准（JIS G 3136）所规定的一样，低的屈强比（屈服强度/抗拉强度），通常低于 80%，是比较适合于建筑结构用钢板。然而，高强钢，甚至对于 590MPa 级钢板亦是如此很难得到低的屈强比。在制造过程中，通过复杂的多步热处理可以得到低的屈强比，但会导致成本增加及交货周期延长。

为避免这些问题，JFE 钢铁公司开发了 550MPa（屈服强度为 385MPa）级钢板，"HBL385"[8,9]。尽管该种钢板的屈服强度和抗拉强度高出 520MPa 级钢 30MPa，但碳当量

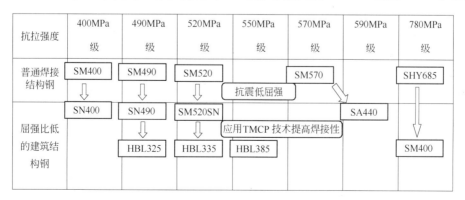

图1　JFE 钢铁公司生产的建筑用钢板

与 520MPa 级钢板相同。这可以通过带有 "Super-OLAC"（一种先进的快冷系统[10,11]）的 TMCP，并且添加 Nb 而不实施任何的后续处理来完成。因此，550MPa 级钢的可焊性与 520MPa 级钢相同，并且与 590MPa 级钢相比，可降低钢结构制造中的焊接成本。相应地，对比传统的 520MPa 级和 590MPa 级钢，钢结构的总制造成本通过减重、缩短焊接时间、降低运输成本及简化焊接工艺得到最大程度的降低。图 2 为不同级别的钢制造的钢结构的成本与钢重量比的示意图。由于人们对 "HBL385" 钢的优越性高度认可，该种钢广泛应用于日本的诸多著名的大型名建筑。

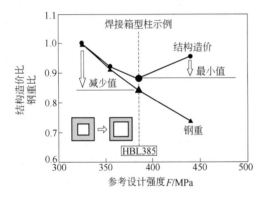

图 2　不同级别钢制造的钢结构成本
与钢重量比示意图（SN490 = 1.0）

780MPa 级钢板特别适合需要高强钢的地方，但是这个级别的钢应用较少。其中一个原因是生产低屈强比的 780MPa 级钢板的热处理工艺复杂。除此之外，为得到高强度，需要添加大量的合金元素，这不仅增加成本，而且其韧性和焊接性是该商业产品急需解决的根本问题。

在本研究中，开发了为生产抗拉强度为 780MPa 级高强钢板的在线热处理工艺，该工艺不需要任何的离线热处理。该种钢板表现出优良的综合力学性能，包括高的强度及韧性、低的屈强比及优良的可焊性。得到这种优良的综合力学性能的关键技术为 M-A 及贝氏铁素体双相组织的组织控制，这可以通过 TMCP 过程中快冷后立即在线热处理实现[12~17]。在线热处理工艺——"HOP"，可实现组织控制[11]。

"HOP" 是安装在先前文献 [18, 19] 提到的冷却系统之后的感应加热设备。最终的钢板组织为贝氏铁素体基体上分布着细小的 M-A 岛。

系统地研究了生产条件，如在线热处理前的冷却停止温度和在线热处理温度，对组织特征及最终力学性能的影响。在加速冷却后在线热处理过程中未转变奥氏体中的碳含量方面，讨论了 M-A 岛及贝氏体型铁素体双相组织的形成机制及因生产条件不同引起的组织形貌变化。

2　实验步骤

2.1　化学成分及 CCT 曲线

表 1 为钢的化学成分，该钢含碳 0.06%，锰 2% 及少量的其他合金元素，如 Cu、Ni、Cr、Nb、V 和 Ti。加入这些合金元素的目的是为了得到高的强度及优良的韧性。通过实验室感应熔炼炉得到大约 150kg 的钢锭。然后将钢锭热轧到厚 100mm 厚。热循环实验和热轧测试所用的试样将从该 100mm 厚板坯上取得。

表 1　实验钢的化学成分　　　（%）

C	Si	Mn	P	S	其　他
0.061	0.20	2.03	0.012	0.0020	Cu，Ni，Nb，V，Ti

图 3 为钢板热机械过程后的连续冷却转变曲线。随着冷却速率从 40℃/s 降到 0.5℃/s，贝氏体转变开始温度 B_s 从 400℃ 升高到 600℃。

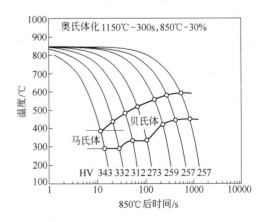

图 3　钢的连续冷却转变曲线

2.2 等温和加热冷却后热处理过程中的相变行为

为阐明加速冷却后保温过程中过冷奥氏体的相变行为，将试样重新加热到900℃保温300s，然后以50℃/s的冷速快冷到350～600℃之间的不同温度，然后在各自温度下等温10～1000s，然后水淬（如图4所示）。

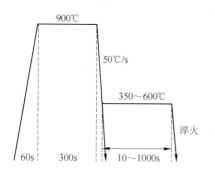

图4 等温转变实验的加热曲线

为研究随后热处理过程中的相变行为，将试样重新加热到900℃并保温300s，然后以50℃/s的冷速快冷到500℃，然后在500℃等温10s，然后以15℃/s的速度加热到650℃并保温10s，然后以0.5℃/s的冷速冷到环境温度。其他的试样作为对比，快冷到500℃并等温30s，然后以0.5℃/s的冷速冷到环境温度（如图5所示）。

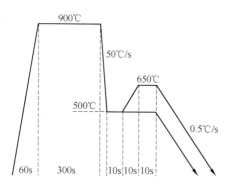

图5 加速冷却、等温保温和
再加热处理的加热曲线

为理解等温过程中过冷奥氏体向贝氏体转变及随后热处理过程中的相变行为，进行了形貌观察（通过 SEM）、膨胀测量、硬度测量。为区分M-A岛，对金相试样做了两阶段电解腐蚀[20]。

2.3 实验室热轧及力学性能

图6为实验热轧板的生产条件示意图。将厚为100mm的试样重新加热到1150℃，保温1h，然后热轧到25mm厚，终轧温度为850℃。热轧后的钢板立即快冷至 B_s（贝氏体开始转变温度）点附近的400～600℃间的不同温度，然后重新加热到650℃，之后空冷到环境温度。通过拉伸试验和夏比冲击试验研究钢的组织-性能关系。

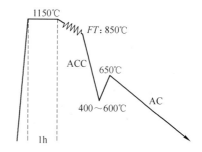

图6 实验热轧板的生产条件示意图

3 结果和讨论

3.1 等温过程中的相变行为

图7为以50℃/s加速冷却后在400℃、500℃和600℃保温100s时的膨胀曲线。从图7可以得出，在奥氏体向贝氏体或马氏体转变的过程中发生了显著的膨胀，在600℃保温时的转化率比其他温度时的低，而且保温到100s时相变发生停滞。

图8为在400℃、500℃和600℃保温100s水冷后的 SEM 照片。400℃保温时的组织为下贝氏体和回火马氏体的混合物（图8a）。500℃保温时的组织为存在大量 M-A 岛的上贝氏体（图8b），该上贝氏体是在保温过程中发生等温转变形成的，试样中 M-A 岛的体积分数大约为8%。600℃等温的样品的组织也为上贝氏体，然而，与500℃等温组织相比，其形貌为多边形的，试样中的 M-A 岛的体积分数大约为20%。

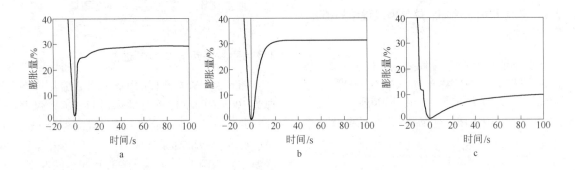

图 7　在 400℃、500℃和 600℃保温 100s 过程中的膨胀曲线

a—400℃；b—500℃；c—600℃

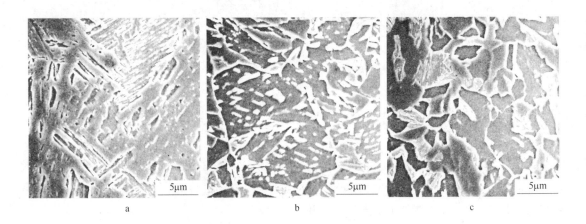

图 8　在 400℃、500℃和 600℃等温 100s 的 SEM 照片

a—400℃；b—500℃；c—600℃

由金相观察可以得出，随保温温度（B_s 附近）的升高，M-A 的体积分数增加，组织形貌趋近于多边形。

图 9 为等温保温和再加热的膨胀曲线。在 500℃保温后直接冷却的试样（图 9（a）线）在以 0.5℃/冷却过程中并没有表现出相变引起的明显的膨胀。然而，重新加热到 650℃（图 9（b）线）的试样，在 350℃附近由于相

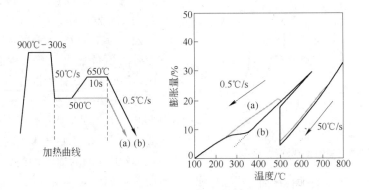

图 9　等温及重新热处理后的膨胀曲线

变表现出了明显的膨胀。

3.2　加速冷却和等温保温后热处理引起的组织变化

图 10a 为在 500℃等温后，以 0.5℃/s 的冷速冷到环境温度后的试样的典型 SEM 图，该组织为多边形铁素体和含有 M-A 岛的上贝氏体的混合组织，M-A 岛在图中为明亮的区域。多边形铁素体是等温后慢冷的过程中由未转变的奥氏体转变而来的。未转变奥氏体中的碳的富集程度决定了相变产物为 M-A 岛或是多边形铁素体。

图 10b 为在 500℃等温后，再加热到 650℃，然后以 0.5℃/s 的冷速冷到环境温度后的试样的典型 SEM 图。在组织中发现了大量的 M-A 岛，这说明试样在慢冷到环境温度过程中，大多数未转变的奥氏体转变为 M-A 岛，这是由于反复加热过程中未转变奥氏体中碳的高度富集造成的。

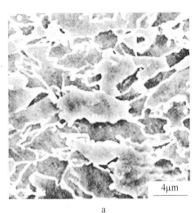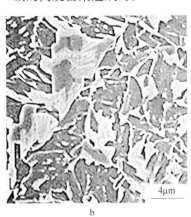

图 10　快冷和重新加热后等温对组织的影响

a—500℃等温后直接以 0.5℃/s 的速度冷却；b—650℃再加热后以 0.5℃/s 的速度冷却

另外，作者通过加速冷却和保温后热处理检验了碳分布对相变行为的影响。图 11 为通过 EPMA 测得的 500℃等温试样中碳的面分析结果。从图 11 中可以看出，试样中碳的分布

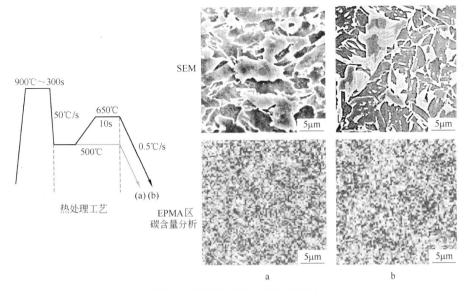

图 11　碳分布对相变行为的影响

a—500℃等温后直接冷却；b—650℃再加热后以 0.5℃/s 的速度冷却

非常均匀。然而，重新加热到 650℃ 的试样，碳发生了明显的再分配。富碳区转变成了 M-A 岛，其他区域转变成了贝氏体型铁素体组织。据此，我们推断，未转变奥氏体中的碳的富集程度决定了相变产物为 M-A 岛或是贝氏体型铁素体。铌在此复杂热处理过程中的作用是促进 M-A 岛的形成。

图 12 为反复加热过程中组织转变示意图。此反复热处理包括三个阶段。第一阶段：快冷到刚刚 B_s 点之上某一温度然后在此温度保温，在此阶段中，组织中包含贝氏体和未转变的奥氏体。第二阶段：从等温温度重新加热到某一温度，如 650℃，在此阶段中，未转变奥氏体发生碳富集，同时，碳的过饱和度及位错密度降低。最后一个阶段：从加热温度冷却。因为未转变奥氏体中碳的富集已够高，导致相变时转变为 M-A 岛，在更低冷速时甚至可以得到贝氏体型铁素体中分布着 M-A 岛的双相组织。

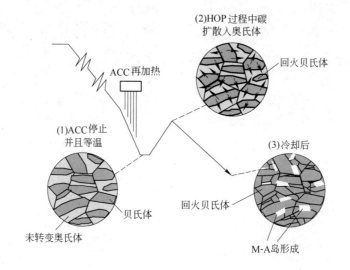

图12　双相组织控制中重加热组织变化示意图

3.3　M-A 对力学性能的影响

图 13 为 M-A 岛体积分数对 25mm 厚钢板拉伸性能和冲击韧性的影响，该钢板是模拟下面的反复热处理工艺在实验室规模的热轧机上生产的。随 M-A 岛体积分数的增加，单向拉伸强度增加，相反，屈服强度降低。这可能是由于 M-A 岛周围可动位错密度高造成的，这

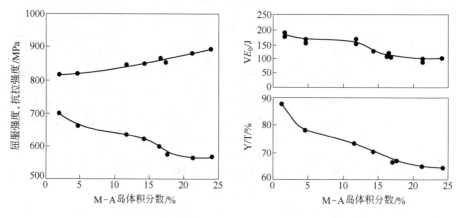

图13　M-A 岛体积分数对力学性能的影响

些可动位错是由相变时的体积扩张产生的。因此，随着 M-A 岛体积分数从 1% 增加到 25%，钢板屈强比从 90% 急剧降低到 65%。而对于钢板的冲击韧性，随着 M-A 岛体积分数的增加，在 0℃ 的冲击功从 200J 逐渐降低到 100J。值得提到的是，要得到拉伸性能和冲击韧性匹配优良的力学性能，M-A 岛的体积分数应该控制在 5%～15%。

4　780MPa 级钢板的试生产

4.1　力学性能

基于对 M-A 岛和贝氏铁素体双相组织控制的研究，在 West-Japan Works，JFE Steel Corporation，用带有"Super-OLAC"和"HOP"的板轧机试生产了开发的 780MPa 级钢板。生产的钢板为 12mm、25mm 和 40mm 厚。

表 2 为生产的钢板的成分分析结果。钢板的 C_{eq} 和 P_{cm} 分别为 0.54 和 0.24。表 3 列出了钢板的典型力学性能。所得到的钢板满足拉伸及夏比冲击试验的目标性能，即屈服强度大于 650MPa，抗拉强度大于 780MPa，屈强比低于 80%，并且，0℃ 时的夏比冲击功大于 70J。

表 2　新开发钢板的化学成分　　（%）

C	Si	Mn	P	S	其　他	C_{eq}	P_{cm}
0.06	0.18	1.98	0.011	0.002	Cu, Ni, Cr, Nb, V, Ti	0.54	0.24

注：$w(C_{eq}) = w(C) + w(Si)/24 + w(Mn)/6 + w(Ni)/40 + w(Cr)/5 + w(Mo)/4 + w(V)/14$；

$w(P_{cm}) = w(C) + w(Si)/30 + w(Mn)/20 + w(Cu)/20 + w(Ni)/60 + w(Cr)/20 + w(Mo)/15 + w(V)/10 + 5w(B)$。

表 3　新开发钢板的力学性能

t/mm	屈服强度/MPa	抗拉强度/MPa	El/%	Y/T/%	VE (0℃)/J
12	688	923	23	75	188
25	703	912	33	77	216
40	665	852	36	78	199
目标	>650	>780	>16	<80	>70

注：1. 拉伸试验：全厚度（JIS No. 5）-横向。
　　2. 冲击试验：1/4 厚度-横向。

图 14 为新开发的 40mm 厚的 780MPa 级钢板与传统的同级别同厚度的钢板相比的应力应

变曲线。尽管两曲线都没有表现出明显的吕德斯带伸长，新开发的钢板的屈服强度低于传统的钢板。新开发的钢板的均匀伸长率大于 8%，高于传统的钢板。

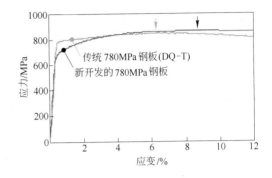

图 14　新开发的 780MPa 钢板与
传统 780MPa 的应力应变曲线

图 15 为 25mm 厚钢板沿厚度方向的硬度分布，得出硬度分布非常均匀，大约为 280HV。

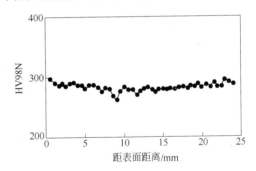

图 15　25mm 钢板沿厚度方向的硬度分布

4.2　可焊性

图 16 是 25mm 厚钢板的最高硬度试验结

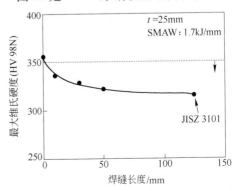

图 16　25mm 钢板的最高硬度试验结果

果，该结果是根据 JIS 标准（JIS Z3101）得到的。随着焊缝长度的降低，最高硬度增加。尽管最高硬度在焊缝长度为 0（引弧）处的值为 356HV，焊缝长度大于 10mm 处的最高硬度值低于 350HV。780MPa 级钢板具有低的最高硬度值是由于合金元素设计时钢的碳含量及碳当量都较低而产生的。

表 4 为根据 JIS 标准（JIS Z 3158）对 25mm 和 40mm 厚钢板进行 Y 形坡口焊裂纹试验的结果。根据试验结果，避免 CO_2 焊接冷裂的预热温度为 25℃ 或更低，此时钢板会表现出优良的可焊性。

4.3　焊缝性能

因为 CO_2 焊和埋弧焊（SAW）常用于建筑结构中的"横隔板"-"支柱"以及"支柱"-"支柱"焊接处，论文检测了 CO_2 焊和埋弧焊的焊缝力学性能。表 5 为采用 2.1kJ/mm 的线能量的 CO_2 焊的焊缝的拉伸试验结果及夏比冲击试验结果。该焊缝的力学性能优良，在整个缺口位置，其抗拉强度为 780MPa，0℃ 的冲击功大于 70J。

表 6 为采用线能量为 4.6kJ/mm 的埋弧焊得到的焊缝的拉伸及夏比试验结果。此焊缝的力学性能优良，在整个缺口位置，其抗拉强度为 780MPa，0℃ 的冲击功大于 70J。

表 4　25mm 和 40mm 厚钢板的 Y 形坡口焊裂纹试验结果

焊接条件	t/mm	预热温度/℃	冷裂率/%		
			表面	根部	断面
CO_2 焊接 焊接材料：MG-80 热输入：1.7kJ/mm 气体：20℃－60%	25	25	0	0	0
		50	0	0	0
	40	25	0	0	0
		50	0	0	0

表 5　CO_2 焊焊缝的焊接条件及力学性能

t/mm	槽的外形和尺寸	焊接条件	拉伸性能		夏比冲击性能	
			R_m/MPa	断裂位置	缺口位置	VE(0℃)/J
40	35°　40mm　7mm	焊接耗材：MG-80；热输入：2.1kJ/mm；预热：无；层间温度：小于 150℃	804 806	WM WM	WM	97
					FL	79
					HAZ1mm	174
					HAZ3mm	270

表 6　埋弧焊焊缝的焊接条件及力学性能

t/mm	槽的外形和尺寸	焊接条件	拉伸性能		夏比冲击性能	
			R_m/MPa	断裂位置	缺口位置	VE(0℃)/J
40	70°　BS　21mm 5mm 14mm　40mm　70°　FS	焊接材料：US-80BN-PFH80AK；热输入：4.6kJ/mm；预热：50℃；层间温度：小于 250℃	817 816	WM WM	WM	87
					FL	86
					HAZ1mm	231
					HAZ3mm	250

5　结论

通过以上研究得出如下结论：

（1）开发了抗拉强度为 780MPa 的高强钢板，该种钢板适用于抗震设计的建筑结构。该种钢具有优良的综合力学性能，具有高的强度及韧性、低的屈强比及优良的可焊性。得到这种优良力学性能的关键因素是控制 M-A 岛及贝氏体型铁素体双相组织的组织构成，这可以通过快冷后在线热处理得到。开发的钢板的组织为贝氏体型铁素体基体上分布着细小的 M-A 岛。

（2）开发的 780MPa 级在厚板轧线上进行了试生产，该板轧线兼有"Super-OLAC"和"HOP"。所得到的钢板具有优良的力学性能，其屈服强度大于 650MPa，抗拉强度大于 780MPa，屈强比低于 80%，均匀伸长率大于 8%，并且 0℃时的夏比冲出功大于 70J。

（3）根据 JIS 标准，做了最高硬度试验及 Y 形坡口焊裂纹试验，证明开发的 780MPa 级钢板具有优良的可焊性。CO_2 焊和埋弧焊的焊缝的力学性能优良，其抗拉强度大于 780MPa，整个缺口处 0℃时的冲击功大于 70J。

参 考 文 献

1　Y. Kaneko, N. Shikanai, T. Shiraga, T. Kojima, S. Yamamoto, and M. Katahira, NKK's Structural Steels, *NKK Technical Review*, Vol. 140, 1992, p. 1-10.

2　M. Ohashi, H. Mochizuki, T. Yamaguchi, Y. Hagiwara, H. Kuwamura, Y. Olamura, Y. Tomita, N. Komatsu, and Y. Funatsu, Development of New Steel Plates for Building Structural Use, *Seitetsu Kenkyu*, Vol. 334, 1989, p. 17-28.

3　H. Hatano, H. Kawano, S. Okano, 780MPa Class Steel Plate for Architectural Construction, *Kobe Steel Engineering Reports*, Vol. 54, No. 2, 2004, p. 105-109.

4　Y. Kamada, Y. Ichinohe, F. Ohtake, K. Kawano, and K. Ohnishi, High Strength Low Yield Steel Plates for Building Use (HT590, Ht780), *Sumitomo Met.*, Vol. 43, No. 7, 1991, p. 13-22.

5　N. Shikanai, H. Kagawa, M. Kurihara, and H. Tagawa, Influence of Microstructure on Yielding Behavior of Heavy Gauge High Strength Steel Plates, *ISIJ International*, Vol. 32, No. 3, 1992, p. 335.

6　K. Satoh, M. Toyoda, M. Tsukamoto, I. Watanabe, H. Tagawa, and S. Tsuyama, Influence of Yield Ratio of Steels on Structural Performance, *Quarterly Journal of the Japan Welding Society*, Vol. 3, No. 3, 1985, p. 153-159.

7　M. Toyoda, Significance of Tensile Deformation Properties of Steels for Framed Structures, *Journal of the Japan Welding Society*, Vol. 58, No. 7, 1989, p. 15-20.

8　K. Hayashi, S. Fujisawa, and I. Nakagawa, High Performance 550MPa Class High Strength Steel Plates for Buildings, *JFE Technical Review*, No. 5, 2004, p. 45-50.

9　Y. Murakami, S. Fujisawa, and K. Fujisawa, The Features of New High-strength Steel Materials "550N/mm^2 Class" for Building Frames, *JFE Technical Review*, No. 10, 2005, p. 35-40.

10　K. Omata, H. Yoshimura, and S. Yamamoto, The Leading High Performance Steel Plates with Advanced Manufacturing Technologies, *NKK Technical Review*, Vol. 179, 2002, p. 57-62.

11　A. Fujibayashi, and K. Omata, JFE Steel's Advanced Manufacturing Technologies of Leading High Performance Steel Plates, *JFE Technical Review*, No. 5, 2004, p. 8-12.

12　M. E. Bush, and P. M. Kelly, Strengthening Mechanisms in Bainitic Steels, *Acta Met.*, No. 19, 1971, p. 1363.

13　V. Biss, and R. L. Cryderman, Martensite and Retained Austenite in Hot-Rolled, Low-Carbon Bainitic Steels, *Met. Trans.*, No. 2, 1971, p. 2267.

14　J. Gerbase, J. D. Embury, and R. M. Hobbs, Structure and Properties of Dual-Phase Steels, *Metallurgical Society of AIME*, edited by R. A. Kot, and J. W. Morris, 1979, p. 183.

15　R. Stevenson, Formable HSLA and Dual-Phase Steels, *Metallurgical Society of AIME*, edited by R. A. Kot, and J. W. Morris, 1979, p. 99.

16　A. P. Coldren, R. L. Cryderman, et al, *Steel Strengthening Mechanism*, Zurich, Climax Molybdenum, 1969, p. 17-44.

17　L. J. Habraken, and M. Ecconomopoulos, *Transformation and Hardenability in Steels*, Mich, No. 109, 1967, p. 69.

18　M. Okatsu, T. Shinmiya, N. Ishikawa, and S. Endo, Development of High Strength Linepipe with Excellent Deformability, *Proceedings of OMAE'*

05, 2005, OMAE2005-67149.

19 N. Ishikawa, M. Okatsu, S. Endo, and J. Kondo, Design Concept and Production of High Deformability Linepipe, *Proceedings of IPC 2006*, 2006, IPC2006-10240.

20 H. Ikawa, H. Oshige, and T. Tanoue, Study on the Martensite-Austenite Constituent in Weld-Heat Affected Zone of High Strength Steel, *Journal of the Japan Welding Society*, Vol. 49, No. 7, 1980, p. 47-52.

（王西霞 译，
中信微合金化技术中心 王厚昕 校）

大型结构梁用含铌微合金钢的物理冶金问题

R. D. K. Misra[1]，T. Mannering[2]，D. Panda[2]，S. G. Jansto[3]

（1）Center for Structural and Functional Materials and Chemical Engineering Department，
University of Louisiana at Lafayette，LA 70504-4130，USA；

（2）Nucor-Yamato Steel，P. O. Box 1228，5929 East State Highway 18，Blytheville，AR 72316，USA；

（3）Reference Metals，1000 Old Pond Road，Bridgeville，PA 15017，USA

摘　要：考虑到近来高强结构梁化学成分、相关经济和生产工艺因素的要求，人们愈加认为，用铌微合金化的方法可以生产大型结构梁并可以提高力学性能。这篇文章中从冶金学角度阐述了有效使用铌微合金设计方法可以成功地得到具有强韧性匹配的高强结构梁。铌微合金设计体系的钢同其他传统的微合金体系钢相比较，具有更高的韧性（甚至在−40℃时）。包括体视学分析和电子显微镜在内的细致研究，表明组织特征显著影响韧性。

关键词：微合金钢，析出，退化珠光体，组织

1　引言

这篇文章，主要集中在组织和性能的关系上，介绍了在结构梁和板材产品中添加元素铌的目的。添加铌到钢中的目的是不同的，主要包括以下几点：（1）铌可以和钢中的氮结合，从而减少自由氮的含量，提高韧性[1]；（2）抑制奥氏体再结晶和晶粒长大[2]；（3）控制奥氏体的晶粒尺寸；（4）降低奥氏体-铁素体转变温度，推迟铁素体在微合金钢中的形成；（5）相变期间细化多边形铁素体晶粒[3]；（6）析出强化[3]。

生产高强度低合金钢常用到上面提到的一个或几个作用。各种作用的效果大小与铌的含量和热机械加工工艺有关。

因为铌的细化晶粒和在铁素体中析出 NbC 的累积作用，添加铌可以提高强度。图1示意说明了添加铌可以细化晶粒和增加钢的屈服强

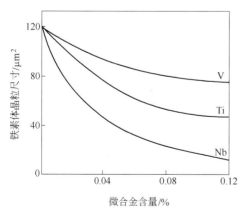

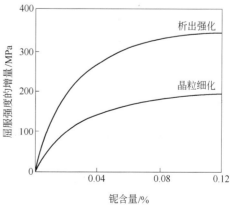

图1　铌对微合金钢晶粒尺寸和力学性能的影响[4]

度。铌通过钉扎作用可以控制奥氏体的晶粒长大及扩大奥氏体区[4]。铌的氮化物或者碳氮化物抑制奥氏体晶粒的粗化，与铝的氮化物的作用相似。这一作用很重要，保证得到细小的组织。铌推迟了含铌钢在控制轧制过程中的再结晶，得到扁平的奥氏体晶粒，对晶粒细化有重要的意义。

同 Al、Ti 和 V 相比，Nb 作为微合金元素具有析出强化和细化晶粒的作用，从而兼顾了高强度和高韧性；但是当 Nb 和 Ti 与 Ti 复合

微合金化作用时，会因析出的 TiN 和 Nb 相互影响，而降低强化的效果[4]。

在低碳贝氏体钢中，Nb 连同 Mn 和 Mo 可以有效地增加贝氏体的体积分数，从而提高屈服强度和抗拉强度。图 2 表示了 Nb 对 20mm 厚的 MoNi 钢板强度和韧性的影响[5]。贝氏体钢板的组织主要由多边形铁素体和粒状贝氏体组成，还包含少量第二相的马氏体和残余奥氏体。另外，增加 Nb 的含量可以增加贝氏体的体积分数和细化第二相。

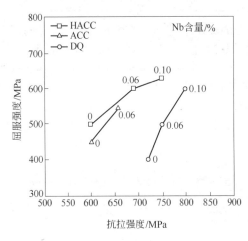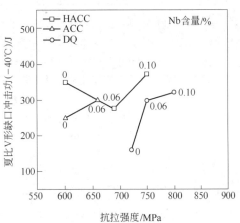

图2　Nb 和冷却方式对 20mm 厚的 MoNi 钢板强度和韧性的影响
HACC—强加速冷却；ACC—加速冷却；DQ—直接淬火[5]

2　结构钢中的铌

下面介绍一个最新的研究——铌微合金的结构梁具有的显著优势。在这里，我们比较含 Nb 和含 V 微合金钢，两者使用的工艺条件没有明显的不同，它们具有相近的屈服强度、抗拉强度和延性。但是在冲击韧性方面，含铌钢优势明显。最近发现不同的冷速也具有相似的作用[6]。含 Nb 和含 V 微合金钢的化学成分范围见表1，成分范围参照 ASTM（美国材料实验协会）的标准。值得注意的是，铌含量要保证结构梁具有 55 ~ 60ksi（1ksi ≈ 6.9MPa）的设计屈服强度，其含量大约为钒含量的1/3。

表1　含 Nb 和含 V 微合金钢的化学成分范围
（质量分数,%）

元素	铌微合金钢	钒微合金钢
C	0.030 ~ 0.100	0.030 ~ 0.100
Mn	0.500 ~ 1.500	0.500 ~ 1.500
V	0.001	0.020 ~ 0.050
Nb	0.020 ~ 0.050	0.001
Si	0.15 ~ 0.25	0.15 ~ 0.25
P	0.010 ~ 0.020	0.010 ~ 0.020
S	0.015 ~ 0.025	0.015 ~ 0.025
N	0.009 ~ 0.010	0.009 ~ 0.010

3 含 Nb 和含 V 微合金钢的拉伸和冲击行为

通过传统冷却工艺得到的含 Nb 和含 V 微合金钢的拉伸性能数据列于表2。两者具有相近的屈服强度、抗拉强度和伸长率。在其他冷速条件下，也得到相似的结论。两种钢的韧性变化如图3所示。图3表明，含 Nb 和含 V 微合金钢的冲击韧性的变化量是冷速的函数。一般来说，增加冷速可以提高钢的韧性。但是，含 Nb 同含 V 微合金钢相比较，韧性提高的更多。

表2 含 Nb 和含 V 微合金钢在室温条件下的典型拉伸性能

性　能	铌微合金钢	钒微合金钢
屈服强度/ksi	57 ~ 60	58 ~ 61
抗拉强度/ksi	72 ~ 74	75 ~ 76
伸长率/%	23 ~ 26	23 ~ 25

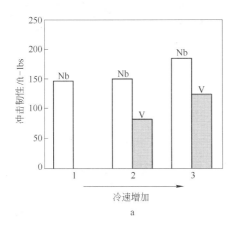
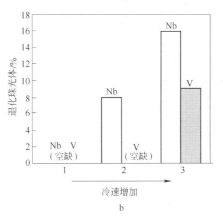

图3 室温条件下的夏比 V 形缺口冲击韧性（a）和含 Nb 和含 V 微合金钢中的退化珠光体(%)(b)[6]

4 铌微合金钢的组织

不同冷速条件下，铌微合金钢典型的高倍和低倍扫描照片见图4～图6。在低冷速条件下，组织主要为多边形铁素体和珠光体；在中间冷速条件下，组织为板条贝氏体型铁素体和退化珠光体组成的常规铁素体-珠光体；随着冷速的进一步提高，形成板条铁素体/贝氏体型铁素体的趋势增加，从而导致常规铁素体-珠光体组织的减少。低冷速到中间冷速再到高

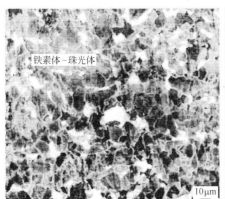
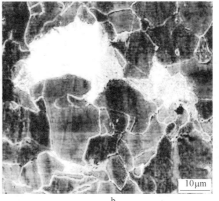

图4 低冷速条件下，铌微合金钢典型的低倍（a）和高倍（b）扫描照片

冷速的组织转变，可以概括为铁素体-珠光
体→铁素体-退化珠光体→贝氏体型铁素体的
转变过程。在不同冷速条件下，钢的平均晶粒
尺寸比较接近，大约为 10 ~ 12μm。

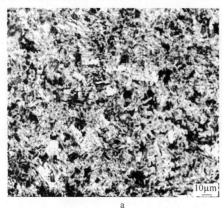
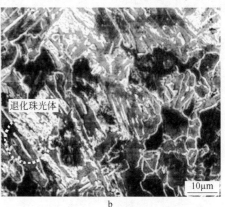

图 5　中间冷速条件下，铌微合金钢典型的低倍（a）和高倍（b）扫描照片

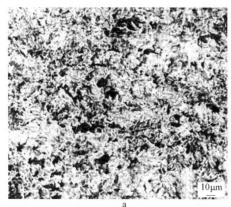
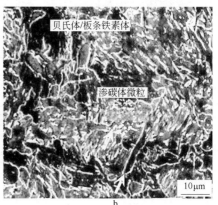

图 6　高冷速条件下，铌微合金钢典型的低倍（a）和高倍（b）扫描照片[6]

　　图 7 ~ 图 9 为不同冷速下，铌微合金钢铁
素体组织典型的明场透射照片。通过这些图我
们可以看到，在低冷速条件下（图 7a ~ 图
7c），分布着粗大和细小的多边形铁素体（图

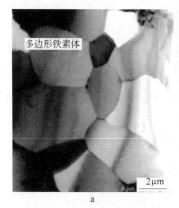
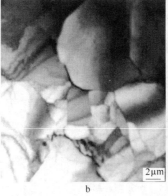
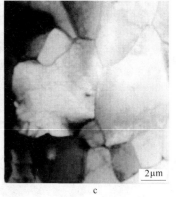

图 7　低冷速条件下（或正常条件下），铌微合金钢的明场透射照片[6]
a，b—多边形铁素体组织；c—铁素体的位错亚结构

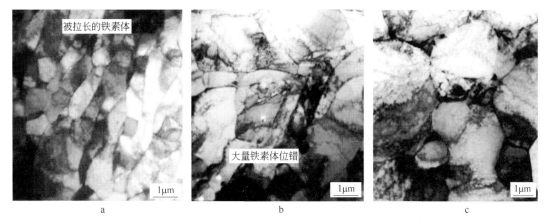

图8 中间冷速条件下，铌微合金钢的明场透射照片[6]

a，b—拉长的铁素体组织；c—铁素体的位错亚结构

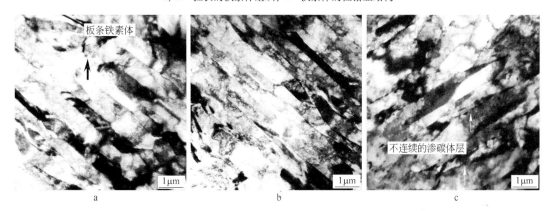

图9 高冷速条件下，铌微合金钢的明场透射照片[6]

a，b，c—贝氏体/板条铁素体组织

7b～图7c）；在中间冷速条件下，组织由拉长的铁素体晶粒（图8a）组成，并且粗大晶粒伴随着高密度位错（图8b～图8c）；在高冷速条件下，组织主要由板条或者贝氏体型铁素体组成（图9a～图9c）。不同类型的铁素体形态具有不同的形成机制[7,8]。大部分铁素体板条，沿着它们之间随机出现的不连续的渗碳体层取向。根据剪切机制，当温度远远超过350℃时，如果相变驱动力为碳含量的减少，那么奥氏体更可能去转变为板条铁素体[7]。

图10～图12为不同冷速下，铌微合金钢珠光体组织典型的明场透射照片。随着冷速的增加，珠光体中的渗碳体形态从片层珠光体变为退化珠光体，最终变为细小的渗碳体微粒。在低冷速条件下（图10a～

图10b），组织由片层状珠光体和断层组成（图10c）；在中间冷速条件下，得到退化珠光体（图11a～图11b）。图11c为退化珠光体（图11b）的SAD图样分析。图样分析结果表明，渗碳体同铁素体基体为$[112]_\alpha//[122]_{Fe_3C}$的取向关系，和普通的片层珠光体中的"Pitsch"取向关系相似。

退化珠光体的形成机制为：渗碳体首先在铁素体/奥氏体晶界形核，然后在常规珠光体和上贝氏体之间的相变温度区，无碳化物铁素体层包裹渗碳体微粒，形成退化珠光体[9]。退化珠光体同片层状珠光体很相似，都是依靠扩散过程形成的，但是从形貌上考虑两者还是有差异的，退化珠光体由于碳扩散的不足形成连续的片层[7]。根据报道，退化珠光体中的铁素

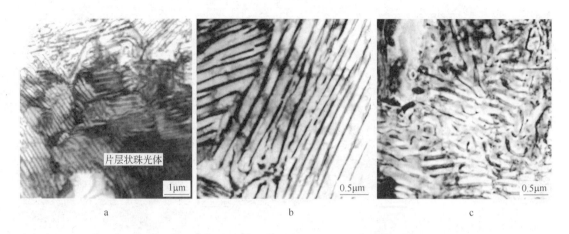

图 10　低冷速条件下（或正常条件下），铌微合金钢的明场透射照片[6]

a，b—片层状珠光体组织；c—断层珠光体组织

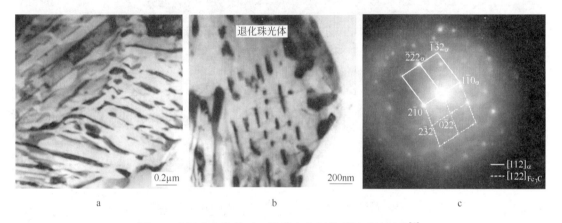

图 11　中间冷速条件下，铌微合金钢的明场透射照片[6]

a，b—退化珠光体组织；c—图 b 的 SAD 图样分析

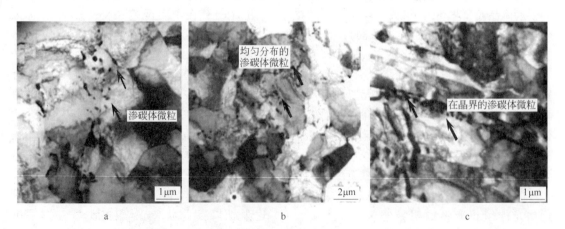

图 12　高冷速条件下，铌微合金钢的明场透射照片[6]

a—铁素体中的渗碳体微粒；b—分散在铁素体中的渗碳体微粒；

c—在铁素体晶界的渗碳体微粒

体和渗碳体之间的晶界宽度超过了常规珠光体的，因此同传统工艺处理的钢相比，控轧钢具有更高的退化珠光体含量[10]。退化珠光体被认为可以提高韧性[10]。

在高冷速条件下，组织主要为渗碳体微粒分散在铁素体基体中的珠光体（图12a～图12b），铁素体边界（图12c）的宽度为60～120nm。渗碳体微粒形成的驱动力是渗碳体片层和铁素体基体之间的晶界面积的减小[11,12]。铁素体的碳含量同渗碳体的保持平衡，大曲率界面的渗碳体片段末端比小曲率界面区域具有更高的碳含量。因此，球化或细小微粒的形成是一个碳在铁素体基体的小半径曲率区域扩散到大半径曲率区域的过程[11,12]。

5　钒微合金钢的组织

在常规和高冷速条件下，钒微合金钢的组织照片见图13a、图13b和图13c、图13d。在常规和高冷速条件下，钒微合金钢的组织主要由多边形铁素体、珠光体和退化珠光体组成。

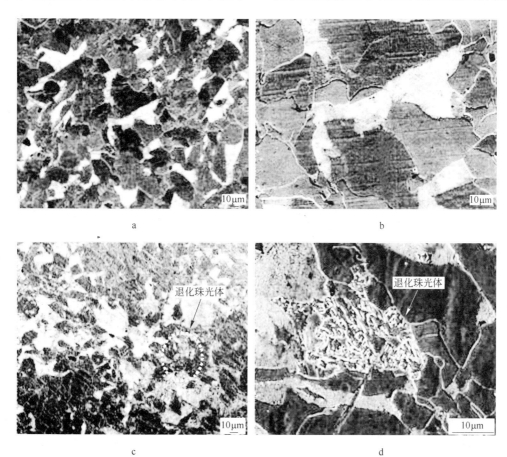

图13　常规（a，b）和高冷速（c，d）条件下钒微合金钢典型的
高倍和低倍扫描照片[6]

图14a和图14b分别显示的是钒微合金钢中铁素体的常规组织和位错密度。

钒微合金钢的组织由多边形铁素体、板条铁素体和退化珠光体组成，见图15。在高冷速条件下，可以预见，奥氏体会在同常规铁素体组织相对的中间温区转变为细小的铁素体晶体。

6　铌和钒微合金钢的析出

钒微合金钢的铁素体区的晶界析出和位错析

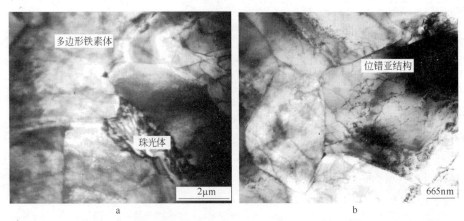

图 14　常规冷速条件下，钒微合金钢的明场透射照片[6]

a—多边形铁素体-珠光体组织；b—铁素体的位错亚结构

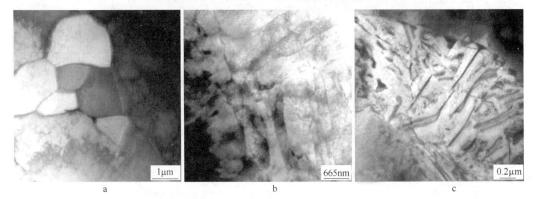

图 15　相对的高冷速条件下，钒微合金钢的明场透射照片[6]

a—多边形铁素体组织；b—板条（针状）铁素体；c—退化铁素体

出见图16a，图16b；铁素体基体的析出见图17a，与其对应的 SAD 图见图17b。通过对 SAD 图样进行分析，细小的析出为 MC 型立方碳化铌，析出同铁素体基体为 $[100]_\alpha//[110]_{NbC}$ Baker-

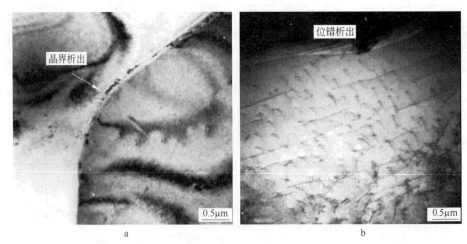

图 16　铌微合金钢的明场透射照片[6]

a—晶界析出；b—位错析出

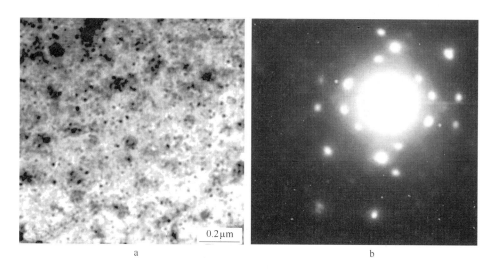

图 17　铌微合金钢的明场透射照片[6]

a—铁素体基体的细小析出；b—与析出和基体相对应的 SAD 图样分析

Nutting 的取向关系。

　　钒微合金钢铁素体区的晶界析出和位错析出见图 18。图 19a 为钒微合金钢的铁素体基体析出，其 SAD 图见图 19b。钒微合金钢同铌微合金钢有些相似，其 SAD 图样分析表明，细小的析出为 MC 型立方碳化钒，析出同铁素体基体为 $[001]_{\alpha}//[001]_{VC}$ cube-cube 的取向关系。铌微合金钢和钒微合金钢基体的析出特征包括平均粒度、平均粒间距、粒子密度等方面，总结在表 3 中。

　　以上的结果表明，在冷却期间铁素体中有细小析出形成时，铌微合金钢和钒微合金钢在晶界和位错处有应变诱导析出。微合金元素的析出发生在钢热机械处理的各个阶段。在微合金元素的均热温度，认为铌和钒的溶解依赖于溶度积的极限。在任何给定温度，碳化物和氮化物的形成元素在奥氏体的溶解性都依赖于钢中的碳和氮含量。在冷却期间温度较低时，溶质元素增加从而形成过度的饱和，为析出创造有利的动力学条件。变形时，奥氏体诱导产生

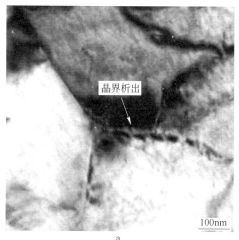

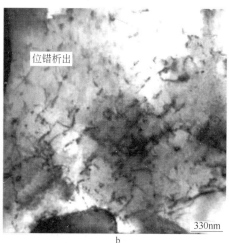

图 18　钒微合金钢的明场透射照片[6]

a—晶界析出；b—位错析出

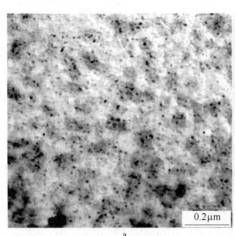

a　　　　　　　　　　　　　　　　b

图 19　钒微合金钢的明场透射照片[6]

a—铁素体基体的细小析出；b—与析出和基体相对应的 SAD 图样分析

大量的晶格缺陷，例如位错和空位，这些都对控制析出动力学的扩散过程有帮助。结果，应变诱导析出优先发生在奥氏体晶界或缺陷处。总的来说，铌微合金钢和钒微合金钢，在铁素体尺寸 5～10nm 范围内具有相似的析出行为（见表 3）。另外根据报道，析出硬化的有效尺寸为 5～20nm[13,14]。铌微合金钢和钒微合金钢的细小析出同铁素体基体为 Baker-Nutting 的取向关系（图 17b 和图 19b），这也许证明了析出就是发生在铁素体中。

表 3　铌微合金钢和钒微合金钢的析出特征

性　能	铌微合金钢		钒微合金钢	
	传统冷速	高冷速	传统冷速	高冷速
平均微粒尺寸（直径）/nm	5.25±3.5	7.5±4.5	10.3±4	8±4.3
平均微粒间距（50 个平均值）/nm	66±37	50±29	62±31	44±18
晶粒密度（0.5μm² 内的晶粒数量）	280	320	210	375

7　冷速对铌微合金钢和钒微合金钢强韧性配合的影响

影响韧性的组织参数包括：铁素体晶粒尺寸、退化珠光体，针状铁素体/贝氏体型铁素体。退化珠光体中的极细渗碳体同常规的珠光体相比较，不但具有较高的屈服强度，而且改善了韧性。造成这种性能的差异，主要是因为粗大的珠光体变形不均匀，应变停留在狭窄的滑移带；而细小的退化珠光体在变形期间有均匀的应变分布[15]。细小的渗碳体微粒在变形时，可以形成 Orowan 位错环，从而使附近微粒产生应变梯度，结果导致加工硬化率的提高。应变梯度中提到的位错是几何学意义的位错[11,12]。因此，随着冷速的增加，铌微合金钢的韧性有显著的提高，并且这与韧化提高相——贝氏体有关。

8　结论

铌作为微合金元素，在提高结构梁和板的强度和韧性方面，起到重要的作用。这些作用包括：细化晶粒，析出强化，得到强韧的组织和显著的贝氏体。加之，冷速对组织的影响，更可以断言，当使用铌作为微合金元素时，铌微合金钢能够达到更高的强度和韧性。

致　谢

非常感谢 CBMM-Reference Metals 对目前工作的财政支持。由衷感谢 Dr. D. Panda 和

Mr. T. Mannering 提供的工业的及有益的讨论。

参 考 文 献

1　I. Gonzalez-Bequest，R. Kaspar，and J. Richter，*Steel Research*，Vol 68，1997，p61-66.

2　Q. Yu，Z. Wang，X. Liu and G. Wang，*Materials Science and Engineering A*，Vol 379，2004，p384-390.

3　M. Charleux，W. J. Poole，M. Militizer and A. Deschamps，*Metallurgical and Materials Transactions A*，Vol 32，2001，p1635-1646.

4　L. Meyer，F. Heisterkamp，W. Muschenborn，*Micro Alloying*，1975，p153-167.

5　M. Piette，E. Dubrulle-Prat，Ch. Perdix，V. Schwin，A. Streisselberger and K. Hulka，*Proceedings of The International Conference on Thermomechanical Processing of Steels*，May 24-26，2000，London，UK.

6　S. Shanmugam，R. D. K. Misra，T. Mannering，D. Panda and S. G. Jansto，*Materials Science and Engineering A*，Vol 437，2006，p436-445；and Vol 460-461，2007，p335-343.

7　Y. Ohmori and R. W. K. Honeycombe，*Proceedings of ICSTIS（suppl.）Transactions Iron and Steel Institute of Japan*，Vol 11，1971，p1160-1165.

8　G. Krauss and S. W. Thompson，*Iron and Steel Institute of Japan International*，Vol 35，1995，p937-945.

9　Y. Ohmori，*Transactions Iron and Steel Institute of Japan*，Vol 11，1971，p339-348.

10　T. Yamane，K. Hisayuki，Y. Kawazu，T. Takahashi，Y. Kimura，and Tsukuda，*Journal of Materials Science*，Vol 37，2002，p3875-3879.

11　R. Song，D. Ponge and D. Raabe，*Scripta Materialia*，Vol 52，2005，p1075-1080.

12　R. Song，D. Ponge，D. Raabe and R. Kaspar，*Acta Materialia*，Vol 53，2005，p845-858.

13　R. D. K. Misra，G. C. Weatherly，J. E. Hartmann，and A. J. Boucek，*Material Science and Technology*，Vol 17，2001，p1119-1129.

14　R. R. Thridandapani，S. Shanmugam，R. D. K. Misra，T. Mannering，D. Panda，and S. Jansto，*Proceedings of MS&T*，2005，TMS，Pittsburgh，USA，p129.

15　H. Joung Sim，Y. Bum Lee and W. J. Nam，*Journal of Material Science*，Vol 39，2004，p1849-1851.

（北京科技大学　贺　飞　译，
北京科技大学　郭　晖
中信微合金化技术中心　王厚昕　校）

含铌微合金耐火结构钢

John G. Speer[1], Ryan W. Regier[1], David K. Matlock[1], S. G. Jansto[2]

（1）Advanced Steel Processing and Products Research Center Colorado School of
Mines Golden CO, 80401, USA;

（2）Reference Metals Company, Inc. Bridgeville, PA 15017

摘　要：耐火结构钢已经在一些国家商业化，并且正在美国进行检验。目前的工作集中在有关高温性能测试规范的发展上，可以预料，一些材料规范及其最先适用的领域的应用（如高层建筑群，需要易脆的耐火涂层应用不便的结构，等等）将会紧随其后。本文选择评论了一些冶金学方面的研究，对含铌钢给予了特别关注，目的在于帮助理解控制耐火性能的显微组织/性能关系。引用了一些专门的例子以展现钼的添加对抑制高温下析出相粗化速率的明显益处，以及微观组织细化、微合金析出和铁素体温加工对耐火性能的有利影响。解释了"活跃的"耐火性概念（到现在为止是使用含铜和含铌钢来确认），据此设计了合金化和加工方案，使得在火灾期间钢材由于受到加热而在显微组织中能形成强化析出相。对一些最近的与美国材料及试验协会规范相关的工作也作了简要评述。

关键词：耐火钢，微合金，结构

1　绪论

　　耐火结构钢是为了应用于建筑而开发的，它通过提高高温强度可以在火灾期间为建筑物的结构提供加强的保护。提高钢材的防火能力有助于阻止在高温下钢结构载荷承受能力下降所带来的建筑物崩塌，或者为建筑物中的居民提供更多的时间逃离即将崩塌的建筑物。这篇文章的目的是提供一篇与美国耐火钢的发展和实施有关的一些活动综述。首先，将会提供一些评论来解释在美国耐火结构钢的发展中正在解决的背景"景观"。其次，将引用一些来自科罗拉多矿业学院的先进钢铁加工及材料研究中心的研究结果，以演示这些活动。从事这些活动是为了了解这类钢的物理和机械冶金学，即在与耐火钢使用相关的条件下控制显微组织/性能关系的因素。讨论了目前美国材料与试验协会有关合适的测试流程的活动，这些合适的测试流程可以应用在美国商业化生产的耐火结构钢的高温测试。

　　自 2001 年 9 月 11 日，由于飞机的碰撞及其引发的火灾导致纽约市世界贸易中心大楼倒塌后，人们对消防安全的关注增加了，多年来建筑用钢的法规和规范已经包含与耐火相关的特性。美国材料与试验协会标准 E119 给出"关于建筑结构和材料的耐火测试的标准测试方法"。应该注意，E119 并不是一个规定高温性能指标的材料规范，而是为评估在不利热失效保护性所规定的一套试验方法，即 ASTM E119 在很大程度上是一套耐热的测试。例如，对于钢结构的立柱，要求平均试验温度维持在 1000 ℉（538℃）以下，以确保钢保持足够的强度。建立这一温度标准而不是载荷标准，在某种程度上是因为美国国家标准局（现在的美国国家标准与技术研究院）和美国保险行业实验室（一个独立的，非盈利目的的机构，关注具有潜在风险的设计的安全方面[1]）用于结构柱高温测试的重要设备的关闭。因为这个规范主要涉及高温下的热特性而不是材料性能，所以在美国就没有足够的动力来发展和应用改善了高温特性的结构钢。这和世界的其他国家不同，其他国家的材料规范和建筑设计已经包含了提高的高温强度余量。例如在日本，1969年的要求规定了耐火性能，限定耐火结构钢的服役温度不能超过350℃[1]。因为结构钢通常在350℃维持强度最大（确实有些材料由于间隙原子的应变时效影响使350℃的强度高于室温下的强度），这个要求是有效的和保守的，但明显地也是有限制性的，以致不断促进了更新型的高温性能得到改善的钢的发展和应用。在过去几年里，日本生产的耐火钢保证了在600℃时最小的屈服强度是室温屈服强度的2/3，即最小的屈服强度比（高温下的屈服强度与室温下的屈服强度的比值）是室温的2/3，并且这些发展已经促进了耐火钢在某些特定领域的应用。屈服强度的温度敏感性如图1所示，该图比较了具有等价室温性能的一般结构钢和耐火钢。该图表明在高温下耐火钢仍保留较高的强度，它在600℃能够保持的强度水平超过了室温屈服强度的2/3（或者约67%）。某些其他设计规范引用的600℃时屈服强度比是50%[2]。然而应该注意到，合金钢已经发展出更好的高温性能(蠕变强度，氧化和腐蚀抗力等)并应用于承受载荷的设施,这些设施所需钢通常在高温下使用。因为高温性能在建筑用钢的整体性能要求中仅仅是所考虑的一个方面，耐火结构钢的发展必然受到更为严格

的性价比经济约束。在建筑施工时造价是一个关键的因素，而高温暴露是罕见的，基本上只是由于"意外"而发生。

国外有关建筑用耐火钢发展状况的披露和公开，引导着美国对这个领域恢复了兴趣和讨论。在20世纪90年代后期，科罗拉多矿业学院ASPPRC最早对耐火钢产生了兴趣。对耐火钢所产生的更广泛的关注起因于2001年纽约市世界贸易中心大楼的灾难性崩塌。这一关注的根源是，人们认识到结构钢在高温下的暴露会导致崩塌，可能存在新的机会去发展和使用新的钢种，耐火结构钢已在世界的其他地方得到发展，以及需要高温性能的精确数据以用于模拟建筑物的倒塌[3]。因此，工业界已经通过一个ASTM联合小组来应对这一关注，它包括既与材料相关，又与测试规范相关的方面。

目前与ASTM标准发展相关的产业活动是为了建立一个耐火钢的定义和一个表征高温性能的测试方法（当一个测试指标可用于FR钢时，我们还需要一个用于钢产品的材料指标，这一指标可能是新的，也可能是已有指标的修改，如ASTM A572所述[3]）。这些活动很多"在进行中"，并且很难预测其终点，但是可能的测试规程已包括高温拉伸实验，加速蠕变实验（涉及在恒温和恒载荷的等温条件下塑性应变速率的测定），以及温度梯度或者恒载荷实验（涉及在非等温条件下应变的变化，即在恒载荷条件下加热）。目前，联合小组A01.13/E28.10正在研究将ASTM E-21标准用于测试耐火结构钢高温性能的可能性。在2006年5月的联合小组会议上，一致同意研究蠕变与高温行为之间的关系。在2008年10月的会议上，基于日本钢铁公司和NIST合作开展的研究工作，已得出的初步结论表明在蠕变和高温行为之间具有一定的相关性[4]。因而，利用目前的高温规范去测试商业化生产的产品质量是可能的。基本上，可以由热拉伸实验评估结构钢的短期蠕变。关于耐火钢材料，讨论尚处于初期。这一类钢中，无论是已有材料还是新材料，都应该开发相应的标准。

虽然实验方法、所需试样的形状、实验温

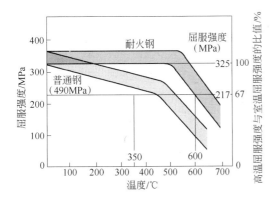

图1　耐火钢改善高温强度的比较示意图
（经许可引自文献［1］）

度、加热和保温时间、应力水平、允许的塑性应变水平等，都还不是很清楚，许多细节有待解决，但是似乎其他场合的经验可以指导建立600℃时以实际或名义屈服强度的约 2/3 为应力水平的初始规范。显然，忙于建筑设计的结构工程师可能喜欢将一系列狭义定义的选项利用在最初的应用里。以上提到的水平将会有显著的改善，会超过目前被认可的水平，即在温度高达 538℃ 左右时钢的强度为室温强度的一半[3]。在钢的合金化和加工方法中做出相对"轻微"的调整，就可以达到这样的水平，这可能极大地促进它在这些应用中的初步实施。在这些应用里详细的设计计算包含与耐火相关的方面（如大厦建筑物），在某些应用里也可以使热保护（喷涂应用岩棉）成为不需要的，或者由于钢特征的改善避免或减少热保护的使用[3,5,6]。尽管对钢结构的广泛应用尚需更多的经验、销售以及规范和建筑条例的进一步发展，但其耐火性能的提高无疑将有助于进一步减重结构、增强抗局部崩塌能力[7,8]，以及在许多其他应用领域里提高安全性。因此，耐火钢产品、规范、测试方法以及应用可能将随着不同途径的成本和效益而发展，这些途径是通过钢铁制造业、结构工程和建筑社区之间的相互作用而变得更加清晰。隔热技术也会影响到与钢铁相关的问题。在此期间，钢铁研究将集中在了解钢铁的高温强化机理，并且制订出适合商业生产的合金化和热机械加工策略。

2　耐火钢的发展

耐火钢的发展可以说是由日本开展的研究所引领的，尽管欧洲、中国、韩国以及美国也出版了一些相关文献（例如，文献［9～17］）。在 500～800℃ 的温度区间，钢的设计目标是抵抗加速蠕变或者热激活变形。这里使用"加速"蠕变这一术语是为了使耐火钢的

应用区别于其他蠕变敏感的应用，如明显更长时间（数月或数年）地受到高温和应力的作用。而耐火钢所面临的建筑火灾，一般仅会在局部区域持续数小时的高温。耐火钢发展的目标应该是运用强化机理来保持在高温有更好的效果，以此来抵抗软化。应该注意的是长时间的蠕变行为涉及的是不同的变形机制，某些蠕变强化机理不太适用于耐火钢的"加速"蠕变领域。因此，耐火钢的发展迄今已经有些经验，有利于指导如何满足具体性能，并且仍有机会进一步了解基本机理，为将来更有效地进行钢的合金化和加工设计优化提供依据。利用合金化理念来发展耐火钢通常是为了稳定初始阶段的微观结构和维持适用于低温的结构强化机理在高温的有效性。这是通过抑制回复、颗粒粗化、晶粒长大等过程而达到目标。另一种办法是采取一种"智能材料"的设计理念，凭借控制合金化方案和加工工艺以满足初始显微组织的条件，以便在火灾期间激发另外一个强化机理，与此观念相关的一些结果如下。

一般情况下，耐火钢是高强度的建筑用钢的改进版，通常采用微合金技术，并通过加入 Mo 来进一步提高其高温性能。各种各样的合金已经在文献中广泛报道，其中含 Mo 和 Nb 的低碳、低合金钢尤其受到重视。在这里，我们将要有选择地评述来自科罗拉多矿业学院的项目研究结果，了解耐火钢的行为，着重于 Nb 的作用和合金化/加工原理。2001 年年初开始的由三项研究构成的一个系列工作，涉及了一定数量的低碳钢，包括一种作为基本材料的 C-Mn 钢，以及含 Nb 钢、Mo + Nb 钢、V + Nb钢和加入 Ni、Cr、Mo、Nb、V 的含 Cu 钢。含 Cu 钢合金化程度较高，不是为了和其他钢相比较，而是为了去探索一些基本的析出效应，这可通过加入铜来有效地控制。这些钢的化学成分如表 1 所示。

表1　试验钢的化学成分　　　　　　　　（%）

合金元素	C	Mn	P	Si	Cu	Ni	Cr	Mo	V	Nb	Al	N
基准钢	0.11	1.16	0.018	0.19	0.25	0.08	0.17	0.02	0.004	0.001	0.002	0.01
Nb	0.10	1.06	0.005	0.27	0.39	0.16	0.09	0.047	0.001	0.021	0.003	0.016
Mo + Nb	0.10	0.98	0.008	0.30	0.38	0.15	0.096	0.48	—	0.017	0.004	0.01

续表1

合金元素	C	Mn	P	Si	Cu	Ni	Cr	Mo	V	Nb	Al	N
V + Nb	0.08	1.13	0.005	0.27	0.32	0.11	0.13	0.036	0.047	0.021	0.003	0.01
Cu	0.06	0.99	0.005	0.27	0.98	0.75	0.51	0.50	0.06	0.02	0.035	0.007

四种钢的高温屈服强度和极限抗拉强度如图2所示。在测试之前等温15min以达到热平衡，测试在约0.235min^{-1}（3.9×10^{-3}s^{-1}）的工程应变速率下进行。结果表明，正如所预料的那样，微合金钢有较高的低温强度，同时有

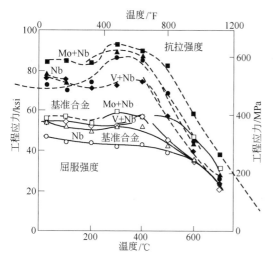

图2 温度为25~700℃时基准钢、铌钢、钼铌钢以及钒铌钢的屈服强度（空心符号）和抗拉强度（实心符号），以3.9×10^{-3}s^{-1}的工程应变速率进行测试[19]

较高的高温抗拉强度。这些结构钢的屈服强度是最有意义的，尤其是Mo + Nb钢在温度升高到500℃左右时仍保持较高的屈服强度。某些情况下，在约350℃的中间温度强度也有显著的增加。这些行为据信与动态应变时效有关，并通过图3的完整应力-应变曲线得到清楚的展示，该图所显示的是基准合金和V + Nb合金。在300℃和400℃时的基准合金中，观察到比25℃时更高的强度，快速的应变强化和锯齿状的流变曲线是清晰可见的，显示了位错/间隙原子之间与动态应变时效有关的相互作用。V + Nb合金也表现出应变时效行为，但是这个效果不是很明显，可能是由于钒氮化合物（或者富氮的钒碳氮化合物）析出相的影响降低了固溶氮的水平。值得注意的是，在美国建筑钢材中，可能会受到各种合金化和处理因素影响的动态应变时效特性通常不被视为关键因素。然而，如果对于耐火钢的要求包括350℃左右的力学性能，对应变时效行为就需要给予特别注意，因此任何与耐火钢规范相关的活动都应该仔细考虑这些后果。

在这项工作中使用的钼铌合金的设计是基

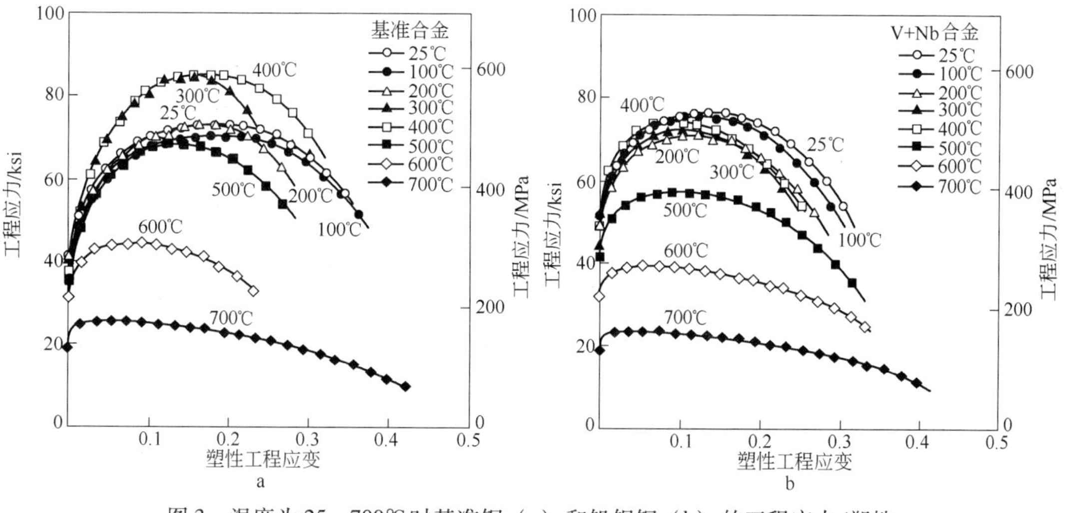

图3 温度为25~700℃时基准钢（a）和钒铌钢（b）的工程应力/塑性应变曲线，以3.9×10^{-3}s^{-1}的工程应变速率进行测试[19]

于早期的开拓性工作，正是这项工作导致相似化学成分的商业耐火钢的出现[9,16]。早期的工作如图2、图3所示。

鈮和钼的加入使基合金 C-Mn 钢的高温强度增加，并且钼和鈮的联合加入可以进一步改善其性能。其他的合金化方法也可以考虑[14,20]，但是迄今为止钼和鈮联合添加的方法似乎已经成为最受关注的。据报道，钼和鈮联合加入的好处的是导致两种析出强化，以及出现于 Nb(C,N) 析出相与周围基体之间界面的偏聚。钼在钢中容易出现界面偏聚，据推测，它的好处是减少析出相/基体界面能。因为细小析出相对强度的贡献，抑制析出相粗化有助于高温强度的保持，并且在这一过程中，在耐火钢的元素如钼和鈮之间被认为存在"协同作用"。通过对淬透性的影响，可降低冷却过程中奥氏体相分解温度，并促进形成贝氏体显微组织（该因素与耐火钢的显微组织设计相关，将在以后作进一步讨论），合金化也有助于显微组织的细化。然而，虽然试验钢的合金成分与文献报道中的耐火钢的成分相似，但实际上钢在生产中需经过热轧，因此应该认识到，该钢的热机械加工特征和由此造成的显微结构细节，可能与商业类型并不是等同的。

高温拉伸实验只是名义上的"等温"测试，加热至试验温度的升温速率可能影响拉伸实验结果，当然测试之前的保温时间预计也有相似的影响。图4显示了在不同的常规测试温度下的屈服强度，并比较了不同的升温速率对各温度测试结果的影响。在600℃这一对于建立耐火钢规范有极大重要性的实验温度，已发现升温速率的影响是明显的。样品在加热过程中并不受到载荷作用，因此这种响应不是在加热过程中蠕变变形的结果，而是由于在加热中较长时间暴露在高温下所引起的与显微组织软化有关的一种"退火响应"。显微组织软化可能涉及析出相粗化、位错重排（回复）和晶粒长大等机制。

在进行高温拉伸试验的同时，另一种方法在作者的试验室中被发现，可以更为严密地模拟在火灾期间材料的响应。在测试过程中，当以名义上的恒定速率加热时，试样上施加恒定

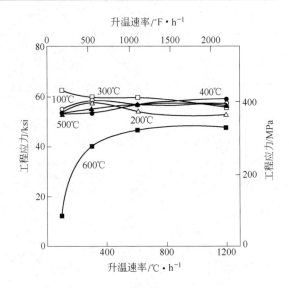

图 4　加热至试验温度的升温速率对
钼鈮钢屈服强度的影响

（测试是在测试温度保持 15min 后在约 $3.9 \times 10^{-3} \text{s}^{-1}$
工程应变速率下进行[19]）

的拉伸载荷。随着温度的升高，热激活变形机制开始运行，当达到足够的温度时试样发生塑性变形，最终在高温下以"突然的"方式应变失效。这里涉及的测试是"恒定载荷"测试，也被叫做"温度梯度"测验。实验变量包括升温速率和外加应力。图 5 所示为与图 2

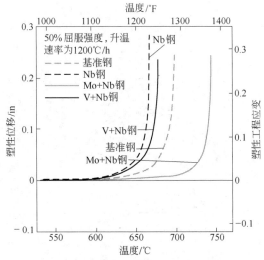

图 5　基准钢、鈮钢、钼鈮钢以及
钒鈮钢的恒定载荷测试结果

（外加应力为每种合金屈服强度的 50%，
升温速率为 1200℃/h[19]）

中高温拉伸实验相同的四种钢的恒定载荷实验的数据实例。图5中的数据是在升温速率为1200℃/h和外加应力为每种合金室温屈服强度的一半的条件下测得的。虽然两种测试的结果并不是完全一致（当为耐火钢寻求适当的测试和材料要求时，这一结果可能应该受到关注），该图再次显示了钼铌钢优异的高温性能。

采用透射电镜（TEM）的碳萃取复型技术，在铌钢和Mo＋Nb钢的恒载荷测试之后进行了析出相分析。在这次实验中升温速率为300℃/h，这是一个相对比较缓慢的速度，可以为显微组织的转变提供足够的时间。由图6可以看出，Mo＋Nb合金中碳化物析出相要比无钼合金中的析出相细小，且颗粒数密度也

较高。

这一观察结果和早期的工作相一致，都表明了Mo有助于微合金化耐火钢中强化析出相的细化[9,16,21]。

不得不承认，上面对耐火钢的改进是比较合适的；虽然耐火钢与价格昂贵的耐热超合金相比，远没有其许可温度有几百度的变化范围，但其性能的提高足以保证在某些结构设计中的应用，每当使用这些钢时，预料将有助于消防安全。弹性模量也随温度变化，一般认为，比起强度，它对显微组织、化学成分以及加工工艺更不敏感，因此在与弹性变形有关的问题成为主要问题前，利用增加铁基耐火钢的抗软化能力能够有效地控制所得到的有利性能。

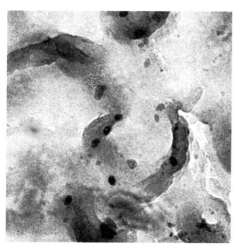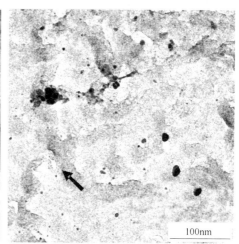

图6　来自碳萃取复型的透射电镜明场像，在300℃/h升温速率下的
恒载荷试验后在铌合金和钼铌合金中可以观察到细小的析出相[2]

表1中的含Cu钢，是被用来确定是否有析出于建筑物失火受热期间形成，由此可以了解耐火钢的强化机理是否和火灾本身有关。这种机制提供了一个冶金设计概念，涉及一种"积极"的消防安全模式，其中一个潜在的强化机制是内置于钢材本身，并且仅仅由于火灾的产生使其激发。含Cu钢在测试前需经历三种不同方式的处理，包括：（1）正火（从高温冷却，抑制铜析出相并允许在加热过程中有强化析出相形成的潜力）；（2）峰值时效（提供在测试开始时的最高强度）；（3）过时效（以减少在室温下的强度和阻碍在加热过程中形成强化析出相）。仅正火条件预计将会提供上述所需的析出机制。测试结果如图7所示，证实了耐火性能的改善是由正火条件（N）所得到的。这些结果都说明所提出的概念潜在的益处，如在火灾受热期间控制好固溶/析出行为使得强化相析出。虽然这种"积极的"安全的概念最初是探索使用含铜合金，但也有人认为适用于其他可能的强化析出相，如在高强

度低合金钢中微合金碳氮化物的析出。

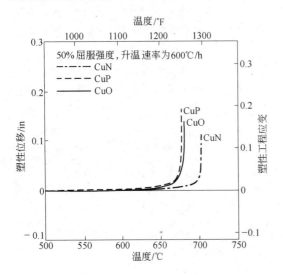

图7　含 Cu 钢在三种条件下的恒载荷测试：
正火（N），峰值时效（P）以及过时效（O）
（测试条件为外加应力等于每一种条件下的
室温屈服强度的50%。升温速率是600℃/h,
测试试样减少的截面名义上按长度
测算为25.4mm[19]）

以上报道的早期研究引领了接下来的工作，以便更好地了解影响耐火钢性能的显微组织和工艺参数。这项工作尤其关注含铌钢，可以了解在没有 Mo 的协同作用贡献时微合金化效应的影响。商业耐火钢含 Mo 达0.5%（质量分数），由于 Mo 目前价格很高，如果可行，有必要减少 Mo 的含量或者不再添加。已出版的文献表明贝氏体显微结构可以展现优良的耐火性能，跟进的工作比较了基准钢中铁素体、贝氏体和马氏体组织，含铌钢中的铁素体＋珠光体以及贝氏体组织，也包含了在加热过程中NbC 形成势能变化的研究。精心设计了热处理制度，目的在于分离出 Nb 析出相和一般组织的影响。这项研究的主要结果[2]此前已发表在高强度低合金钢的文献中[22]，这里没有转载细节。然而，结果表明，越细小的显微组织在室温和高温下强度越高，并且铌微合金化有重要贡献，在高温恒载荷测试响应中尤其突出。在加热期间增加的 NbC "析出潜力"对贝氏体显微组织来说影响不明确，但是它对铁素体

＋珠光体显微组织有益，因而使用含铌微合金钢可以提供一些潜力来发展上述所提及的"积极"消防安全概念。

文献中公布的结果，以及在此展示的结果，都表明铌对增加高温强度是一个有效的合金元素，在耐火钢中的应用尤其是如此，而通常钼的添加会增大铌的贡献。铌形成碳氮化合物析出相的温度比通常形成碳化钼析出相的温度要高。进一步的研究将有助于更好地了解控制机制，以及确定铌和钼或者铌和钼比值的最佳水平。对于耐火钢的发展，焊接性能是一个重要的考虑因素。最新发展的耐火钢（590MPa 等级）是典型的添加0.02% ～0.03%铌和适当的钼和锰的低碳钢，已有报道指出它具有优异的焊接热影响区韧性[6,23]。因此，这些合金元素提供了有利的室温强度组合，提高了从室温到600℃左右的抗软化能力，以及良好的热影响区韧性。

细化组织的好处被认为可能与在较低温度下转变的亚结构的存在有关。因此，已在对含铌合金钢最近的研究中，考查了通过热机械加工工艺生产的温加工铁素体的高温性能。众所周知，温加工会增加室温强度。研究的目的是为了评估在相对较高的温度下（如高于经常在耐火钢测试中采用的温度）热机械加工期间产生的稳定亚结构是否可能增强耐火性能。

图8总结了这次研究的热机械加工的细节。选择1100℃的重新加热温度以溶解 NbC和避免在实验室轧制之前奥氏体晶粒明显长大。由于可用的原始材料和测试试样厚度之间

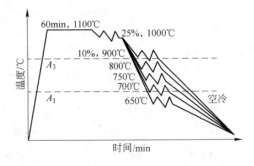

图8　用于检测含铌钢温加工影响的
热机械加工方式示意图[24]

存在微小的不同，整个轧制压下量受到了限制，所以为了细化铁素体晶粒，在1000℃采用单道次25%压下量，然后，在不同温度的奥氏体、双相以及铁素体相区，分别采用的精加工压下量均为10%，使用嵌入式热电偶进行温度控制。

样品中包含的主要微观组织为等轴的铁素体和珠光体以及一些魏氏体铁素体[24,25]。每一个经实验室轧制的样品都进一步使用电子背散射衍射来表征，以探测铁素体亚结构的存在。图像质量图表明随着终轧温度的降低，"暗"区会越来越多地存在，表明在结构内部存在更多的变形（如存储的位错）。电子背散射的取向差图也证实了在低的终轧温度下存在数量增多的铁素体亚结构。通过电子背散射衍射结果的量化，图9展示了轧制条件下取向差角度的分布，以10°为一间隔。相对于铁素体/铁素体边界的总计算长度，确定了每种边界类型的比例。结果表明，在较低的终轧温度下小角度晶界（取向差角度在0°~10°之间）比例较多，在650℃时该比例最大。晶界比例包含不确定性，与存在于每个试样中的珠光体和魏氏体铁素体的小角度边界有关，这是温加工亚结构的标志性特征。然而，显微组织的这些成分在不同的加工条件下都是相似的，所以图

9中的对比定性地来说应该是正确的。显微组织分析证实了低温精轧促进了铁素体亚结构的发展。

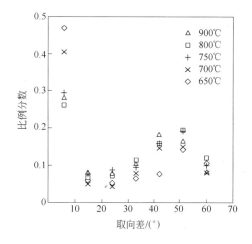

图9　经历终轧温度在900℃到650℃之间的实验室轧制后，铌钢的取向差角度分布

室温下和600℃时的拉伸性能已总结在图10中[24]。

拉伸结果表明，亚临界（铁素体）轧制既增加了室温强度，也增加了600℃的强度。最重要的是，和其他钢比较，终轧温度为650℃的钢屈服强度比增加了5%。相应的恒载荷测试如图11所示，其加载条件有：对每

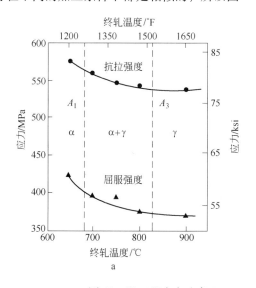

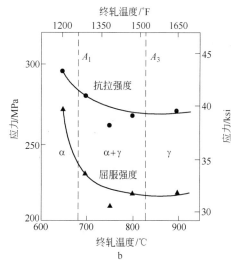

图10　以工程应变速率 $3.9 \times 10^{-3} s^{-1}$ 在不同温度下终轧10%后，室温（a）和600℃（b）铌钢的屈服强度和抗拉强度[24]

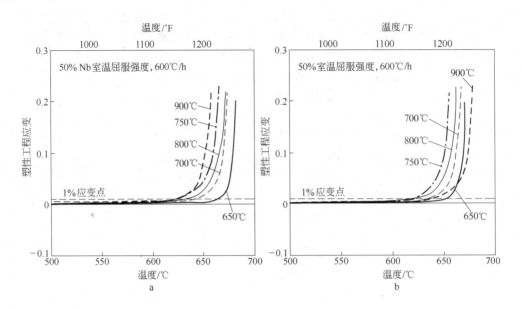

图 11　在不同温度下（图中已指明）终轧 10% 铌钢的恒载荷测试

a—恒外加应力作用结果（187MPa）；b—在各种条件下达到 50%
室温屈服强度的外加应力作用下的结果

个试样施加相同外载荷，即热机械加工之前铌钢的室温屈服强度的 50%（374MPa，如图 11a 所示），或者施加的载荷为在感兴趣的温度终轧后每种材料室温强度的 50%（如图 11b 所示）。图 11a 中的趋势紧密对应着图 10 中的高温拉伸性能，在加热过程中塑性变形开始（定义加热时塑性变形的开始点有不同的方法，这一问题（包括外应力水平）需要在发展合适的试验规范时被考虑。图 11 所示水平点划线表示 1% 应变点，可对不同钢在变形开始前所能达到的相对温度提供指示）和最终失效（温度）都随高温强度而增加。亚临界轧制（650℃）的钢在不同条件下都达到最高温度。在图 11b 中，外加应力随所测试材料的室温强度而变化，所得结果中有一些有趣的相似点和不同点。首先，塑性变形的开始点（基于与 1% 应变水平点划线的相交点）也是在亚临界轧制（650℃）样品终轧温度中的最高温度，并证明了该显微组织可以改善耐火性能。然而，同样值得重视的是，终轧温度为最高温度（900℃）的试样表现出了最高的失效温度（即应变失稳温度），这或许是由于外加应力相对于这种钢较低。在更高外加应力下进行的一些另外的测试也表现出一些相似点[26]。在相当于现有材料室温强度 2/3 的外加应力作用下，亚临界轧制试样均呈现出塑性变形开始和最终失效的最高温度。然而，当外加应力基于感兴趣条件下的室温强度而变化时（如采用屈服强度的 2/3），温轧试样的塑性变形开始温度与其他钢相似，而其失效温度（开始失稳应变）在各种条件中是最低的。

亚临界轧制试样（650℃）在塑性变形开始温度和失效温度之间微小的不同需要进一步注意，一旦测试温度超过温轧使用的温度，它可能反映出在温轧制期间形成的稳定亚结构的分解。这项研究表明，在任何情况下，由于铁素体温加工期间在相对高温下形成的位错亚结构的稳定性，温加工铁素体对耐火钢来说是有效和重要的强化机制。然而，因为耐火钢测试要求的发展，与特定的加载和测试条件相关的细节很值得考虑。应该注意到，轧件的截面形状越复杂，采用较低温度的终轧本质上也越困难，所以相对于建筑型钢，温加工处理技术目前更多地应用于钢板产品。温加工也有巨大的潜力去发展各向异性性能。这里所指出的性能是纵向测出的，更多的工作也将有助于表征高温性能的横向特征。此外，需要详细研究显微组织的演化，以证实其被假定的随温度的变化。

3 总结

本文回顾了美国正在研究的耐火结构钢的背景"景观"，以及为探索控制耐火品质的显微组织/性能之间关系而开展的一些冶金学研究。通过美国测试与材料学会的研究活动，测试方法研究目前正在进行，以最新材料为基准的测试标准可能被确定。举例说明了不同钢的高温性能，对它们或者使用高温拉伸试验，或者使用恒载荷温度斜坡试验进行了测试，旨在模拟火灾中结构件的行为。阐明了在低温下应变时效行为和在高温测试中加热至测试温度的升温速率的影响；这两种行为可能是相关的，并且当形成测试规范以及加载条件等时，应该予以考虑。恒载荷测试结果展现了钢之间的不同。在相同的测试条件下，钼铌钢与碳锰钢、钒钢或者铌钢相比有更好的耐火性能。所设计的钼铌钢和报道中的耐火钢有相似的化学成分，并且当暴露在高温时会产生较细小的析出相，可能与钼在析出相/基体界面上的偏聚所造成的表面能量效应对颗粒粗化动力学的影响有关，这是早期的研究者所假设的一个机制。通过对钢的调节以在受热前提供足够的"析出势"，已证明含铜钢和含铌钢具有发展"积极"耐火性的潜力，因而在与火灾相关的加热过程中能形成强化析出相。最后，提出了新的结果，表明温加工铁素体的存在增强了耐火性能，此时强化的亚结构依旧可以在接近温加工变形的温度时保持稳定。

致　谢

对科罗拉多矿业学院的先进钢铁产品和加工研究中心和产业/大学合作研究中心的赞助表示诚挚的感谢。对 Matthew Walp 和 Justin Cross 的工作的重要贡献也表示感谢。

参 考 文 献

1 R. Wildt, Fire Resistant Steel-A New Approach to Fire Safety, *Proceedings of the 7th World Congress*, *CTBUH*, *Council on Tall Buildings and Urban Habitat*: *Renewing the Urban Landscape*, New York, 2005. ISBN: 978-0-939493-22-7.

2 J. Cross, *Effects of Microstructure on the Fire-Resistant Properties of HSLA Structural Steels*, M. S. Thesis, Colorado School of Mines, 2006.

3 R. Wildt, private communication, 2007.

4 Notes from ASTM A01.13/E28.10 Joint Task Group on Fire Resistive Steels Meeting, ASTM Committee Week, St. Louis, Missouri, November 18, 2008.

5 *Steel Construction Today and Tomorrow*, Japan Iron and Steel Federation-Japanese Society of Steel Construction, Nos. 3 and 4, 2003.

6 Y. Sakumoto, Use of FR Steel: Design of Steel Frames to Eliminate Fire Protection, *New Developments in Steel-Frame Building Construction*, Nippon Steel Corporation, October 1993, 21 pp.

7 A. Wada, K. Ohi, H. Suzuki, Y. Sakumoto, M. Fushimi, H. Kamura, Y. Murakami, and M. Sasaki, A Study on the Collapse Control Design Method for High-Rise Steel Buildings, *CTBUH* 2004, Seoul, Korea, 2004, pp. 311-317.

8 M. Kohno, Y. Sakumoto, and M. Fushimi, Effects of Large Section Size and Fire Resistant Steel on Redundancy Improvement of Steel High-Rise Buildings in Fire, *CTBUH* 2004, Seoul, Korea, pp. 298-302.

9 R. Chijiwa, H. Tamehiro, Y. Yoshida, K. Funato, R. Uemori, and Y. Horii, Development and Practical Application of Fire-Resistant Steel for Buildings, *Nippon Steel Technical Report*, No. 58, July 1993, pp. 47-55.

10 M. Fushimi, H. Chikaraishi, and K. Keira, Development of Fire-Resistant Steel Frame Building Structures, *Nippon Steel Technical Report*, No. 66, July 1995, pp. 29-36.

11 J. Outinen, J. Kesti, P. Mäkeläinen, Fire Design Model for Structural Steel S355 Based Upon Transient State Tensile Results, *Journal of Constructional Steel Re-*

search, Vol. 42, 1997, pp. 161-169.

12　F. S. Kelly and W. Sha, A Comparison of the Mechanical Properties of Fire-Resistant and S275 Structural Steels, *Journal of Constructional Steel Research*, Vol. 50, 1999, pp. 223-233.

13　J. X. Liu, X. Chen, P. H. Li, Y. Guan, J. J. Xiong, H. Shi, W. D. Zhen, L. P. Xiao, Comparison Research on Fire Endurance Between Fire-Resistant and Weathering Construction Steel and Q235 Steel, *Proceedings of the Joint International Conference of HSLA Steels 2005 and ISUGS 2005*, *Iron and Steel Supplement*, Vol. 40, 2005, pp. 422-427.

14　Z. W. Zheng, and Q. C. Liu, Effect of Vanadium on the Properties of Fire-Resistant Weathering Steels, *Proceedings of the Joint International Conference of HSLA Steels 2005 and ISUGS 2005*, *Iron and Steel Supplement*, Vol. 40, 2005, pp. 807-811.

15　J. C. Shen, Z. Y. Liu, C. F. Yang, Y. Q. Zhang, Research of Fire-Resistant Steels for Buildings, *Proceedings of the Joint International Conference of HSLA Steels 2005 and ISUGS 2005*, *Iron and Steel Supplement*, Vol. 40, 2005, pp. 807-811.

16　W. B. Lee, S. G. Hong, C. G. Park and S. H. Park, Carbide Precipitation and High-Temperature Strength of Hot-Rolled High-Strength, Low-Alloy Steels Containing Nb and Mo, *Metallurgical and Materials Transactions A*, Vol. 33A, 2002, pp. 1689-1698.

17　M. S. Walp, J. G. Speer, and D. K. Matlock, Fire-Resistant Steels, *Advanced Materials and Processes*, Vol. 162, No. 10, 2004, pp. 34-36.

18　B. C. DeCooman, J. G. Speer, N. Yoshinaga, and I. Y. Pychmintsev, *Materials Design-The Key to Modern Steel Products*, GRIPS Media, Bad Harzburg, Germany, 2007. ISBN: 978-3-937057-13-2.

19　M. Walp, *Fire-Resistant Steels for Construction Applications*, M. S. Thesis, Colorado School of Mines, 2003.

20　K. Miyata, and Y. Sawaragi, Effect of Mo and W on the Phase Stability of Precipitates in Low Cr Heat Resistant Steels, *ISIJ International*, Vol. 41, 2001, pp. 281-289.

21　R. Uemori, R. Chijiiwa, H. Tamehiro, and H. Morikawa, AP-FIM Study on the Effect of Molybdenum Addition on Microstructure in Ti-Nb Steel, *Applied Surface Science*, Vol. 76, No. 77, 1994, pp. 255-260.

22　J. G. Speer, S. G. Jansto, J. C. Cross, M. S. Walp, and David K. Matlock, Elevated Temperature Properties of Niobium Microalloyed Steels for Fire-Resistant Structural Applications, *Proceedings of the Joint International Conference of HSLA Steels 2005 and ISUGS 2005*, *Iron and Steel Supplement*, Vol. 40, 2005, pp. 818-823.

23　Y. Mizutani, K. Yoshi, R. Chijiiwa, K. Ishibashi, Y. Watanabe, and Y. Yoshida, 590MPa Class Fire-Resistant Steel for Building Structural Use, *Nippon Steel Technical Report*, No. 90, July 2004, pp. 45-52.

24　R. W. Regier, J. G. Speer, D. K. Matlock, A. J. Bailey, and S. G. Jansto, Thermomechanical Processing Effects on the Elevated Temperature Behavior of Niobium Bearing Fire-Resistant Steel, *Steel Properties and Applications Proceedings of MS&T'07*, AIST, 2007, pp. 803-814.

25　R. W. Regier, J. G. Speer, D. K. Matlock and S. G. Jansto, Ferrite Substructure as an Elevated Temperature Strengthening Mechanism for Fire-Resistant Structural Steel, *Proceedings of MS&T'07*, 2008, in press.

26　R. W. Regier, " Thermomechanical Processing Effects on the Elevated Temperature Behavior of Niobium Containing Fire-Resistant Steel," *M. S. Thesis*, Colorado School of Mines, 2008.

（北京科技大学材料学院　罗　娇　译）

宝钢建筑用耐火耐候钢研发进展

温东辉　屈朝霞　胡晓萍　宋凤明　李自刚

（宝山钢铁股份有限公司　研究院）

摘　要：本文介绍了宝钢研制的建筑用耐火耐候钢系列产品，在耐候钢即耐大气腐蚀钢的基础上，通过采用 Nb-Mo 合金化，进一步提升了钢的高温强度，具备耐火性能和抗震性能，实际工程应用表明该系列产品适用于钢结构建筑。

关键词：耐蚀，耐火，耐候，可焊接

1　前言

钢结构具有许多优势，钢结构住宅在国外已发展多年，我国也已制定了发展钢结构住宅产业技术政策。钢结构住宅将成为我国住宅产业化进程中一个有广阔发展前景的热点领域。然而，钢结构本身的防火和防腐问题确实是一大弱点，特别是防火问题更为突出。

有专家认为[1]在自然气候下，钢材受蚀减薄速度很快，5 年减薄可达 0.1~1mm 以上，随着时间延长或处于恶劣环境下，腐蚀减薄速度更快。采用涂装可以减缓腐蚀，但费用较高。如桥梁涂装费 10 年内可为钢结构费用的 2.5 倍。钢材的防腐处理成本高，且不易维护，这给钢结构的推广应用带来了一定的制约。

钢的力学性能是温度的函数[2]，一般来说，钢材的强度和弹性模量随温度的升高而降低：当普通结构钢的加热温度达到 400℃时，其屈服强度降低一半；温度为 600℃时，钢材基本丧失承载能力。为使钢材在火灾期间减缓升温速度，钢构件必须喷涂防火材料。但是喷涂防火材料的作业对工人的健康有着极大的损害且非常费时，此外，建筑的有效空间也因防火包覆而减少。因此，钢结构建筑对减少防火包覆的要求越来越强烈。

近年来，国内外一直致力于研制耐火耐候钢，通过采用耐火耐候钢，提升钢材自身的耐大气腐蚀能力，提升钢材高温强度，大大减少防火层厚度，甚至可以不使用防火涂层，推进了钢结构建筑的发展。

2　耐火耐候钢在国内外的发展

耐火钢作为一种新钢种，其主要原理是在成分中添加 Mo、Cr、Nb、V 等合金元素，通过高温时生成碳氮化物的析出强化，以增加钢材的高温强度。采用耐火钢制作的钢结构构件其防火涂层可以大大减薄。用于可燃物量多且不易管理的场所时，例如办公大楼、仓库、大卖场、住宅楼等，这些建筑物有可能发生剧烈火灾，温度超过耐火钢适用温度 600℃，因而必须要有防火涂覆，但是由于采用耐火钢，涂覆层的厚度可节省 2/3。当耐火钢用于可燃物较少、空间较大的建筑物时，例如立体停车场、车站建筑、大厅、体育馆等，不大容易产生剧烈火灾，因而，若使用耐火钢材可以无需防火涂覆[3]。

耐火钢的概念出现于 20 世纪 80 年代，由日本最先提出，目前在欧洲、北美、韩国等工业国家都在进行耐火钢的研发和生产，包括钢板、钢带、型钢、钢管等各类产品。国内钢铁企业、科研机构也进行了耐火钢和耐火耐候钢的研发和生产，如武钢[4]、鞍钢[5]、济钢[6]

等。宝钢是国内最早开展建筑钢耐火性能和耐大气腐蚀性能研究的钢厂之一，已经成功开发耐火耐候钢系列产品并应用到北京、上海等建筑工程中。

3　宝钢耐火耐候钢

3.1　品种研发

宝钢开发建筑用耐火耐候钢的目的就是增加钢的耐火和耐腐蚀性能。同时，宝钢耐火耐候钢还具有与普通建筑用钢相当的室温力学性能、焊接性能以及其他性能。宝钢研制成功的耐火耐候钢耐候性与美国的高耐候 Cor-Ten 钢相当，为普通钢的 2~8 倍，可视情况裸露使用。并可提高涂装性，涂在耐候钢上的涂层的失效年限远长于普通钢。耐火性与日本的建筑用耐火钢相当，可使 600℃ 时屈服强度下降不大于规定的室温屈服强度标准的 1/3，这是火灾时保证建筑安全性的一个必要的许用指标，而普通钢至多在 350℃ 时保持这一强度值。由此可以减少防火涂料和防火包覆的使用，从而减少污染、缩短工期、增加建筑有效面积、降低成本且减少或不必进行防腐维护，是一种具有"绿色环保"、可持续发展的经济类钢材。

使用耐火耐候钢可以解决钢结构中钢材的两大致命弱点——防腐和防火问题，为钢结构在民用建筑的推广应用提供了良好的条件。为了保证建筑结构抗地震，宝钢耐火耐候钢可以满足国家建筑行业规范中低屈强比的要求。

3.2　化学成分设计

通过试验研究，分析了不同化学成分设计对钢的高温拉伸强度的作用。表1是实验钢种的化学成分设计。

表1　试验钢的化学成分设计

钢号	基本成分	变动成分
A	0.10% C-0.25% Si-1.0% Mn-0.5% Cr	0.5% Mo
B	0.10% C-0.25% Si-1.0% Mn-0.5% Cr	0.02% Nb
C	0.10% C-0.25% Si-0.9% Mn-0.5% Cr	0.5% Mo-0.02% Nb

根据实验结果可以确定，Mo 显著提高以铁素体组织为主的钢的高温屈服强度，添加大约 0.5% 的 Mo 对于提高 400MPa 和 490MPa 抗拉强度级别的耐火钢是非常关键的，通过固溶强化和析出 Mo_2C 的析出强化，使铁素体基体强度提高。

试验钢中单独加入 0.02% Nb 对常温力学性能提高不大，但在高温时通过析出 NbC 可以提高高温屈服强度大约 20MPa，Nb 减少铁素体晶粒尺寸，因而增加室温屈强比大约 10%。

Nb-Mo 复合添加微合金钢高温屈服强度提高大约 100MPa，略大于单独添加 Nb 或 Mo 时屈服强度提升量的总和。试验钢的室温屈服强度与 Mo 钢大致相同，添加少量 Nb 可在晶界析出 NbC 等化合物，抑制晶粒长大，显著提高高温强度而不会降低其可焊接性能。复合添加 Nb 和 Mo 被认为是提高建筑用耐火钢高温强度的最有效的成分设计。

3.3　性能特点和交货技术条件

目前宝钢可以生产供应两个级别的耐火耐候钢，B400RNQ（室温性能与 Q235B 相当），B490RNQ（室温性能与 Q345B 相当），详见表2。

表2　宝钢耐火耐候钢力学性能

牌号	拉伸试验				冲击试验			高温拉伸试验	
	屈服强度/MPa	抗拉强度/MPa	屈强比	伸长率/%	温度/℃	冲击功/J	方　向	温度/℃	屈服强度/MPa
B400RNQ	≥235	400~510	≤0.80	≥22	0	≥27	纵向	600	≥157
B490RNQ	≥325	470~610	≤0.80	≥22					≥217

宝钢耐火耐候钢系列产品的室温力学性能完全满足国标 Q235B 和 Q345B，其成形及工艺性能与其相当并略优，高温力学性能满足相关国际耐火钢标准，屈强比满足建筑行业抗震设计相关国标要求。

3.4 耐腐蚀性能

通过加入耐候性元素，使钢铁材料在锈层和基体之间形成一层约 $50 \sim 100\mu m$ 厚的致密且与基体金属黏附性好的氧化物层。由于这层致密氧化物膜的存在，阻止了大气中氧和水向钢铁基体渗入，减缓了锈蚀向钢铁材料纵深发展，从而大大提高了钢铁材料的耐大气腐蚀能力。并且，由于锈层的稳定，使得非裸露用耐候钢的涂装层不易脱落。研究表明，依耐候钢成分不同，钢构件使用环境不同，耐候钢的抗大气腐蚀能力可比普通钢提高 2 ~ 8 倍，涂装性可提高 1.5 ~ 10 倍。宝钢是目前国内最大的耐候钢供应商，耐候钢的研究和生产处于国内领先地位。用宝钢耐火耐候钢 B490RNQ、进口 Cor-Ten A 和普通钢进行室内加速腐蚀试验，试验结果如下。

3.4.1 湿热试验

湿热试验也称潮湿试验，是模拟湿热气候条件（热带地区的大气条件）下的加速试验。湿热腐蚀试验主要用于考虑冷凝水膜的作用。由于潮湿及温度波动或长途运输中温度变化，往往会使空气中的水分在材料表面凝结成水膜，从而引起材料腐蚀或腐蚀加剧。试验通常在湿热箱中进行。

试验标准：ASTM D2247-80。

试验条件：（1）试验温度:(38 ± 1)℃；

　　　　　（2）试验湿度：100%。

试样尺寸：150mm×75mm×3mm。

试验周期：480h。

试验结果：见表 3。

表 3　湿热试验结果

钢　种	腐蚀失重速率 /g·(m²·h)⁻¹	相对腐蚀速率 /%
B490RNQ	0.039	38.2
Q345B	0.103	100.0

3.4.2 周期浸润腐蚀试验

周期浸润腐蚀试验是化学浸泡试验方法中的间浸试验，又称交替浸泡试验，即金属试样交替地浸入液态腐蚀介质和暴露在空气中，这是一种模拟试验，也是一种加速试验。这种间浸状态为水溶液作用提供了加速腐蚀的条件，因为在大部分暴露时间中试样表面可以保持频繁更新的、几乎为氧所饱和的溶液薄膜；而且在干湿交替过程中，由于水分蒸发使得溶液中的腐蚀性组分浓缩。

试验标准：TB/T 2375。

试验条件：（1）试验温度：(45 ± 1)℃；

　　　　　（2）相对湿度：(70 ± 5)%；

　　　　　（3）浸润时间：12min/60min；

　　　　　（4）试验溶液：10^{-2} mol/L NaHSO₃；

　　　　　（5）烘烤温度：60~70℃；

　　　　　（6）试样尺寸：60mm×40mm ×3mm（长×宽×厚）。

试验周期：72h。

试验结果：见表 4。

表 4　周期浸润腐蚀试验结果

钢　号	腐蚀失重速率 /g·(m²·h)⁻¹	相对腐蚀速率 /%
B490RNQ	0.91	45.7
A3 钢	1.98	100

以上对比样品 A3 钢的腐蚀速率为 100%，B490RNQ 样品的腐蚀速率小于 50%，明显低于对比样品。说明在标准规定的试验条件下，B490RNQ 的耐候性能优于普通 A3 钢。

3.4.3 盐雾试验

盐雾试验是模拟咸水条件或海洋性气候腐蚀的加速试验。盐雾试验一般规定采用 5% NaCl 盐水喷雾，pH 值 6.5 ~ 7.2，试验温度 (35 ± 2)℃，相对湿度为 95% 以上。试样在盐雾箱内，被试面朝上，并与垂直方向成 (20 ± 5)°角，每 24h 内连续喷雾 8h。

试验标准：GB 10125-88。

试样尺寸：150mm×75mm×4mm。

试验周期：96h，480h。

96h 试验结果：见表 5。

表 5　盐雾试验结果（96h）

钢　种	腐蚀失重速率 /g·(m²·h)⁻¹	相对腐蚀速率 /%
B490RNQ	1.742	75.0
Q345B	2.322	100

480h 试验结果：见表 6。

表 6　盐雾试验结果（480h）

钢　种	腐蚀失重速率 /g·(m²·h)⁻¹	相对腐蚀速率 /%
B490RNQ	1.625	58.9
Q345B	2.759	100.0

3.4.4　加速老化试验

加速老化试验即人工气候试验，也称耐候试验，是模拟日晒雨淋等自然条件，评定试样的抗老化、耐气候性能。在人工气候箱中进行试验，采用紫外线碳极和日光碳极两种辐照光源，降雨用水为未被试片污染的清洁水。

试验标准：ASTM G53-88

试验条件：（1）紫外线曝晒温度：60℃；
（2）紫外线曝晒时间：4h/8h；
（3）凝露温度：50℃；
（4）凝露时间：4h/8h；
（5）试样尺寸：150mm×75mm×3mm（长×宽×厚）。

试验周期：480h。

试验结果：见表 7。

表 7　加速老化试验结果

钢　种	腐蚀失重速率 /g·(m²·h)⁻¹	相对腐蚀速率 /%
B490RNQ	0.050	41.6
Q345B	0.120	100.0

以上的系列加速腐蚀试验证明，宝钢耐火耐候钢确实具有优良的耐腐蚀性能。与普通建筑用钢相比，时间越长，优势越明显。

3.5　可焊接性能

宝钢耐火耐候钢具有良好的可焊接性能，可以不预热焊接。其焊接性能与相同强度等级的普通建筑结构钢相当甚至略优。宝钢耐火耐候钢可用于建筑钢结构中的不同接头形式，不论是手弧焊、埋弧焊、气保焊还是高频焊，都可以获得良好的接头力学性能。工程实践表明，在建筑钢结构中，宝钢耐火耐候钢可与 Q235B 和 Q345B 进行异种钢焊接，也可获得满意的接头力学性能。

耐火耐候钢的接头拉伸试验无论常温还是高温都具有良好的性能，埋弧焊和气保焊的接头冷弯性能合格，其焊缝、热影响区和融合线的夏比冲击吸收功有足够的富余量，详见表 8。

表 8　各类焊接接头的性能

焊接工艺	拉伸试验		弯曲试验		夏比冲击功 A_{KV}/J		
	抗拉强度 /MPa	断裂位置	弯曲位置 ($d=3a$, 100°)	结论	熔覆金属	融合线	热影响区
手弧焊	520, 550	母材	面　弯	合格	218	240	225
埋弧焊	520, 505	母材	面　弯	合格	98	85	110
气保焊	495, 480	母材	面　弯	合格	180	106	168

3.6　耐火性能

系列温度拉伸试验表明 B490RNQ 的高温性能明显优于同等强度级别的 Q345B，其600℃时的屈服强度仍保持在 310MPa，远远高于 2/3 室温屈服强度，而 Q345B 在 500℃时屈服强度已低于 2/3 室温屈服强度，两者的系列高温拉伸性能对比如图 1 所示。

上海市某工程房屋楼群住宅使用宝钢生产的耐火耐候钢 B490RNQ 5000 余吨。根据设计

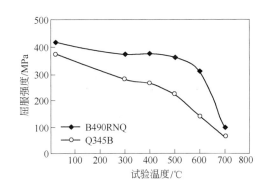

图 1　B490RNQ 及对比钢种系列
温度拉伸性能对比

消防要求，使用宝钢建筑用耐火耐候钢
B490RNQ 制成的两种实体构件各两根在天津
国家固定灭火系统和耐火构件质量监督检验中
心进行了耐火试验，试验依据为 GB/T 9978—
1999 建筑构件耐火试验方法。

耐火试验采用明火加热，使试件受到与
实际火灾相似的火焰作用。试验炉炉内温
度随时间而变化，变化规律按国家有关规
定执行。

试验载荷按工程的实际承载设定，轴心受
压，载荷值为 2000kN 和 2500kN。受火面为四
面和底部受火。

试验构件：

ϕ400mm×10mm，钢管外包 C20 细石混凝
土 50mm 厚。

ϕ350mm×10mm，钢管外包 C20 细石混凝
土 50mm 厚。

耐火试验结果如下。

B490RNQ 具有优良的耐火性能。按国家
消防标准要求，高层建筑构件的耐火极限要达
到 3h。用普通钢制作的构件达到 3h 的耐火极
限（1100℃ 高温下，经过 3h 构件变形小于
40mm），其防火包覆的厚度至少大于 100mm，
一般在 150mm。而用宝钢耐火耐候钢制作的
构件，构件的防火包覆的厚度减少了 1/2 ~
2/3 以上，经过 4h 的 1100℃ 高温没有任何变

形，亦即 B490RNQ 制成的两种构件 ϕ350mm
×10mm 和 ϕ400mm×10mm 的耐火极限均达到
4h，超过了建筑消防的最高要求。这一结果得
到了有关建筑专家的高度评价。

4　结论

从 1999 年开始，宝钢耐火耐候钢已应用
于工业建筑、民用建筑等各类用途，迄今和用
户及相关单位完成了大量的焊接试验、使用性
能试验和防火试验等。宝钢建筑用耐火耐候钢
热轧板卷具有优良的焊接性能、耐火性能、高
耐候性能和低屈强比等，并且具有优良的板
形、尺寸公差、表面质量和加工性能，能够满
足建筑结构用钢的需要。

宝钢宽厚板产线能够提供最宽为
4800mm，最厚为 150mm 的优质钢板，为我国
建筑钢结构产业的发展提供了有力的原材料支
撑。宝钢已将建设精品建筑用钢基地作为新世
纪的重要目标之一，将会不断开发新的建筑用
钢品种，以便为我国建筑钢结构事业的发展作
出自己的贡献。

参 考 文 献

1　张威振．耐火耐候钢的研究与应用［J］．钢结
构，2004，19（73）．
2　安庆新．钢结构住宅建筑的防火应用技术［J］．
建筑技术，2004，35（7）．
3　苏富贵．耐火钢之发展［J］．技术情报 147
期，2002．
4　陈晓．高性能耐火耐候建筑用钢力学性能研究
［J］．钢结构，2002，17（59）．
5　王泽林．高层建筑用耐火钢的研制［J］．鞍钢技
术，2004．
6　段小雪．建筑用耐火钢控轧控冷试验研究［J］．
塑性工程学报，2003，10（5）．

（宝钢研究院　温东辉　译，
中信微合金化技术中心　王厚昕　校）

重大建筑钢结构工程用钢概况

陈禄如[(1)]　刘志军[(2)]

（1）中国钢结构协会专家委员会，北京，100088；

（2）中冶建筑研究总院有限公司，北京，100088

摘　要： 从简介中国钢结构行业的发展概况出发，以国家体育场（鸟巢）、中央电视台新址主楼、广州新电视塔、南京南站站房钢结构工程用钢情况为例，对大型钢结构工程用钢要求和特点作了介绍。结合国内外钢结构用材情况对钢厂生产提出了新的要求，并对设计中合理选材提出建议。

关键词： 国家体育场（鸟巢），中央电视台新址主楼，广州新电视塔，南京南站站房，中厚板，焊接性能，建议

1　中国建筑钢结构发展迅速

1.1　中国经济发展迅猛

中国经济正以 10% 以上的速度持续发展，建筑业已成为国民经济的支柱产业，2009 年建筑业增加值占 GDP 的比重稳定在 5.5% 左右。

1.2　中国钢材产量居世界首位

2009 年钢材产量达到 69200 万吨，人均消费 400 多千克。钢材在各行业的使用比例：建筑 51.9%、工业 33.8%、交通 6.3%、其他 8.0%。房地产同比增长 12.6%、铁路 15.8%、汽车 16.5%。建筑工程中采用的热轧 H 型钢、中厚板、特厚板、彩涂板及镀层钢板、各类型钢、钢管、高频焊接 H 型钢、冷弯型钢等产量、品种和质量都有明显增长。满足了钢结构行业发展的需要。

1.3　钢结构发展迅速，应用领域不断扩大，用量不断增加

情况如下：

（1）近几年中国各地成立了一些钢结构设计研究所，专门从事钢结构设计、详图设计和咨询工作。涌现出一大批优秀钢结构设计、设计软件和科研成果。开展了修订钢结构设计、施工质量验收规范、编写技术规程、设计图集 100 多本。各高校重视和加强钢结构专业的发展，增加了师资力量，扩大了钢结构专业硕士和博士招生数量，教学内容与工程实践紧密相结合，出版了大量钢结构专业教材、论文、著作和应用手册，学术交流热烈。

（2）按中国钢结构协会制造企业资质标准：38 家特级（年产量超过 5 万吨）构件质量优良、管理科学的钢结构制造企业走在行业前头，有的年产量已达到 120 万吨，产品主要应用在国内重点大型工程中，也有不少产品出口，其制造水平达到了国际先进水平。76 家一级（年产量 1.2 ~ 5.0 万吨）钢结构制造企业承担大、中型工程的钢结构加工任务，其质量和产量均有较大的发展。一大批（近千家）中小企业发挥自己的特长，满足国内市场的需求，形成钢结构加工行业百舸争流的大好形势。

（3）一大批有实力的钢结构安装企业承担了国内重点大型钢结构工程安装。新技术、新工法、新设备层出不穷。其施工安装水平达

到了国际先进水平。

（4）钢结构配套产品齐全（高强度螺栓、栓钉、各类专用焊接材料、各种连接件及保温、隔热材料等），加工设备制造厂发展迅速，产品满足了钢结构行业的需求。

1.4 中国钢结构总量及预测

中国钢结构总量及预测见表1。表1统计包括工业与民用建筑、铁路与公路桥梁、水电与火电建设、城市建设等，并具有以下特点。

表1 钢结构总量及预测

年 份	2002	2004	2005	2006	2007	2010
数量/万吨	850	1400	1580	1738	2000	2600
占钢筋砼结构用钢量/%	7.9	8.5	9.94	9.61		11.2
占钢材产量/%	4.3	4.8	4.26	4.12	4.28	5.5

表2 2009年钢结构制造企业产量统计表

企业数			产量/万吨	外委/万吨	比例/%	出口/万吨	比例/%	总产值/亿元	利税/亿元	利税率/%
总数	特级	一级								
148	38	76	1111.23	93.6	8.4	172	15.5	1467.8	107.53	7.32

注：1. 人均年产量100t以上的企业共40家；

2. 62家特级、一级企业年产量超过5万吨；

3. 本年度辅材消耗情况为：焊材331546t，油漆1640228t，高强螺栓18141687714副。

（1）按钢结构加工企业用钢强度级别分：Q235占27.4%、Q345占66.4%、Q390占2.0%、Q420占3.0%、Q460占1.2%，其中Q420和Q460高强度钢材采用不多，见图1；

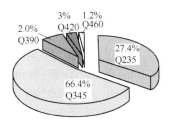

图1 钢材强度分布图

（2）按钢结构加工企业用钢材品种比例分：中厚板（包括特厚板）占70.9%，热轧H型钢占15.5%，彩涂板（包括镀锌板）占3.8%，管材6.4%左右，其他型钢及冷弯型

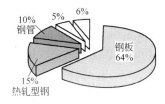

图2 钢材品种分布图

钢约占3.4%，见图2；

（3）按148家钢结构加工企业产品分（2009年统计，见表2）：工业厂房占34%、多层（小于7层）8.7%、高层13.1%、公共建筑9.0%、桥梁8.5%、非标钢结构17.2%、其他建筑9.5%，见图3和图4；

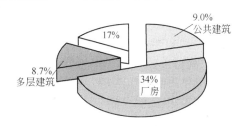

图3 建筑结构形式分布图

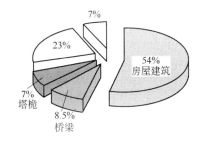

图4 钢结构行业分布图

（4）按企业地域分：在上海地区、浙江、江苏长江三角洲地区相对集中，其钢结构产量 2004 年达到 450 万吨，约占全国产量的 1/3。河北、山东、北京、天津渤海湾地区 1/3，其次是广州、深圳、珠江三角洲地区、东北、中西部地区。

按国民经济增长的比例计算，钢结构产量每年按 10% 速度增长，2007 年达到 2000 万吨，2010 年钢结构产量达到 2600 万吨。

1.5 政府加强了钢结构发展的政策引导和支持

政府加强了钢结构发展的政策引导和支持，如下：

（1）建筑钢结构的钢材、设计、制造、施工有关国家行业标准、规范已编制修订完成，并编制《住宅性能评定指标体系》、《公共建筑节能设计标准》、《健康住宅建筑技术标准》等标准。建设部编制 2010 年《建设事业技术政策纲要》，并于 2001 年底发布了《钢结构住宅建筑产业化技术导则》。

（2）编制"十一五"建筑钢结构发展目标，具体如下：

1）积极扩展建筑钢结构用钢材的品种，提高产品性能。研究和开发高性能建筑专用钢材系列产品，包括优质焊接结构钢、高强度优质厚板、热成形管材、优质可焊铸钢等。扩大冷弯型钢和热轧 H 型钢的品种和规格，包括大截面冷弯管材、大截面 H 型钢和轻型 H 型钢等。合理推广采用耐候钢、耐火钢、Z 向钢和药芯焊条等。2010 年，基本实现建筑钢结构用钢国产化的目标。

2）大力推动建筑钢结构的发展，进一步提高应用技术水平。高层和超高层建筑优先采用合理的钢结构或钢-混凝土结构体系。大跨度建筑积极采用空间网格结构、立体桁架结构、索膜结构以及施加预应力的结构体系。低层建筑大力推广采用经济适用的轻型钢结构体系。总结试点经验，结合市场需求，积极开发钢结构住宅建筑体系，并逐步实现产业化。

2010 年，建筑钢结构用钢量争取达到国家总产钢量的 6%，同时，建筑钢结构的综合技术水平接近或达到国际先进水平。

1.6 重视和发展钢结构建筑逐渐得到了认同

钢结构建筑是一种新型的节能环保的建筑体系，被誉为 21 世纪的"绿色建筑"之一。是一种节能环保型、能循环使用的建筑结构，符合发展省地节能建筑和经济持续健康发展的要求。

在高层建筑、大型工厂、大跨度空间结构、交通能源工程、住宅建筑中更能发挥钢结构建筑的自身优势。中国四川汶川震后调查又一次说明了钢结构具有较强的抗震能力，可以认为发展钢结构建筑已逐渐得到了各方面的认同。

2 国家体育场（鸟巢）用钢

2.1 工程用钢概况

国家体育场（鸟巢）钢结构屋面呈双曲面马鞍形，最高点高度为 68.5m，最低点高度为 40.1m；平面上呈椭圆形，长轴为 332.3m，短轴为 297.3m；屋盖中部的开口内环呈椭圆形，长轴为 185.3m，短轴为 127.5m；大跨度屋盖支撑在 24 根桁架柱之上，柱距为 38.0m。由 24 榀门式钢架围绕着体育场内部混凝土碗状看台区旋转而成。钢结构大量采用由钢板焊接而成的箱型构件，交叉布置的主结构与屋面、立面的次结构一起编织成"鸟巢"的造型（如图 5 所示）。

屋顶主结构均为箱型截面，上弦杆截面基本为 1000mm × 1000mm，下弦杆截面基本为 800mm × 800mm，腹杆截面基本为 600mm × 600mm，腹杆与上下弦杆相贯，屋顶桁架矢高 12.0m。竖向由 24 根组合钢结构柱支撑，每根组合钢结构柱由两根 1200mm × 1200mm 箱型外柱和一根菱形内柱组成，每个桁架柱下设

图 5　国家体育场（鸟巢）

有一个 T 型钢柱脚，荷载通过它传递至基础。立面次结构截面基本为 1200mm × 1000mm，顶面次结构截面基本为 1000mm ×1000mm。设计总用钢量约 42000t，详见表 3。钢板的最大厚度 110mm。当钢板厚度不大于 34mm 时，采用 Q345 钢材；当钢板厚度不小于 36mm 时，采用 Q345GJ 钢材；当钢板厚度为 100mm 时，采用 Q345GJ 和 Q460 钢材；当板厚为 110mm 时，采用 Q460 钢材，上述钢材均为含铌低合金高强度钢材，具有较好的力学性能和可焊性。另外，桁架柱内柱由菱形截面向矩形截面转换处采用 GS-20Mn5V 级铸钢件（C19 桁架柱除外），铸钢件最厚达 140mm。并且设计对钢材的抗撕裂性能和冲击韧性作了明确要求。

表 3　国家体育场（鸟巢）用钢

钢　号	板厚/mm	质量/t	钢　号	板厚/mm	质量/t
Q345C Q345D	10	6749	Q345GJ	42-Z15	1584
	12	1638		50-Z15	1329
	14	2136		60-Z25	647
	16	5435		70-Z25	538
	18	1940		80-Z35	330
	20	9920		90-Z35	558
	25	4023	Q460 E	110-Z35	350
	30	1929	合计		约 42000
	36	2181	铸钢 GS-20Mn5V		

注：1. 工程中首次采用国内钢厂生产的高强高效钢材 Q460 E-Z35。

2. 由于国家体育场采用的箱型弯扭件及多向微扭节点，钢板的损耗量增加，最终用钢量为 4.8 万吨。

2.2　采用国内钢厂生产的高强高效钢材 Q460E-Z35

在国家体育场工程中采用国内钢厂生产的高强高效钢材 Q460E-Z35，其技术达到国际先进水平。

针对 Q460E-Z35 厚板在国内外体育场馆应用缺乏资料和经验，结合国家体育场钢结构工程对 Q460E-Z35 钢的设计要求，开展技术攻关，舞阳钢铁有限责任公司试生产出满足国家体育场钢结构工程需求的 Q460E-Z35 厚板，制作厂和施工单位总结出一套切实可行的 Q460E-Z35 厚板热加工及焊接技术，确保国家体育场钢结构工程的顺利施工。主要进行了以下工作：（1）Q460E-Z35 厚板试生产；（2）Q460E-Z35厚板热加工及焊接性试验研究；（3）Q460E-Z35 厚板焊接工艺评定试验；（4）国家体育场钢结构工程 Q460E-Z35 厚板焊接应用研究。

此外国家体育场钢结构工程设计中采用了大型复杂铸钢节点，菱形柱与箱型柱脚连接处采用了壁厚达 110mm 的高强度铸件，以实现不同截面的转换。这些铸钢件都需要与 Q345 钢或与 Q460 钢杆件焊接，根据以往工程经验采用了高韧性、低硫磷、易焊铸钢材料 GS20Mn5V。但仍需要焊前充分预热，采用低氢焊接材料多层多道焊接，板厚 40mm 以上时尚需后热保温缓冷，这也是工程难题之一。通过试验研究和工程实践，GS20Mn5V 铸钢与 Q460E、Q345D 钢焊接的接头性能符合设计要求，节点的尺寸精度达到了相应验收标准要

求，其技术达到国际先进水平。

3　中央电视台新台址主楼工程用钢

中央电视台（CCTV）主楼（图 6）由两座塔楼、裙房及基座组成，设 3 层地下室。地上总建筑面积 $4 \times 10^5 \mathrm{m}^2$。两座塔楼呈倾斜状，分别为 51 层、44 层，顶部通过 14 层高的悬臂结构连为一体。最大高度 234m。裙房为 9 层，与塔楼连为一体。

图 6　中央电视台新台址主楼

央视主楼钢结构选用的钢材规格品种多、用量大、强度高。钢结构用钢量达 13.00 万吨，构件共 4.15 万件。主要品种有：Q235C、Q345C、Q390D（仅用于地下预埋的 13 根柱）、Q345GJ、Q420、Q460 等。其中 40mm 以上钢板为 7.5274 万吨，占总用量的 61.8%。Q420 和 Q460 的板厚有：110mm、100mm、80mm 3 种。Q420 钢材采用 4900t，Q460 钢材采用 3600t。此外还有压型钢板（厚 0.9mm 镀锌钢板，锌层厚 $275 \mathrm{g/m}^2$）计 $29.6 \times 10^4 \mathrm{m}^2$，高强螺栓 115 万套、栓钉 227.5 万套、防火涂料 $56.7 \times 10^4 \mathrm{m}^2$，预应力锚栓（M75）约 100t 等。

考虑到工程的重要性、抗震性能要求、超高层建筑等因素，设计对结构钢材提出下列要求。

（1）Q345、Q390 及 Q420 钢材质量应分别符合现行国家标准《碳素钢结构》GB/T 700—2004 和《低合金高强度结构钢》GB/T 1591—1994 的规定，并具有抗拉强度、伸长率、屈服强度、屈服点和硫、磷含量的合格保证，尚应具有碳含量、冷弯试验、冲击韧性的合格保证。

（2）钢材的抗拉强度实测值与屈服强度实测值的比值不应小于 1.2；钢材应有明显的屈服台阶，且伸长率应大于 20%。

（3）钢材碳当量 C_{eq}、焊接裂缝敏感性指数 P_{cm} 及屈服强度波动范围应符合《建筑结构用钢板》（GB/T 19987—2005）规定。

（4）采用焊接连接节点，当钢材板厚不小于 40mm，并承受沿板厚方向的拉力时，应

按现行国家标准《厚度方向性能钢板》（GB/T 5313—1985）的规定，附加板厚方向的断面收缩率要求，Z 向性能等级见有关钢材产品标准。

（5）交货状态对 Q235、Q345 钢材采用正火或热轧状态交货，对 Q345 附加 Z 向性能钢板以及 Q420 钢材应采用 TMCP（Thermal Mechanical Control Process）状态交货。

（6）外筒结构特殊柱中要求采用 Q460，对板厚不小于 15mm 钢板，附加 Z25 厚度方向性能要求应满足现行国家标准《厚度方向性能钢板》（GB/T 5313—1985）的规定，钢板以 TMCP 状态或加速冷却状态交货。

（7）节点锻造钢材。在结构中的一些部位，由于有多个构件相交在同一个节点。这些节点的连接需要采用实体的锻造钢构件。锻造钢构件的强度和性能应该与所连接的构件中钢材强度等级最高的相符合。

（8）热轧型钢符合《热轧 H 型钢和部分 T 型钢》（GB/T 11263—1998）的规定；角钢符合 GB/T 9787—1988 的规定，钢管符合 GB/T 8162—99 的规定。

（9）当采用其他牌号的钢材代换时，须经设计单位认可并符合相应有关标准的规定和要求。综合考虑可焊性及结构工作温度要求，可以用 Q345GJC 代用 Q390D（板厚大于 50mm），其设计强度取值应经专家论证会确认方可用于施工。

除对钢材性能要求严格外，央视主楼钢结构对焊接材料也提出明确要求，工程中所用的焊缝金属应与主体金属强度相适应，当不同强度的钢材焊接时，可采用与低强度钢材相适应的焊接材料。由焊接材料及焊接工序所形成的焊缝，其力学性能应不低于原构件的等级。手工焊接用焊条的质量标准应符合《碳钢焊条》（GB/T 5117—1995）或《低合金钢焊条》（GB/T 5118—1995）的规定。对 Q235 钢宜采用 E43 型焊条，对 Q345 钢宜采用 E50 型焊条。对 Q420 钢材应选用低合金 E55 系列焊条直接承受动力荷载或振动荷载、厚板焊接的结构应采用低氢型碱性焊条或超低氢型焊条。自

动焊接或半自动焊接采用焊丝或焊剂的质量标准应符合《熔化焊用钢丝》（GB/T 14957—1994）或《气体保护电弧焊用碳钢、低合金钢焊丝》（GB/T 8110—1995）、《碳钢药芯焊丝》（GB/T 10045—2001）、《低合金钢药芯焊丝》（GB/T 17493）、《埋弧焊用碳钢焊丝和焊剂》（GB/T 5293）、《低合金钢埋弧焊用焊剂》（GB/T 12470—1990）的规定。气体保护焊所使用的氩气或二氧化碳气体应分别符合现行国家标准《氩气》（GB/T 4842）及《焊接用二氧化碳》（HG/T 2537）的规定。

央视主楼钢结构工程中，大量选用 Q345及 Q420、Q460 高强钢材，最厚达 130mm，同时对钢材的强度、延性、抗震性能、焊接性能等综合性能要求很高。正确合理选用钢材及其性能要求对保证工程质量有重要意义。中央电视台新台址主楼钢结构用钢统计见表4。

表4　中央电视台新台址主楼钢结构用钢统计

序　号	钢材类型与牌号	质量/t
1	型钢　Q345C	16880
2	板材　Q345C	34730
3	板材　Q345GJC	69869
4	板材　Q420D	4900
5	板材　Q460D	3600
6	合　计	129979

该工程专家论证会经认真讨论后认为：（1）本工程原选用的 Q390 钢材其性能和技术指标符合设计规范，但大批量 Q390 钢特别是大批量厚板在国内大型、重要建筑工程中首次采用，应用经验不足。同时 Q390 钢为通用性低合金钢，按本工程使用要求尚需附加屈强比、屈服强度上限与碳当量等多项补充技术要求。且 Q390 钢板的焊接要求高，与施工进度要求不相适应。（2）按现行冶金行业标准 YB—4104《高层建筑用钢板》生产的高层建筑用 Q345GJ 厚板较 Q390 钢更有良好的延性、冲击韧性和焊接性能，并已在国内多项大型重

点工程上成功应用（国家体育场、五棵松文化体育中心等）。经分析比较，Q345GJ 厚板（50～100mm）钢的强度级别相当于 Q390 钢，综合性能优于 Q390 钢，因此本工程可用 Q345GJ 替代 Q390D。并要求钢厂保证较为稳定的屈服强度区间，适当加密检验批次。（3）根据工程实际需要，建议考虑多渠道的钢材订货措施，如板厚 35mm 以上材料也可采购 A572-Gr50 材料。但有关材性与技术指标要求必须满足设计要求。（4）对于本工程需用的 Q420 或 Q460（S460M）钢材，可参考目前正在实施的国家体育场钢材选用的经验。

4　广州新电视塔（GZTV）用钢

广州新电视塔（图 7）地上 37 层、地下 3 层，高 610m（塔身 454m + 天线桅杆 156m）为目前世界最高塔。

图 7　广州新电视塔（GZTV）

（1）本工程柱、斜撑、环梁、楼面主梁、次梁、桁架、天线等构件主要采用 Q345、Q345GJ 和 Q390GJ 钢材，其质量标准应符合现行国家标准《低合金高强度结构钢》（GB/T 1591—1994）、《建筑结构用钢板》（GB/T 19879—2005）的要求，应保证材料的抗拉强度、伸长率、屈服点、冷弯试验、冲击韧性合格。

当有厚度方向性能要求时，尚应符合《厚度方向性能钢板》（GB/T 5313—85）的要求，对 Q345GJ、Q390GJ 建筑结构用钢板应保证碳当量 C_{eq} 和焊接裂纹敏感性指数 P_{cm}。

（2）钢材应满足《建筑抗震设计规范》（GB 50011）的要求：钢材的屈服强度实测值与抗拉强度实测值的比值对 Q345 钢和 Q345GJ 钢不应大于 0.83，对于 Q390 钢和 Q390GJ 钢不应大于 0.85；钢材应具有明显的屈服台阶，且伸长率应大于 20%；钢材应具有良好的可焊性和合格的冲击韧性；同时应具有冷弯试验的合格保证。

（3）钢材冲击韧性要求：Q345、Q345GJ、Q390GJ 均为 C 级钢，即 0℃时的冲击功不小于 34J。

（4）钢板厚度方向性能要求：当设计对钢板厚度方向性能有要求时，厚度 40mm ≤ t ≤ 60mm 时，其沿板厚方向截面收缩率及硫、磷等杂质含量应符合国家标准《厚度方向性能钢板》GB/T 5313 关于 Z15 级的规定值。

（5）圆钢管、矩形钢管：圆钢管的材质为 Q345C、Q345GJC 和 Q390GJC，主要采用直缝焊接钢管，部分采用热轧、热扩无缝钢管。矩形钢管材质为 Q345C 和 Q345GJC。塔体主要钢构件规格和材质，列于表 5。

表5　塔体主要钢构件规格和钢材牌号

构件名称	截面尺寸/mm	截面形式	钢材牌号	质量/t
柱	2000×(50~1200)×30	圆管	Q345GJ	16940
环梁	CHS800×25(30)	圆管	Q345	1690(544)
	CHS700×25	圆管	Q345	416
斜撑	CHS850(800)×40	圆管	Q345GJ	2003(2527)
	CHS850(800)×40	圆管	Q390GJ	1924(674)
	CHS700×30(40)	圆管	Q345	1060(697)
节点	CHS1000×50	圆管	Q345GJ	1907
楼面主梁	H1500×500×25×50~H600×200×11×17	H型钢	Q345	3708
	UC356×406×393	型钢	Q345	100
	CHS600×30~CHS400×25	圆管	Q345	78
	RHS250×255×14×14~RHS200×204×12×12	矩形管	Q345	15
楼面次梁	HN350×175×7×11~HN450×150×9×14	H型钢	Q345	520
天线连接桁架	RHS1500×1200×50×50~RHS1000×500×50×50	矩形管	Q345	981
天线	CHS1000×50~CHS300×15	圆管	Q345GJ	1003
	RHS 2500×2500×30×30~RHS 1000×1000×30×30	矩形管	Q345GJ	114

5　南京南站站房用钢

南京南站站房（图8）建筑面积为38.7×$10^4 m^2$，其中站房28.1×$10^4 m^2$，雨棚10.62m^2，平面尺寸为156m×417m。结构形式：一层为型钢混凝土框架，二层为站台型钢结构，三层为钢框架，均采用组合楼板，屋盖为钢网架。

5.1　钢材品种性能

主要钢材品种规格及用途见表6。

图8　南京南站站房

表 6　主要钢材品种规格及用途

序　号	钢材品种	数量/t	制作构件
1	Q345B	8000	屋面网架
2	Q345C	15000	劲性骨梁及部分劲性钢柱
3	Q390C	50000 （50%以上为40mm以上的厚板）	管柱及桁架
4	Q390GJC	40000 （其中最厚钢板达180mm，为Q390GJC，Z25）	钢结构斗拱及温度变形伸缩铰接点处

注：结构总用钢13.4万吨，其中Q390C及其以上高强度等级的钢材占比高达68.1%。

5.2　加工制作难度大

大型钢柱截面尺寸大都为 4m×4m；钢桁架截面高度大都为 3.5m；大板梁截面高度大都在 1.9m 以上，最大截面高度为 3.99m；焊接球网架截面高度最大为 8.214m，最大球焊接为 ϕ800mm×36mm，最大无缝钢管为 ϕ457mm×32mm。

工程大量使用高强度厚钢板，对材料和制造工艺要求极高，20mm 以上的厚板占总用钢量的 94.1%，其中 60mm 以上的特厚板占总用钢量的 28.7%，最厚钢板厚度达到 180mm。

高强螺栓连接多，本项目构件主要采用栓焊连接，对构件几何尺寸和制孔精度要求高。10.9 级高强螺栓使用量达到 352088 套，从 M16×45 到 M27×120 共 34 种规格，其中 M27 为主要规格。

6　大型钢结构工程用钢特点

钢结构建筑和构筑物不断向着大跨度、超高层、高速、受重荷载发展，又要承受强烈地震和各种恶劣环境（火、风、重腐蚀等）的考验，因此对钢材性能提出新要求。目前在大型钢结构建筑中采用的钢材主要有：中厚板、超厚板、热轧 H 型钢、焊接 H 型钢（高频焊接、焊接）、方形管、矩形管、圆形管（无缝、焊接）、镀锌板、彩涂板、钢绞线、建筑铸钢等。

其主要钢材产品标准有：碳素结构钢（GB/T 700—2004）；低合金高强度结构钢（GB/ 1591—2000）；建筑结构用钢板（GB/T 19879—2005），代替高层建筑结构用钢板（YB 4104—2000）；热轧 H 型钢和剖分 T 型钢（GB/T 11236—2004）；高频焊接薄壁 H 型钢（JG/T 137—2001）；焊接 H 型钢（YB-3301—2004）；结构用无缝钢管（GB/T 8162—87）；直缝电焊钢管（GB/T 13793—92）；低压流体输送用焊接钢管（GB/T 3092—93）；冷弯型钢（GB/T 6725—2002）；结构用冷弯空心型钢尺寸、外形、重量及允许偏差（GB/T 6728—2002）；双焊缝冷弯方、矩形钢管（LW/T 02—2004）；建筑结构用冷弯矩形钢管（JG/T 178—2005）。

近几年来，从重大建筑钢结构工程选用的各种钢材中可以发现，钢结构用钢呈现新的发展趋势：

（1）板厚不断增加、板材强度不断提高、焊接性能要求更加完善。一些工程 Q345 以上高强钢板占工程总钢材的 92.6%，个别工程中达到 100%。板厚从 40mm 以上增加到 100mm，个别工程用到 130mm 厚钢板。由于制作和现场安装在冬季进行，在低温下焊接对钢材性能是个挑战。

（2）增加型钢品种，并扩大其使用范围。由于缺乏大规格热轧 H 型钢（H>900mm 以上和大型宽翼缘 H 型钢），很多工程只能用焊接 H 型钢代替。

（3）设计对冷成形管材（圆管、方矩管）性能提出了更高要求，目前这类产品部分还满足不了设计、制作要求，如方矩管角部和焊缝处材质性能不如母材。

（4）建筑用铸钢需进一步提高性能和尺寸精度。大型公共建筑中有不少节点采用铸钢节点，不仅数量多，重量大，目前，铸钢在质量和尺寸、角度精度方面满足不了设计要求。

（5）缺乏不锈钢、钛合金等高档屋面和外墙板材。重大钢结构工程往往选用高档屋面和外墙板材，国内可供选择材料不多。

7 建议

建议如下：

（1）钢厂要为建筑钢结构发展提供更多的钢材，增加品种规格，具体如下：

1）增加50mm以上特厚板产量，强度级别为Q345级、Q420级和Q460级，如用于地震区对屈强比和伸长率则有较高要求；

2）扩大冷弯型钢和热轧H型钢的品种和规格，包括大截面冷弯管材、大截面H型钢；

3）提供大型冷弯方矩管（500mm × 500mm，厚度25mm以上）产品；

4）提供建筑装饰用的不锈钢板，钛合金板，并有表面处理成不同花纹和图案的外墙板；

5）研发耐候钢、耐火钢、优质可焊铸钢和药芯焊条等。

（2）钢厂要研发和生产满足钢结构建筑发展需要的高性能钢材，如下：

1）开展不需预热焊接或预热温度较低的厚钢板；

2）变厚度钢板的研究，可用于吊车梁下翼缘和桥梁大梁底板等。

（3）各种结构设计规范中钢材要求应统一。规范编制组应及时修订钢结构设计规范（GB 50017—2003）中钢材章节，使设计工程师有所遵循。对各种结构设计规范中钢材要求应统一。

（4）合理选用钢材是每一位钢结构设计、制作、安装工程师的目标。

1）钢结构工程中采购钢材是关键的第一步，其成本占总值的70%以上。节约钢材资源符合中国经济发展的要求。

2）厚钢板的Z向要求，主要指厚板（$t \geqslant$ 40mm）在梁柱节点处存在Z方向的拉应力，为防止厚钢板出现层状撕裂，对钢材提出了较高要求。在其他连接形式就没有必要对钢材提出Z向要求。

3）对钢材焊接性能应充分重视，它将影响制作、安装的难度和施工总进度。也将增加钢结构工程成本。在强度和焊接性能有矛盾时，应充分考虑钢板的焊接性能。

参 考 文 献

1 中国钢结构协会.中国钢结构年鉴（2005年）[J].钢结构（增刊），2006.3.
2 陈禄如.中央电视台新台址主楼钢结构用钢特点[J].钢结构，2007(1)：1～4.
3 北京市远达建设监理有限责任公司.广州新电视塔钢结构工程施工质量验收标准[R].北京：2006.1.
4 2009年度中国钢结构制造企业生产经营状况调查报告.中国钢结构协会.2010.7.

（中国钢结构协会专家委员会　陈禄如　译，
中信微合金化技术中心　王厚昕　校）

高性能低碳贝氏体钢的发展

尚成嘉[(1)]　　贺信莱[(1)]　　侯华兴[(2)]

（1）北京科技大学，北京，100083，中国；

（2）鞍山钢铁集团公司，鞍山，114021，辽宁，中国

摘　要：我国开发了屈服强度为 550~960MPa 级的低碳贝氏体钢。通过最新发展的弛豫-析出-相变控制技术，能将贝氏体束的尺寸细化到 3μm 宽和 6μm 长。考虑到成本问题，采用高 Nb 含量（0.1%）的 Mn-Nb-B 微合金钢来发展 550~950MPa 级的钢板。阐述了最佳的热机械处理工艺技术和等温淬火技术，讨论了固溶 Nb 和析出 Nb 的作用。近年来，每年利用先进的晶粒细化技术和低成本的微合金化技术生产的低碳贝氏体钢超过 10 万吨。

关键词：贝氏体钢，晶粒细化，高 Nb 含量

1　引言

低碳贝氏体钢是一种高性能的结构钢，它具有高的强度和良好的焊接性。1998 年，我国启动了新一代的钢铁材料的重大基础研究项目[1]，发展了低碳贝氏体钢的组织控制与组织细化技术。

低碳贝氏体钢的强韧化主要靠中温相的转变控制、高位错密度及微析出相强化。同时，控制中温转变相对改善钢的性能也是很重要的[2]。

利用 TMCP 技术来细化晶粒尺寸的研究已经进行了 30 多年[3,4]。粗轧、终轧和加速冷却是得到高性能钢的最主要的工艺。通过深入了解 TMCP 过程中的物理冶金现象，发现在变形奥氏体的弛豫阶段，位错会演变成胞状结构，应变诱导析出物会在位错网上析出，析出物钉扎位错胞状结构形成亚晶，抑制了相变过程中贝氏体的长大。因此，在终轧后的弛豫阶段，通过形成位错胞状结构（起着亚晶界的作用）来细化晶粒尺寸是一种新的技术。强化低碳贝氏体钢的物理冶金原理和技术已经在国内各大钢厂应用来发展高性能的钢[5~7]。

微合金元素 Nb 常常用来细化晶粒和提高非再结晶温度[8]。近年来已经发展了高 Nb（0.07%~0.11%）的微合金技术[9]。研究表明，在炉卷轧机上，高 Nb 可以防止因轧制道次时间延长而引起的再结晶，而在重型轧机上，则能生产出高性能的钢。同时，理论研究阐明了变形奥氏体再结晶过程中，Nb 固溶和析出强化的机制[10,11]。然而，为了发展高性能的钢，粗轧阶段的再结晶窗口和终轧阶段的非再结晶窗口应该定得更加可靠，Nb（固溶 Nb 和析出 Nb）的作用也应该更全面地进行了解。在这篇文章中，将分别研究变形奥氏体的弛豫对晶粒细化的影响，多相组织转变的控制以及 TMCP 过程中高 Nb 钢的物理冶金现象。

2　贝氏体束的细化及细化原理

细化晶粒尺寸是提高钢的力学性能最基础的方法之一。因此，细化中温转变组织，特别是贝氏体/马氏体束，能很明显地提高钢的力学性能。

在变形奥氏体中，大量位错的回复和多边形化会导致奥氏体弛豫过程中位错胞状结构的形成以及位错网上的应变诱导析出。这种析出

强化了位错网。在奥氏体冷却的过程中，这些变形带，析出物和亚晶界为针状铁素体的形核提供了有利的位置。因此，先形成的针状铁素体将会分割原奥氏体晶粒；因析出物的钉扎作用强化了的位错网起着亚晶界的作用，阻碍了中温转变相的长大。

弛豫-析出-相变控制技术（RPC）是根据以上模型发展的晶粒细化技术。该技术主要包括微合金化的设计，控制轧制，终轧后弛豫一定的时间然后加速冷却或直接淬火（见图1）。可以看出，和 TMCP 技术相比，除了在终轧后有一个弛豫的过程，其轧制和冷却工艺是完全相同的。

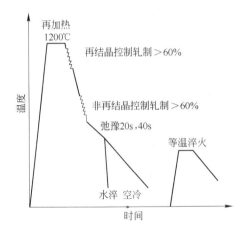

图 1　RPC 技术工艺示意图

2.1　弛豫对贝氏体束的细化作用

利用热模拟实验研究了 RPC 技术的工艺参数（终轧温度、压下量、弛豫时间）对低碳 Mn-Mo-Nb-B 微合金钢组织的影响[5]。图 2 是 850℃变形 30%后，分别弛豫 0s（a），30s（b），200s（c）后的金相照片。对比图 2a ~ 图 2c 可以发现，在变形后没有弛豫的样品中，贝氏体束的尺寸较大，板条较长，大部分区域板条几乎贯穿原奥氏体晶粒（图 2a）；随着弛豫时间的延长，板条组织得到了明显的细化，板条束的尺寸逐渐变小（图 2b，图 2c）。当弛豫时间为 30s 时（图 2b），虽然部分板条束的尺寸仍然比较大，但在部分区域板条束相互交割，板条尺寸明显变小；在弛豫 200s 时（图 2c），板条束的尺寸最小，大部分板条束的尺寸较一致，细化效果最好。

可见，弛豫过程能够产生明显的细化作用，同时弛豫时间是一个影响最终组织的重要因素。以平行板条的最大长度为贝氏体束的长度，垂直方向上的最大值为贝氏体束的宽度。以此为原则，对每个样品的贝氏体束的平均长度和宽度进行了测量。贝氏体束的长度、宽度平均尺寸随弛豫时间的变化曲线如图 3 所示。能够看出，对于一定的变形温度和压下量，贝氏体束的尺寸随着弛豫时间的增加而减小。

a　　　　　　　　　　b　　　　　　　　　　c

图 2　850℃变形 30%并弛豫不同时间后试样的金相组织
a—弛豫 0s；b—弛豫 30s；c—弛豫 200s

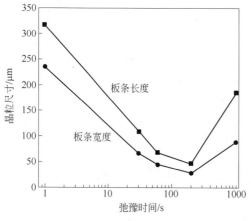

图 3　850℃变形量 30%时贝氏体束
尺寸随弛豫时间变化曲线

2.2　弛豫过程中位错的演化和析出物的形成

　　图 4 是试验钢 Fe-30%Ni（Nb，C，B 微合金化）在900℃变形30%后弛豫过程中位错组态的变化[5]。采用 Fe-30%Ni 合金作为钢中奥氏体的模拟合金，在空冷的过程中不发生组织转变，可以看到在弛豫过程中变形奥氏体内部位错结构的变化和析出物的形成。图 4a 显示，没有弛豫的样品中，高密度位错分布混乱，位错相互缠结成团。在弛豫 60s 后，可以发现有明显的位错胞状结构形成（图 4b，图 4c）。图 4c 中可以看到在位错墙和位错上有大量细小的析出物。而当弛豫时间延长到 1000s 时，位错胞状结构形态十分明显，尺寸趋于均匀，析出物的尺寸偏大（图 4d）。可以看出，在弛豫过程中形成了位错的胞状结构，位错墙上的应变诱导析出物对位错的钉扎作用强化了胞状结构。尽管弛豫过程中位错密度会减小，多边形化的位错胞状结构对细化中温转变组织仍起着十分重要的作用。

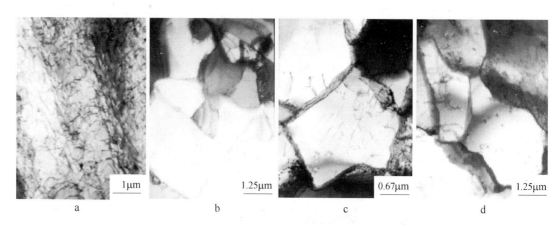

图 4　弛豫过程中奥氏体中的位错组态
a—0s；b—60s；c—60s；d—1000s

　　试验钢在850℃变形30%后不同弛豫时间下试样中析出物形态如图 5 所示[12]。在未弛豫的样品中几乎看不到细小的析出物，只有少量凝固时已形成的大夹杂物（图 5a）。在图 5b 和图 5c 中，可以看到弛豫 30s 和 60s 后，样品中有少量平均尺寸约 4nm 的细小析出物。析出物呈链状或近似直线状分布。看来应变诱导析出开始是在密集的位错或变形带上形成。当弛豫到 200s 时，析出物长大到 10nm 左右，分布也较均匀（图 5d）。

　　弛豫过程中位错组态的变化和应变诱导析出物的形成以及析出物与位错之间的关系阐明了位错胞状结构的强化机理。EBSD 实验说明了 Fe-30%Ni 合金弛豫后，奥氏体中有细小的亚晶形成[13]。微合金钢在弛豫一定时间后，组织内部形成亚晶界的现象可以通过 PTA（径迹显微照相）技术[14]和相关实验[15]来证明。

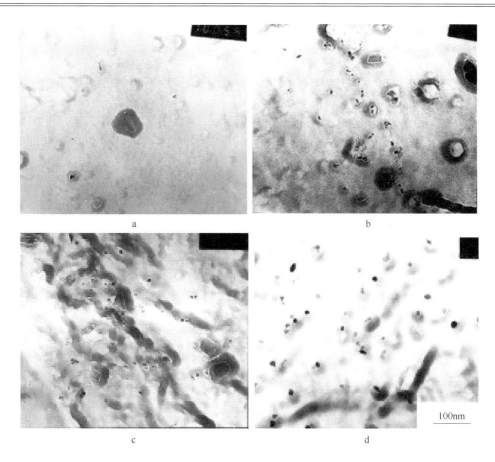

图 5   850℃变形 30% 弛豫

a—0s；b—30s；c—60s；d—200s 的析出物形貌

2.3   细晶组织及其力学性能

采用 RPC 技术工艺轧制低碳 Mn-Mo-Nb-B 贝氏体钢。RPC 工艺参数对组织和力学性能

的影响已经得到了研究[15]。

图 6 显示的是终轧后不同的弛豫时间下试验钢的显微组织。可以发现，由于弛豫时间短，针状铁素体还未长大且数量很少（图

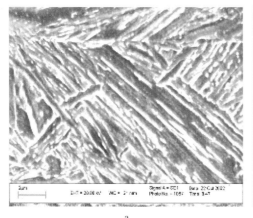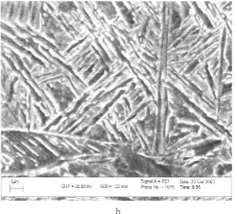

图 6   弛豫 10s（a）和 20s（b）后针状铁素体的形貌和尺寸

6a）；随着弛豫时间的延长，针状组织长大并交叉在一起。原奥氏体被这些针状铁素体分割，在被针状铁素体包围的区域形成随机取向的板条束尺寸更细小些，只有 3μm 宽 6μm 长（图 6b）。表 1 是钢板经 RPC 工艺处理以及重新加热然后直接水淬的工艺处理后的力学性能。

表 1　RPC 和 RT-Q 工艺处理后钢板的力学性能

性能 工艺	屈服强度 /MPa	抗拉强度 /MPa	伸长率 /%
RT-Q， T @630℃，1h	619	655	19
RPC， T @630℃，2h	816	851	18

在 630℃ 回火 1h 后，经 RPC 工艺处理的钢板的屈服强度达到了 800MPa，比 RT-Q 工艺处理的钢板的屈服强度高了 200MPa。

3　控制相变

在中温转变区间，常常会形成多相组织。对于 Mn-Mo-Nb-B 低碳贝氏体钢，贝氏铁素体和针状铁素体的组织使钢具有高的强度和好的韧性和塑性[16]。

对试验钢样进行等温处理实验[17]。当奥氏体化的样品分别在 580℃，530℃ 和 480℃ 等温 900s 时，会形成 3 种不同的中温转变相。580℃ 等温时会形成无定形铁素体（图 7a）。530℃ 等温时则主要形成针状铁素体，针状铁素体随机分布在原奥氏体晶内，其宽度约 2μm，长度在 10~20μm 之间。这种针状铁素体会独立长大（图 7b）。而在 480℃ 等温时，则形成板条贝氏铁素体（图 7c）。

Mn-Mo-Nb-B 钢的 CCT 曲线给出了冷速从 0.5~30℃/s 时的组织相变特点，相变主要发生在 450~600℃ 温度区间内[17]。根据 CCT 曲线，在不同的冷却速率下，过冷奥氏体可以分别转变成准多边形铁素体，针状铁素体，粒状

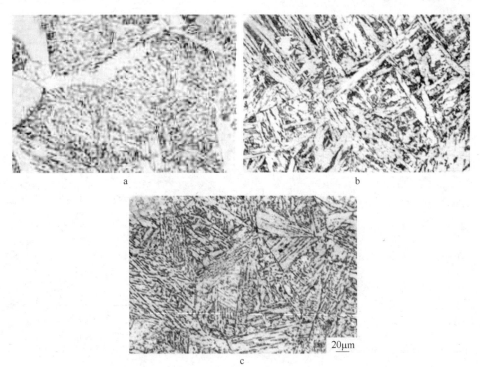

图 7　Mn-Mo-Nb-B 低碳贝氏体钢在不同温度下等温 900s 后的金相组织照片
a—580 ℃时少量的无定形铁素体；b—530℃，针状铁素体；c—480℃，贝氏铁素体

贝氏体和板条贝氏体[16]。从图 8 可以看出，Mn-Mo-Nb-B 钢在不同连续冷却速度下的显微组织变化。当冷速为 1℃/s 时，主要是针状铁素体和粒状贝氏体，在基体中，原奥氏体的晶界变得不清晰（图 8a）。当冷速为 5℃/s 时，主要是类似于板条贝氏体的组织（图 8b）。

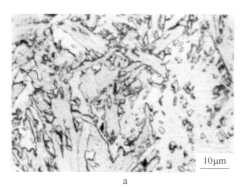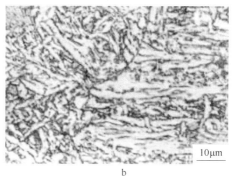

图 8　850℃变形 30% 后以不同冷速连续冷却至室温的金相照片
a—1℃/s；b—5℃/s

下面介绍针状铁素体的形成与控制。

在图 8 中，除了粒状铁素体（图 8a）和贝氏铁素体（图 8b）这两种主要相外，在基体中还存在针状铁素体。从图 7 等温处理的结果可以发现，针状铁素体的转变在贝氏体转变之前发生[17]。另外，粒状铁素体只在低的连续冷却速率下形成，等温处理并不能得到粒状铁素体（图 7）。因此，可以推测，粒状铁素体是由针状铁素体演化而来。

图 9 是以 1℃/s 的冷速分别冷至 600℃、500℃、450℃再淬火后样品的显微组织。最终组织中存在两种相，一种是针状铁素体（低冷速冷却过程中形成），另一种是板条状的贝氏铁素体或马氏体（淬火过程中形成）。针状铁素体是晶界和晶内（变形带或其他的亚晶界）形核。

但当淬火温度降至 500~450℃时，针状铁素体变粗并相互连接在一起（图 9b、图 9c）。仅仅只有少量的残余奥氏体存在于粗化的铁素体之间（图 9b）。图 9c 中转变相的形态与图 8a 中的一样，都是粒状铁素体。

针状铁素体短小，粗大，随机分布在晶粒内部。SEM 照片显示（图 10），针状铁素体呈

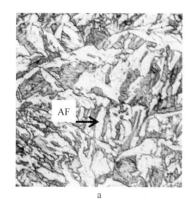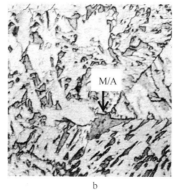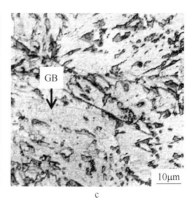

图 9　850℃变形 30% 以 1℃/s 冷速冷却至不同温度后再水淬的显微组织
a—600℃；b—500℃；c—450℃

扁平状，没有很明显的特征。而且，板条贝氏体束被均匀分布的针状铁素体细化。

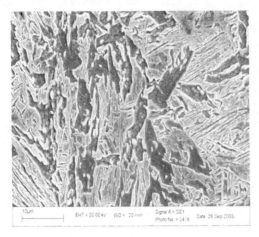

图 10　以 1℃/s 冷速冷却至 600℃
再水淬的 SEM 照片

低碳微合金钢中针状铁素体和贝氏铁素体的纳米硬度表明，在 1℃/s 的冷速下连续冷却过程中形成的粒状铁素体的纳米硬度和图 11

中的针状铁素体的纳米硬度相同[18,19]。图 11a 和图 11b 分别是在 1℃/s 的冷速下连续冷却至不同温度再淬火后形成的粒状贝氏体和针状铁素体的形态。图 11c 显示了针状铁素体和贝氏铁素体具有相同的纳米硬度。

对一个奥氏体晶粒内针状铁素体和奥氏体取向关系的 EBSD 分析的结果表明，在奥氏体晶界形核的邻近的针状铁素体具有相同的取向。图 12a 中的针状铁素体之间具有小角度的取向差，图 12b 中，在一个奥氏体晶粒内部，有很多具有相同取向的区域，如图中的 A 和 B 区所示，如同在原奥氏体晶内形成的粒状贝氏铁素体。由金相照片，纳米硬度以及 EBSD 的分析结果可以推测出在 1℃/s 的连续冷却过程中，针状铁素体经过长大，粗化后，形成了粒状贝氏铁素体。

针状铁素体和粒状贝氏铁素体之间的关系说明在连续冷却到 600℃ 再淬火后，最终形成了两种相：针状铁素体和板条贝氏体。在连续冷却过程中控制针状铁素体的形成不仅有

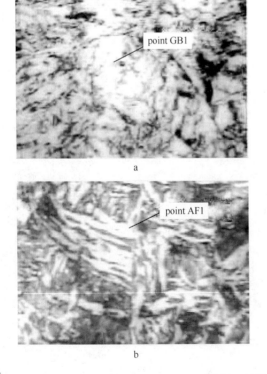

a

b

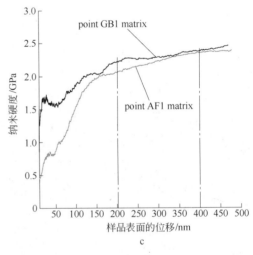

c

图 11　纳米压痕的位置
a—粒状贝氏体；b—针状铁素体；c—针状铁素体和粒状贝氏体的典型的硬度-位移曲线

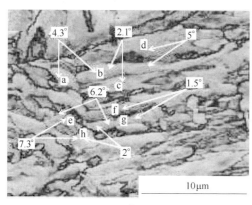 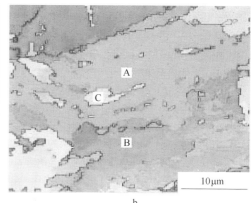

图 12　EBSD 取向分布图

a—针状铁素体成像质量图；b—ABC 区域内粒状贝氏铁素体的取向信息

利于引进软相组织（相对板条贝氏铁素体来说），而且能得到"混杂"的组织来细化板条贝氏铁素体束或马氏体束尺寸。

通过热模拟实验得到了一种多相的超细晶组织[16]。热模拟试样的显微组织见图 13。可以看出，组织由典型的针状铁素体和贝氏铁素体组成。该组织比单一的贝氏铁素体或马氏体组织更加"混杂"。

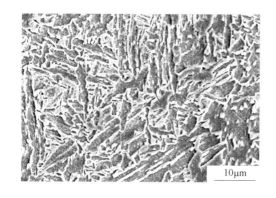

图 13　经两阶段冷却工艺
处理后样品的 SEM 照片

在微合金钢中，针状铁素体的特征和演化机制可以用来控制钢中针状铁素体和贝氏铁素体的含量。同时具有针状铁素体和板条贝氏体这两种组织的钢，具有更高的强度、韧性和塑性。通过控制冷却工艺，可以获得针状铁素体和贝氏铁素体的多相组织。

4　高 Nb 微合金技术

原奥氏体晶粒尺寸的细化和缺陷密度的累积是生产高性能钢的物理冶金标准。传统上，TMCP 工艺技术能通过粗轧和终轧工艺实现晶粒细化和应变累积。而对于高 Nb 的微合金钢，由于固溶 Nb 和析出 Nb 作用，需要透彻研究受动态和静态再结晶控制的组织软化现象。组织软化受再结晶和析出的影响，它可以决定控制轧制的参数，如粗轧窗口和终轧窗口。

应力松弛曲线能反映出变形奥氏体的软化特征[20]。从标准化的应力松弛曲线数据可以得出较高的温度（1050℃，1010℃）和较低温度（900℃）时的软化相的含量（图 14）。

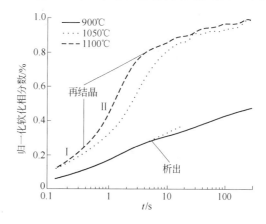

图 14　再结晶区域和析出区域的
归一化软化曲线

可以发现[20]，高 Nb（0.1%）在高温（1050℃，1010℃）时的软化现象只受再结晶影响，软化速率在曲线的开始阶段增加得很快。在较低温度（900℃）时，软化速率变慢，再结晶被强烈地抑制住了，因为低温条件下 Nb 的析出减小了再结晶的形核率和晶界的迁移率[10]。

然而，在1000℃和960℃时的软化现象有点复杂，如图15所示。1000℃时曲线的斜率并不是很大（图15a），由此看来，软化现象是一个简单的回复过程，但是实际上，曲线包含了再结晶过程的信息，即Ⅱ阶段的斜率比Ⅰ阶段的斜率大。这种现象说明了软化是由静态再结晶造成的。

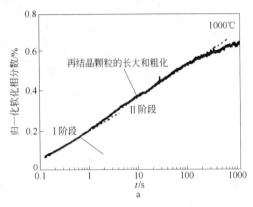
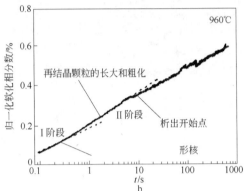

图15　归一化软化曲线
a—1000℃；b—960℃

苦味酸侵蚀可以表现出原奥氏体晶粒的特征。在图16中可以明显看到，完整的再结晶奥氏体晶粒（1070℃变形30%）直径为70~100μm。在1000℃变形停留10s后（图17），几乎所有的静态再结晶的奥氏体晶粒都已经形核，晶粒尺寸不到20μm。停留240s后，形核晶粒长大到约50μm。可以发现，1000℃时再结晶晶粒的长大速率比1070℃时的要慢得多。也就是说，高 Nb 含量的钢在1000℃变形后，再结晶晶粒开始形核，但晶粒的长大受到阻碍。

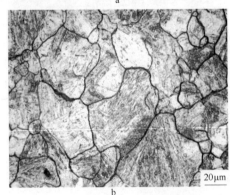

图17　1000℃变形30%停留不同
时间的奥氏体晶粒形态
a—10s；b—240s

图16　1070℃变形30%奥氏体晶粒的形态

静态再结晶的晶粒细小，长大速度缓慢是组织软化现象延迟的主要原因。因此，1000℃时的软化仅仅只受静态再结晶的影响。晶界的迁移速率慢是由固溶 Nb 原子的拖曳效应造成的[11]，所以与传统的 Nb 钢（小于 0.05% Nb）相比，高 Nb 钢的静态再结晶晶粒的长大缓慢。

950℃时软化曲线斜率的变化（图 15b）表明，受部分静态再结晶的影响（图 15b 中

Ⅰ），软化速率加快了。在一段时间的延迟后，软化受到抑制（图 15b 中Ⅱ），发生了硬化现象。950℃时的软化受两部分影响，部分的再结晶软化和析出硬化。根据 960℃ 变形 30% 的奥氏体晶粒的形态（图 18），部分再结晶的发生导致了混晶的形成。析出物的钉扎作用严重阻碍了晶粒的长大，所以析出物的生成是导致发生部分再结晶的主要原因。

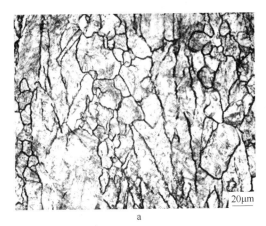 

图 18　960℃变形 30% 停留不同时间的奥氏体晶粒形态

a—10s；b—120s

由文献 [11] 可知，在高 Nb 钢中，固溶 Nb 原子对晶界的拖曳作用阻碍了晶界的移动，因此，可以推测，高 Nb 钢的静态再结晶终止温度比低 Nb 钢的要高。从图 15a 的软化曲线和图 17 中的原奥氏体的晶粒形态可以看出，静态再结晶晶粒的均匀形核发生在 1000℃左右。在 960℃左右温度时，会发生部分再结晶。所以说，非再结晶温度（T_{nr95}）应该低于 950℃。

为了细化原奥氏体晶粒和防止混晶的形成，粗轧的终轧温度应控制在 1000℃左右，终轧的开轧温度应该低于 950℃，这样会得到更高的位错密度。

5　690MPa 和 960MPa 级高 Nb 钢的发展

高 Nb 微合金技术已被应用在炉卷轧机和重型轧机来生产 X 级别的管线钢和高强度低合金钢。研究表明，当钢中 Nb 含量达到

0.08% ~ 0.10% 时，无钼钢的强度可以达到 X70 和 X80 级别[21]。在低成本条件下，低碳高锰高铌是开发高性能钢的一个新途径。

以下实验中，采用了适合的轧制工艺，并运用了最佳的 TMCP 技术来开发高 Nb 的微合金钢。550 ~ 690MPa 级别的低碳贝氏体钢的成分为 0.03% ~ 0.055% C，1.7% ~ 1.9% Mn 和 0.08% ~ 0.11% Nb，添加了 $(5 ~ 15) \times 10^{-6}$ 的硼用来提高钢的淬透性以获得贝氏体组织，另一种合金化的方法和 HTP 技术相似[9]。

试验钢的轧制工艺如下：将样品加热到 1200℃奥氏体化，粗轧温度高于 1070℃，精轧开始温度在 1030 ~ 900℃温度区间。其终轧温度和精轧开轧温度之间是相互联系的。板厚 16mm。在控制轧制后，将钢板快速冷却至 500℃。轧态的钢板也在 550 ~ 700℃温度范围内回火处理。表 2 列出了高的精轧开轧温度（1030℃）和低的精轧开轧温度（950℃）下

的钢板的力学性能。从表中可以看出，当精轧开轧温度从1030℃降至950℃时，钢板的屈服强度提高了一百多兆帕。在低的开轧温度下，轧态钢板的屈服强度可以达到690MPa。如果钢板在600℃回火处理1h，高的开轧温度和低的开轧温度下钢板的屈服强度都能达到690MPa级别，而且钢板的伸长率会得到明显的提高。

表2　不同轧制工艺下的轧态与
回火钢板的力学性能

T_{fs} /℃	轧　态				600℃回火 1h			
	屈服强度 /MPa	抗拉强度 /MPa	伸长率 /%	屈强比	屈服强度 /MPa	抗拉强度 /MPa	伸长率 /%	屈强比
1030	590	820	14	0.72	735	870	16.5	0.84
950	715	925	12.5	0.77	750	850	15.5	0.88

可以发现，如果能在高温工艺下（精轧开轧温度1030℃）下生产690MPa级别的Mn-Nb[+]-B钢，且精轧窗口相对较宽，可以在重型轧机上轧制，在回火工艺条件下这种方式产量更高，而且通过回火处理，能提高钢板的伸长率和韧性。此外，如果先进轧机的设备不成问题，降低精轧窗口可以不用通过回火，只利用TMCP技术就可以使钢板达到高的强度。

690MPa级别的Mn-Nb[+]-B钢的工业化生产试验在鞍钢进行。表3是工业试验钢板的力学性能。可以看出，20mm厚的轧态钢板的屈服强度高于690MPa，而且具有好的伸长率、屈强比和韧性。但是薄板（16mm）的屈服强度只有600MPa。这是因为厚板的降温速度比

表3　工业轧态钢板的力学性能

编号	厚度 /mm	屈服强度 /MPa	抗拉强度 /MPa	伸长率 /%	屈强比	冲击功 $A_{KV}(-20℃)/J$		
1	16	605	775	18.5	0.78	126	168	160
2	20	710	825	18.0	0.86	175	161	203
3	25	730	825	18.5	0.87	222	201	222
4	30	765	835	18.0	0.92	210	182	111

薄板慢导致厚板第二阶段的开轧温度相对较低。由前面对高Nb钢中的组织软化现象可知，低温条件下变形奥氏体的软化速度不快。

图19是16mm板和30mm板的组织形貌图。两者的组织形貌并没有太大的差别，但屈服强度却相差100MPa。固溶Nb的含量由电解分析的方法测得。图20a分别列出了16mm、25mm和30mm轧态钢板中的Nb含量。25mm和30mm钢板中的固溶Nb和析出Nb的含量相同，各占50%。16mm板中，析出Nb的含量明显少于固溶Nb的含量，其中析出Nb占30%，固溶Nb占70%。我们得出结论，在不同厚度的钢板中的析出能显著影响钢板的强度。薄板的精轧开轧温度高于厚板的，析出鼻尖温度下的压下量更小，所以在轧制过程中形

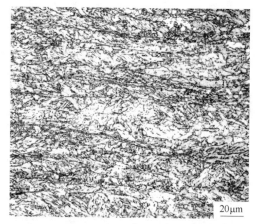

20μm

a

20μm

b

图19　16mm钢板的组织形貌（a）
和30mm钢板的组织形貌（b）

成的析出物更少。

在不同温度下回火钢板的固溶 Nb 含量也通过电解分析法测得（图 20b）。结果表明，在 550℃ 以上温度回火时，随着温度的升高，析出 Nb 的含量显著增加。550℃ 时析出 Nb 占60%，650℃ 析出 Nb 含量达到了 90%。

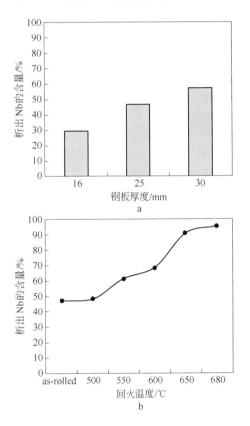

图 20　不同厚度的钢板中固溶
Nb 和析出 Nb 的含量

a—回火温度和析出 Nb 的含量关系；
b—在不同温度回火钢板的析出 Nb 含量

因此，在开发低成本的 Mn-Nb$^+$-B 钢的过程中，合理的轧制工序和回火工艺是保证钢板屈服强度的关键因素。尽管这是利用 HTP 理念来微合金化的方法，精轧温度应该更低以保证在变形过程中有足够的析出物析出。回火处理也能明显地提高钢板的强度；高 Nb 钢的回火也是提高钢的屈服强度的一种方法。

不仅仅是 690MPa 级的钢板，960MPa 级的钢板也是由高 Nb 的理念发展出来的。成分

组成为低碳 Mn-Mo-Cu-Cr-Ni-Nb$^+$-B。钢板经过控制轧制后直接淬火。表 4 列出了轧态钢板的力学性能。结果表明，轧态钢板的屈服强度在 850MPa 左右，抗拉强度在 1190MPa 左右，经过 600℃ 的回火处理后，屈服强度提高了130MPa。因为含有 0.5% Cu 和 0.1% Nb，Cu 的析出和 Nb 的析出在强化基体上起着重要的作用。对 0.01% C-1.5% Mn-1.6% Cu-0.16% Nb 钢的研究表明[22]，在 600℃ 的回火处理后，Cu 和 Nb 会大量析出，透射电镜照片显示 Nb 析出物的尺寸约 3 ~ 4nm。Nb 的析出可以强化基体，可以利用这一点来发展高 Nb 的超高强度钢。

表 4　960MPa 级 6mm 板的力学性能

炉号	轧　态				600℃回火		
	屈服强度/MPa	抗拉强度/MPa	屈强比	伸长率/%	屈服强度/MPa	抗拉强度/MPa	伸长率/%
1	875	1190	0.74	9.5	1105	1085	12
2	850	1190	0.71	12.0	1110	1095	12.5

6　总结

中国已经开发出了屈服强度为 500 ~ 960MPa 级的低碳贝氏体钢。主要通过控制中温组织转变和细化晶粒的方法来实现。除了利用传统的 TMCP 技术外，通过变形奥氏体的弛豫来细化晶粒获得超细的贝氏体组织。研究表明，变形奥氏体的弛豫能细化中温转变的贝氏体束的尺寸。弛豫过程中，形成的位错胞状结构以及位错墙上 Nb(C,N) 的析出使得奥氏体中的位错胞状结构起着亚晶界的作用；有利于形成针状铁素体，限制了贝氏铁素体的长大。

高 Nb 钢中的组织软化现象受 1000℃ 左右的静态再结晶控制。软化的延迟是由于静态形核晶粒长大缓慢。部分再结晶仅仅发生在960℃ 左右。因此，粗轧的终轧温度应该在1000℃ 左右以获得超细的原奥氏体晶粒，精轧的开轧温度应该低于 950℃ 避免混晶的形成，并得到较高的位错密度来细化晶粒和强化组织。

高 Nb 钢回火可以通过在基体中形成细小的析出物来提高钢的屈服强度，回火过程中固溶 Nb 会形成析出物，提高了基体的强度。

利用 Mn-Nb-B 和 Mn-Mo-Nb-B 微合金钢来开发屈服强度为 550MPa、690MPa、800MPa 和 960MPa 级的高性能结构钢。钢的力学性能和产量成本都能满足国内市场的需求。

致　　谢

感谢中国科学院基金和国家自然科学基金（50571016）对 "关键基础项目研究计划"（19980601507 和 2004 CB619102）"高技术发展计划"（2003AA331020 和 2006AA03Z507）的经费支持。感谢 CITIC 和 CBMM 对开发高性能钢项目的支持。

参 考 文 献

1　Y. Q. Weng, Ultra Fine Grain Steel, Metallurgy Industry Press, 2003. (in Chinese)

2　A. J. DeArdo, Muti-phase microstructures and their properties in high strength low carbon steels, ISIJ International, Vol. 35, 1995, p946-954.

3　A. J. DeArdo, The Physical Metallurgy of Thermo-mechanical Processing of Microalloyed Steels, Thermech' 97, TMS, 1997, p13-29.

4　A. J. DeArdo, Fundamental Metallurgy of Niobium in Steel, Nb Science and Technology, TMS, 2001, p427-500.

5　X. M. Wang, X. L. He, S. W. Yang, C. J. Shang, H. B. Wu, Refining of Intermediate Transformation Microstructure by Relaxation Processing, ISIJ Int, 42(2002), p. 1553.

6　C. J. Shang, X. M. Wang, X. L. He, S. W. Yang, Y. Yuan. A Special TMCP Used to Develop a 800MPa Grade HSLA Steel, Journal of University of Science and Technology Beijing, Vol. 8 (3), 2001, p224-228.

7　X. M. Wang, C. J. Shang, S. W. Yang, X. L. He, X. Y. Liu, The Refinement Technology for Bainite and its Application. Materials Science and Engineering：A, 438-440, 2006, p162-165.

8　L. J. Cuddy, The Effect of Microalloy Concentration on the Recrystallization of Austenite During Hot Deformation of Metals, （Academic press, New York, 1975）, p129-140.

9　K. Hulka, J. M. Gray, Nb Sicence and Technology, TMS, 2001, p587-612.

10　H. S. Zurob, C. R. Hutchinson, Y. Brechet, and G. R. Purdy, Rationalization of the softening and recrystallization behaviour of microalloyed austenite using mechanism maps, Materials Science and Engineering A, Vol. 382, 2004, p64-81.

11　H. S. Zurob, G. Zhu, S. V. Subramanian, G. R. Purdy, et al. Analysis of the Effect of Mn on the Recrystallization Kinetics of High Nb Steel: An Example of Physically-based Alloy Design. ISIJ International, Vol. 45, 2005, p713-722.

12　S. Q. Yuan, S. W. Yang, C. J. Shang, X. L. He, Strain Induced Precipitation in a Multi-microalloyed Steel Contain Nb and Ti During Processing, Materials Science Forum, Vol. 426-432, 2003, p1302-1312.

13　X. M. Wang, C. J. Shang, X. L. He, et al. The Structure Variation of Deformed Austenite During the Relaxation and the Refinement of Bainite in Nb-B steel, Materials Science Forum, Vol. 426-432, 2003, p1307-1312.

14　X. L. He, Y J Chu. The Application of the 10B (n, α) 7Li Fission Reaction to Study Boron Behaviour in Materials, J. Phys. D: Appl. Phys, Vol. 16, 1983, p1145-1158.

15　C. J. Shang, S. W. Yang, X. M. Wang, et al. Influence of relaxation process on the microstructure and properties of low carbon bainitic steel. Materials Science Forum, 426-432, 2003, p1439-1444.

16　C. J. Shang, Y. T. Zhao, X. M. Wang, et al. Formation and Control of the Acicular Ferrite in Low Carbon Microalloying Steel, Materials Science Forum, 475-479, 2005, p85-88.

17　Y. T. Zhao, C. J. Shang, S. W. Yang, X. M. Wang and X. L. He. The Metastable Austenite Transformation in Mo-Nb-Cu-B Low Carbon Steel, Materials Science and Engineering：A, 433, 2006, p69-74.

18 C. J. Shang, X. Liang, X. M. Wang, et al. The Nonohardness of Acicular Ferrite and Bainitic Ferrite in Low Carbon Microalloying Steel, Materials Science Forum, Vol. 561-565, 2007, 65-68.

19 C. J. Shang, X. M. Wang, Z. J. Zhou, et al. Evolution of Intermediate Transformation Microstructures in Mn-Mo-Nb-B Low Carbon Microalloyed Steel, Acta Metallurgical SINICA, 44, 2008, p287-291. (in Chinese)

20 C. L. Miao, C. L. Shang, The Softening Behavior of Higher Nb Content X80 Pipeline Steel, ICAMP-5, Harbin, China, 2008.

21 K. Hulka, P. Bordignon, J. M. Gray, Experience with low carbon HSLA Steel Containing 0. 06 to 0. 10 percent Niobium, Niobium Technical Report. No1/04, August, 2004, CBMM.

22 H. Guo, Technical Report of CITIC&CBMM R&D Project, 2007.

（北京科技大学 周文浩 译，郭 晖 校）

欧盟 HIPERC 计划：高性能经济型钢的概念在管线钢和一般结构钢中的应用

Stephen Webster，Lyn Drewett

Corus RD&T, Swinden Technology Centre, Rotherham, UK

摘　要：这篇文章讨论了现行欧盟的合作钢铁研究项目的关键内容，该项目涉及 10 个合作者，研究内容包括验证了高铌钢的基本原理，并确定这一钢材类型对不同市场领域的适用性和局限性的工艺路线和成分组合。

对于一系列的工艺条件，所采取的方法确定了这种钢材成分-微观组织-力学性能之间的关系。这些条件模拟了钢板和卷板产品的热加工过程、制管过程以及在制管过程和野外环境条件下的可焊性。在实验室模拟的同时，4 个钢铁制造合作企业承担了相应商业化生产，对钢板、钢管和焊接产品的结果已经表明，并与实验室的研究结果进行对比。随后，所有的结果用以建立模型，建立成分、微观组织以及力学性能与工艺条件之间的关系。

关键词：高强度，管线钢，铌，钢板，焊接性能

1　引言

HIPERC 项目工作的总体目标如下：

（1）发展应用高铌的冶金学理念和认识，以应用于一系列涉及产品，并确定可达到的极限值。

（2）对于这种新型钢材在厚壁管线钢和结构钢中的应用，确定普通轧机能够达到的性能和化学成分（冶金成分）的极限。

（3）了解这种钢在一系列焊接工艺下的可焊性和焊接性能。

（4）对于不同的市场领域，了解支配这一类钢生产和使用的经济和技术因素。

这项技术工作被分为 5 个主要的部分，每部分涉及工作或生产的一个方向。项目的主要方面在文中概括总结，并强调了一些新结果。

2　背景

大约 37 年以前，建立在铌含量达 0.11% 基础上的低碳（小于 0.02%）无珠光体钢概念首先被提出[1]。1971 ~ 1972 年，IPSCO 生产的成分为 0.04% C，1.60% Mn，0.25% Mo，0.06% ~ 0.08% Nb 的钢材成功地由加拿大 Trans Canada 管线股份有限公司应用于重点扩建项目[2]。基于首次提出"针状铁素体"（即低碳贝氏体）概念北美、欧洲（如意大利、法国）以及日本的钢铁企业进行实验研究，并且实现了工业生产。但是，由于 20 世纪 70 年代钼资源的不足，低碳贝氏体的合金设计重要性有所下降。因此，采用 Nb、V 复合微合金化工艺生产的铁素体珠光体组织类型钢成为最重要级别的管线钢。依据一些实验钢的结果[3]，10 年之后，作为一种选择，低碳贝氏体管线钢的概念再次被提出，特别是应用高温热机械轧制路线能够确保在不添加钼的情况下得到贝氏体微观组织，具有巨大的经济效益。建议的化学成分包括低碳（0.03% C），高铌（0.10% Nb），添加（0.014% Ti）固定 0.0035% N，并采用钙处理的低硫（0.0008%）钢。

热机械轧制常用于最大限度地细化晶粒，以同时获得高强度和高韧性。这一规范对于生

产高强度大直径管线钢具有重要意义，近些年来，也成为高强度可焊结构钢的首选生产工艺。其性能与非再结晶区温度范围内的变形奥氏体有关，导致奥氏体向铁素体转变的形核位置增加。随着固溶铌含量的增加，奥氏体再结晶的延迟出现在明显更高的温度，如图 1[4]，因此能够在更高的温度和更低的轧制载荷下发挥热机械轧制的优势。对于氮元素，钛比铌具有更高的亲和性，用低碳含量和钛元素的固氮方法，能够抑制碳氮化铌的形成，使得板坯再加热过程中铌更易于固溶，如图 2 所示[5,6]。

基于上述观点的钢已经开展应用研究，例如由 CBMM 组织一些钢铁公司试制的壁厚达 20mm 的 X70 和 X80 级管线钢。已经获得了很有价值的结果，促使对这种钢有更广泛的兴趣，直接导致这个项目的建立。在项目的开始，公认的观点为，这种达到 20mm 厚的钢能够使强度和韧性得到很好的配比，并且空冷和加速冷却都能够获得可接受的强度水平，如图 3、图 4 所示。

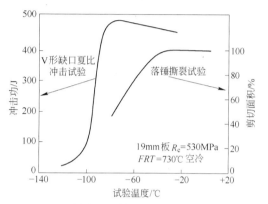

图 3　低碳贝氏体钢的韧性试验结果

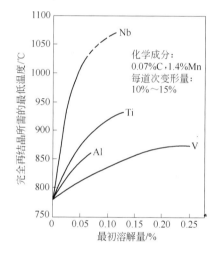

图 1　微合金元素对再结晶的推迟[4]

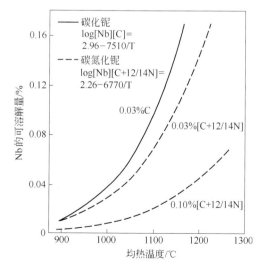

图 2　碳化铌和碳氮化铌的溶解度[5,6]

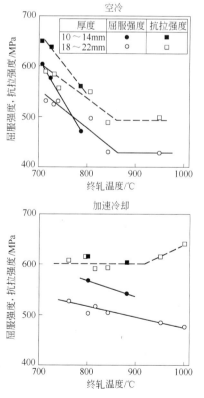

图 4　拉伸性能对于轧制条件的函数
（1.50 % Mn，高 Nb 钢）

鉴于这一点，普遍认为，采用该工艺生产钢管用钢板、卷板和结构钢具有很大的潜力。但是存在一些问题和不确定因素。例如，对于钢管和一般结构钢板，普遍的问题是 Nb 使用上限为 0.06% 甚至更低。一般认为，引入这一限制是由于 Nb 对碳含量为 0.12% 钢热影响区韧性的负面影响。再加上控制轧制技术出现之前奥氏体加工条件不足，产生了低韧性的魏氏组织[7]，这使得对于铌含量的设定十分谨慎。但是，现代钢铁使用碳含量的添加量一般低于 0.08%，以避免凝固过程中的包晶反应，包晶反应能导致连铸坯表面开裂。对于这种钢，添加铌没有负面影响，已有的资料表明热影响区韧性是优异的。

对于给定工艺路线可以获得的强度和韧性水平，确定其管线钢钢板工艺极限的实验证据中仍然存在彼此矛盾的地方。还有很重要的是，人们似乎还没有用整体结构的眼光来看待那些可以获得规定的冶金状态的钢种成分限制。

上述目的和意见指导所开展的项目内容。

3　项目组织

这个项目由 Corus UK Ltd. 的研发机构和一些其他钢铁组织协作完成，这些组织包括：德国 Salzgitter Mannesmann Forschung 股份有限公司，芬兰 Ruukki 和比利时 ArcelorMittal OCAS。其他工业公司是 CBMM（欧洲），荷兰，同时的大学有：比利时根特大学，斯洛文尼亚马里博尔大学，德国亚琛北莱茵威斯特法伦工业大学（RWTH）。还有研究机构：波兰 Instytut Spawalnictwa 和西班牙 Centro de estudios e investigaciones tecnicas de Gipuzkoa（CEIT）。

这些组织主导的工作包的详情如下：

（1）WP1-冶金和加工模型的发展。亚琛工业大学主导的这一工作包的目标是：

1）对有关产品范围内，通过模拟可选择的热轧和冷轧路线，从而确定所需的成分和工艺条件范围。

2）根据确定的化学成分和工艺范围，在实验室冶炼加工试样。

3）确定和表征实验室样品的微观结构、力学和焊接性能。

4）就研究的系列产品，提供一个成分和工艺的优化基础。

（2）WP2-厚壁钢管。Corus 主导的这一工作包的目标是：

1）生产厚度为 15～25mm 空冷板，以及描述这些钢板的力学性能和微观结构。

2）通过这些钢板生产焊接钢管，并确定新钢的所有相关极限。

3）分析焊接性能和钢管性能。

（3）WP3-用于钢管的热卷板。来自 Salzgitter 的 Sandrine Bremer 主导的这一工作包的目标是：

1）在两个商业带钢热轧机上生产热卷板。

2）描述热卷板的力学性能和微观结构。

3）用热卷板生产螺旋和高频焊管。

4）描述钢管和焊缝的强度和韧性。

5）描述制管过程埋弧焊和野外环焊的可焊性。

这个工作包的总目标是确定成分和热轧参数，能够经济地生产强度等级为 X70 和 X80 或更高级别的高韧性钢管。

（4）WP4-一般结构钢板。这一工作包的领导者是 OCAS 的 Martin Liebeherr，其目标是：

1）生产厚度达 50mm 的钢板和表征这些钢板的力学性能和微观结构。

2）通过埋弧焊、气体保护焊、手工焊和激光焊接切割技术，表征高铌钢的焊接性能。

（5）WP5-工业实施。这一工作包的领导者是 Ruukki 的 David Porter，其目标是：

1）在 3 个产品领域分析新钢种的技术和经济效益。

2）认识和论证相关欧洲煤钢联营标准的改变，使新钢种能够更广泛地应用。

4　实验室铸坯成分设计

所开展基础研究的总体目的是描述和量化合金元素的影响，可在一个更广泛的加工条件下使"高铌"钢达到力学性能。使用 24 个实验室小铸锭的 3 个试验设计，用以评定 9 种合金元素 C、Mn、Nb、Cr、Mo、Ni、Cu、Ti 和 B 的影响。钢的成分设计是采用三阶段智能试验设计方法（DOE）的统计学方法。第 1 阶段是半部分因子设计，Mn、Cr、Mo、Ni 和 Cu 含量在两个范围变化，以确定这些元素对于贝氏体形成和力学性能（强度和韧性）的影响。第 2 阶段是全因子设计，以认识高温处理的边界条件，在第 1 阶段优化设计基础上，在限定范围内优化调整 C 和 Nb 的含量。第 3 阶段也是全因子设计，通过添加两个等级的 B 和 Ti 调查 B 元素的影响。由于只有固溶的 B 对相变有影响，Ti 的增加避免了 BN 的形成。当 N 含量为 40×10^{-4}% 时，第 3 阶段的 Ti 等级涉及理想配比值上下的 Ti：N 值。表 1 总结了 3 个阶段的成分设计。

80kg 的实验钢锭由 OCAS 在真空炉中生产加工。每个钢锭被切割为 9 块 12mm 厚的钢板，每块以两种不同的压缩比在假设的未再结晶温度（T_{nr}）以下（1050℃）以 3 种不同的冷却方法，对于每种成分的钢提供 6 个不同的加工条件。所选的模拟冷却条件包括：厚板的空冷，厚板和卷板 10℃/s 的加速冷却，以及卷板工艺——10℃/s 快速冷却至 550℃ 卷取，然后以 30℃/h 的速度慢冷。另外的两块被轧制用来做膨胀和弯曲试验，以及焊接模拟。最后一块是在加工过程中出现问题时备用。

为了使在实验室中的每个钢板粗轧的压下量相近，两个厚度的起始钢块分别用于压下率 2 和 4 的情况。在 $RR = 2$ 的情况下，经过 3 道次粗轧和 4 道次终轧；而在 $RR = 4$ 时，经过 2 道次粗轧和 5 道次终轧。表 2 总结了轧制工序。

表 1　实验室模型铸锭化学成分设计

	等级	C	Nb	Ti	B	Mn	Ni	Cu	Mo	Cr
第 1 阶段	低					1.5	0	0	0	0
	目标	0.04	0.10	0.015	0					
	高					2.1	0.5	0.5	0.3	0.5
	等级	C	Nb	Ti	B	Mn	Ni	Cu	Mo	Cr
第 2 阶段	低	0.01	0.04							
	目标			0.015	0	1.8	0.25	0.25	0.15	0.25
	高	0.07	0.07							
	等级	C	Nb	Ti	B	Mn	Ni	Cu	Mo	Cr
第 3 阶段	低			0.008	0.000					
	目标	0.04	0.10			1.8	0.25	0.25	0.15	0.25
	高			0.025	0.002					

表 2　轧制工序和目标轧制温度

RR at $T < T_{nr}$		初始	R1	R2	R3	粗轧总压下	F1	F2	F3	F3/F4	F4/F5
2	压下率/%		22	22	22	52	16	16		16	16
	厚度/mm	50	39.1	30.7	24		20.2	17		14.3	12
4	压下率/%		23	23		40	24	24	24	24	24
	厚度/mm	80	62	48			36.4	27.6	20.9	15.8	12
温度/℃		1200	1150	1100	1050		950	910	890	870	850

除一块以外其他钢板的再加热温度固定为1200℃，经过热力学计算，这一温度足够保证铌的固溶。对于0.07% C 和 0.07% Nb 的组合，再加热温度为1250℃。经过加热后，将热电偶插入钢块预先钻好的孔中，以监测加工过程中心位置的温度变化。厚板的慢速空冷模拟要求冷速为0.5℃/s，这通过将钢板夹在两片耐火毛毡中来实现。为获得加速冷却10℃/s 的目标，使用装备有雪车的水平冷床，长4m 的喷水嘴排列在钢板的上下表面。当热电偶测量的温度达到预定停止冷却温度时，供水系统停止工作。由于装置的一些反应时间和热电偶距离表面的位置略有不同，板与板之间的停止冷却温度略微有些差异。为了获得一个很窄的范围，目标温度设定为600℃，结果温度范围为580~600℃之间。

显然，实际的化学成分存在一定的分散程度，应当重复，但本质上实验设计的总体要求已经得到满足。所有的成分通过对非再结晶区温度变形后的连续冷却转变（CCT）行为的测定来予以评估。144 块钢板的力学性能通过拉伸试验和冲击转变曲线测定，所有的微观组织也广泛地被表明。依据这些测量，成分和冷速对于结构和性能的影响，将通过建立模型，利用回归方程来识别其中的重要因素。工业生产钢材的性能和微观组织，将用来验证这些模型。

这项工作仍在进行中，并将于2009年5月提交 ERFCS 技术委员会，TGS6。因此，目前没有给出明确的结论，但工作中的一些实例将在下面章节中给出。

5　工业试制

Corus、Ruukki 和 Slazgitter 公司进行了工业规模的生产和轧制，以获得这种钢的工艺经验，并通过观测的性能和微观结构验证实验室模型。加工了7个铸锭，其中一个用以生产14.6mm、20.9mm 和 25.4mm 厚钢板和钢管，3个加工成用于钢管的热卷板。材料也用通常的工艺轧制成20mm 和 50mm 厚的结构钢板。化学成分的分析如表3所示。

表3　工业试制的成分

炉　号	C	Si	Mn	P	S	Al	Nb	V	Cu
81913	0.053	0.18	1.59	0.013	0.0038	0.037	0.097	0.001	0.23
81351	0.043	0.20	1.96	0.007	0.0009	0.026	0.104	0.008	0.21
17721	0.033	0.22	1.82	0.005	0.0015	0.027	0.052	0.004	0.02
30257	0.040	0.20	1.49	0.012	0.0040	0.031	0.068	0.005	0.49
16685	0.047	0.32	1.73	0.009	0.0012	0.028	0.098	0.009	0.04
51569	0.07	0.45	1.69	0.013	0.002	0.04	0.05	0.006	0.21
02098	0.079	0.38	1.66	0.012	0.0026	0.032	0.044	0.079	0.06

炉　号	Cr	Ni	N	Mo	Ti	Ca	B	P_{cm}	CEV
81913	0.26	0.17	0.0059	0.002	0.016	0.0013	—	0.17	0.40
81351	1.01	0.22	0.0075	0.000	0.014	0.0018	0.0003	0.21	0.60
17721	0.21	0.05	0.0070	0.003	0.013	0.0026	0.0003	0.16	0.38
30257	0.04	0.41	0.0046	0.008	0.014	0.0019	0.0001	0.16	0.35
16685	0.27	0.04	0.0082	0.069	0.018	0.0012	0.0001	0.17	0.42
51569	0.05	0.31		0.005	0.017	0.0017	0.0023		
02098	0.04	0.06	0.0050	0.004	0.003	0.0020	—		

Corus 公司将最初厚度为 230mm 的 81913 号铸锭加工成 14.6mm、20.9mm 和 25.4mm 厚的钢板，采用常规轧制工艺生产钢板用于制管研究，也加工成 20mm 和 50mm 厚的钢板用于潜在的结构钢的研究。Ruukki 公司已经试验生产了 81351 和 17721，这些被浇铸成 210mm 厚板，热轧至厚为 10mm、12mm 和 16mm 的钢带，然后加工成直径为 813mm 和 1220mm 的螺旋焊钢管。此外，Salzgitter 公司的 250mm 厚钢板轧制成 10mm 厚钢带，并加工成直径为 610mm 的螺旋焊钢管。铸件 81351 采用低碳高铌的方法，附加高锰和高铬，以及一些铜和镍，用以研究发现在不添加钼和硼的情况下能够获得的最高强度。钼由于价格昂贵被去除，而去除硼有利于获得更好的落锤撕裂实验（DWTT）转变温度。铸件 17721 比 81351 合金含量更低，并且两者都没有添加铜和镍，铌含量降为 1/2，铬含量从 1.0% 降低为 0.2%。

Salzgitter 公司生产的炉 30257，由双股连铸机浇铸成 250mm 厚板坯。4 块板坯轧制成 14.1mm 厚的钢带，用于大直径钢管，一块板坯轧制成 8mm 厚，用于一般结构应用。钢管直径为 1067mm 的钢带宽度为 1500mm。Salzgitter 公司的材料添加了硼元素。在 P_{cm} 和 CEV 方面，其与试样 17721 相似，但是锰含量较低，通过添加较高的镍、铜和铌补偿。硼的添加抑制了珠光体组织在晶界产生，使卷取温度升高至 600℃ 左右而无回火脆性。

在 Ruukki 公司，设计了不同的热轧程序组合，目标终轧温度（FRT）为 850℃ 和 890℃，目标卷取温度为 500℃ 和 550℃。板坯加热温度恒定在 1250℃，目的在于粗轧的终止温度（RFT）能够达到相对较高的 1100℃。Salzgitter 公司采用不同的卷取温度，而用于钢管生产的板坯再加热温度保持在 1220℃。卷取温度目标为 575℃、600℃ 和 650℃ 时，终轧温度（FRT）值始终保持不变。

商业生产的铸件材料已经通过实验室的 6 种工艺处理，这些商业加工钢的力学性能将用于验证由实验室大纲发展的模型。

6　CCT 曲线

这项工作由亚琛大学完成，确定每个化学成分 CCT 曲线的条件如图 5 所示。变性阶段的加热和冷却速率为 5K/s，样品加热至 1200℃ 奥氏体化 10min。当变形速率为 3/s，双道次道次变形量为 0.6 时，道次间保温时间为 3s。

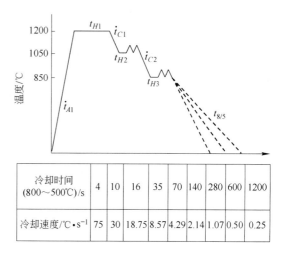

冷却时间 (800～500℃)/s	4	10	16	35	70	140	280	600	1200
冷却速度/℃·s⁻¹	75	30	18.75	8.57	4.29	2.14	1.07	0.50	0.25

图 5　确定 CCT 曲线的加热和变形工序

第一阶段试验是这样设计的，使得某一特定元素的影响并不明确显示，但在第二和第三阶段的设计中，C、Nb、Ti 和 B 的影响清晰可见。例如，成分为 0.08% C，1.8% Mn，0.25% Ni，0.15% Mo，0.25% Cu，0.25% Cr 的钢，当 Nb 含量由 0.048%[1] 增至 0.079% 时的影响如图 6 所示；成分为 1.8% Mn，0.25% Ni，0.15% Mo，0.25% Cu，0.25% Cr，0.08% Nb 的钢，当 C 含量由 0.02% 增至 0.08% 时的影响如图 7 所示。铌扩大了贝氏体区域，碳降低了转变温度。

---

❶ 质量分数。

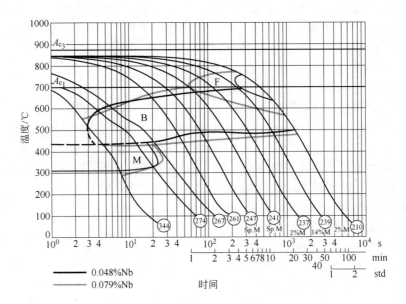

图6　在成分为0.08%C，1.8%Mn，0.25%Ni，0.15%Mo，0.2%Cu，
0.25%Cr的钢中，Nb从0.048%增加到0.079%的影响

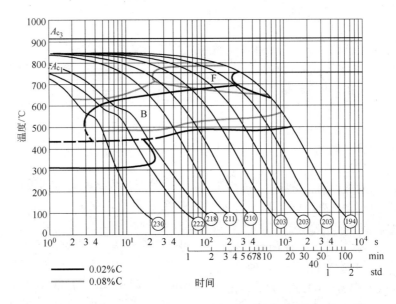

图7　在成分为1.8%Mn，0.25%Ni，0.1%Mo，0.25%Cu，0.2%Cr，
0.08%Nb的钢中，C从0.02%增加到0.08%的影响

7　未再结晶温度

这项工作由CEIT承担，采用了Jonas及合作者[8]开发的非再结晶温度T_{nr}的方法。用平均流变应力（MFS）对绝对温度的倒数画曲线，数据采自多道次扭转试验。用感应炉将样品加热至1200℃保温15min使Nb溶解，然后将样品冷却到1150℃并在此温度施加第一次变形。施加变形量为$\varepsilon = 0.3$、变形率为$\dot{\varepsilon} = 1s^{-1}$的变形，以20℃的恒定温度步长降温到690℃。这意味着在道次间隔时间为20s，冷却速度为1℃/s的条件下，道次数量为24。从4

个样品获得的应力应变曲线用以研究样品尺寸的影响，如图 8 所示。具有良好的可重复性，不同的厚度没有影响应力应变行为。该曲线表明，随着温度的降低应力增加，并在大约 10 个道次之后有明显的硬化趋势。在 19 道次之后，观察到应力水平下降，表示 γ→α 相变开始。

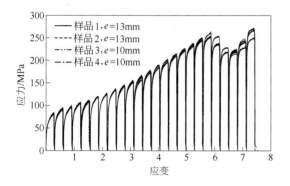

图 8　多道次扭曲实验

由这四个试验得出的平均流变应力对绝对温度倒数曲线出现 3 个不同范围，见图 9。

范围 I：假设完全再结晶发生在道次之间，道次之间的应力增加只由于温度的下降而导致。

范围 II：道次间的再结晶受到应力诱导析出的抑制。应力更迅速地增加是由于温度降低和应变积累的双重作用。

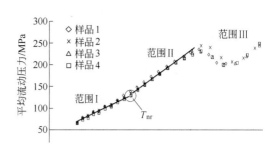

图 9　平均流动应力（MFS）对绝对温度倒数曲线

范围 III：相应的奥氏体铁素体范围。应力随着奥氏体向铁素体软相转变（A_{r_3}）的开始而降低。

T_{nr} 值由对于范围 I 和范围 II 的回归曲线交点所决定。

8　显微组织

这项工作也是由 CEIT 完成的。为了评价这个项目组织和性能的关系，需要一项技术以确定不同的显微组织，包括铁素体-珠光体结构到贝氏体结构的晶粒大小。所采用的方案是用电子背散射衍射技术方法量化晶粒大小。这种方法根据晶界取向角度的不同来确定晶粒尺寸。

这项工作着眼于依据晶粒尺寸分布对显微组织进行表征。相对于铁素体珠光体组织，贝氏体典型地显示出数量更多的小角度晶界[9]。分析的例子如图 10 所示。

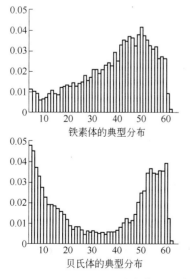

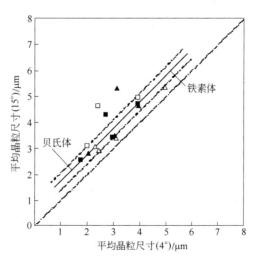

图 10　铁素体-珠光体和贝氏体的数量分数和取向角分布

通过使用金相检验的方法，对加速冷却和模拟卷取的微观组织进一步表征，使用4种不同的侵蚀剂以识别马氏体和奥氏体区域。所用的侵蚀剂为：（1）浓度2%的硝酸酒精10s；（2）Le Pera试剂20s；（3）4%苦味酸溶液30s，而后10%亚硝酸钠溶液7s；（4）Klemm试剂60s后，10%亚硫酸钠溶液5s。

9 力学性能

实验样品获得的性能以图表形式显示在图11和图12中，分别为屈服强度和抗拉强度对于冲击转变温度的关系。条件C和D分别为轧制压下率（RR）为2和4的空冷钢板；E和F分别为RR=2和4的加速冷却钢板；G和H分别为RR=2和4的模拟卷取条件钢板。实验室轧制钢板的许用应力和抗拉强度范围分别为450~770MPa和520~910MPa，其冲击转变温度范围为-150~+25℃。不同元素的影响还没有确定。增加RR从2~4的影响使得冲击转变温度下降，韧性提高。

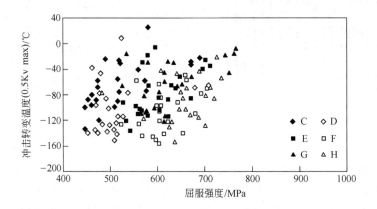

图11 屈服强度与冲击转变温度的关系

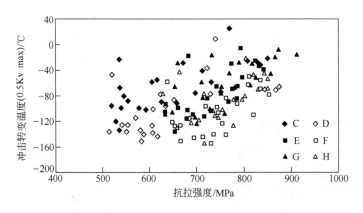

图12 抗拉强度与冲击转变温度的关系

10 焊接性能研究

这项工作由波兰Instytut Spawalnictwa公司完成，并在试验上得到马尔伯特大学和根特大学的支持。受控热强度（CTS）试验和Tekken试验是检测焊接接头耐氢致开裂的普遍方法。虽然CTS试验有时用于管线钢的预审核目的，

Tekken试验提供的结果与现场环缝焊接管线钢的结果相似。Tekken试验执行EN ISO17642-2标准，用于一些商业生产的钢材，以建立预加热要求避免氢致开裂。已经完成的一些CTS试验证实HAZ的氢致开裂不是高铌钢的问题，特别是在无预热和低氢电极的使用条件下。用于Tekken试验的电极和焊条的性质如表4所示。

表4　Tekken 试验的焊条、电极和焊接参数

标　牌	分　类	焊接材料的力学性能（制造商数据）			可扩散氢/mL·(100g)$^{-1}$	
		$R_{p0.2}$/MPa	R_m/MPa	伸长率/%	甘油法	水银法
SL 12G basic, very low H2	PN-EN 1599 E Mo B 32 H5	550	610	25	1.65	2.50
Pipeliner 8P +	PN-EN 499 E46 4 1Ni C 25	460~559	550~676	19~27	24.8	37.7

钢　材	焊　条	样　品	焊接参数			热输入量
			I/A	U/V	V /cm·s^{-1}	$E = UI/V$ /kJ·cm^{-1}
Plate PC943 from cast 81913	SL 12G	Tekken	144	23.5	0.34	9.9
	Pipeliner 8P +		118	24.5	0.34	8.5
	SL 12G	CTS	150	22.7	0.33	10.3
	Pipeliner 8P +		131	25.2	0.37	8.9
Strip 783078 from cast 30257	SL 12G	Tekken	148	22.5	0.33	10.1
	Pipeliner 8P +		118	24.6	0.34	8.5

对于不同的产品，焊接接头微观组织的考察确定了在何种条件下出现开裂。对两种商业钢成分进行了评估，分别为取自试样 81913 的钢板 PC943 和取自试样 30257 的钢带 783078。从焊接接头取下的 4 个切片用以检验，检验结果表明，即使在可扩散氢含量较高时，裂纹并没有出现在焊接的热影响区（HAZ）。在无预热处理的情况下，焊缝金属的开裂出现在可扩散氢含量为 37mL/100g 级别的 Pipeliner 8P + ，如图 13 所示。

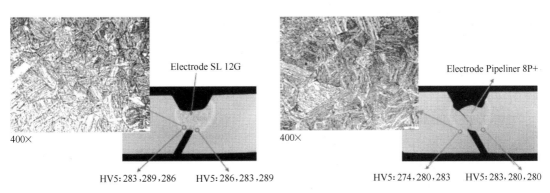

Electrode SL 12G　　　　　　　Electrode Pipeliner 8P+

400×　　　　　　　　　　　　400×

HV5:283,289,286　　HV5:286,283,289　　　HV5:274,280,283　　HV5:283,280,280

图 13　Tekken 试验检测的样品

利用热循环模拟机完成对焊接热影响区的实验室模拟，以检测冷却速度的影响。样品加热至1250℃，并在800~500℃以控制的速率进行冷却。在这一范围内所需的时间是指 $t_{8/5}$，对于这两种钢，$t_{8/5}$ 对室温冲击韧性和硬度的影响已经被评定[10]。含硼商业试样 30257，加工成 14mm 厚热卷钢带的结果，如图14所示。

对于母材以及模拟焊接条件 $t_{8/5}$ 为 8s 和 30s 的焊缝的转变曲线已经确定，图15给出了这些性能与实际焊接结果的对比。可以看出，模拟的结果代表了下限。

11　标准的修改

本项目的一个主要目的是提供足够的信

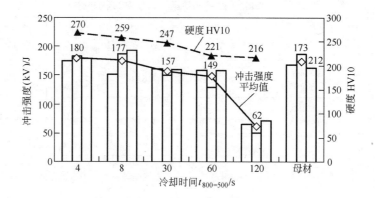

图 14　$t_{8/5}$ 对室温冲击韧性和硬度的影响

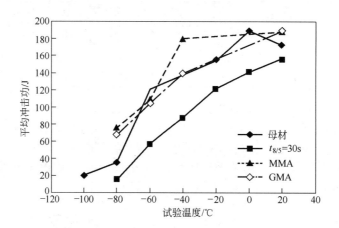

图 15　卷板 783078 母材、模拟和
真实焊接的对比

息，以便对相关的标准做出修改，从而使
"低碳高铌"钢能够更广泛地实际应用。基于
实验结果建立的模型，如果能够成功预测实验
室和商业化生产的不同成分体系的力学性能，
应该使我们能够有理由将增加铌含量极限标准
的建议提交至各种技术委员会。

致　谢

作者十分感激所有的项目参与者：
S. Bremer, M. Liebeherr, W. de Waele, A. Martin-
Meisozo, B. Lopez, M. Perez, J. Brozda, M. Zeman,
B. Zeislmair, H. Mohrbacher, D. Porter 和 N. Gubel-
jak。感谢对于他们结果的使用，感谢他们对项
目成功的贡献，感谢与他们自始至终的快乐
合作。

这个项目（RFSR-CT-2005-00027）得到
欧洲共同体的碳钢研究基金资助，所有参与者
对此表示感激。

参 考 文 献

1　H. D. Bartholot, H. J. Engell, W. v. d. Esche and
K. Kaup, Stahl und Eisen 91(1971), No. 4,204.

2　R. L. Cryderman, A. P. Coldren, Y. E. Smith and
J. L. Mihelich, Proceedings of the 14th Mechanical
Working and Steel Processing Conference, AIME,
Chicago, 1972, p. 114.

3　K. Hulka, J. M. Gray and F. Heisterkamp, Niobi-
um Technical Report NbTR 16/90, CBMM, Sao

Paulo（Brazil），1990.

4　L. J. Cuddy, Thermomechanical Processing of Microalloyed Austenite；TMS, Warrendale（PA），1982，p. 129.

5　H. Nordberg and B. Aronsson，J. of The Iron and Steel Inst.，1968，p. 1263.

6　K. J. Irvine, F. B. Pickering and T. Gladman, J. of The Iron and Steel Inst.，1967，p. 161.

7　F. DeKazinsczy, A. Axnas and P. Pachleitner, 'Some properties of niobium treated mild steel'，Tech. Ann.，147（1963），p. 408.

8　Bai, D Q, Yue, S, Sun, W P and Jonas, JJ：Met. Trans.，24A（1993），p. 2151.

9　M. Pérez-Bahillo, B. López, A. Martín-Meizoso："Effect of rolling schedule in grain size of steels with high niobium content"，Spanish National Congress of Materials, San Sebastian, 18-20 June 2008.

10　J. Brózda and M. Zeman, "Weldability of microalloyed steels with elevated niobium content"，50th Welding Conference "Advanced Welding Engineering" Katowice-Sosnowiec, 21-23 October 2008, published in Biuletyn, Instytutu Spawalnictwa W Gliwicach, Nr 5/2008 Rocznik 52, p. 125-132, ISSN 0867-583X.

（北京科技大学材料学院　吴　斯　译）

JSPL 公司含铌微合金钢的开发

AA Shaik, B Bhattacharya, S Ghosh, AK Mukherjee

Jindal Steel and Power Ltd., Raigarh, India

摘　要：含铌微合金钢已经成为管线、汽车以及建筑用板带材的标准钢种。金达尔钢铁电力有限公司（JSPL）已经采用自身技术开发了多种含铌微合金钢，以满足应用需求。开发这些钢需要大量的工作研究炼钢和工艺技术。含铌微合金钢能够满足高强度和高冲击韧性的要求，同时降低生产成本。

本文介绍和讨论了多项研究，应用铌合金化于结构用宽板以达到所需的力学性能和微观组织。这里还讨论了低夹杂、高品质要求的含铌结构钢梁和 API X70 钢板工艺路线优化，以及应用低碳（$w(C) < 0.06\%$）+ Nb 设计理念提高性能、降低成本的优势。

关键词：含铌，微合金，API X70，结构用

1　引言

金达尔钢铁电力有限公司（JSPL）是金达尔机构组织的一部分，拥有 300 万吨生产能力的联合钢铁企业，并计划在 2010 年将生产能力提高到 650 万吨。JSPL 采用高炉-电炉钢包精炼工艺路线，可按照不同的技术条件生产具有常规焊接性能的屈服强度 250 ~ 450MPa 的结构钢。

在过去的 40 年里，微合金钢的开发得到了广泛发展，包括合金的设计、工艺和应用[1~4]。期间，微合金化的高强低合金钢（HSLA）成为不可或缺的结构钢。这类钢可以通过热轧得到最终工程性能，无需进行热处理，如正火。只要加入少量（小于 0.1%）特定的碳氮化合物形成元素就可以使其屈服强度达到 550 ~ 600MPa[5~6]。微合金钢的成本降低使得它可以替代热处理钢应用于卡车的纵梁内板，起重机的可伸缩吊臂。近年来，在钢的熔炼和热轧方面的技术发展进一步降低了生产成本，提高了微合金钢的竞争力。尽管有这些进步，但微合金钢的消费量仅占世界钢铁总量的 10% ~ 15%（每年 0.80 亿 ~ 1.20 亿吨），其中扁平材和长材的用量差不多。因此，微合金钢的应用还有很大的发展空间。应用微合金钢的飞跃必定会给生产商和用户带来巨大经济效益。

铌的作用是如此巨大，即使是在 10000 原子铁中加入 1 原子铌的极低浓度也能达到提高性能的目的。对碳氮，铌有较高但又不是太高的亲和力，能与之形成立方型的 NbX 化合物[7~9]。这类化合物充分地固溶于 γ-Fe（奥氏体）中，之后可以以特定的方式析出。这种在奥氏体和铁素体中的析出对影响微观组织性能方面有很重要的意义，例如晶粒细化，抑制再结晶，析出强化等。在炼钢中，作为合金元素加入的铌因与氧的亲和能较低而格外受到青睐[10]。铌微合金钢中的扩散和析出过程，基本上主要取决于比铁原子直径大的铌原子。因此，在钢中，铌作为一种合金元素的重要性主要源于其固溶作用和与碳、氮的结合倾向[11]。

2　JSPL 炼钢

2.1　精炼过程

JSPL 采用 BF-EAF-LF-VD-CCM 路线来生

产微合金钢，达到纯净度和力学性能要求[12]。电弧炉的炉料由 100% 的高炉铁水和直接还原铁组成。根据生产的钢种进行铁水和直接还原铁配比。JSPL 的炼钢炉能力是 100t/h（图 1）。为了生产含硫磷较少的钢，炉料也要做相应的调整。在熔化和精炼过程需要造泡沫渣，以降低磷、能耗，以及炉内气氛吸入的氮含量。氧

图 1　JSPL100t 级电弧炉

通过机械手喷枪和两侧的喷枪注入。吹氧使得铁基热金属中 CO 气体增多，有助于清除氮气，促进泡沫渣的形成。在处理过程中，加入石灰和白云石调整钢中的磷含量，通过喷煤粉保证泡沫渣的形成。出钢过程中采用偏心底出钢系统（EBT）和留钢技术使出渣最小化。

将造渣剂如烧石灰和合成渣与合金元素一起加入到钢包中可以缩短在钢包精炼炉（LRF）中的处理时间。在出钢过程中，在钢包中添加铝锭和 Si-Mn 可以使钢水部分镇静。为了得到更纯净的钢，尽量降低气体含量，钢液必须经过罐式除气或者循环除气。为达到所要求的力学性能，优化后的化学成分列于表1，其力学性能列于表2。从以下的表格可以清楚地看出，要获得所需的力学性能必须严格控制 S 和 P。

表1　JSPL 微合金钢化学成分（质量分数）　　（%）

型　号	范围	C	Mn	S	P	Si	Al	Cr	Mo	Ti	V	Nb	N_2
API 5L X52	最小	0.05	1.40	—	—	0.25	0.025	—	—	0.010	0.020	0.035	
	最大	0.08	1.50	0.008	0.020	0.35	0.040	—	—	0.020	0.030	0.040	
API 5L X60	最小	0.05	1.25	—	—	0.30	0.020	—	—	0.015	0.020	0.040	
	最大	0.07	1.35	0.005	0.015	0.40	0.030	—	—	0.025	0.030	0.050	90×10^{-6}
API 5L X65	最小	0.05	1.45	—	—	0.25	—	0.100	—	0.015	0.040	0.050	
	最大	0.08	1.55	0.010	0.020	0.35	0.040	0.150	—	0.025	0.055	0.055	90×10^{-6}
API 5L X70	最小	0.05	1.50	—	—	0.35	0.025	0.150	0.035	0.015	0.050	0.050	
	最大	0.08	1.60	0.005	0.015	0.40	0.040	0.200	0.045	0.025	0.060	0.060	90×10^{-6}
S355	最小	0.16	1.05	—	—	0.15	0.020	—	—	—	—	0.025	
	最大	0.19	1.15	0.020	0.025	0.30	0.030	—	—	—	—	0.030	90×10^{-6}
EN10025 E450D	最小	0.09	0.95	—	—	0.15	0.020	—	—	—	—	0.020	
	最大	0.12	1.05	0.020	0.025	0.30	0.030	—	—	—	—	0.025	90×10^{-6}

表 2　JSPL 各级别微合金钢力学性能要求

型　号	范　围	屈服强度/MPa	抗拉强度/MPa	伸长率/%	冲击功/J
API 5L-X52	最小	380	475	32	60，－20℃
	最大	442	575	—	—
API 5L-X60	最小	430	530	30	60，0℃
	最大	540	740	—	—
API 5L-X65	最小	470	550	30	55，－20℃
	最大	590	740	—	—
API 5L-X70	最小	500	585	28	40，0℃
	最大	600	700	—	—
EN10025 E450D	最小	430	570	30	
	最大	—	—		

2.2　两种除气设备相对性能评估

2.2.1　JSPL 罐式真空除气装置

除气和脱硫在真空罐中进行，整个熔炼除气过程需要经过几个冷凝和喷射装置。为了提高除气的效率，在熔炼前要进行多次除渣。这保证了不会溢流。整个除气过程都有氩气搅拌。JSPL 的真空水平达到 1mbar ❶ 以下，钢处在这种真空度下保持 15min。总的真空除气时间是 30min。

2.2.2　JSPL 通过 RH 真空除气

RH 除气法主要应用于钢轨钢的除氢。对于更洁净的钢和超低硫钢，罐式除气是最好的选择。除气需要借助两个通气管，从而使其处在高真空状态。应用 RH 除气法，更容易得到低于 1mbar 的真空，如图 2 所示。图 3 和图 4 显示两种设备中氧和硫的去除与除气时间的关系。为了评估两种除气方法，对比试验的结果列于

表 3。图 5 显示了 JSPL 的最新 RH 除气系统图。

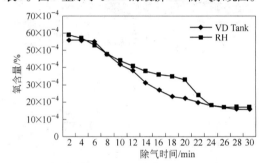

图 3　钢中除气时间对氧含量的影响

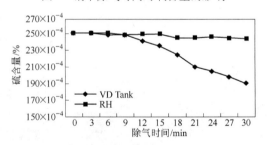

图 4　钢中除气时间对硫含量的影响

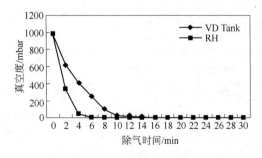

图 2　除气时间对真空度的影响

表 3　JSPL 罐式除气设备与 RH 除气设备对比实验结果

参　数	VD Tank	RH
净空/mm	600 ~ 1200	200 ~ 300
耐火材料消耗/kg·t⁻¹	0.1 ~ 0.2	0.5 ~ 1.0
除气时间/min	25	30
达到小于 1mbar 真空度的时间	12	4
脱硫/%	< 0.010	—
除气 25min 时的脱氢/%	1.0×10^{-4}	1.40×10^{-4}
除气 25min 时的脱氧/%	$10 \times 10^{-4} \sim 15 \times 10^{-4}$	$15 \times 10^{-4} \sim 20 \times 10^{-4}$

❶　1bar = 100kPa。

图 5 JSPL 的 RH 除气系统

2.3 JSPL 的板坯连铸设备

连铸设备总结如下：
（1）单流板坯连铸机；
（2）铸机半径为 12m；

（3）板坯厚度：215mm、250mm 和 280mm；
（4）板坯宽度：1500～2650mm；
（5）冶金长度：17.3m；
（6）结晶器液面自动控制装置；
（7）动态二冷系统；
（8）自动打号机；
（9）去毛刺机。

基于水模实验改进的板坯铸机的中间包设计，不仅提高了生产能力，而且通过增加停留时间提高了钢的纯净度，如图6所示。通过加入涡流抑制器和倾流装置提高了钢液在中间包中的流动性，从而降低了表面起伏，浇口盘进口获得了高的耗散能。进而，中间包的其他分离条件也得到提高（如图7a、b所示）。在瞬时浇铸中输入水引起的紊流和飞溅都降低了。

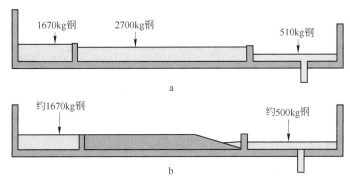

图 6 早期中间包设计（a）和改进的中间包设计（b）

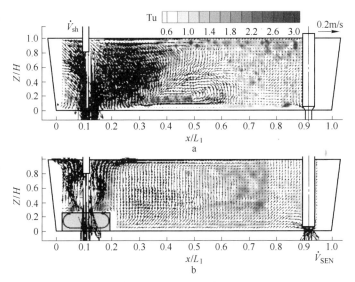

图 7 液体在中间包内的流动

a—紊流；b—带有涡轮增压机塞的平滑流动

2.4　JSPL 的板材轧机

板材轧机装备了以下设备：

（1）板坯在具有以下特征的钢板轧上生产；

（2）2 级全自动控制顶底部点火步进式加热炉的能力为 200mt/h；

（3）水压控制头部高度的高压（200 bar）初级、二级去磷装置；

（4）板坯经过 2 辊粗轧机的横轧；

（5）立式轧边机自动宽度控制；

（6）4 辊可逆式炉卷精轧机和 X 射线计量的水压自动厚度控制装置；

（7）加速水冷系统（层流冷却）以控制冶金参数、表面精度和冷却温度；

（8）在线重型矫直机控制精轧后平整度；

（9）在线板材倾斜台，进行表面检查和长度剪切；

（10）在线超声波检测设备。

2.5　热机械控制工艺（TMCP）

为了获得高强度的管线钢和结构钢，采用了热机械控制工艺；在特定温度范围内，进行轧制，使奥氏体变形，同时板坯变为板材。这会通过再结晶和析出动力学大大地影响最终产品的性能[16,17]。回复过程对改善微观组织很重要，伴随着动态、静态回复以及静态再结晶[18~23]。回复处理的示意图如图 8 所示。

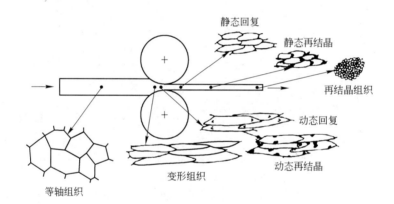

图 8　轧制过程中的回复处理示意图

在 A_{r_3} 点以上控制轧制和加速冷却（冷速由 7.8℃/s 增加到 15℃/s）以及随后空冷生产工艺（如图 9 所示）保证了即使在较低合金成分和低碳情况下一样可以得到较细的铁素体和贝氏体晶粒组织[24~27]。热机械控制轧制与传统热轧所得微观组织的变化对比如图 10 所示。这对于提高韧性、焊接性和强度都极为有利[28,29]。然而，焊后热处理（PWHT）带来的软化问题有待进一步研究。现在，这要通过提供高于规定的最低屈服强度的强度来补偿。这会增加成本，因为需要较高的微合金量。还有其他一些研究建议加速冷却后采用在线热处理而非空冷。

这样，通过析出技术可能提高 PWHT 抵抗能力[30,31]。

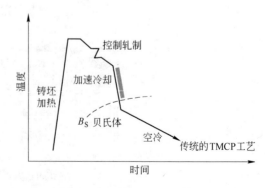

图 9　热机械处理工艺示意图

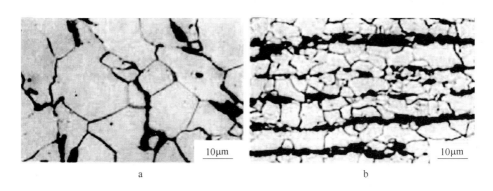

图 10　不同轧制处理所得的微观组织

a—传统热轧；b—热机械处理轧制

2.6　TMCP 轧制工艺 API X-70 级钢的开发

冶炼了 10 炉 API X-70 实验钢，每炉容量为 100t，为了达到不同的力学性能，其化学成分也不同，这些板材最终轧至 26mm 厚。表 4 给出了其中几炉钢的化学成分。为了评价其力学性能，根据 ASTM E8 标准在各个板材上取样制作了拉伸试样。

表 4　实验用 API X70 钢的化学成分　　　　　　　　（%）

试　　样		C	Mn	S	P	Si	Al	Ti	Nb	V	Cr	Mo	N₂
试样 1	最小	0.07	1.45	—	—	0.25	0.030	0.010	0.040	0.050	0.10	0.03	—
	最大	0.09	1.60	0.005	0.015	0.35	0.045	0.015	0.050	0.055	0.15	0.04	60×10^{-4}
试样 2	最小	0.05	1.25	—	—	0.30	0.025	0.015	0.050	0.040	—	—	—
	最大	0.08	1.35	0.005	0.015	0.40	—	0.025	0.060	0.050	—	—	80×10^{-4}
试样 3	最小	0.06	1.50	—	—	0.35	0.025	0.015	0.050	0.050	0.15	0.035	—
	最大	0.08	1.60	0.005	0.015	0.40	0.040	0.025	0.060	0.060	0.20	0.045	80×10^{-4}
试样 4	最小	0.06	1.50	—	—	0.35	0.025	0.015	0.060	0.050	0.15	0.035	—
	最大	0.08	1.60	0.005	0.015	0.40	0.040	0.025	0.065	0.060	0.20	0.045	80×10^{-4}

拉伸试验的结果如表 5 所示。这些数据是不同试样的平均值。对这些结果的分析表明，微合金元素的加入对于提高屈服强度和抗拉强度影响十分明显。试样 1 中 Cr 含量在 0.10% ~0.15% 之间，而试样 2 中没有 Cr 和 Mo。在 3 号和 4 号试样中，Nb 有所增加，以便观察 Nb 对强度的影响。2 号试样的结果表明，比添加了 Cr 的 1 号试样力学性能有所降低。3 号和 4 号试样结果表明，Nb 的加入提高了强度。Nb 的增加分别使屈服强度和拉伸强度提高了 12MPa 和 15MPa。然而，Cr 和 Mo 的加入（试样 2 和 3）使屈服强度和拉伸强度分别增加了 37MPa 和 63MPa，如图 11 所示。

另外，伸长率有所下降，但仍能控制在一定范围内。强度增加的原因已经在本文前面的部分进行了阐述。

表 5　API X70 钢各样品的力学性能

试　　样	屈服强度 /MPa	抗拉强度 /MPa	伸长率/%	冲击功/J
试样 1	479	563	42	207
试样 2	445	538	50	190
试样 3	482	601	32	218
试样 4	494	615	41	227

轧制之后的冷却过程对 γ/α/贝氏体转变中的晶粒细化和 Nb(CN)析出抑制晶粒长大保

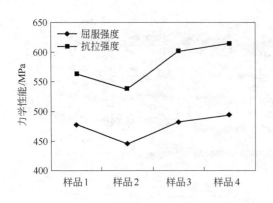

图 11　API X70 各样品的力学性能结果

证细晶都有显著的影响，而这两者对改善组织提高最终力学性能有很大贡献[33,34]。

2.7　E450D 微合金钢的开发

由于在管线钢方面的成功，生产车间开始尝试 63mm 厚板材的生产，这种板材要求最低屈服强度为 450MPa。据报道，目前还没有其他的印度厂商可以生产如此厚度的高屈服强度板材。这些板材采用 215mm × 2020mm 的连铸板坯轧制而成，其合金元素主要是 Nb 和 V。这些板坯被重新加热到 1200℃，然后通过热机械处理工艺轧制成 63mm 板材。其微观组织如图 12 所示。

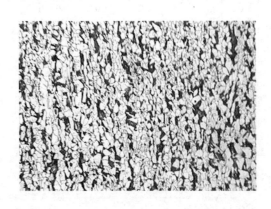

图 12　E450D 钢微观组织（100 ×）

2.8　对比研究

为了研究各种合金元素对最终性能的影响，做了对比研究。为此分别对加钒和加铌的 EN10025 E355 级钢进行了研究。可以看出，

相对于钒，较少的 Nb 的加入就可以达到要求的强度，同时保证其他参数不变，而且降低了生产成本。现在正尝试在 EN10025 E355 级钢中，以 Nb 为唯一的微合金元素。图 13 表明了微合金元素的消耗量随时间的变化情况。

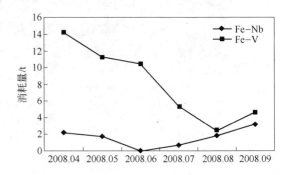

图 13　JSPL 几个月来合金元素消耗趋势

微观组织的观察采用标准的金相技术，用 2% 的硝酸酒精侵蚀。侵蚀后的样品用 LICA 显微镜观察。图像分析仪用来测量珠光体和铁素体的面积分数。除了 Nb 钢中晶粒尺寸较细外，微观组织没有什么变化，如表 6 和图 14 中所看到的。

表 6　微合金钢微观组织的总结

参　　数	加 V 钢	加 Nb 钢
V	0.035	—
Nb	—	0.025
ASTM 晶粒尺寸	7.5	8.5
珠光体含量/%	40.6	39.6
铁素体含量/%	59.4	60.4

2.9　微合金钢轧制过程中遇到的挑战

以下是微合金钢轧制过程中遇到的挑战：
（1）屈服强度和抗拉强度低；
（2）源于连铸坯振痕的横向裂纹；
（3）气泡的形成。

2.9.1　屈服强度和抗拉强度低

尽管加入了合金元素 Nb、Ti 和 V，但力学性能仍然不能达到。这时开始关注降低均热

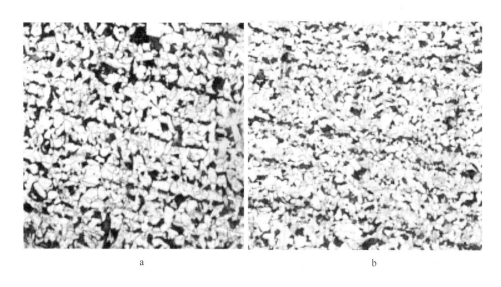

图 14　轧制后的微观组织 "V" 钢（a）和 "Nb" 钢（b）

温度，通常这一温度为 1250 ~ 1300℃ 。太低的均热温度尽管能达到所需的性能，却会带来轧制问题[35~39]。广泛的研究显示，1200 ~ 1220℃ 是能保证力学性能的最优再加热温度。同时，精轧温度应低于 700℃ 而卷取温度在 500 ~ 550℃ [40]。

2.9.2　横向裂纹

在最初开发阶段，几炉钢中出现了横向裂纹，然而，通过设计合适连铸保护渣，调整拉坯速度，就可以避免在矫直区进入零塑性温度（ZDT）700 ~ 900℃ 。因为板坯宽度大，降低拉坯速度可以在 700℃ 以下进入矫直区。然而，这增加了机器的载荷，及在矫直区的下压时间。降低碳含量（低于 0.07%）和寻找更好的连铸保护渣可以提高拉坯速度，降低矫直区的载荷。

2.9.3　处理气泡产生的问题

高强度较厚的板材，气泡主要出现在加入合金元素 Nb 的炉次的钢板疏松一侧，如图 15 所示。钢板在交货之前，必须对这些气泡做处理。在 JSPL 公司，像之前说的，钢是由煤冶炼的海绵铁制造的，其钢液中的氮含量（大于 90×10^{-4} %）相对于电弧炉冶炼的直接还原铁要高很多。尽管采用真空除气，但由于较高的氮含量，还是会出现一些 Nb 的碳氮化

物，弱化了晶界，最终导致在较厚（大于 40mm）的板材中出现气泡。为了解决出现脆性碳氮化铌的问题，一方面加入了固氮元素 Ti[41~43]，同时适当提高 Al 含量。这种炼钢上的调整实际上解决了气泡的问题。

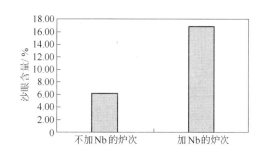

图 15　Nb 对气泡形成的影响

2.9.4　从技术经济方面考虑采用 Nb 作为微合金元素

对于早期的轧机，以及较低范围的抗拉强度要求（屈服强度 355MPa），钒是最好的选择[44~47]。许多实验已经证实，为了得到同样的性能，V 的添加量较高。因此其生产钢结构和板材的成本也就提高了。而用 Nb 来代替 V，在获得同样性能的情况下，生产成本却大大降低了。具体的技术经济方面的影响如表 7 所示。

表7　以铌作为微合金元素的技术经济指标

方面	加 V	加 Nb
达到相同性能的添加量/%	0.030~0.035	0.020~0.025
黑色金属的加入量/kg·炉$^{-1}$	160	90
成本/卢比·(kg 黑色金属)$^{-1}$	1800	1300
回收率/%	差	较好
屈服强度/MPa	418	399
抗拉强度/MPa	544	552
伸长率/%	28	27

3　结论

通过以上研究得出如下结论：

（1）Nb 作为微合金元素应用于高强钢的潜力已经在 JSPL 公司得到很好证明。

（2）微合金钢的生产中，真空脱气有助于获得高的韧性、延展性同时保证高强度。

（3）对比研究表明，在生产纯净钢方面，罐式脱气设备要优于 RH 除气设备。

（4）基于水模型研究的中间包设计对于产量的提高和生产更洁净的钢有重要意义。

（5）高强度微合金钢的成功开发很大程度上依赖于热机械控制过程及之后的加速冷却。

（6）通过在线热处理来防止焊后热处理软化方面还需要进一步研究。

（7）通过技术调整成功地攻克了在生产微合金板材和卷板中遇到的各种问题，如强度不合、气泡和裂纹。

参 考 文 献

1　Lagenborg, R., Roberts, W., Sandberg, A., Siwecki, T., Influence of processing route and nitrogen content on microstructure development and precipitation hardening in V-microalloyed HSLA-steels, Proc. Conf. Thermomechanical Processing of Microalloyed Austenite, Pittsburgh, 1981, Met. Soc. AIME, p. 163-194

2　Uchino, K., Ohno, Y., Yano, S., Hasegawa, T., Morikawa, H., Development of high N-V type low Ceq HT50, Trans. ISIJ 22(1982)

3　Korchynsky, M., Paules, J. R., Microalloyed forging Steels-a State of the art review, Int. Congress and Exposition, Detroit, Mich. 1989, SAE Techn. Paper Series 890801, p. 726-736

4　H Meuser, F Grimpe, S Meimeth, CJ Heckmenn and C Trager, Development of NbTiB micro-alloyed HSLA steels for High strength heavy plates, International Symposium Microalloying for new steel processes and applications, September 7-9, 2005, Spain

5　K Hulka and F Heisterkamp, Physical Metallurgy, Properties and Weldability of Pipe Line Steels with Various Niobium Contents, HSLA steel technology and application, conference proceedings, 1983, Philadelphia

6　A. J. DeArdo, J. M. Gray and L. Meyer, "Fundamental Metallurgy of Niobium in HSLA Steel", Proceedings of the International Symposium Niobium'81, Ed H. Stuart, (Published by AIME, 1981), p. 685

7　Anthony J. DeArdo, Fundamental Metallurgy of Niobium in Steel, Proceedings of the International Symposium Niobium 2001 held in Orlando, Florida, USA. December 2-5, 2001

8　Klaus Hulka, The Role of Niobium in Multi-Phase Steel, Proceedings of the International Symposium Niobium 2001 held in Orlando, Florida, USA. December 2-5, 2001

9　Lutz Meyer, History of Niobium as A Microalloying Element, Proceedings of the International Symposium Niobium 2001 held in Orlando, Florida, USA. December 2-5, 2001

10　T Gladman, The physical Metallurgy of Microalloyed steels, IoM, Publisher, London, 1997

11　Zajac, S., Siwecki, T., Hutchinson, B., Svensson, L. -E., Attlegrad, M., Weldability of high nitrogen Ti-V microalloyed steel plates processed via thermomechanical controlled rolling, Swedish Institute for Metals Research, Internal Report IM-2764 (1991)

12　Langenborg, R., Siwecki, T., Zajac, S., Hutchinson, B., The role of vanadium in micro-alloyed steels, Scand. J. Metallurgy 28 (1999)

pp. 186-241

13　Norbert Bannenberg, Recent Developments in Steelmaking and Casting, Proceedings of the International Symposium Niobium 2001 held in Orlando, Florida, USA. December 2-5, 2001

14　Geoffrey Tither, Niobium in Steel Castings and Forgings, Proceedings of the International Symposium Niobium 2001 held in Orlando, Florida, USA. December 2-5, 2001

15　Dr. -Ing. Hans-Georg Hillenbrand, Dr. -Ing. Michael Gras and Dr. -Ing. Christoph Kalwa, Development and Production of High Strength Pipeline Steels, Proceedings of the International Symposium Niobium 2001 held in Orlando, Florida, USA. December 2-5, 2001

16　G. Cumino, A. Mannucci, M. Vedani, J. C. Gonzalez, Solidification structure and properties of Nv-V Microalloyed steels, Proceedings of the International Symposium Niobium 2001 held in Orlando, Florida, USA. December 2-5, 2001

17　H. Wanatabe, Y. E. Smith and R. D. Pehlke, "Precipitation Kinetics of Niobium Carbonitride in Austenite of High Strength Low-Alloy Steels," Proceedings of Hot Deformation of Austenite, AIMEPE, (New York, 1977)

18　C. Ouchi et al., "Microstructural Changes of Austenite During Hot Rolling and Their Effects on Transformation Kinetics," The Hot Deformation of Austenite, ed. John B. Balance, (New York, NY: AIME 1977), p. 316-340

19　L. J. Cuddy, "The Effect of Microalloy Concentration on the Recrystallisation of Austenite during Hot Deformation", Thermomechanical Processing of Microalloyed Austenite; (Warrendale, PA: TMS, 1982), p. 129-140

20　H. Baumgardt, H. de Boer and F. Heisterkamp, "Review of Microalloyed Structural Plate Metallurgy-Alloying, Rolling, and Heat Treatment", Niobium, (Warrendale, PA: TMS, 1984), p. 883-915.

21　S. Yamamoto, C. Ouchi and T. Osuka, "Thermomechanical Processing of Microalloyed Austenite," The Effect of Microalloying Elements on the Recovery and Recrystallization in Deformed Aus-

tenite," ed. A. J. DeArdo, G. A. Ratz and P. J. Wray (Pittsburgh, PA: The Metallurgical Society of AIME, 1982), p. 613-638

22　J Kijac, Study of the Metallurgical Aspects of Steel Micro-Alloying by Titan, METALURGIJA, 45 (2006) 2, p. 131-136

23　A. J. DeArdo, Influence of Thermomechanical Processing and Accelerated Cooling on Ferrite Grain Refinement in Microalloyed Steels, (Warrendale, PA: TMS-AIME, 1986), p. 97

24　Stachowiak, R. G., 1994, "Development of a controlled cooling system at Stelco's 3760mm plate mill," Proceedings, 35th Mechanical Working and Steel Processing Conference, AIME Iron & Steel Society, Warrendale, PA, p. 343-349

25　M. K. Gräf, H. G. Hillenbrand, and P. A. Peters, "Accelerated Cooling of Plate for High-Strength Large-Diameter Pipe", Conference on Accelerated Cooling of Steels, (Pittsburgh, USA, 1985).

26　K. Abe et al., "Metallurgical Meanings of Nb Addition in the Formation of Acicular Ferrite in Low Carbon Steel Manufactured by Accelerated Cooling Process, Physical Metallurgy of Thermomechanical Processing of Steels and Other Metals," Thermec'88, ed., I. Tamura, Vol. 1 (Tokyo, Japan: ISIJ, 1988), p. 322-329

27　Langenborg, R., Sanderg O., Roberts, W., Optimisation of microalloyed ferrite-pearlite forging steels, Proc. Conf. Fundamentals of microalloying forging steels, Golden, Col. (1986) p. 39-54

28　Hansson, P., Influence of nitrogen content and weld heat input on Charpy and COD toughness of the grain coarsened HAZ in V microalloyed steels, Swedish Institute for Metals Research, Internal Report IM-2205 (1987)

29　P. Bufalini et al., "Accelerated Cooling After Control Rolling of Line-Pipe Plates: Influence Process Conditions on Microstructure and Mechanical Properties," HSLA Steels: Technology and Applications, (Metals Park, OH: ASM International, 1984), p. 743-754

30　Linberg, I., Weldable high strength reinforcing bars microalloyed with vanadium and nitrogen, Proc. Conf. Vanadium Steels, Krakow, Oct. 1980, Vanitec，p. 14-21

31　Bowker, J. T. , Orr, R. F. , Ruddle, G. E. , and Mitchell, P. S. , 1994, "The effects of vanadium on the parent plate and weldment properties of API 5LX-80 linepipe steels," Proceedings, 35th Mechanical Working and Steel Processing Conference, AIME Iron & Steel Society, Warrendale, PA, p. 403-412

32　J. M. Gray, Weldability of Niobium-Containing High-Strength Low Alloy Steel, Welding Research Council, Bulletin No. 213, February 1976

33　M. G. Akben et al. , "Dynamic Precipitation and Solute Hardening in a Vanadium Microalloyed Steel and Two Niobium Steels Containing High Levels of Manganese," Acta Met. , 29（1981）, p. 111-121

34　S. Hansen et al. , "Niobium Carbonitride Precipitation and Austenite Recrystallization in Hot-Rolled Microalloyed Steels," Metall. Trans. A, 11A(3)(1980), p. 387-402

35　L. J. Cuddy, "The Effect of Microalloy Concentration on the Recrystallisation of Austenite during Hot Deformation", Thermomechanical Processing of Microalloyed Austenite;(Warrendale, PA: TMS, 1982), p. 129-140

36　S. Yamamoto, C. Ouchi and T. Osuka, "Thermomechanical Processing of Microalloyed Austenite," The Effect of Microalloying Elements on the Recovery and Recrystallization in Deformed Austenite," ed. A. J. DeArdo, G. A. Ratz and P. J. Wray (Pittsburgh, PA: The Metallurgical Society of AIME, 1982), p. 613-638

37　A. J. DeArdo, Influence of Thermomechanical Processing and Accelerated Cooling on Ferrite Grain Refinement in Microalloyed Steels, (Warrendale, PA: TMS-AIME, 1986), p. 97

38　Klaus Hulka and J. M. Gray, High Temperature Processing of Line-Pipe Steels, Proceedings of the International Symposium Niobium 2001 held in Orlando, Florida, USA. December 2-5, 2001

39　L. E. Collins, Processing of Niobium-containing Steels by Steckel Mill Rolling, Proceedings of the International Symposium Niobium 2001 held in Or-

lando, Florida, USA. December 2-5, 2001

40　S K Ghosh, N R Bandyopadhyay and P P Chattopadhyay, Effects of Finishing Rolling Temperature on the Microstructures and Mechanical Properties of as Hot Rolled Cu-added Ti, B Microalloyed Dual Phase Steels, IE(I) Journal-MM, Vol. 85, October 2004

41　Yu Chen,Guoyi TANG, Haoyang TIAN, Feipeng LI, Yu ZHANG, Lihui WANG, Zhaojun DENG and Dexing LUO, Microstructures and Mechanical Properties of Nb-Ti Bearing Hot-rolled TRIP Steels, J. Mater. Sci. Technol. , Vol. 22 No. 6, 2006, p. 759-763

42　Zajac, S. , SiweckiI, T. , Svensson, L. -E. , The influence of processing route, heat input and nitrogen on the toughness in Ti-V microalloyed steel, Internat. Symp. on Low Carbon Steel at Material Week-93, Pittsburgh, PA. TSM (1993) p. 511-523

43　J Kijac, Study of the Metallurgical Aspects of Steel Micro-Alloying by Titan, METALURGIJA, 45(2006)2, p. 131-136

44　Lagenborg, R. , Siwecki, T. , Zajac, S. , Hutchinson, B. , The role of vanadium in microalloyed steels, Scand. J. Metallurgy 28 (1999) p. 186-241

45　Prof. Dr. -Ing. Gerhard Sedlacek, High Strength Steels in Steel Construction, Proceedings of the International Symposium Niobium 2001 held in Orlando, Florida, USA. December 2-5, 2001

46　Rune Lagneborg, The Manufacture and Properties of As-Rolled V-containing Structural Steels, Research Report, Swedish Institute for Metals Research S-1 1428 Stockholm. Sweden

47　Zajac, S. , Siwecki, T. , Hutchinson, B. , Attlegard. M. , Recrystallisation controlled rolling and accelerated cooling as the optimum processing route for high strength and toughness in V-Ti-N steels, Met. Trans. 22A(1991)p. 2681-2694

（北京科技大学　白　银　译，

北京科技大学　郭　晖

中信微合金化技术中心　王厚昕　校）

高强度和超高强度钢的低合金设计

Rainer Grill 博士

研发负责人，Voestalpine Grobblech GmbH，Linz，奥地利

摘　要：热机械轧制钢板的生产和微合金化元素 Nb 有紧密的联系。Nb 元素不但能确保强度增加，同时也能保证钢材具有相当理想的优异韧性。本论文将介绍一些实例，强调 X60 ~ X70 管线钢中晶粒细化和析出强化的作用，同时说明加速冷却将降低 Nb 在析出硬化中的作用。

更低碳含量以及更高铌含量钢的应用影响了晶粒细化和韧性，因为轧制将在更高温度区间进行。X80 和 X100 级别范围管线钢的不同实例说明了晶粒细化对韧性的好处，而且采用不同铌含量成功开发屈服强度达到 960MPa 的高强度结构钢。本论文给出了工业的生产数据，同时也介绍了基于实验室研究的研发结果。

关键词：TMCP，QT，加速冷却，高强度

1　引言

从过去来看，高强度钢、更高强度钢，以至超高强度钢，这些术语的含义在过去 50 ~ 60 年有相当大的变化，而这些钢的工艺路线同样有相应的改变。在以前，对于屈服强度水平达到 500MPa 级别的钢，其标准工艺是淬火 + 回火

(QT)[1]，当时常用的化学成分如表 1 所示。

通过添加高含量的 Mo、Ni、Cr，可以达到屈服强度为 700 ~ 960MPa 范围的高强度水平。如表 2 所示，这种成分设计的缺点是过高的成本以及较差的焊接性能，此外，不满足要求的纯净度（和我们目前采用标准有很大不同）将对钢材韧性产生负面影响。

表 1　S500 Q 钢的不同化学成分　　　　　（质量分数，%）

级　别	C	Si	Mn	Al	Cr	Ni	Mo	Cu	V	Nb	Ti	Bor	N	CE$_{IIW}$	P$_{cm}$
S 500 Q(1)	0.180	0.40	1.40	0.04	0.50	0.01	0.01	0.01	0.080	0.001	0.001	0.0002	0.015	0.53	0.30
S 500 Q(2)	0.080	0.30	1.40	0.03	0.20	0.50	0.30	0.02	0.050	0.001	0.001	0.0002	0.0082	0.46	0.21

表 2　S700 Q 钢的不同化学成分　　　　　（质量分数，%）

级　别	C	Si	Mn	Al	Cr	Ni	Mo	Cu	V	Nb	Ti	Bor	N	CE$_{IIW}$	P$_{cm}$
S 700 Q(1)	0.12	0.30	0.90	0.03	0.60	1.90	0.50	0.40	0.030	0.001	0.020	0.0002	0.005	0.65	0.29
S 700 Q(2)	0.12	0.30	0.90	0.06	0.40	1.40	0.40	0.20	0.030	0.001	0.020	0.0012	0.005	0.54	0.26

这些局限性以及客户对高强和超高强度钢日益增长的需求导致了新工艺方法的发展。随着平板轧机能力的增加以及高性能新型冷却等装备的应用，如图 1 所示，Voestalpine Grobblech GmbH（VAGB）工厂在含 Nb 管线钢以

及高强钢的优化冷却制度等方向的研发上做了很多工作。

在过去的几十年中，高强钢的生产主要采用以下工艺：

（1）传统高合金钢的 QT 处理；

图 1　Voestalpine Grobblech GmbH 所采用的 4.2m 宽平板轧机以及冷却线

（2）TM 轧制，终轧后淬火和回火；

（3）为抵消日益增加的原材料成本采用低合金设计新理念。该路线也需采用新的工艺手段，例如，TM 轧制及之后的在线加速冷却，其最终目标是避免附加的热处理工序；

（4）用于制造更大厚度的新型钢材的工艺发展。

没有加速冷却的控轧钢的屈服强度最高可达到 550MPa（X80），而通过添加 Ni，Mo 并采用淬火和回火（QT）处理可以达到 900MPa，但目前来说，这种合金设计是相当昂贵的，因此，采用更低合金设计的新工艺路线以及针对生产工艺做出必要优化等技术得到了发展。新工艺的发展综合考虑了 TM 轧制的

优点以及通过减少后续工艺而缩短工序、降低成本。通过深入的研发为产品质量、经济效益和更短交货时间等综合优化奠定了理论基础，新的加速冷却生产设备也使得 VAGB 能把这些技术加以应用，并进行改进。

2　VAGB 应用低合金设计的研发工作

2.1　QT 钢中 Nb 的作用

在一般的淬火温度下（920℃左右），Nb 具有较低的溶解度，所以它对 QT 钢强度增加的作用是有限的，而唯一不同的是低和超低碳的中等强度钢（500MPa），这些钢的淬火温度要更高些。表 3 给出了实例：一种超低碳高铌含量钢的化学成分。

表 3　超低碳高 Nb 钢的化学成分　　　　　　　　　　（质量分数，%）

C	Si	Mn	P	S	Al	Cr	Ni	Mo	Cu	V	Nb	Ti	Bor	N	CE_{IIW}	P_{cm}
0.025	0.16	1.51	0.011	0.0014	0.02	0.26	0.16	0.00	0.25	0.002	0.094	0.009	0.0002	0.0046	0.36	0.14

为了明确不同淬火温度对强度和韧性的影响，热轧生产了 40mm 的厚钢板。结果如图 2 所示，强度和夏比 V 形韧脆转变温度（50% *FATT*）都随淬火温度的升高而增加。强度增加在一定程度上可联系到固溶 Nb 改善了淬透性，但主要是由于 600℃ 回火产生的析出硬化。尽管存在析出强化，但一般情况下，铌元素对韧性是有利的，这是由于铌对晶粒和热轧显微组织的细化作用。

2.2　Nb 在中等强度 TM 钢中的作用（X65 和 X70）

在 Nb 对强度的影响中，一个重要的影响因素是再加热温度，因为这决定了 Nb 的固溶含量。为获得 Nb 的最大强化效果，我们采用一种超低碳钢进行了一系列实验，表 4 给出了其化学成分。

在实验室将钢坯轧制成 20mm 厚的 X70 钢

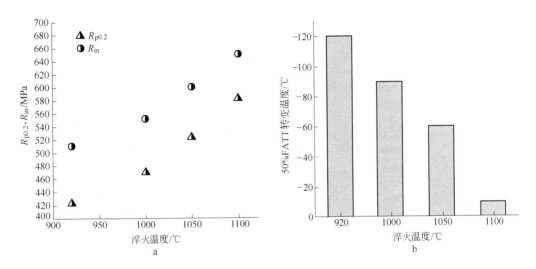

图 2　淬火温度对 40mm 厚 QT 钢板强度和韧性的影响（600℃回火）

表 4　超低碳 X70 的化学成分　　　　　　　　　（质量分数,%）

炉号	C	Si	Mn	P	S	Al	V	Nb	Ti	Bor	N	其他	CE$_{IIW}$	P_{cm}
945925	0.04	0.3	1.9	0.007	0.0008	0.03	0.001	0.05	0.01	0.0003	0.0054	Cr, Ni, Mo, Cu	0.41	0.16

板，所有轧制的终轧温度都保持在850℃，冷却状态分为空冷（AC）＋间断加速冷却（ACC），以及轧后直接强冷（DIC），冷却终止温度分别为500℃（ACC），以及低于400℃（DIC），平均冷却速率为40℃/s，图3给出了相关结果。

图3中标有阴影的栏表示 Nb 完全固溶的温度范围，这是通过 Norberg 和 Aronsson

（NbC）以及 Irvine（Nb（CN））的公式计算得出。在所有 3 种冷却状态下，再加热温度在1100℃左右时，都发现有强度的增加，在这个温度下，所有的 Nb 处于固溶状态。而进一步提高再加热温度，Nb 对强度的有益作用将会削弱，韧性受到负面影响，这一点已经得到普遍认同[6]。

在第二系列的实验中，采用了实验室熔炼

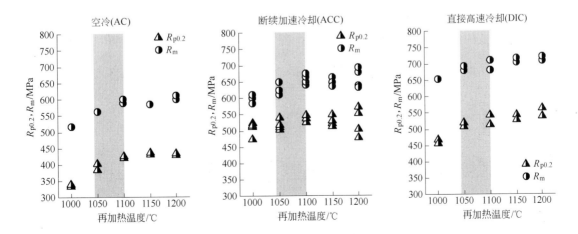

图 3　不同冷却工艺下，再加热温度对力学性能的影响

的不同范围 Nb 含量钢（如表 5 所示），值得注意的是，钢中 N 和 S 含量较高，要明显高于实际生产的 X65 管线钢产品，但这是实验室熔炼钢的一个特点。

表 5　实验室熔炼的 X60 ~ X70 钢的化学成分　　　（质量分数，%）

炉号	C	Si	Mn	P	S	Al	Cr	Ni	Mo	Cu	V	Nb	Ti	Bor	N	CE_{IIW}	P_{cm}
517/1	0.052	0.29	1.48	0.010	0.0030	0.023	0.25	0.08	0.01	0.02	0.002	0.001	0.002	0.0004	0.0071	0.36	0.15
517/2	0.055	0.30	1.49	0.010	0.0028	0.026	0.25	0.08	0.01	0.02	0.001	0.022	0.003	0.0004	0.0076	0.36	0.16
517/3	0.055	0.29	1.48	0.010	0.0024	0.028	0.25	0.09	0.01	0.02	0.001	0.043	0.003	0.0004	0.0082	0.36	0.16

在所有实验轧制中，再加热温度都保持在 1150℃，Nb 含量从 0 到 0.043%，图 4 给出了不同 Nb 含量，以及不同冷却方式下的结果。

尽管空冷条件下，Nb 含量的增加能明显地提高屈服强度，这种作用在 ACC 和 DIC 条件下，并不明显。但是，ACC 和 DIC 材料普遍要表现出更高的强度水平[7]。该图同样也表明强度的增加和 Nb 含量是不成比例的，原因可解释如下：

（1）Nb 的添加增强了析出强化作用，在较低 Nb 含量下这种作用最明显；

（2）对于加速冷却，特别是轧后直接强冷，析出强化并没有充分发挥，因为更多的 Nb 会处于固溶状态；

在图 3 和图 4 中的图表清晰地表明中等强度钢需要采用 ACC 或 DIC 冷却，以及 Nb 的微合金化。

此外，针对实验室熔炼并采用不同生产工艺生产的一系列钢板（见表 6），考察了 Nb 和 V 的综合作用。和表 5 相比，表 6 中的钢不含 Cr，因此其淬透性有所降低。

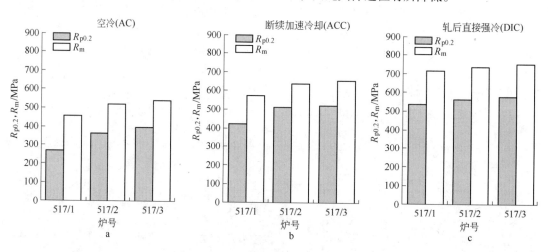

图4　Nb 含量以及不同冷却方式对力学性能的影响

表 6　实验室熔炼的 X60 ~ X70 钢的化学成分　　　（质量分数，%）

炉号	C	Si	Mn	P	S	Al	Cr	Ni	Mo	Cu	V	Nb	Ti	B	N	CE_{IIW}	P_{cm}
557/1	0.059	0.28	1.15	0.008	0.0049	0.02	0.03	0.03	0.00	0.02	0.001	0.001	0.001	0.0001	0.0084	0.26	0.13
557/2	0.060	0.28	1.14	0.008	0.0044	0.03	0.03	0.03	0.00	0.02	0.001	0.042	0.001	0.0002	0.0082	0.26	0.13
557/3	0.067	0.27	1.13	0.008	0.0031	0.03	0.03	0.03	0.00	0.02	0.067	0.041	0.001	0.0002	0.0099	0.28	0.14

在所有 3 种冷却状态下，添加 0.04% Nb 明显增加强度，而进一步添加 0.07% 的 V，对于 ACC 和 DIC 钢板来说，强度的增加是很有限的，ACC 钢中没有观察到强度的提高。图 5 给出了相关数据：Nb 和 V 对 20mm 厚实验室钢板力学性能的影响。

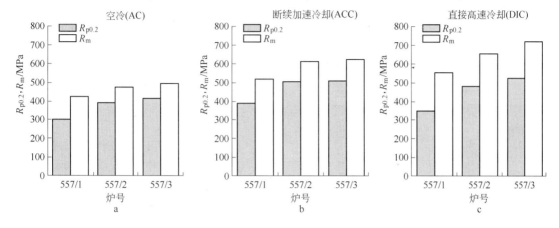

图 5　Nb 和 V 对 20mm 厚实验室钢板力学性能的影响

针对 TM 轧制中应用低合金设计以及优化加速冷却参数，VAGB 通过过去 6 年的系统研发工作，建立了合适的生产工艺路线，而工作主要目标是为了省略随后的热处理工序。通过对超过 200 炉的实验室钢以及不同的工业钢进行多次回归分析，研究了 Nb 对硬度和强度的作用。试样的热模拟实验在膨胀仪上完成。图 6 给出了 V（左图）和 Nb（右图）对热膨胀试样硬度各自的影响。试样被加热到 1150℃，在 800～880℃ 间不同的温度变形，随后采用不同的冷速冷却。图 6 所示数据的实验用钢平均化学成分如下：0.08% C，1.6% Mn，0.2% Cr，0.3% Ni，0.1% Mo，0.02% V，0.03% Nb，0.01% Ti 以及少量的 B[3]。

以上确凿的测试揭示了以下结论：

（1）Nb 的作用是 V 作用的两倍；

（2）随着冷速的增加，V 和 Nb 的强化效果减弱，其原因是 Nb 和 V 保持固溶状态，析出硬化并不能完全发挥。

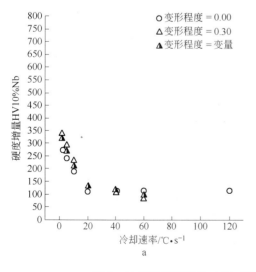
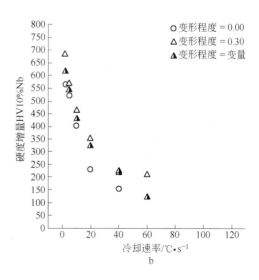

图 6　冷速对硬度增量（V(a) 和 Nb(b)）的影响（质量分数,%）

2.3　Nb 在高强钢中的作用

一般来说，高强度和超高强度钢具有较高的合金含量，因此过去常常采用淬火和回火（QT）进行生产。但是 VAGB 已针对该类钢现代工艺发展了新的工艺。比起 Nb 在 QT 工艺中可能的析出强化作用，采用 TM 轧制可以使得这一作用得到更有效的利用。新的材料设计是基于低碳含量，以及新的生产路线，这包含热机械轧制、随后的加速冷却以及可能采用或不采用的回火处理[3]。

应该认识到新工艺发展的一个根本点，即 TM 轧制后的奥氏体状态具有较高的位错密度，而这通常会导致淬透性的下降。图7 给出了一个实例，ELC X65 管线钢膨胀实验的结果。试样加热到 1150℃，随后以 20℃/s 冷却到 800～880℃ 之间的变形温度，采用不同变形量的单道次变形，变形后以 40℃/s 冷却到室温。可以看到，变形量的增加使得材料硬度下降和 $\gamma\rightarrow\alpha$ 相变温度的升高。添加 Nb 可扩大奥氏体转变的温度范围，而奥氏体状态对韧性改善也很有帮助，这是达到管线钢要求标准的先决条件。

图8 说明了不同变形量条件下显微组织的变化情况。增加变形程度导致显微组织类型有显著的变化，由贝氏体变化为（针状）铁素体。

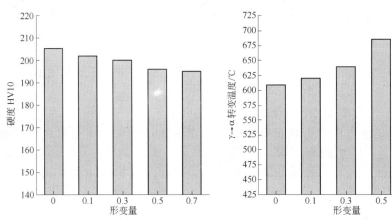

图7　奥氏体状态对淬透性和低碳 X65 NbTi 钢 $\gamma\rightarrow\alpha$ 转变温度的影响

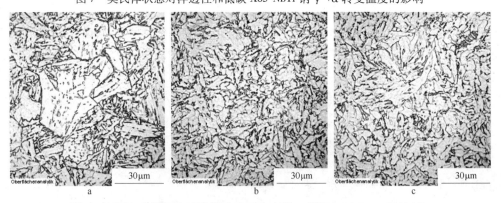

图8　不同变形量条件下低碳-X65 NbTi 钢的显微组织（HNO_3 浸蚀剂）

a—变形程度为 0.00；b—变形程度为 0.50；c—变形程度为 0.70

对于高强度钢，例如 X120，图9 给出了变形量对硬度影响的两种相反情况。当显微组织为贝氏体/马氏体时，在一定变形程度内，随着变形量增加，硬度增加。但当单道次变形量大到一定程度时，硬度反而降低，这主要是由奥氏体部分再结晶和 $\gamma\rightarrow\alpha$ 相变温度升高引起的。可以得出结论，Nb 对高强度甚至超高强度钢的强度和韧性都是有利的。

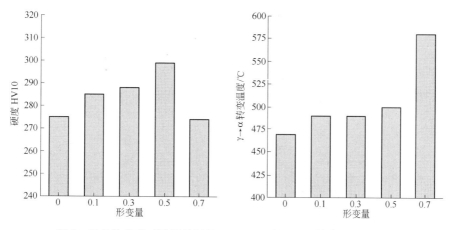

图 9　奥氏体状态对淬透性以及 ELC X120 钢 γ→α 转变温度的影响

图 10 给出了不同变形量条件下的显微组织照片。左边以及中间的图所示组织为贝氏体／马氏体组织，而大变形量造成了大量的铁素体形成。因为金相试样取自于垂直变形的方向，所以不能观测到薄饼状奥氏体。

图 11 揭示了不同冷却速度下，变形对两

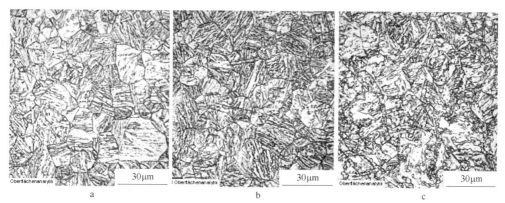

图 10　不同变形条件下 ELC-X120 CrMoNbTiB 钢的显微组织（HNO₃ 浸蚀剂）

a—Phi = 0.00；b—Phi = 0.50；c—Phi = 0.70

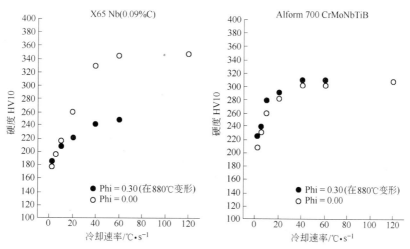

图 11　变形量对 X65 和 Alform 700 硬度的影响

种不同级别钢硬度的影响（X65 和 Alform 700）。铁素体/贝氏体 X65 Nb 钢在变形 Phi 值为 0.3 的条件下，硬度有很大下降，特别是在高冷却速度下更明显。而对于 Alform700 钢，在所有冷速条件下，变形仅仅使得硬度有很小的增加。

2.4　冷却条件的影响

图 12 给出了一个不经回火处理的在线生产的成功实例，钢的屈服强度为 700MPa 和 900MPa 级别。这些低碳钢的化学成分如表 7 所示。

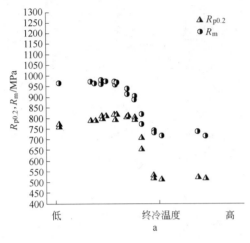
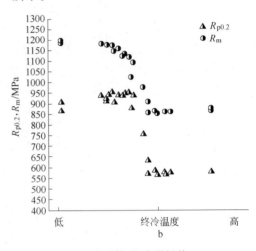

图 12　在线生产的 Alform 700 （a） 和 Alform 900 （b） 级别钢的力学性能

表 7　屈服强度为 **700MPa** 和 **900MPa** 级别钢的化学成分　　　　（质量分数,%）

级　别	C	Si	Mn	P	S	Cr + Mo + Ni + Cu	V	Nb	Ti	Bor	N	CE_{IIW}	P_{cm}
Alform 700	0.04	0.3	1.9	0.010	0.0003	<0.3	0.002	0.044	0.01	0.001	0.004	0.42	0.17
Alform 900	0.07	0.3	1.7	0.007	0.0004	<0.9	0.003	0.040	0.01	0.001	0.004	0.53	0.23

实验室轧制的 20mm 厚钢板研究结果表明，冷却终止温度对力学性能有很大的影响。要达到较高的屈服和抗拉强度值，应该选择低于 500℃ 的冷却终止温度，无论在什么时候，高抗拉强度都是希望得到的，或者是可以接受的，而在线加速冷却是一个很好的工艺途径。当要求材料同时具有高屈服强度和低抗拉强度时，终冷温度的工艺窗口应控制在 +/－25℃ 这一非常窄的范围内。图 12（右图）表明，降低冷却终止温度将导致抗拉强度的增加以及屈服强度较小程度的降低，而稍稍提高终冷温度将导致力学性能的明显降低。在工业生产中，要在整个钢板的长度和厚度区域保持如此窄的工艺窗口，需要对过程控制得极其精确。在采用加速冷却的 TM 轧制应用于实际

生产之前，VAGB 已对优化工厂技术和冷却工艺模型投入相当多的工作[3]。

图 13 所示的 SEM 形貌表明，冷却终止温度在 500℃ 以上，显微组织由上贝氏体以及数量较多的粗大富碳 MA 相组成。采用低于 410℃ 的冷却终止温度可产生贝氏体-马氏体显微组织，以及弥散而细小的残余奥氏体和碳化物。

图 14 表明在其他化学成分相似的情况下，碳含量对钢力学性能的影响。实验室钢板在 850℃ 终轧之后加速冷却（DIC 工艺）。随着碳含量的增加，抗拉强度的增加要比屈服强度的增幅更大，两者增加幅度的相对减小，使得屈强比降低。

采用较低的终冷温度和没有回火处理的情况下，低碳含量能确保较高的屈强比，但低碳

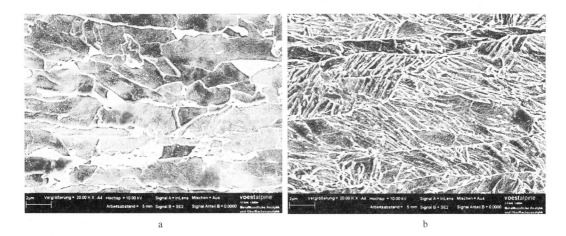

图 13　不同冷却终止温度条件下 Alform 700 钢的显微组织（SEM）
a—终冷温度大于 500℃；b—终冷温度小于 400℃

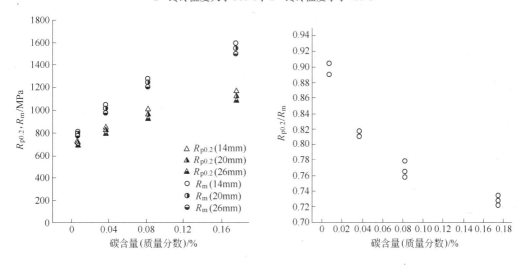

图 14　碳含量对低终冷温度的在线产品力学性能的影响，
CE_{IIW} 为 0.50% ~ 0.65%（质量分数）

含量限制了屈服强度。为了达到屈服水平超过 900MPa 的较高强度值，增加碳含量获得较高的抗拉强度是必要的。

当客户技术条件要求高屈服强度以及高屈强比时，应该提高碳含量，在大部分情况下，回火处理也是需要的。

2.5　回火的作用

为了研究 Nb 对高强度 TMCP 钢力学性能的影响，对下述实验室冶炼的钢进行了处理。Nb 在化学成分里的变化如表 8 所示。因为 Cr、Ni 和 Mo 含量较高，所有 3 种钢都有很好的淬透性。

表 8　实验室冶炼的高强度钢的化学成分　　　　　　　（质量分数，%）

炉号	C	Si	Mn	P	S	Al	Cr	Ni	Mo	Cu	V	Nb	Ti	B	N	CE_{IIW}	P_{cm}
602/1	0.079	0.30	0.82	0.008	0.0053	0.03	0.59	1.99	0.49	0.30	0.039	0.001	0.001	0.0002	0.0062	0.59	0.25
602/2	0.081	0.30	0.81	0.009	0.0048	0.03	0.59	1.99	0.49	0.30	0.037	0.041	0.002	0.0003	0.0068	0.59	0.25
602/3	0.083	0.29	0.81	0.009	0.0035	0.04	0.58	1.97	0.49	0.30	0.036	0.083	0.002	0.0003	0.0071	0.59	0.25

轧制再加热温度为 1150℃，终轧温度同样在 850℃ 左右。轧制后，钢板采用空冷（AC）或者采用 DIC（直接强冷却）冷到较低温度。

出人意料的是，无论在 AC 还是在 DIC 条件下，都没有发现 Nb 对 15mm 厚实验钢板的力学性能有明显的影响，该现象的原因如下：在 AC 条件下（空冷），析出硬化作用受到了抑制，因为较低的 γ→α 转变温度；在 DIC 条件下，析出强化也受到了阻碍，因为较高的冷却速度和较低的冷却终止温度。含铌试验钢控轧效果没有导致预期的强度增加，在不含 Nb 的情况下，高含量的合金元素已经导致 TM 控轧强化效果（如图 15 所示）。

对 TMCP 工艺生产的 15mm 厚实验钢板，在 AC（空冷）和 DIC（直接强冷却）后都进行回火，可以看到，当 Nb 含量达到大约 0.04% 时能明显地提高材料性能，如图 16 所示[5]。

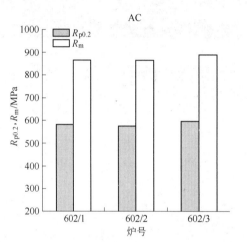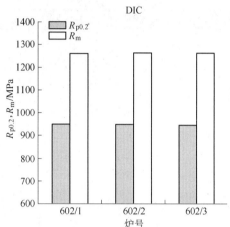

图 15　不同 Nb 含量的 TMCP 钢的力学性能（板厚为 15mm）

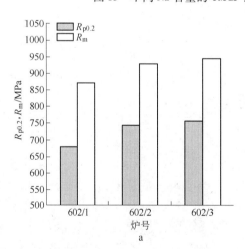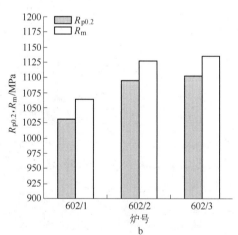

图 16　Nb 含量对回火处理的实验室钢板的力学性能的影响（厚度 15mm）
a—空冷 +600℃/L；b—直接快速冷却 +600℃/L

图 17 给出了回火温度对 15mm 厚 Alform 960 力学性能的影响。抗拉强度最大值出现在轧态和回火温度为 300℃ 的情况下，屈服强度在 300~400℃ 左右有最大值。在轧态或低温回火状态下，材料表现出较高加工硬化能力，轧态具有最好的夏比冲击韧性。560~

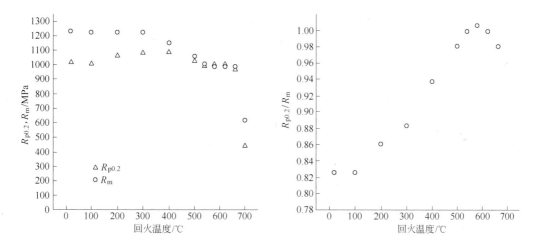

图17 回火温度对 Alform 960 钢力学性能的影响

640℃范围内正常的回火温度可以导致很高的屈强比，当然，这种状态有利于弯曲和成形性能的改善，同时减小内应力。在 700℃，由于部分奥氏体化，可以观察到强度明显下降。

3 高韧性的实现

3.1 影响韧性的一般因素

图18给出了韧性级别发展的示意图，旧工艺生产的 S355 级别钢韧性水平刚刚达标。因此，通过改善钢的纯净度，并添加 0.02% Nb 进行微合金化可以显著提高韧性，使材料具有更高的冲击上平台和更低的韧脆转变温度[4]。正确运用 TM 轧制和加速冷却，并加上低 C 和 Nb、Ti 微合金化的低合金设计，可以使得 X80 级别管线钢具有很优异的韧性[8]。夏比冲击测试是按照 DIN 技术说明书来执行的，图中同时也对比给出了按 ASTM 测试的 X80 钢的实验结果。

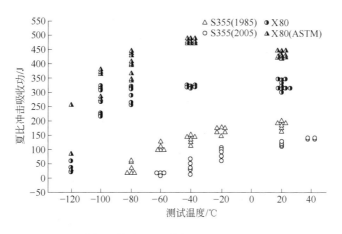

图18 不同级别钢的夏比冲击吸收功和韧脆转变温度

图19给出了这两种材料显微组织的对比，可以很好地认识到导致韧性差异的原因。S355 级别钢的显微组织很典型，是带状以及有些粗大的铁素体-珠光体显微组织，这种组织也使得韧性刚好满足标准。相比之下，通过针对 X80 钢的合金设计，以及 TM 轧制和冷却条件相关的精细调整，可以获得很高强度和更加优异的韧性值[3]。

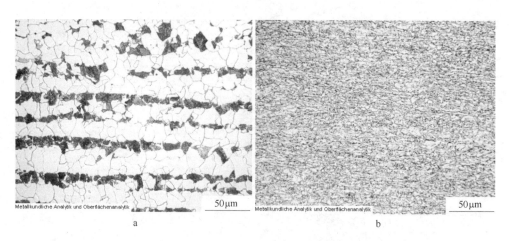

图 19　S355 钢正火态（2005）和 X80 TM + 加速冷却的显微组织对比（HNO₃ 浸蚀剂）

a—S355 正火；b—X80TM + 加速冷却

3.2　加速冷却对韧性的影响

众所周知，在中等强度的管线钢中（X65，X70），加速冷却对韧性有很积极的作用，因为在

断口上没有裂纹的形成。图 20 为有无分离的 Charpy-V 试样断口表面对比。这也使得在 ASTM 摆式测试下得到的冲击上平台值很高，在 400 ~ 500J 的范围内,韧脆转变温度也有下降。

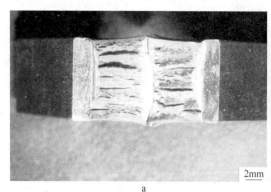

图 20　有分离温度和没有分离温度的夏比 V 形试样断口表面对比

a—TM + 空冷；b—TM + 加速冷却

为了评估不同冷却制度对韧性的影响，在实验室轧制了 20mm 厚的 Alform 700 钢。轧制再加热温度为 1150℃，终轧温度在 800 ~ 850℃之间。空冷导致了较高的韧脆转变温度以及较低的强度（$R_{p0.2}$ 约为 500MPa，R_m 约为 700MPa）。图 21 给出了加速冷却和冷却终止温度低于 400℃对改善韧性的优势，能同时获得 -100℃ 的韧脆转变温度和较高的强度水平（$R_{p0.2}$ 约为 800MPa，R_m 约为 940MPa）。

空冷材料性能较差的原因要归因于显微组

织,如图 22 所示。空冷试样(左图)的组织为上贝氏体以及较高比例的 MA 相(富碳的马氏体和残余奥氏体),而 DIC 的组织(右图)主要是马氏体。在此之前,图 13 也得出相似的结果。

3.3　奥氏体状态对高强度钢的影响

在不同的终轧温度条件下，将实验室 Alform 960钢轧制成 10mm 厚的钢板，其化学成分如表 9 所示。轧制完成后，进行加速冷却，终冷温度低于 450℃。

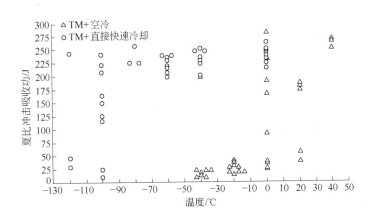

图21　Alform 700 钢，试样尺寸 10mm×10mm，欧标 DIN 钟摆测量

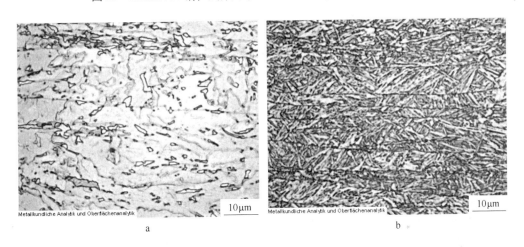

图22　Alform 700 钢的显微组织（Le Pera 浸蚀剂）

a—空冷；b—直接快速冷却

表9　Alform 960 的化学成分（%）

C	Si	Mn	P	S	Al	V	Nb	Ti	B	N	其　他	CE$_{IIW}$	P_{cm}
0.07	0.3	1.9	0.009	0.0008	0.04	0.002	0.05	0.01	0.0014	0.0046	Cr，Ni，Mo，Cu	0.45	0.20

图23 给出了终轧温度对实验钢板的力学性能和韧性的影响。在 800℃ 终轧时，具有最高的强度，这是因为该温度下奥氏体状态是最佳的（也可以参看图9），最优的韧性同样也在相近温度范围内获得，通过图24 中显微组织的对比可以找到原因[2]。两种显微组织都由马氏体组成，因此原奥氏体晶界比较容易辨认。终轧温度为 755℃ 时，原奥氏体扁平化程度很高，亚结构也很细小[9]，而 920℃ 终止的薄饼化程度较低，亚结构也比较粗大，这就导致了韧性和强度的下降。

4　综述和展望

经济且良好的焊接性能需要材料采用较低的合金含量以及相当低的碳含量。而只有在优化工艺参数的条件下，包括采用在线的加速冷却，才能同时获得高强度和优异韧性。

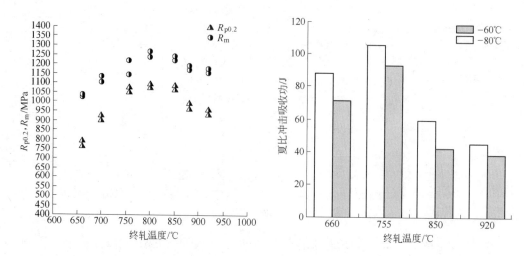

图23　Alform 960 钢，10mm 板厚；全尺寸试样的冲击值由 6.7mm × 10mm 试样的实际数据计算

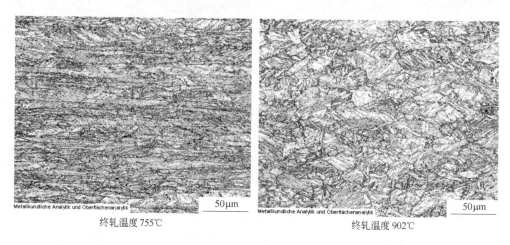

终轧温度 755℃　　　　　　　　　　　　终轧温度 902℃

图24　Alform 960 钢，10mm 板厚；不同终轧温度下的显微组织（HNO_3 浸蚀剂）

　　低碳低合金设计得到了很好的发展，这一工艺途径可以使材料屈服强度达到 960MPa。当选择合适的终轧和终冷温度时，Alform 960 钢可以获得优异的韧性（10mm 钢板在 -80℃ 的冲击上平台值为 100J），而 Nb 的添加对材料获得这样的性能是最有帮助的，但在 QT 钢中，其作用会被减弱，因为在标准的淬火温度，只有一小部分的 Nb 被固溶。而 Nb 最佳的添加量，以及和其他微合金元素的综合作用也应该分成单独的课题进行研究。

　　宽厚板轧机的现代化，包括高性能冷却线的安装，使得 Voestalpine Grobblech GmbH 可以应用新的和更有效的工艺方法来开发管线钢和最高强度的钢。本论文阐述了采用低合金设计理念的研发工作。针对不同的冷却制度，研究了不同 Nb 含量对 TM 钢强度和韧性的影响，本工作的目标是为了取消后续的热处理。因为低合金设计需采用相当低的碳含量，这种钢同时也可获得另外一个优势——优异的焊接性能。

　　将来的研发工作将针对合金设计以及工艺参数进行精细调整，拓宽低合金设计在高韧性高强度钢中的使用，包括板厚超过 40mm 及以上的钢材。通过先进的研究手段协助研发工作，例如原子探针[9]。

参 考 文 献

1　Listhuber, F. E. , Wallner, F. , Oberhauser, F. M. & Aigmüller, G. Mikrolegierte Feinkornbaustähle. Berg-und Hüttenmännische Monatshefte, Jahrgang 114, 1969.

2　Development of YP 960 and 1100MPa Class Ultra High Strength Steel Plates with Excellent Toughness and High Resistance to Delayed Fracture for Construction and Industrial Machinery, Nagao Akihide; Ito Takayuki, Obinata Tadashi JFE Technical Report No. 11, June 2008.

3　Thermomechanical Rolling of Heavy Plates, PhD. Thesis of Rainer Grill, University of Vienna, 2007.

4　Metallurgie und Walztechnik zur Erzeugung sauergasbeständiger Röhrenbleche bei voestalpine in Linz, A. Jungreithmeier, voestalpine Stahl Linz GmbH, R. Grill, Voestalpine Grobblech GmbH, R. Schimböck, Voestalpine Grobblech GmbH, BHM, 148. Jg. (2003), Heft 9.

5　Rainer Grill, Roland Schimboeck and Gernot Heigl, Voestalpine Grobblech GmbH, Austria, Recent Results in the Production of Clad Plates, 30 years anniversary of NPC, symposium "New results of niobium containing materials in Europe", VDEh in Düsseldorf on May 20th, 2005.

6　Roland Schimboeck, Gernot Heigl, Rainer Grill; Voestalpine Grobblech GmbH, Austria, Thilo Reichel, Jochem Beissel; Eisenbau Kraemer, Germany, Ulrich Wende; Weld Consult, Germany, Clad Pipes for the Oil and Gas Industry-Manufacturing and Applications, Stainless Steel Conf. 2004 in Houston, USA, October 20 to 22, 2004.

7　Rainer Grill, Roland Schimboeck, Dieter Petermichl, Danny van der Hout, High-Quality Plates for Line Pipes, World Pipelines Journal, 2003.

8　Rinzo Kayano, Yukio Nitta and Shinya Sato, Development of High Toughness X70 Grade Clad Steel Pipe for Natural Gas Transportation Pipelines, the-Japan Steel Works, Ltd. , 2008.

9　Microscopical and Sub-microscopical Characterization of a Heavy Plate made of a Microalloyed HSLA-Steel, Montanuniversität Leoben, Austria, Peter Felfer, 2008.

（北京科技大学　缪成亮　译，
北京科技大学　尚成嘉　校）

造　船　板

结构钢中的铌

Shuichi Suzuki

Sumitomo Metal Industries, Ltd.

1-8-11 Harumi, Chuo, Tokyo 104-6111, Japan

摘　要：自从 20 世纪 70 年代的 Trans Alaska 管线工程（TAPS），铌开始被广泛用于管线钢生产中，并因其最佳奥氏体调节作用引发了铌微合金化技术在整个 TMCP 钢中的应用。然而，近来钢材应用的发展不仅需要铁素体－珠光体型高强度结构钢，对贝氏体或者马氏体型高强度结构钢也提出了需求。

在 2002 年，加 Nb 的抗拉强度达到 950MPa 的 TMCP 钢首次用于 Kannagawa 水电站工程建设。在这个钢中，Nb 是提高强度而不损害马氏体组织韧性的关键因素。另外，一些以铁素体为基的钢都含有 Nb，比如海洋工程结构用钢和 LPG 运输船船体用钢，来降低碳含量提高低温韧性。结合工程实例，本文从母材钢板和焊接接头两个角度阐述了 Nb 冶金在结构钢中的种种应用。

关键词：微观组织，结构的，TMCP，焊接性能

1　引言

在日本，20 世纪 70 年代开始广泛应用热机械控轧工艺（TMCP），当时为 Trans Alaska 管线工程（TAPS）生产提供 API X65 管线钢。TMCP 工艺使得低碳钢的韧性得到改善，满足了 TAPS 工程的需要。当时，微合金化的冶金价值已经被发现，并且后来 TMCP 工艺和微合金化技术发展成熟，成为生产钢板的两项关键技术。在所有微合金化元素中，Nb 是最受欢迎和有利于 TMCP 工艺的元素。众所周知，Nb 在较宽的热轧温度区间内都具有最强的奥氏体化调节作用[1]。时至今日，无论是生产管线钢还是其他的结构钢，Nb 毫无疑问是 TMCP 工艺必不可少的元素。

对于管线钢，可以向钢中添加相当数量的 Nb，比如经过全尺寸试验评价过的含 0.10% Nb 用于酸性环境的钢板[2]。然而，当应用在焊接结构钢时，因为过多的加入量将损害焊接金属和热影响区的韧性，尤其是在焊接热处理（PWHT）后，所以一定要多加考虑选择适宜

的微合金化元素含量。因此，通常要谨慎地设计含 Nb 的 TMCP 型结构钢的 Nb 添加量范围，使材料基体获得满意的 TMCP 效果。

本文的目的是基于 TMCP 结构钢中的 Nb，提出一个关于现代钢铁材料设计的观点。从该角度回顾和探讨了基础物理冶金，之后给出了 Nb 应用于结构钢的一些实例。

2　钢中的 Nb

2.1　TMCP 工艺中不可或缺的元素

现今，探讨 Nb 作为微合金化元素的冶金作用的文章非常多，如参考文献[1]、[3] ～ [8]。但是，从钢厂的角度来说，在 TMCP 实际运用过程中需要重点关注 Nb 的以下三个作用：

（1）延迟再结晶；

（2）降低 γ-α 转变温度；

（3）与其他微合金化元素完全固溶（在本文中，微合金化元素指的是周期表中 4A 和 5A 族的化学元素）。

Nb 延迟再结晶的作用是有效实施控轧工

艺的关键因素。图1[19]揭示了几种主要微合金化元素延迟作用再结晶的行为，显然 Nb 具备最显著延迟作用。正如图 1 中所示，仅加入少量的 Nb，再结晶温度就能被显著地提高，这具有重要的实用价值，因为它可以扩大控轧操作的温度区间。

另外，Nb 延迟 γ-α（奥氏体-铁素体）转变

的作用对于实现加速冷却操作非常关键。图 2 显示了测定的基本成分为 0.10% C-0.25% Si-1.5% Mn 的微合金化钢的 γ-α 转变温度。从图中可以看出，每一个形变和冷却条件下，Nb 的加入均能够明显地降低 γ-α 转变温度。Nb 的这种作用伴随着加速冷却可以显著提高钢材的强度。

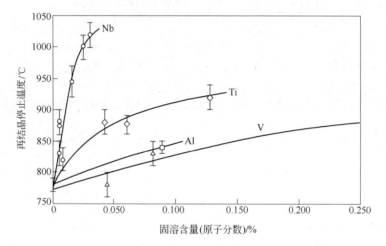

图 1　随着钢（0.07% C-1.4% Mn-0.25% Si）中固溶微合金化元素含量的增加，再结晶温度提高[2]

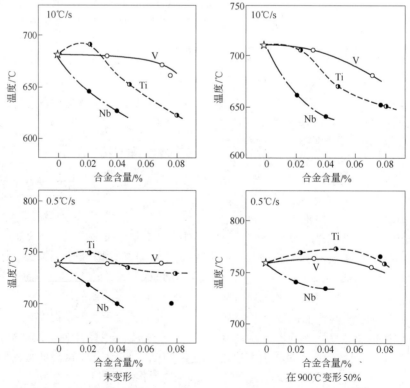

图 2　标准奥氏体晶粒尺寸 100μm 微合金化钢的修正 A_{r_3} 温度[10]

上面提到的两个冶金作用与 Nb 原子固溶拖曳作用或 Nb(C,N) 析出相的钉扎作用有关。边界（晶界和相间边界）的可移动性受固溶原子和析出相的影响。上图揭示出如果选择微合金化元素 Nb，可以最大可能地获得这些作用。然而，如后面将进行讨论的，合适的 Nb 加入量要考虑到与保证良好焊接性能的化学成分的关系。在某些应用情况，为了得到最有利的强度以及热影响区（HAZ）的韧性，有时候微合金化元素 V 会连同 Nb 一起加入到钢中。还有很多情况，Ti 也会与 Nb 一起加入，在钢中起到细化奥氏体晶粒或者防止连铸坯表面裂纹产生的作用。在诸多情形下，Nb 均能够与其他微合金化元素一起发生良好的作用。

由于在历史文献当中尚未找到有关"微合金"的明确定义，钢厂通常把元素周期表 4A 和 5A 族中的元素称之为微合金。这些元素有一些共同的特性，他们与 C 和 N 都具有较强的结合力；复合的碳化物或氮化物具有 NaCl 型的晶体结构（图3和图4）；而且，这些碳化物或氮化物能够全部固溶。同样，在 Ti-Nb 钢中观察到的析出相不是简单的 TiN、TiC、NbN、或者 NbC，而是（Ti,Nb)（C,N）复合析出相。

如图 5 所示，在常用微合金化元素 Ti、Nb 和 V 当中，Nb 与 C、N 具有中等的结合力。因此，通常来讲，Nb 的加入可与其他微合金化元素一道在钢中起作用，可以改变微合金化冶金的多个方面。例如，碳氮化物的平衡化学成分会随着温度发生变化，如图6所示的（Ti,Nb)（C,N）体系[12]，其析出相的特性可以通过预先工艺参数进行控制[22]。析出相的尺寸分布也可以一定程度地通过复合微合金化进行控制[13]。

		4A	5A	6A	7A	8A		
				$Cr_{23}C_6$	$Mn_{23}C_6$	$\alpha\text{-}Fe_3C$		
4		TiC	V_4C_3 / V_2C	Cr_7C_3	Mn_7C_3	Fe_7C_3	Co_3C / Co_2C	Ni_3C
				Cr_3C_2	Mn_3C	Fe_3C		
5		ZrC	NbC / Nb_2C	MoC / Mo_2C				
6		HfC	TaC / Ta_2C	WC / W_2C				

□ NaCl 型
||| 复合 FCC
〜 六方晶系
⊠ 六方晶系/正交晶系
|||| 正交晶系

图3 元素周期表中一些元素碳化物的晶体结构[11]

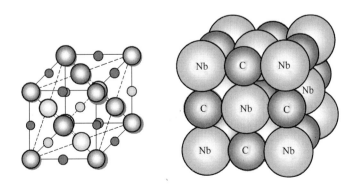

图4 NbC 的 NaCl 型晶体结构

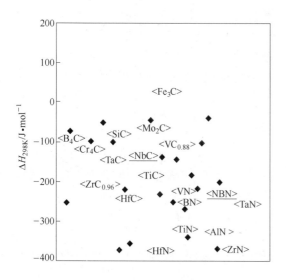

图 5　碳化物和氮化物的生成焓

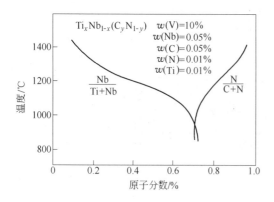

图 6　在 1400～900℃ 温度范围内从奥氏体中
析出的复合相 $Ti_xNb_{(1-x)}(C_yN_{(1-y)})$ 中
各元素的原子分数[12]

上面已经介绍了 Nb 在 TMCP 工艺实践中三个冶金作用。然而，从实际应用的角度，Nb 对于 TMCP 的最主要作用是其在不损害焊接性能的情况下有显著的强化作用，这也是上面提到的其冶金作用的结果。当在 γ-α 两相区控轧 12mm 厚的钢板时，仅添加 0.03% Nb 就可以使抗拉强度为 500MPa 级别的碳钢提高抗拉强度超过 100MPa[14]，而当加速冷却 100mm 厚的钢板，加入 0.03% Nb 可使该钢的抗拉强度提高约 50MPa[15]。虽然铌对钢有显著的强化作用，但对钢的热影响区（HAZ）氢裂纹、熔融裂纹或者焊接硬化裂纹等焊接性能没有明

显作用。也就是说，Nb 与众不同之处在于提高强度的同时并不损害焊接性能。这意味着，Nb 能够让较多数的结构钢大幅度降低碳含量或是碳当量。虽然在焊接中 Nb 可能会带来一些不利的作用，但是 Nb 可以降低碳含量的作用通常会抵消这些不利影响。实质上，这也是为什么含 Nb 的 TMCP 工艺能成为全球范围内钢板的主流生产方法的原因。

图 7 对比了单位质量的元素含量对钢的强化作用和焊接损害作用。其中，除 Nb 外，其他元素仅考虑了固溶强化作用，焊接性能用 P_{cm} 值代表。C 和 Nb 的强化作用极其明显，都超出了图 7 的范围。从这个图中，可以发现每一个替代元素都是以某种程度地损失焊接性能为代价来提高拉伸强度。C 与 Si 具有相同的作用趋势，但是最具显著的元素是 Nb，它具有显著的强化作用而不损害焊接性能。这正是 Nb 成为 TMCP 工艺不可或缺的元素的原因。

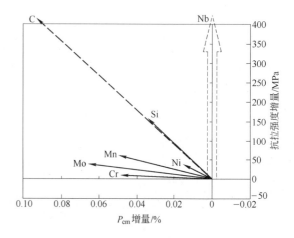

元　素	C	Si	Mn	Mo	Ni	Cr	文献
$\Delta\sigma$ /MPa · %$^{-1}$	4500	155	60	40	42	10	[17]
ΔP_{cm}/% · %$^{-1}$	1	1/30	1/20	1/15	1/60	1/20	[18]

图 7　钢中固溶元素对焊接性能和强化作用的对比

2.2　含 Nb 钢的焊接

虽然 Nb 在 TMCP 工艺中对于改善基体的性能不可或缺，但是有时候 Nb 本身会对焊接有害，尤其是在特定应用领域的结构钢中添加了不恰当含量铌的时候。Kirkwood 报道了 Nb

对焊接金属和热影响区（HAZ）的韧性的影响[16]。他认为 Nb 的不利作用通常可能产生在较高热输入量条件下的高碳钢上，也有可能在焊后热处理后（PWHT）。并且，他还指出有些情况下又挖掘出 Nb 的有利作用，比如当焊接条件为低碳和低热输入量时。他还提到通过检验无 Nb 时的微观组织可以了解 Nb 的复杂作用。

与管线钢不同，结构钢除采用低热输入量外，在被加工制造焊接时倾向于采用更高的热输入量，有时还采用焊后热处理以消除沿着焊缝的残余应力。因此，对于 Nb 微合金化钢来说，结构钢在焊接时要条件更严酷。因此，在某些应用领域，钢中的最大 Nb 含量常常受限。表 1 对比了一些典型规格的含铌钢板，

表 1　抗拉强度 500MPa 水平钢板的典型 Nb 含量的规定

结 构	规 范	有关 Nb 的添加量
造 船	LR 和其他船级社，DH36-EH40	0.05 % max（当与 Al 复合使用时）
建 筑	JIS SM490，SN490	没有限制
桥 梁	ASTM A709 Grade 50 Class 1&3	0.005% ~ 0.05%
储 罐	ASTM A841 Grades A&B，Class 1&2	0.03% max
海洋结构	API Specification 2W Grade 50&60	0.03% max
管 线	API Specification 5L X56，X60，X65	0.15% max（Nb，V 和 Ti 的加入）

其中建筑和管线用钢的 Nb 添加很宽泛，相反，对于储罐和海洋结构用钢则限制得非常严。

Nb 对焊接性能的负面作用源于其本身的固有属性，部分内容在上面已做了探讨。其中影响最大的是 Nb 对 γ-α 转变的延迟作用。对于抗拉强度 500MPa 强度级别的钢材，在焊接冷却过程中固溶 Nb 会增加 HAZ 区贝氏体转变的倾向。上贝氏体转变的过程又将产生马氏体-奥氏体（MA）组织，即在铁素体板层中保留了富碳奥氏体，而形成 MA 组织。当采用相对宽范围的热输入量时，MA 通常是 HAZ 区性能恶化的主要原因。如图 8 所示，Tsukamoto 等人指出，MA 组织的形成量与固溶 Nb 含量有很大关系[15]。这是在某些情况下 Nb 在提高钢的 HAZ 区硬度中扮演重要角色的佐证之一。MA 组织一旦生成，在连续热循环中板状的 MA 会分解成小的 MA 板条，会使得微裂纹更易发生，而进一步恶化 HAZ 区性能[19]。然而，在随后的热循环低温度峰值，Si 含量的降低同样会促进 MA 结构的分解。据观察，P 含量的降低具有与 Si 类似的作用。

在较高热输入量焊接速度下，如果采取充分的手段避免 MA 结构的生成，Nb 的不利作用就可以被减弱。如上所述，降低 C 或 MA 相的其他友好元素比如 Si，是最有效并被广泛应用的措施之一。其结果是，在低碳情况下上贝氏体转变中保留的奥氏体将分解成渗碳体和铁素体。当高 Nb（0.10%）用到管线钢时，采用较低碳含量是成功设计该钢种成分的关键所

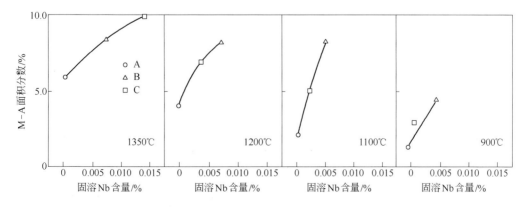

图 8　固溶 Nb 对模拟 HAZ 区 MA 组织的影响（模拟热输入量为 100kJ/cm）[15]

在[2]。对于结构钢，最简单的对策是限制固溶形式的 Nb 量，事实上，有研究表明，钢中同时加入少量的 Nb 和 Ti 比单纯添加 Nb，拥有更好的韧性。复合添加微合金化元素引起韧性

改善的原因主要是形成更加细小的富氮析出相。往钢中添加 Nb 和 Ti 并配合正确的工艺能够显著降低碳氮化物的尺寸大小，如图9所示[13]。在 Nb-Ti 复合钢中，析出相富氮，在

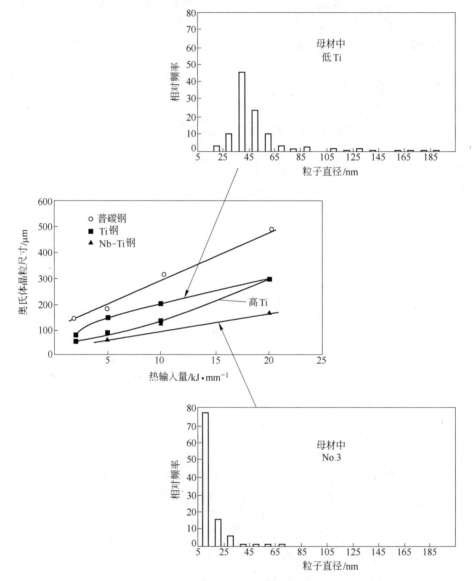

钢　种		化学成分/%							
		C	Si	Mn	Ni	Ti	Nb	Sol. Al	N
普　碳		0.13	0.21	1.00	—	—	—	0.044	0.0020
Ti	低	0.13	0.20	0.98	—	0.017	—	0.045	0.0035
	高	0.09	0.42	1.58	—	0.057	—	0.016	0.0030
Ti-Nb	No. 3	0.12	0.31	1.47	—	0.015	0.016	0.024	0.0047
	No. 4	0.05	0.21	1.29	0.25	0.019	0.013	0.061	0.0061
	No. 5	0.08	0.19	1.28	0.24	0.018	0.016	0.027	0.0048

图9　不同微合金化钢的 HAZ 区奥氏体晶粒的长大

HAZ 的热过程中比只含 Nb 的钢的析出相更稳定。基体中这些细小稳定的粒子不仅可以有效地抑制晶粒长大，而且可以使 HAZ 区热循环过程中促进 MA 生成的固溶微合金化元素的量降到最低。

如果这些钢的韧性用裂纹尺寸表示[20]，图 10 较好地表述了 Nb-Ti 复合添加的特性[21]。同种钢的数据列在图 9 中。该图说明含 Ti 钢的 HAZ 区性能的恶化取决于奥氏体晶粒的长大，与普碳钢具有相同的趋势。当热输入量比较小时，由于 TiN 粒子的稳定性，Ti 在基体中不会溶解太多；另外，当热输入量大时，虽然更多的 Ti 会以固溶的形式存在，但是固溶的 Ti 也不会对转变组织产生太大的作用，因为此时冷却速率低，如图 2 估测了在较低冷却速率下少量 Ti 对 γ-α 转变温度的影响。与含 Ti 钢相比，Nb-Ti 复合钢随着奥氏体晶粒的增大 HAZ 区性能会更急剧地恶化，主要由固溶 Nb 造成。然而，在小热输入量情况下，Nb-Ti 复合钢的奥氏体晶粒要比含 Ti 钢的更细小些，所以 Nb-Ti 钢的韧性还会非常好，如图 9 所示。

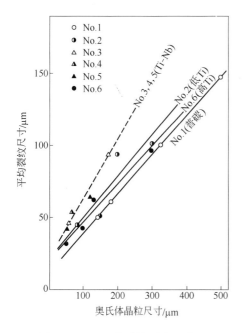

图 10 HAZ 区的平均裂纹尺寸和原始奥氏体晶粒尺寸关系[21]

Nb 对熔敷金属性能的影响与其对 HAZ 的相似，Kirkwood 在这方面做了非常好的阐述[16]。从钢材设计的角度，如图 11 所示，母材中的 Nb 含量在大热输入量埋弧焊时将会显著影响熔敷金属性能。与 Mn、Ni 和 Mo 相同，往钢中加 Nb 是提高熔敷金属抗拉强度的一个好方法，但是因为会有一定的预期风险，需要谨慎地控制其加入量。

焊接韧性恶化的另一个机制是铁素体相中微合金元素碳氮化物析出相。特别是在焊接接头热应力释放时，受到人们很大的关注。据报道，焊后热处理后随着 Nb 含量的提高，韧性会降低[16]。Kirkwood 也详细地探讨了这个问题[16]。

2.3 含 Nb 的 TMCP 钢

通过显著降低钢的 C_{eq} 或 P_{cm} 值，Nb 和 TMCP 工艺可明显改善钢板的韧性已广为认知。与传统钢相比，大多数结构钢的 C_{eq} 值通过 TMCP 和含 Nb 设计可至少降低 0.05%。现今，采用 Nb 作为合金化元素，用户可全面体会到 TMCP 钢带来的好处。

图 12 总结了日本在 2007 年的不同领域应用热轧/TMCP/热处理各工艺生产的钢板的比例。虽然 TMCP 在建筑和储罐领域用钢板的应用比例小，但海洋工程和管线用钢则是 TMCP 工艺的主要应用领域。现在日本生产的海洋结构和管线用钢板几乎都是 TMCP 钢。在 2007 年，TMCP 钢的平均应用比重达到 54%。所有的 TMCP 钢都含有微合金化元素 Nb。这意味着大约有一半的现代钢板为获得良好使用性能而需要加 Nb。

有必要搞清楚 TMCP 包含的各种工艺类型：热机械轧制（TMR），加速冷却（和回火）（AC（+T））以及直接淬火和回火（DQT）。如把各种工艺划归为 TMR 和其他冷却工艺，依照不同领域的工艺应用情况作成图 13。该图显示加速冷却是生产造船、海洋结构和管线等领域用钢板的主要手段，但是对于建筑和桥梁领域则情况相反。在建筑和桥梁领域中，需要冷却工

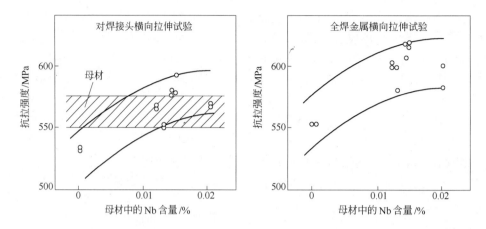

图 11 母材中的 Nb 含量对对焊接头和全焊金属的抗拉强度的影响
（母材成分：0.11% C-0.3% Si-1.4% Mn，焊接方式：埋弧焊）[23]

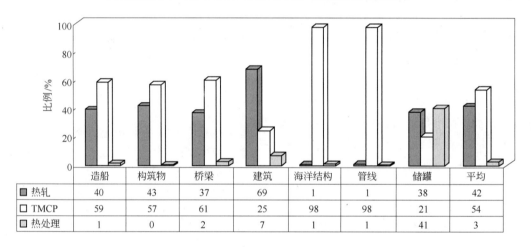

	造船	构筑物	桥梁	建筑	海洋结构	管线	储罐	平均
■ 热轧	40	43	37	69	1	1	38	42
□ TMCP	59	57	61	25	98	98	21	54
□ 热处理	1	0	2	7	1	1	41	3

图 12 各工业领域采用不同生产工艺钢板的应用比例（%）
（来自日本钢厂 2007 年 4～6 月期间的数据）

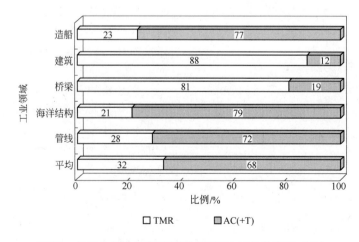

图 13 各工业领域应用不同类型 TMCP 工艺的比例（%）

艺带来的超厚高强、大线能量焊接等应用技术条件的情况尚不多。不过，不管何种TMCP工艺，Nb都是必不可少的合金化元素。

目前，由于极好的成本效益和潜在的高性能特性，TMCP的应用依然在不断增长，即Nb微合金化在不断应用。

3 Nb在结构钢中的应用

3.1 趋向更高强度——奥氏体变形钢（桥梁和压力水管）

TMCP的奥氏体调节作用已被作为常规手段用于细化铁素体。而且，近来又被扩展应用到细化转变贝氏体或马氏体组织。这些情况下，Nb通过扩大奥氏体未再结晶区而扮演着重要的角色。

在控轧过程中，大量晶格缺陷被引入奥氏体晶粒中[24]，这些缺陷和扁平奥氏体晶粒增加的晶界面积将成倍地增加铁素体形核位置[8]。相同的机制同样会在贝氏体型和马氏体型高强度钢上发生作用。对于贝氏体钢，用热模拟设备检验了奥氏体调节对贝氏体结构的作用[25]。在1100℃下，将试样在真空箱中奥氏体化，然后在900℃变形50%，之后用氦气淬火至575℃，保温，最后水淬至室温。图14显示了热变形贝氏体结构的SEM观察结果。它们处在转变的初级阶段，观察了从奥氏体转变的部分分解的贝氏体型铁素体板条和马氏体。图14a显示了典型BI型上贝氏体。相比之下，如图14b和c中所示的未再结晶奥氏体更细小，贝氏体组织的形貌会发生显著变化。

已证实在变形量低于30%时，奥氏体变形引起的贝氏体板条长度的细化效果并不很有效果，只有变形量大于50%后细化效果才会显著。奥氏体变形量与贝氏体板条尺寸的非线性关系截然不同于其与铁素体结构的线性关系（图15）[26]。大变形量下，贝氏体的明显细化被认为与变形奥氏体晶粒内的位错团生成有密切关系。

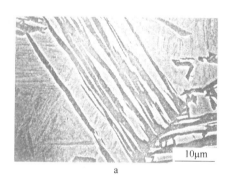

a

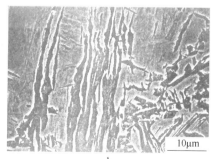

b

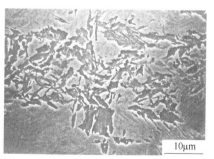

c

图14 压下率（在900℃）对转变贝氏体（在575℃）形貌的影响
a—0%形变，在575℃转变25s；b—30%形变，在575℃转变20s；c—50%形变，在575℃转变15s

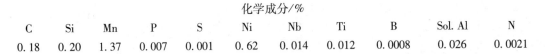

化学成分/%										
C	Si	Mn	P	S	Ni	Nb	Ti	B	Sol. Al	N
0.18	0.20	1.37	0.007	0.001	0.62	0.014	0.012	0.0008	0.026	0.0021

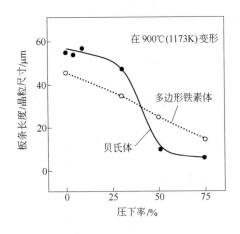

图 15　900℃下压下率对铁素体晶粒尺寸和
贝氏体型铁素体长度的影响[26]

奥氏体未再结晶区的形变对细化马氏体也有效，但是不同于贝氏体，马氏体板条的形貌不会因奥氏体调节而发生显著变化。然而，扁平的奥氏体晶粒会产生相同的细化晶粒的作用[27]。许多不同取向的马氏体产生在扁平的奥氏体晶粒上，具有明显的改善韧性的作用。

图 16 是 TMCP HT950 钢（抗拉强度下限为 950MPa）SEM 的观察结果[28]。

通过利用奥氏体调节对贝氏体或马氏体的

作用，开发了奥氏体变形钢[28]。这个工艺的目的是改善经济型无 Ni 钢的力学性能，这种成分钢仅在基于 Nb 的设计成分方能获得。提高未再结晶区奥氏体形变能够同时提高奥氏体变形钢的强度和韧性。其结果是，这些奥氏体变形钢已被推广应用于桥梁和压力水管领域。

关于高压水管应用历程，日本在 1960 年开始应用 HT570，1975 年使用 HT780，到了 2005 年则用到了 HT950[29]。在日本，HT950 级别高强度钢首次用在神奈川电厂（东京电力公司）。钢板的最大厚度达到 94mm，在该项目的一期工程中大约使用了 2330t HT950 高强钢板。继神奈川电厂之后，小丸川电厂（九州电力公司）的一期工程中使用了 1600t HT950。在日本，要求高压水管用钢板具有高的止裂性能[30]，因此为这些工程开发了奥氏体变形马氏体钢。这些利用奥氏体调节含 Nb 钢的止裂性能得到极大改善，抵抗脆性裂纹。这是首次使用 TMCP 生产的含 Nb 950MPa 抗拉强度级别钢，并应用于实际工程。而且，同种 TMCP 马氏体钢被用于 X100 ~ 120 管线钢的试验。

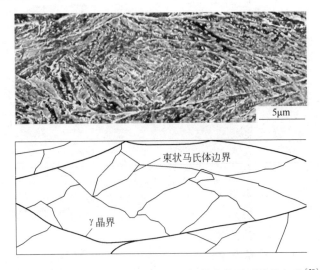

图 16　SEM 观察显示 TMCP HT950 钢的束状马氏体的细化[28]

到目前，世界上仅神奈川电厂和小丸川电厂采用 HT950 高压水管的仅有电厂。图 17 和图 18 概述了这些高压水管，所用的钢铁材料显示在图 19 中，其中也使用了奥氏体变形贝氏体钢用于 SM570 的结构件。

图 20 阐明了奥氏体变形马氏体钢中 Nb 的冶金作用。钢中 Nb 的添加扩大了奥氏体未再结晶区，利于获得扁平奥氏体晶粒，因而奥氏体晶粒内引发晶格缺陷。在加速冷却过程中，奥氏体调节会带来转变马氏体块尺寸的细化。利用 Y 型-坡口抗裂试验测试了 TMCP 的 HT950 钢的焊接性能。为避免冷裂纹，采用手

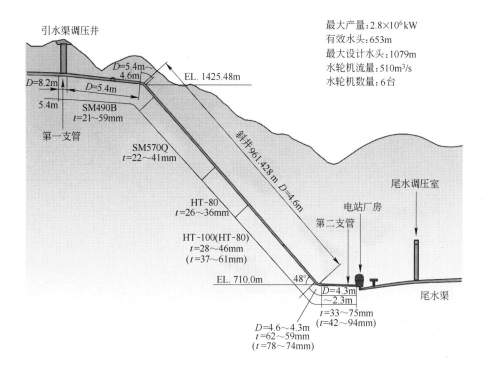

图 17 神奈川高压水管概述（东京电力公司）[29]

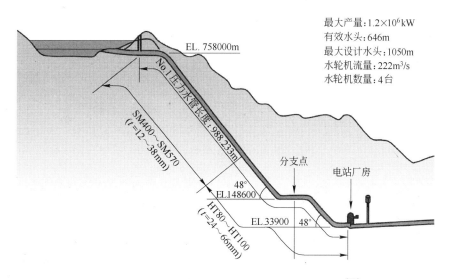

图 18 小丸川电厂高压水管概述（九州电力公司）[29]

工电弧焊和气体保护电弧焊时预热温度分别为100℃和75℃。可以发现 HAZ 区的韧性在 -10℃时还足够好。Nb 会提高 HAZ 区钢的硬度，但是对于 HT950 钢会沿着有利

的方向发展，促进马氏体转变。此外，焊接 HT950 钢时不采用大热输入量，所以 Nb 恶化 HAZ 区韧性的情况不会在 HT950 钢发生。

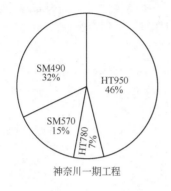
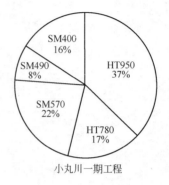

神奈川一期工程　　　　　小丸川一期工程

图 19　使用材料的配比[29]

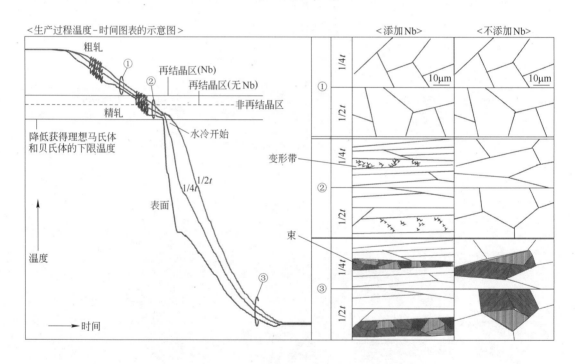

图 20　奥氏体未再结晶区的变形促进韧性提高[28]

3.2　趋向更高安全性——脆性裂纹止裂（船舶）

在造船领域，要求钢具有止裂性能的理念比任何其他结构钢领域更加重视。这源于第二次世界大战期间著名的"自由号"船事件[31]。

"自由号"是美国制造的一种货船，采用焊接方式建造。在战争期间，这是快捷经济的建造方式，但是"自由号"早期就发生船体和甲板的裂纹，有近 1500 条明显脆性裂纹。据报道，有 12 条船在没有征兆的情况下突然断裂成两段，发出巨大的爆炸声音[31]。第二次世

界大战之后，在分析"自由号"船用钢材组织特征数据的基础上，制定了船用钢冲击试验指标的标准。与此同时，这个事件激起人们开始研究脆性断裂的热情。图 21 是 Machida、Aoki 等人对此的一个研究结果[32,33]。

图 21 说明如果钢板的 K_{ca} 值（阻止脆性裂纹扩展的应力强度因子，由 ESSO 试验获得）大于 $6000\,N/mm^{3/2}$（基本上等于 $600\,kg/(mm^2 \cdot \sqrt{mm})$），长程扩展的脆性裂纹就会被钢板组织阻止。自从这项研究成果发表后，6000N/ $mm^{3/2}$ K_{ca} 值已经成为船体和甲板用钢板止裂的基本判据。然而，近来大型集装箱船的建造开始对图 21 合理性产生的疑问。这是因为图 21 的研究试验是在小于 30mm 厚的钢板上进行的，但是近来大型集装箱船的舱口和舱口栏板的厚度很容易就达到 80mm。考虑到现代大型集装箱船的安全，近来日本又开始开展研究厚规格船板的脆性裂纹行为。这些新研究的一个主要目标是开发出 K_{ca} 值更上一个台阶的厚钢板。

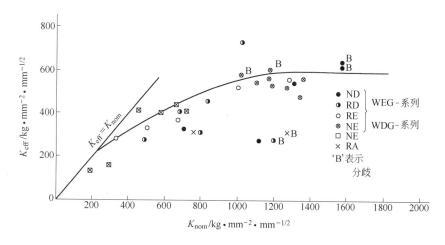

图 21　名义 K 和 K_{eff} 的关系[33]

众所周知，除与铁素体晶粒细化有关外，钢板的 K_{ca} 性能依赖于控冷过程中产生的晶体织构。图 22 显示了 Ishikawa 对结构钢板进行的双重拉伸试验的结果。这里，随着板状织构的形成，纵向应力测试发现 K_{ca} 值等于 4000N/ $mm^{3/2}$（$T_{K_{ca}=4000}$）时的温度显著下降。这表明高于 $T_{K_{ca}=4000}$ 的 K_{ca} 值将跟着织构的形成而提高。观察发现含有织构试样的脆性裂纹呈波浪形扩展，撕裂脊厚度沿着裂纹延展急剧提高。这是由织构引起的晶体各向异性干扰脆性裂纹直线传播的佐证。

在 $\gamma + \alpha$ 两相区轧制过程中，主体为有效抑制脆性裂纹扩展的织构。然而，对于普碳钢这种轧制操作并不能够有效进行，这是因为变形的奥氏体很容易再结晶；变形的铁素体会很快回复，由于其高的 γ-α 转变温度有时会发生再结晶；相应地，暂时形成的织构在冷却下来之前发生回复。如果钢中含有少量的 Nb，奥氏体和铁素体中的变形滑移带将得到保持，而不发生回复。因此，累积轧制应变保留了所期望的织构。

图 23 比较了 $\gamma + \alpha$ 两相区轧制一些微合

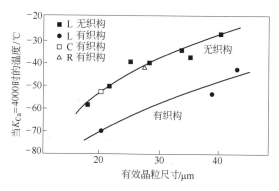

图 22　止裂韧性（$T_{K_{ca}=4000}$）与有效晶粒尺寸（解理面尺寸）的关系[34]

金化元素对强度和夏比转变温度的影响[14]。Nb 的显著作用又明显发生在 γ + α 两相区的轧制过程中。这表明 Nb 可同时带来晶粒细化和铁素体加工硬化，Nb 会以同样的机制对形成织构起作用。

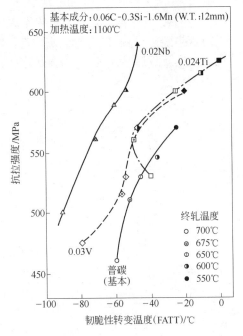

图 23　γ + α 两相区轧制时不同微合金化元素对夏比 FATT 和强度作用的对比[14]

有意利用含 Nb 的 TMCP 工艺进行织构控制的方法，已被应用于最近的大型集装箱船用

的厚钢板；为开发 65mm 厚的 EH36（最低屈服强度为 355MPa，要求 - 40℃ 的夏比冲击）钢板，测试了脆性裂纹扩展的抑制能力[35]。该含 Nb 钢采用无 Ni 设计，但是 - 10℃ 下的温度梯度型 ESSO 测试结果显示其 K_{ca} 值大于 10000N/mm$^{3/2}$。该 K_{ca} 值远大于图 21 中的薄止裂钢板 6000N/mm$^{3/2}$ 的老指标。不过，厚度为 65mm 的钢板尚未验证该 K_{ca} 值，但据估测，所要求的 K_{eff} 值会在 7000N/mm$^{3/2}$ 左右[36]。因此，模拟进行了大型脆断试验[37]。

在该模拟型的断裂试验中，假定了最坏的情形，即起始于舱口栏板的长裂纹发展切入到了上甲板。如果脆性裂纹在上甲板上扩展，那么意味着这个集装箱船将断成两截。在该试验中，开发的 65mm 厚的 EH36 钢板放到上甲板，传统的 80mm 厚的 EH40（最小屈服强度为 390MPa）用来制成栏板和其他构件。图 24 显示了模拟试验的试件构造和试验后的断裂形貌[37]。

该断裂试验在 10000t 的水平型拉伸试验机上进行，在 - 10℃ 下施加 257MPa 的拉力。应用拉力的均匀性事先用有限元法分析进行了检验（图 25）。除顶部缺口起始部分外，试件在 - 10℃ 保温超过 1h，顶部缺口处被局部快速冷却到 - 140℃。然后，试件以脆性形式断开。测试显示裂纹以 500 ~ 1500m/s 的速度扩展。扩展

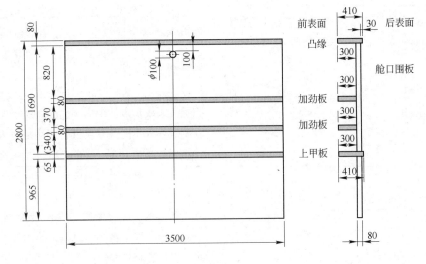

a

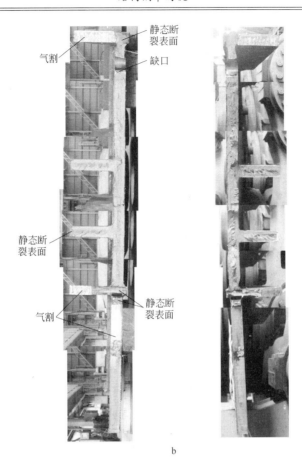

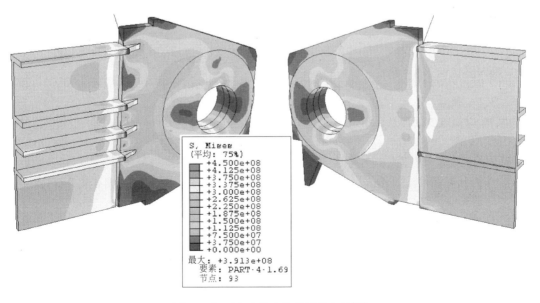

图 24 模拟断裂试验的试件和结果[37]

a—试件构造和装配方法；b—断裂表面的形貌

图 25 扣环和试件连接的最终条件[37]

的裂纹止于用开发钢板制成的上甲板上，刚刚切入5mm，如图26所示的断口靠拢照片。

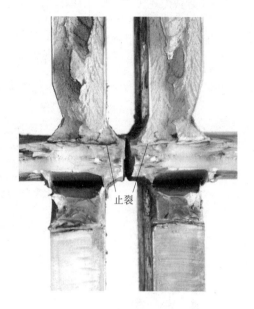

止裂

图26　断裂表面靠拢的照片[37]

这个模拟断裂试验表明Nb对建造现代的安全的集装箱船有着卓著的贡献。然而，必须注意到试验中用于舱口栏板的传统钢亦含有Nb，但是由于Nb在该钢种的作用是在TMCP操作中提高钢的强度，其 -10℃ 的 K_{ca} 值差不多仅为 3800N/mm$^{3/2}$。因此，如所有的合金化元素，Nb应用的关键点是，只有在TMCP工艺中采用恰当的工艺才能展现出Nb的真正实用价值。

3.3　趋向更优的HAZ韧性

3.3.1　低热输入量焊接（海洋结构）

含Nb钢最难的设计是用于低温环境而且还要HAZ区韧性良好的钢。对于这些低温钢，第一优先的问题是具备良好焊接性能的基础上确保母材的低温韧性。因此，含Nb的TMCP钢可谓自然天成。但是，如果HAZ区韧性的要求非常严格或采用大热输入量焊接，就要采取特别的办法减轻Nb对焊接的不利影响。采取的措施会随应用的热输入量发生变化，这是因为韧性控制因素会随焊接热输入量而变[13]。当采用小热输入量时，MA结构的形成是韧性恶化的罪魁祸首，而当热输入量变大时，源于

大奥氏体晶粒转变的组织本身是需要控制的主要因素。不管如何，用低热输入量焊接制造低温钢构件是应首先考虑的。

海洋结构用钢板是典型例子，其HAZ区的CTOD（裂纹尖端张开位移方法）韧性应通过API RP 2Z[38] 或 EN 10225[39] 的资格认证，母材的韧性亦要如此。这对HAZ区的韧性要求是现行所有碳钢钢板材料标准中最严格的一个。通常来讲，需要的CTOD（裂纹尖端张开位移方法）测试温度一般为0 ~ -10℃，但是Sakhalin工程降到 -40℃，而最近北极地区的发展工程则达到 -60℃。毋庸讳言，含Nb的TMCP钢是这些厚板的适宜选择，是HAZ区获得高韧性且稳定至关重要的技术。

根据API RP 2Z的资格认证试验，热输入量应至少在 0.8 ~ 4.5kJ/mm 范围内。不大于 0.8kJ/mm 的最低热输入量对于厚板是非常小的，由MA组织生成引起的局部脆性区成为需要克服的主要问题，以获得更好的HAZ区韧性。如前面讨论的，固溶Nb在某些情况下促进MA组织生成。因此，为减轻任何可能的缺陷，到目前已开发了一些措施，尽管这些技术的机制尚未完全查明。不过，最常规的办法是抑制HAZ区奥氏体晶粒的长大。通过提高铁素体转变抑制MA组织生成，这将降低钢的硬度。钢板生产中除了利用弥散细小的TiN粒子技术也被用于钢板生产，还设计了其他技术措施，比如使用低Al成分。这个理念基于降低钢中的Al含量会加速钢中C的扩散的试验证据。如果这样，将会降低保留的奥氏体，有助于MA分解。

Fukada和Komizo[40] 准备了小膨胀测量法的试样，在试样的中心充满石墨粉末，然后在真空状态迅速加热到1350℃，再冷却下来。他们发现C在低Al钢表面会比常规Al钢表面扩散得更深。图27是这两种钢表面的EPMA（电子探针显微分析仪）分析的碳分布图。结果表明低Al和常规Al钢中C扩散速率存在差别。

基于这个理念，开发海洋结构用高质量厚板，并在1994年首次应用到SHELL MARS张力腿平台[41]。用开发的低Al含Nb钢生产的4in（1in = 2.54cm）厚345MPa（屈服强度）的钢种

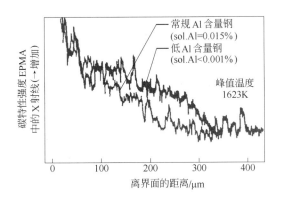

图27 与碳粉末和钢表面毗连的碳分布图[40]

和3in厚414MPa的钢板均显示出非常低的冲击转变温度。MARS甲板钢订单的生产历史表明−80℃的中间厚度钢板的横向夏比冲击的剪切面积均超过50%，冲击吸收功达到130～460J[41]。只有当低碳低合金厚板采用含Nb的TMCP技术时才能取得该低温韧性水平。

图29显示了厚度为3in的414MPa屈服强度钢板的HAZ区CTOD资格认证试验结果。不同热输入量下，焊接接头在−10℃下的高CTOD值得到验证。

自MARS工程后，低Al含Nb的TMCP钢已被用于大部分的现代张力腿平台。图30是截止2006年3月世界上张力腿平台（TLP）的建造记录。前九大TLP均采用了该种钢板，用于它们的甲板和/或壳体部位。

与甲板和壳体用钢板一样，系索部分采用了相同成分设计UOE管（图28）。首先，在

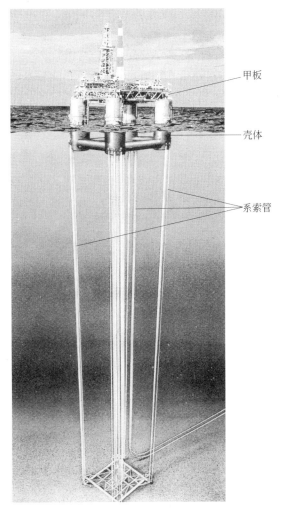

图28 张力腿平台（TLP）的结构

1987年这些钢管被开发用于CONOCO Julliet张力腿平台[42]，接着1994年用在SHELL Au-

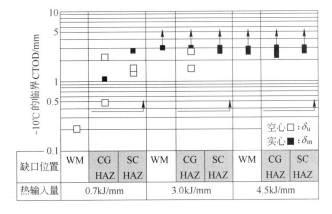

图29 厚度为3in的414MPa屈服强度钢板的HAZ区CTOD资格认证试验结果

ger 张力腿平台，又作为系索管应用到图 30 中列举的张力腿平台上。

3.3.2　大热输入量焊接（船舶）

当焊接热输入量提高时，由于不能在如此低的冷却速率下生成 MA，MA 的作用消失。图 31 显示了不同热输入量焊接模拟试验的观察结果[45]，这里为显示 MA[44] 采用了两步电抛光技术。从观察看，随着热输入量的提高，奥氏体晶粒长大对 HAZ 区韧性的影响也削弱[45]，采用 60kJ/mm 热输入量焊接时 MA 并不显著。当热输入量增加，HAZ 区的组织结构本身将成为控制韧性的主要因素。

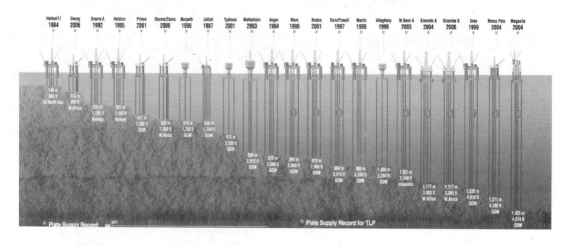

图 30　世界上已批准的、在建的和运行的张力腿平台（截止 2006 年 3 月）

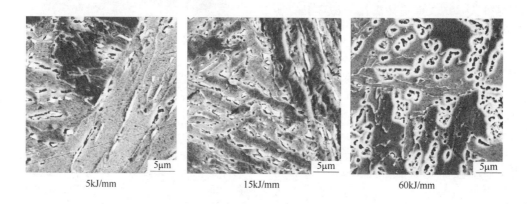

5kJ/mm　　　　　　　15kJ/mm　　　　　　60kJ/mm

元 素	C	Si	Mn	Cu	Ni	Nb	Ti	C_{eq}
含量/%	0.07	0.22	1.40	0.22	0.36	0.015	0.018	0.35

图 31　不同热输入量焊接模拟试验的观察结果[45]

如果晶内铁素体增加，韧性通常改善。提高晶内铁素体形核的办法之一是使钢中的细小氧化物弥散分布。氧化物非常稳定，甚至在严酷的焊接热循环过程中，如果它们仍以小颗粒的形式存在，就很有可能成为铁素体形核质点。过去，稀土金属氧化物[46] 和 Ti 的氧化物[47] 已经被用于此目的。然而，如在微合金中加入 B，晶内铁素体转变也被提高[48]。B 像 C 和 N 一样在钢中扩散迅速，但是其生成碳化物或氮化物的能力并不太强。所以，固溶 B 扩散至奥氏体晶界，并在那里偏聚。这将导致奥氏体的界面能降低，抑制铁素体从奥氏体晶界上形核，这将间接地促进生成晶内铁素体。对于微合金的碳氮化物，它们析出在晶界上，但是容易在大热输入量焊接下慢速冷却中长大。因此，这些析出相对降低晶界能的贡献并不大。

对于低温钢，Nb 在降低碳当量方面很关键，但是对于大热输入量焊接的情况则要小心控制加入量。表 2 显示了 LPG（液化石油气）船用含 B 钢的化学成分。这种钢除含有 Nb、Ti 和 B 外没有其他合金元素，原因是 Nb 的热机械作用，使得在 LPG 储藏温度下母材金属和 HAZ 区都具有很好的韧性。

表 2　用于大热输入量的 B-Nb 钢的化学成分

（%）

C	Si	Mn	Nb	Ti	B	C_{eq}	P_{cm}
0.06	0.13	1.41	0.012	0.011	0.0010	0.30	0.14

图 32 是该钢两种单道次焊接的 HAZ 区 −51℃下的冲击功。由此可见，HAZ 区的冲击吸收功既高又稳定。已经用这种经济的钢板建造了许多 LPG 船。

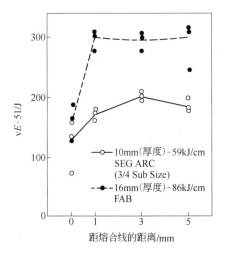

图 32　大热输入量单道次焊接的 B-Nb 钢 HAZ 的区冲击吸收功

4　结论

当前在日本生产的近一半的钢板都采用添加微合金化元素 Nb，本文回顾了 Nb 在这些钢生产中的作用和应用。Nb 的卓越作用源于它在提高强度的同时并不损害焊接性能。

在含 Nb 钢的各应用领域中，本文集中介绍了结构钢。结构钢与管线钢不同，由于在制造过程中采用大热输入量焊接或焊后热处理，而存在更大的恶化韧性的风险，因而在设计钢中的 Nb 成分时结构钢要考虑焊接金属的韧性。除 Nb 对母材性能的有利作用外，也对克服其他不利影响的种种最新技术做了介绍。

最近，Nb 的奥氏体调节作用被扩大到贝氏体和马氏体组织结构。应用这些高强组织使建造大量的巨型钢结构成为可能。另外，充分利用 Nb 在 γ + α 两相区控轧中的作用，开发出了现代大型集装箱船用最安全的钢板。含 Nb 钢的这些突出进展应归功于众多关注 Nb 钢的研究者对 Nb 冶金的持续研究工作。

参 考 文 献

1　A. J. DeArdo, Fundamental Metallurgy of Niobium in Steel, Niobium Science & Technology, Proceedings of the International Symposium Niobium 2001, TMS, USA, 2001, p. 427-500

2　K. Hulka, J. M. Gray and F. Heisterkamp, Metallurgical Concept and Full-Scale Testing of a High Toughness, H_2S Resistant 0.03% C-0.10% Nb Steel, Niobium Technical Report, NbTR-16/90, ISSN 0101-5963, CBMM (1990)

3　L. Meyer, History of Niobium as a Microalloying Element, Niobium Science & Technology, Proceedings of the International Symposium Niobium 2001, TMS, USA, 2001, p. 359-378

4　L. Meyer, F. Heisterkamp and W. Mueschenborn, Columbium, Titanium and Vanadium in Normalized, Thermomechanically Treated and Cold Rolled Steels, Microalloying'75, Union Carbide Corporation, USA, 1977, p. 153-167

5　A. LeBon, Recrystallization and Precipitation During Hot Working of a Nb-Bearing HSLA Steel, Metal Science, 9 (1), 1975

6　J. J. Jonas and I. Weiss, Effect of Precipitation on Recrystallization in Microalloyed Steels, Metal Science, March-April, 1979, p. 238-245

7　C. M. Sellars, Options and Constructions for Thermomechanical Processing of Microalloyed Steel, HSLA Steels'85, China, ASM, 1985

8　H. Sekine and T. Maruyama, Retardation of Recrystallization of Austenite during Hot Rolling of Nb-Containing Low-Carbon Steel, *Tetsu-To-Hagane*, Iron and Steel Institute of Japan, Vol. 58, 1972, No. 10, p. 1424

9　L. J. Cuddy, The Effect of Microalloy Concentration on the Recrystallization of Austenite During Hot Deformation, Thermomechanical Processing of Microalloyed Austenite, TMS-AIME, 1984

10　S. Okaguchi, T. Hashimoto and H. Ohtani, Effect of Nb, V and Ti on Transformation Behavior of HSLA Steel in Accelerated Cooling, Thermec'88, Iron and Steel Institute of Japan, Tokyo, 1988

11　M. Tanino, Precipitation of Carbides in Steel, Japanese Institute of Metals, Vol. 6, 1967, No. 1, p. 23-37

12　D. C. Houghton, G. C. Weatherly and J. D. Embury, Microchemistry of Carbonitrides in the HAZ of HSLA steels, Proceedings of an International Conference on Advances in the Physical Metallurgy and Applications of Steels, The Metals Society, Liverpool, Sept. 21-24, 1981, p. 136-146

13　S. Suzuki, Grain Growth and Hardenability Enhancement by Dissolution of Microalloy Carbonitrides in HAZ, 8th International Conference "Trends in Welding Research," American Society for Metals, June 1-6 (2008), to be published.

14　T. Hashimoto, H. Ohtani, T. Kobayashi, N. Hatano and S. Suzuki, Controlled Rolling Practice of HSLA Steel at Extremely Low Temperature Finishing, Thermomechanical Processing of Microalloyed Austenite, TMS-AIME, 1981

15　H. Tsukamoto, S. Endo, M. Suga and K. Matsumoto, Effect of Niobium on the Formation of M-A Constituent and HAZ Toughness of Steel for Offshore Structures, Microalloyed HSLA Steels, Proceedings of Microalloying'88, September, 1988

16　P. R. Kirkwood, Welding of Niobium Containing Microalloyed Steels, Niobium, Proceedings of the International Symposium, 1981, TMS, USA, 1981, p. 761-802

17　N. Takagi, Recent Development in Research of Yield Strength and Microstructure, Nishiyama Commemorative Technical Lecture No. 191-192, Iron and Steel Institute of Japan, 2007

18　Y. Ito and K. Bessyo, Weldability Formula of High Strength Steels, IIW Document IX-576-68, 1968

19　S. Suzuki, K. Bessyo, M. Toyoda and F. Minami: Influence of Martensitic Islands on Fracture Behaviour of Multipass Weld HAZ-Study on Micro-crack Initiation Properties in Steel HAZ having Microscopical Heterogeneity in Strength (Report 1) -, Quarterly Journal of The Japan Welding Society Vol. 13, 1995, No. 2, p. 293-301

20　T. Kunitake, F. Terasaki, Y. Ohmori and H. Ohtani, The Effect of Transformation Structures on the Toughness of Quenched-and-Tempered Low-Carbon Low-Alloy Steels, Towards Improved Ductility and Toughness, Kyoto, Climax Molybdenum Development Co., 1971

21　S. Suzuki and G. C. Weatherly, Characterization of Precipitates and Grain Growth in Simulated HAZ Thermal Cycles of Ti-Nb Bearing Steel Weldments, HSLA Steels '85, Beijing, November 4-7, ASM, 1985

22　S. Suzuki, G. C. Weatherly and D. C. Houghton, The Response of Carbo - Nitride Particles in HSLA Steels to Weld Thermal Cycles, Acta Metallurgica, Vol. 35, 1987, No. 2, p. 341-352

23　K. Ohnishi, S. Suzuki, et al., Advanced TMCP Steel Plates for Offshore Structures, Microalloying'88, Pittsburgh, 1988, p. 215-224

24　A. B. Le Bon and L. N. de Saint-Martin, Using Laboratory Simulation to Improve Rolling Schedules, Microalloying ' 75, Union Carbide Corp. NY, 1976, p. 90-99

25　K. Fujiwara, S. Okaguchi and H. Ohtani, Effect of Hot Deformation on Bainite Structure in Low Carbon Steels, ISIJ International, Vol. 35, No. 8, 1995, p. 1006-1012

26　K. Fujiwara and S. Okaguchi, Toughness Improvement in Bainite Structure by Thermo-Mechanical

Control Process, Sumitomokinzoku, Vol. 50, 1998, No. 1, p. 26-35, Sumitomo Metals

27 H. Asahi et al., Development of Plate and Seam Welding Technology for X120 Line Pipe, ISOPE, Honolulu, 2003, p. 19-25

28 K. Onishi, H. Katsumoto, et al., Study of Application of Advanced TMCP to High Tensile Strength Steel Plates for Penstock, Proceedings of the II W International Conference, Graz, July, 2008

29 K. Horikawa and N. Watanabe, Application of Extra-High Tensile Strength Steel for Hydropower Plants, Proceedings of the IIW International Conference, Graz, July, 2008

30 N. Watanabe and T. Higashikubo, Technical Guidelines to Adopt 950MPa Class High Strength Steel Plate (HT950) for Penstocks, Conference High Strength Steels for Hydraulic Plants, organized by IWS TU Graz, 5-6 July, 2005

31 http: //en. wikipedia. org/wiki/Liberty_ ship

32 T. Kanazawa, T. Machida, S. Yajima and M. Aoki, Effect of Specimen Size and Loading Condition on the Brittle Fracture Propagation Arrest Characteristics, Journal of the Society of Naval Architects of Japan, Vol. 130, 1971

33 S. Machida and M. Aoki, Same Basic Considerations or Crack Arresters for Welded Steel Structures (7th report) -Arrest of an Extremely Long Crack and Design Philosophy of Crack Arrester-, Journal of the Society of Naval Architects of Japan, Vol. 131, 1972

34 T. Ishikawa, Effect of Texture on Crack Arrestability in Steels, CAMP-ISIJ, Vol. 3, 1990, p. 1929

35 S. Kubo, T. Kawabata, et al., Investigation on the Brittle Crack Propagation Behavior of Heavy Thick Shipbuilding Steel Plates (Report 3: Development of Heavy Thick Shipbuilding Steels with Superior Arrestablity against Extremely Long Crack), The Japan Society of Naval Architects and Ocean Engineers, Vol. 5E, 2007, p. 139-142

36 H. Hiramatsu, H. Matsuda, et al., Investigation on the Brittle Crack Propagation Behavior of Heavy Thick Shipbuilding Steel Plates (Report 2: Effects of a Plate Thickness on the Crack Arrestablity of an Extremely Long Brittle Crack Propagation),

The Japan Society of Naval Architects and Ocean Engineers, Vol. 5E, 2007, p. 135-138

37 T. Kawabata, A. Inami, et al., Investigation on the Brittle Crack Propagation Behavior of Heavy Thick Shipbuilding Steel Plates (Report 5: Full Scale Test Result of Ship's Hull in which High Arrestability Steel Plate is applied as Upper Deck), The Japan Society of Naval Architects and Ocean Engineers, Vol. 7E, 2008, To be published

38 API, Recommended Practice for Preproduction Qualification for Steel Plates for Offshore Structures, API Recommended Practice 2Z, Fourth Edition (2005)

39 British Standard, Weldable Structural Steels for Fixed Offshore Structures-Technical Delivery Conditions, BS EN 10225: 2001 (2001)

40 Y. Fukada and Y. Komizo, Study on Critical CTOD Property in Heat Affected Zone of Microalloyed Steel, Transactions of the Japan Welding Society, Vol. 23, 1992, No. 2, p. 3-10

41 S. Suzuki, K. Sueda, H. Iki and J. D. Smith: Metallurgical Design Basis, Qualification Testing, and Production History of 50 ksi and 60 ksi Steel Plate for The MARS TLP Deck Fabrication, 1995 OMAE, Vol. 3, ASME, 1995, p. 337-346

42 S. Suzuki, Y. Shirakawa, R. Someya, Y. Komizo, J. D. Bozeman and N. W. Hein, Jr.: Development of UOE-Formed Welded Steel Pipes for TLWP Tendon Application, OMAE Europe'89, ASME, The Hague, March 19-23, 1989

43 I. Takeuchi, K. Nishimoto, et al., Development, Pre-Qualification, and Production History of 60Ksi UOE Steel Tendon Pipe for Auger Tension Leg Platform, 1995 OMAE, Vol. 3, ASME, 1995, p. 347-355

44 H. Ikawa, H. Oshige and T. Tanoue, Effect of Martensite-Austenite Constituent on the HAZ Toughness of a High Strength Steel, II W Doc. IX-1156-80, 1980

45 S. Suzuki, T. Kamo and Y. Komizo, Influence of Martensitic Islands on Fracture Behaviour of High Heat-Input Weld HAZ, Journal of the Japan Welding Society, Vol. 5, 2007, No. 4, p. 532-536

46 T. Funakoshi, T. Tanaka, S. Ueda, M. Ishikawa, N. Koshizuka and K. Kobayashi: Improvement in

Microstructure and Toughness of Large Heat-Input Weld Bond due to Addition of Rare Earth Metals and Boron in High Strength Steel, Tetsu-To-Hagane Vol. 63, 1977, No. 2, p. 303-312

47　J. Takamura and S. Mizoguchi：Roles of Oxides in Steels Performance-Metallurgy of Oxides in Steels-1-, Proceedings of the Sixth International Iron and Steel Congress, 1, 1990, pp. 591-597

48　S. Suzuki, K. Bessyo, K. Arimochi, H. Yajima, M. Tada and D. Sakai：Low Temperature Type New TMCP Steel Plate for LPG Carriers, Proceedings of the 4th International Offshore and Polar Engineering Conference, Osaka, April 10-15, 1994, p. 591-595

（中信微合金化技术中心　王厚昕　译，
钢铁研究总院　东　涛　校）

新日铁造船和基础设施用含 Nb 结构钢的新进展

Atsuhiko Yoshie[1]，Jun Sasaki[2]

（1）Nippon Steel Corporation，Technical Development Planning Division，
20-1，Shintomi，Futtsu-city，Japan；

（2）Nippon Steel U. S. A. Inc.，780 Third Avenue，34th Floor，
New York，N. Y. 10017，U. S. A.

摘　要：由于 Nb 具有显著地抑制晶粒长大、延迟再结晶和析出强化等物理冶金作用，已经成为热机械轧制工艺（TMCP）钢板生产的主要微合金化元素。本文将介绍 Nb 对组织演变的作用和新日铁最新开发的含铌结构钢，比如用于巨型集装箱船船体的具有高韧性、良好止裂性能和大线能量焊接性能的 YP 460MPa 厚板，高热输入量焊接接头热影响区韧性得到改善的抗震高层建筑的高强钢以及具有高屈服强度和良好焊接性能的高性能桥梁钢。

关键词：铌，厚板，热机械控制工艺（TMCP），大线能量焊接，巨型集装箱船，抗震应用，高层建筑，高性能桥梁钢

1　引言

由于全球物流、能源、原材料需求量的增长以及在亚洲和其他新兴国家的扩大社会投资资本的趋势，钢板需求正呈现快速增长。另外，在造船和基础建设（建筑和桥梁）领域，尤其改善可靠性和解决全球环境问题以及降低全寿命周期成本的要求比以往任何时候都高。在这种情形下，日本钢铁公司正通过实施新技术全力为用户提供高性能的钢板。这些新技术可以提高生产率，改善材料的强度、断裂韧性、疲劳强度以及耐腐蚀耐候性能，还有改善焊接接头的材料性能以满足大线能量焊接的要求，提高钢板焊接的效率。

本文将概括论述 TMCP 技术应用于造船钢、建筑用钢和桥梁钢生产的情况，同时介绍近些年新开发并得到实际应用的品种实例。

2　Nb 对组织演变的作用

在精心设计合金成分的基础上，运用在热处理、轧制和冷却过程中的应变和热循环，方能得到所期望的组织。TMCP 技术可以显著拓宽钢材生产条件的控制范围，并且可以使钢的晶粒尺寸明显减小。TMCP 结合了轧制和轧后冷却工艺，代表了一项革新的控制工艺，完全区别于传统的热处理工艺。

Nb、Ti 等微合金化元素在控制组织方面扮演着重要的角色，即便往钢中添加痕量的任何微合金化元素，也会有助于钢板在加热、轧制、控制冷却各个环节中的晶粒细化，提高钢的强度。在这里，以 Nb 为例说明微合金化元素的作用，如图 1 所示[1]。Nb 在钢中以固溶或与 C 和 N 结合形成析出相的形式存在。温度越高，钢中的 Nb 以固溶状态存在的比例就越高。随着温度的提高，析出相的尺寸有长大的趋势。粗略估计，轧制之前（1000℃ 或更高）Nb 析出相的尺寸在加热铸坯温度下大约有 300nm，而在控轧阶段（大约 800℃）为 50nm，到了轧后冷却的相变温度下则有 10nm。因此，温度越低，越易生成尺寸更细小的新析出相。在前一个阶段生成的析出相由于尺寸大，而在下一个阶段的作用不大。因

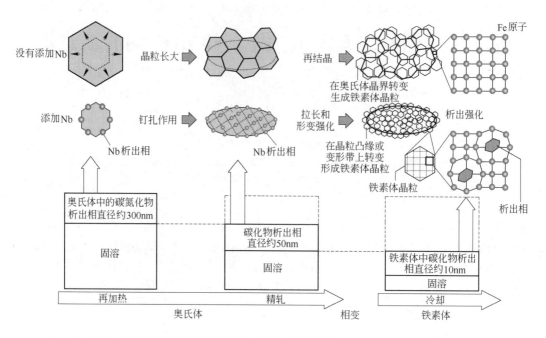

图 1　TMCP 各阶段的 Nb 析出相及其细化铁素体晶粒和析出强化的作用

此，为了后续工艺阶段所需的析出，钢中必须保有一定量的固溶 Nb 。

在轧制之前的铸坯加热过程中，弥散的 Nb 析出相通过钉扎作用阻止奥氏体晶粒长大粗化。在随后的轧制各工序中，当轧制温度在 900℃ 或更高时，Fe 原子在再结晶过程中发生重组。可是，轧制过程中产生的应变能促使 Nb 生成细小的析出相，因此钉扎奥氏体晶粒阻止再结晶[24,25]。所以，在轧制结束时，仍可以保持许多铁素体转变形核点（晶界突出部位、变形带等）。

在轧后冷却奥氏体向铁素体转变的过程中，铁素体基体中 Nb 析出相通过析出强化机制提高钢的强度。因此，即便往钢中添加极少量的微合金化元素也是非常有用的。只有当在再加热、轧制和冷却等工艺过程中达到需要的析出量，微合金化元素才能够有助于细化晶粒、强化钢材。

3　新日铁最初的 TMCP 技术 "CLC"

为了给各类基建项目提供更多高质量的板材产品，大规模生产需要一贯地实施如上所提到的连续的组织控制[20~23]。

为了满足大型船舶对船板韧性和焊接性的更高要求，新日铁在 20 世纪 60 年代开始研发基于加热和冷却结合的组织控制技术。到了 20 世纪 80 年代早期，公司提出最初的 TMCP 技术——"CLC 工艺"。在 1984 年，新日铁成为第一个生产 TMCP 钢材的钢铁公司，为 Oseberg 海洋结构工程提供了 6000t TMCP 钢材，在 TMCP 技术方面成为全球领先者。

为了细化晶粒获得需要的组织，需要采用控冷技术，让整个钢板以预先设定的冷速均匀冷却至某一冷却温度。冷却水的沸腾条件会因钢板的表面温度和粗糙度不断发生变化。冷却钢板的方式也有不同。但是，基本的设备配置至今未发生改变。例如，在冷却前钢板通常要通过矫直机进行矫平，以便使整个钢板均匀冷却，还有采用处理钢板宽度范围调整冷速的喷嘴。即便第一台 CLC 设备投入生产后，提高冷却准确率的研究还在继续进行。在 2005 年，改进的冷却装备 "CLC-μ" 安装投入使用。通过改善传统的冷却方式，CLC-μ 可在非常宽的冷速范围内提供均匀而灵活的冷却，能够在整个温度范围内提高冷却准确率。比如，冷却后钢板内部温度的波动比起初的 CLC 降低一半。

上面提到的冷却控制技术成熟度的不断提高也显著拓宽了对钢板组织的控制范围。

TMCP 的最重要的作用是通过晶粒细化和组织控制，允许使用更低的碳当量（合金添加量）生产与传统钢板相同强度的板材。由此，TMCP 非常有利于提升钢结构的施工效率，确保高的安全和可靠度，包括防止焊接引起的低温开裂和改善焊接韧性。就这样，自从 CLC 商业化引入不到 10 年的时间里（直到 1991 年），采用 CLC 生产的钢板已经被广泛应用于各个领域，比如造船、建筑、桥梁、管线以及压力容器等。迄今为止，采用 CLC 生产了超过 1000 万吨的钢板。图 2 显示了对于每个领域 CLC 厚板所能达到的强度水平。

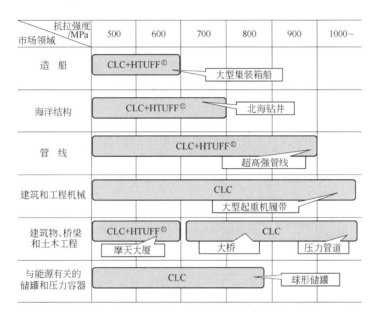

图 2　不同领域的 TMCP 和 HTUFF® （热影响区细晶粒高韧性化技术）钢板的强度水平

4　造船用钢板的进展

4.1　造船行业周边环境条件的变化

就造船行业周边环境的主要变化来说，全球日益意识到确保安全和保护环境的重要性，并达成共识。从船只安全和保护环境的观点出发，考虑到过去发生的一系列严重事故，目前为提高船舶的安全性开展了许多行动。那些事故都是直接地或间接地由船舶上的钢板的脆性断裂、疲劳失效或腐蚀引起的。在国际海事组织（IMO）的领导下，探讨了为防止类似事故发生如何制定国际条约和提高船舶的安全性和可靠度。另一个主要变化就是在全球化的进程中世界物流量不断增长。随着全球化的推进，对原材料、燃油，还有其他商品的需求同样会预期增长。那么，对各种各样船舶的需求就将顺应增长，比如油轮、LNG 船、散货船、集装箱船、LPG 船以及化学品运输船等。

对于上面提到的全球发展趋势，船东、造船厂和其他有关组织对钢铁生产商制定了种种条例和规程，总结下来主要有以下四点：

（1）改善抗脆性断裂性能，保护环境和确保船舶的安全；

（2）增加船舶吨位和降低船体自重，提高运输效率和减少燃油消耗；

（3）提高船板的耐蚀和抗疲劳性能，降低船体的全寿命周期成本；

（4）提高造船的生产效率。

4.2　高强厚钢板脆性裂纹止裂的改善

近些年，大型船舶建造数量增加的主要原因是更高运输效率的需求。这些大型船舶需要能够承载重载荷的高强度厚板。对于集装箱船来说，图 3 显示承载 8000 ~ 10000TEU[1] 个或更多的集装箱船已有建造。再如图 4 所示，当屈服强度（R_m）为 40kgf/mm²[2] 的钢板用于可承载 8000TEU 集装箱的船舶时，钢板的厚度就要超过 70mm。

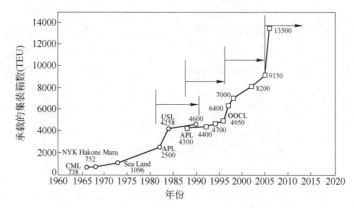

图 3　世界上集装箱船最大容量（TEU）的变化[3]

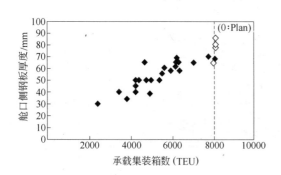

图 4　随着集装箱船尺寸的增大用于舱口侧钢板厚度的变化

另外，大线能量单道次焊接的方法已经被广泛采用，使得在采用更厚规格的钢板时造船效率不至于下降。因此，通过综合优化合金成分和 TMCP 条件，开发了在焊接热影响区（HAZ）高韧性的钢种，可以实施大线能量焊接。

采用 TMCP 技术细化母材金属的组织和上面所讲的改善 HAZ 韧性是目前防止脆性断裂的两项重要技术。另外，随着船舶尺寸的增加，阻止脆性裂纹的难度增加，这将成为一个需要解决的问题。尤其是对于集装箱船。从既要阻止脆性裂纹开裂，又要防止裂纹扩展双重

保证安全的角度出发，非常期望钢板具有足够的止裂性能。由于大部分的脆性裂纹起始于焊接区域，因此沿着焊接接头阻止裂纹扩展尤为重要。在过去，造船研究协会（SRA）的 SR147 分委员会用厚度为 40mm 的船板做了大尺寸的焊接接头的止裂试验[5]。通过探讨试验结果，提出在焊接残余应力和其他因素的影响下沿着焊接接头扩展的脆性裂纹会扩展到金属母材，然后最终停在母材上[5]。然而，尽管不易得到超过 40mm 厚钢板的试验结果，还是利用较厚一些的钢板进行了类似的止裂试验[6]。图 5 显示了测试件的形状。试验在 8000t 的

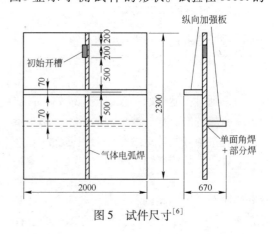

图 5　试件尺寸[6]

---

[1] TEU 指标准尺寸（40ft）的集装箱，1ft = 0.3048m。

[2] 1kgf/mm² = 9.80665MPa。

拉伸装置上进行，钉脚间距离为 7.2m。试验结果显示在图 6 中。不同于薄钢板，厚钢板上的裂纹直接沿着焊接接头扩展不会停留在半途中。在测试未焊接的钢板时，裂纹也不会停在半途中。因此，即便对于满足夏比冲击值的 E 级船板钢，也很难将长裂纹停在半途中。这些试验结果提醒我们要好好反思一下巨型集装箱船所需钢板的性能以及建造方法和设计。研究结果也提出钢板阻止脆性裂纹能力的重要性。止裂设计研究委员会于 2007 年在 Nippon Kaiji Kyokai 成立，并且发起由大学、船级社、船厂和钢厂组成的一个联合研究课题。该项联合课题的目标是建立止裂测试方法，明确能够改善船舶安全性和可靠度的止裂现象。

图 6　试件形貌[6]

作为具有优良止裂性能的船板，HIAR-EST® 钢板被开发出来，其表面有一层约为 2mm 的细晶层[7]。在厚度为 25mm 时，−10℃ 下的 K_{ca} 值仍然大于 10000N/mm$^{1.5}$。然而，该种钢采用特殊工艺生产而且最大钢板厚度限于 50mm。因此，对于巨型集装箱船来说，需要开发强度更高而且厚度更厚的具有足够止裂性能的钢板。为了满足这个需求，屈服强度达到 460MPa 同时具有良好止裂性能的 EH47 船用钢种被用于实践，如图 7 所示[8]。这种钢采用细化母材结构的 TMCP 工艺和确保 HAZ 区韧性的结构控制技术，因此，即便钢材厚度超过 50mm，也可采用单道次大热输入量焊接。由船厂和新日铁共同研发的 EH47 钢板已经应用到巨型集装箱船的上甲板和舱口围板，如图 8 所示[4]。由于高强度钢可以减少使用钢板的厚度，但必须提供防止脆性裂纹的能力。此外，允许单道次焊接钢板，又可以降低产生焊接缺陷的可能性。已经被开发并被用于巨型集装箱船的 EH47 钢板及其焊接方法，可以成为解决下面三个问题的全套方案：

（1）通过防止脆性裂纹发生和改善母材阻止脆性裂纹扩展，提高断裂韧性；

（2）通过提高船体尺寸和强度（降低钢板厚度），提高运输和燃油效率；

（3）通过运用大热输入量焊接，提高造船生产率。

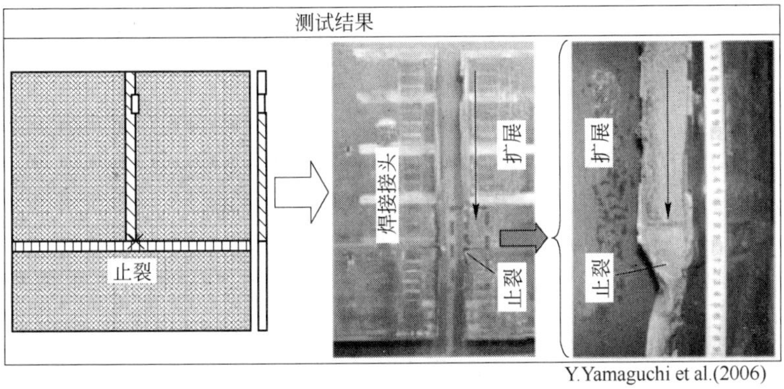

测试结果		测试条件	
		试件编号	4
		钢种	YP47
		K_{ca}值/N·mm$^{-1.5}$	5900
		厚度/mm	50
		测试温度/℃	−10
		应用应力	船体总强度的设计应力
		结果	止裂

Y.Yamaguchi et al.(2006)

图 7　开发钢板的大尺寸止裂试验结果[8]

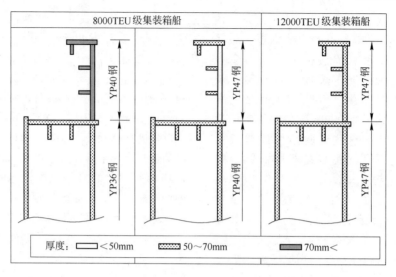

图 8　巨型集装箱船的船体结构实例[4]

5　钢板用于结构领域的进展

下面介绍更强更高性能钢材的开发。

在日本，钢框架结构依据抗震设计方法进行设计，该设计方法考虑了地震可能造成的破坏。也就是说，当重大地震发生时，钢框架易遭受塑性变形，吸收地震能量和防止整个框架结构倒塌。这个抗震设计方法在 1981 年生效。因此，钢框架具有足够的变形能力是一个重要的设计指标，所使用的钢材需要在屈服后有足

够的强度和塑性变形性能[8]。鉴于这些需求，日本在 1994 年专门制定了建筑物用钢材的国家标准（JIS G3136），其中钢种被称之为 SN钢。这些规范的重要特性是限制了屈服点或者弹性极限的波动（设定上下限），使得在重大地震中塑性变形会按照设计的进行。在规范中，同样设定了屈强比的上限，以保证即便钢材屈服后依然保持足够的强度。还有，对钢材的厚度方向性能也进行了设定。图 9 是 SN 钢应用的实例[10]。

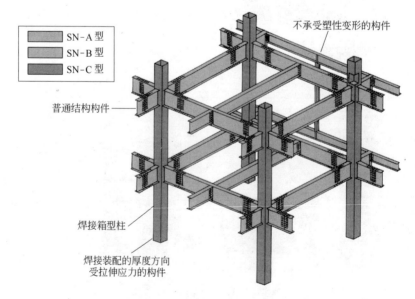

图 9　SN 钢的应用部位[10]

通过采用前面章节讨论的 TMCP 技术，满足 SN 钢标准并具备极好使用性能的结构钢已经被用于实际工程。强度为 490MPa 的 TMCP 钢比传统钢的碳当量低，而表现出良好的焊接性能和 HAZ 韧性。该钢种首次用在 1989 年完工的日立系统广场的 Shin-Kawasaki 大厦。之后，许多高层建筑物采用了 TMCP 厚钢板。

就高强度钢而言，高使用性能的 590MPa 钢（SA440）也已用于工程实践[11]。当超高层建筑采用 490MPa 钢时，钢板厚度有时会达到 100mm。在这种情况下，钢板的焊接和加工非常困难。对于 SA440 钢，其屈服上下限间的范围限定在 100MPa，采用特殊的连续三次热处理：在临界温度区淬火-淬火以及回火。SA440 具有很好的抗震性能、韧性和焊接性能。这种钢不仅可以降低建造成本，而且能通过避免使用过厚钢板而改进建造的可靠性（如焊接接头等）。很多地标性的高层建筑都采用了 SA440 钢，比如 1993 年完工的 Minato Mirai 21 地标塔和 2003 年完工六本木新城森大厦（Roppongi Hills Mori Tower）。另外，还开发了低 P_{cm} 型的 SA440，并用于实际工程。该钢种的特点是通过精细控制生产工艺，减少合金加入量，降低焊接裂纹敏感性[12]。它的 P_{cm} 值小于 0.22（对于 SA440 为 0.28）。在钢板厚度小于 100mm 时，用 CO_2 气体保护焊和埋弧焊焊接时钢板不需要预热。这种低焊接裂纹敏感性的钢材已经用在建于 2006 年的名古屋 Midland Square。

强度达到 780MPa 的高强钢在实际工程中也得到应用[13]。该钢种的屈强比小于 85%，具有优良的焊接性能。到目前为止，尽管这种新型钢材尚未广泛应用，但已被制成柱子、大型型钢、抗震墙等用在北九州的车站建筑。未来甚至存在对更高强度结构钢需求的可能性。这将在后面提到。

6 采用低屈服点钢改善抗震性能

到目前我们讲的都是基于一个假设，就是钢结构在大地震中进行塑性变形吸收地震能量。另外，把某些特定的结构件（阻尼装置）嵌入结构中有效地吸收地震能量的做法愈加广泛。作为阻尼装置，有的采用黏性材料（比如油质阻尼器），而有的为油质-弹性材料（比如铅），再就是采用钢铁材料等。在钢质阻尼器中，所用的钢材具有极低的屈服点，会在地震中先于其他构件进行塑性变形。对于钢质阻尼器，屈曲约束支撑装置利用滞回能量吸收已经被用于实际当中。低屈服点钢的屈服强度或是 100MPa（LY100）或是 225MPa（LY225），它们的屈服强度波动范围非常窄（40MPa）。这些钢具有很大的变形能力，伸长率通常达到 40%~50% 甚至更高。图 10 是采用低屈服点钢（YP 钢）阻尼技术的应用实例[14]。

下面介绍应用创新结构材料新建筑结构系统的开发。

"应用创新结构材料新建筑结构系统的开发"项目始于 2004 年，是日本内阁办公室和

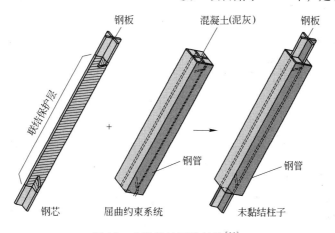

图 10 未黏结柱子的结构[14]

其他部委间的部级研发课题。该项目旨在通过采用创新材料开发出一种新的建筑系统，从而创造一个资源循环系统，实现城市可持续发展。尤其，为了确保大地震中，建筑物保持弹性构造，将具有弹性能力的高强度钢应用于主要结构构件中，而易塑性变形的高吸能钢用于次结构构件中来吸收地震能。这个项目的目标是通过结合高强度钢和高性能装置合理地设计出破坏控制的构造程序，如图11所示[10]。这个课题项目涉及的工作任务可分为连接技术的开发，比如开发超高强紧固件以消除焊接，以

及用于成熟构件完全非焊接的构造新技术。用于这些结构件的高强度钢具有合理的经济性。目前，已经开发了800MPa的TMCP钢（屈服强度为650MPa）。下一步，应用1000MPa钢也进行了探讨。对于超高强紧固件，探讨了采用20t级紧固件的构件加工，该紧固件采用轴承连接。上述的部级间部门联合项目代表了传统抗震建筑思路的转变，即通过梁的塑性变形吸收地震能量避免整个建筑物的倒塌转向确保主体结构部件不发生塑性变形而在大地震后建筑物依然可用。

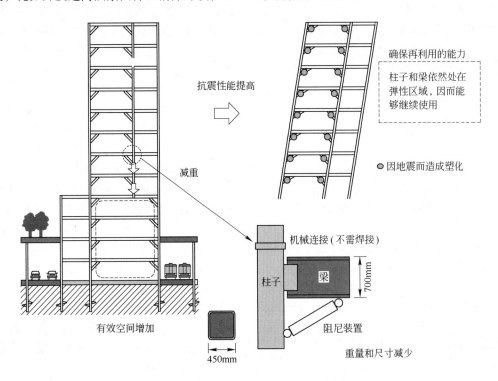

图11　采用高强度钢的新建筑系统[10]

7　利用大线能量焊接改善焊接接头的韧性

　　除开发高强度钢和改善抗震性能外，改善焊接接头的韧性也是主要目标。就在1995年阪神（Hanshin-Awaji）大地震之后，人们开始认真地研究钢框架对韧性的需求。日本的钢铁厂陆续开发了大线能量焊接的HAZ韧性改善的钢板[16]。不同钢厂在解决这个问题时采取的方法有所差别。不过，他们基本上都针对于

焊接区的组织细化，即通过氮化物、氧化物和硫化物粒子的弥散而细化组织，该区域的组织会有一定的粗化。同时，还花费了大量的精力研究了如何减少杂质和低温转变导致的硬相组织（马氏体-奥氏体组织：MA）。图12显示了日本改善HAZ韧性的技术改进实例[16]。在20世纪70年代，形成了利用TiN的钉扎作用阻止HAZ区原奥氏体组织的粗化的技术。在这之后，考虑到不断提高的焊接热输入量，在20世纪90年代早期开发了Ti的氧化物作为原

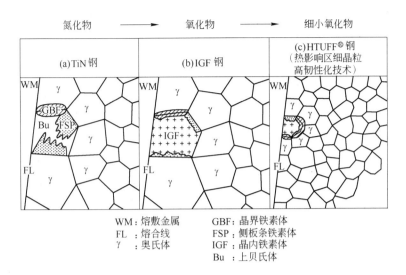

WM：熔敷金属　　　　GBF：晶界铁素体
FL：熔合线　　　　　FSP：侧板条铁素体
γ　：奥氏体　　　　　IGF：晶内铁素体
　　　　　　　　　　　Bu：上贝氏体

图 12　改善 HAZ 韧性的技术发展实例[16]

奥氏体转变的形核介质的技术，利用了 Ti 的氧化物在高温下稳定的特点。通过在粗化的奥氏体相中转变形成铁素体（晶内铁素体：IGF），可以极大可能地细化组织。Ti 的氧化物还有助于产生贫 Mn 区。因而，Ti 的氧化物边界上，相变开始时温度上升，会先发生铁素体转变。

焊接结构钢时的热输入量要高于其他种类的钢种，在很多情况下输入热量都接近 100kJ/cm。要保证 HAZ 区 27J（0℃）的冲击值，利用 Ti 的氧化物技术相对比较容易达到。然而，当需要确保 70J（0℃）时，再采用 Ti 的氧化物就不总能保证满足 HAZ 的这个韧性

要求。因此，开发了一种可以大线能量焊接的新型钢种（HTUFF® 钢），并得到实际应用。该新钢种利用了氧化物/硫化物（TiO$_2$-MnS），它们在高温下依然稳定，如图 13 所示，它们以细小粒子的形式弥散在钢中，产生显著的钉扎作用。通常来讲，原奥氏体晶粒和 HAZ 区的夏比吸收能存在一定的关系。原奥氏体晶粒越小，获得的吸收能就越高。在甚至采用高达 100kJ/mm 的热输入量时，使用新开发的钢种使获得 70J 或甚至更高的吸收能成为可能。自从 1999 年该钢种被用于工程实践，这种钢不仅被用于建筑建设，而且还用于造船、桥梁、海洋平台以及管线钢等。至此，

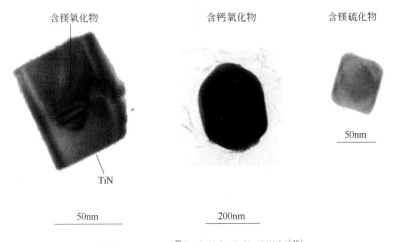

图 13　HTUFF® 钢中的钉扎粒子举例[16]

生产超过了 300000t 钢。

8 桥梁用钢板的进展

在过去 10 年当中,桥梁钢领域的主要成果是开发和实际应用了更强的高性能钢材,开发了耐蚀钢,建立了这些钢的应用方法。在日本,将这些桥梁用高性能钢称之为 BHS 钢(bridge high-performance steel)。为了建造经济性的高质量钢桥,BHS 钢是用于焊接结构的轧制钢板,屈服强度达到 500MPa 或 700MPa[17]。BHS 钢在 1994 年由一个工业学术协会的委员会提出,设在东京技术研究院的创新研究项目范围内。为配合该提议,2004 年制定了桥梁高性能钢规范(BHS 500,500W 和 700W),成为了日本钢铁联合会(JISF)的产品标准。BHS 钢的焊接裂纹敏感系数(P_{cm})定得非常低,对于 BHS 500/500W 不大于 0.20,厚度小于 50mm 时,不大于 0.30,对于 BHS 700W 钢厚度高于 50mm 时,则要求不大于 0.32。

在日本,大多数桥梁是跨度为几十米长的小型和中型桥梁。为使桥梁重量最小化,跨度为 50m 的桥梁通常采用屈服强度为 400MPa 的钢,而对于 70m 跨度的桥梁则用 500MPa 屈服强度的钢。另外,对于能够最有效利用钢材拉伸强度的桁架桥,使用高强度钢是非常有利的,比如 780MPa 级的高强度钢。目前,已经开发了可用于桁架桥的 BHS700[18]。正如图 14 所示[17],BHS500 钢的屈服强度比传统的

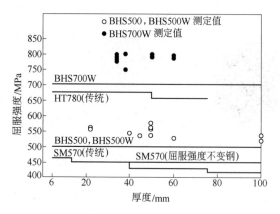

图 14　BHS 钢的屈服强度[17]

SM570 高出 40~80MPa,而 BHS700 则比传统钢 HT780 高 15~35MPa。因此,如使用 BHS 钢,可以通过减轻钢材重量,缩小钢板厚度简化接头的构造,从而降低建造成本成为可能。另外,由于 BHS 钢的焊接性能和加工性能优于传统钢,其利用 TMCP 具有低 P_{cm} 值可以减少或取消焊接预热。在一些具体情况下,BHS500 和 BHS500W 根本不需要预热,而 BHS700W 只预热到 50℃ 或更低。考虑到需要弯曲加工的任何结构桥梁构件的韧性,冷加工前钢的吸收能需要达到 100J 或更高,保证即便冷加工造成韧性下降依然可以使冲击值高于 27J(-5℃)。这个技术指标要求是基于假定弯曲半径至少 7 倍于钢板厚度设定的。

BHS 钢已经被关东(Kanto)地区发展局和东京市政府采购用于建设东京港湾高速路上的桥梁。用于南北运河桥梁的 4000t 钢中,其中有 1200t 是 BHS 钢。东京港湾大桥的主要桥梁桁架采用 9600t 的 BHS 钢(整体用钢约为 20000t)。

9 结论

自从 TMCP 在日本实践以来,其各种应用在 20 世纪 80 年代和 90 年代传播到全世界。然而,目前还有些钢厂因为控冷困难而放弃了该项技术。日本钢厂已经仔细检测了不同工艺下发生的结果,并基于这些试验结果重新组织对 TMCP 的认知而使之成为一个综合的技术,TMCP 技术因而在日本被积极使用。同时,(如在本文叙述的一样)在与造船、能源和建筑行业等钢材用户的紧密合作中,已开发了成熟的应用和工艺技术。Nb 一定会在推动 TMCP 技术更多应用的进程中保持其重要地位。

致　谢

作者非常感谢新日铁的 A. Usami 博士给予的有益支持和探讨。

参 考 文 献

1 A. Yoshie, "Steel Plate 2", Nippon Steel Month-

ly, (2005.6), 9.

2　A. Yoshie, "Steel Plate 3", Nippon Steel Monthly, (2005.7), 16.

3　S. Nagatsuka, "Outlook of mega-container ships", KANRIN, 11(2007), 10.

4　Y. Yamaguchi et al., "Development of mega-container ships", KANRIN, 3(2005), 70.

5　Shipbuilding Research Association of Japan, SR147 committee report, "Evaluation of brittle fracture toughness of welded joints of ship under high welding heat input", (1976).

6　T. Inoue et al., "Long brittle crack propagation of heavy-thick shipbuilding steels", Journal of Japan Society of Naval Architects and Ocean Engineers, 3 (2006), 359.

7　T. Ishikawa et al., "High crack arrestability endowed steel plates with surface-layer of ultra fine grain microstructures", Tetsu to Hagane, 85 (1999), 544.

8　Y. Yamaguchi et al., "Technical requirements to ensure structural reliability for mega container ships", Proc. Design and Operation of Container Ships, (2006), RINA, 43.

9　S. Sasaki et al., "Development of two-electrode electro-gas arc welding process", Nippon Steel Tech. Report, 380(2004), 57.

10　Y. Yoshida, Proc. Symposium on Structural Steel, (2006), Tokyo, Japanese Society of Steel Construction, 11.

11　K. Takanashi et al., Journal of Japanese Society of Steel Construction, 1(1994), 1.

12　Y. Watanabe et al., "Development of 590N/mm^2 class steel with good weldability for building structures", Nippon Steel Tech. Report, 380(2004), 45.

13　K. Tokuno et al., "780N/mm^2 class high tensile strength steel plates with large heat input weldabili-

ty and low weld-cracking susceptibility for architectural construction", Nippon Steel Tech. Report, 365(1997), 37.

14　Nippon Steel Monthly, "Seismically isolated structure of Nippon Steel", (2005.6), 1.

15　Japan Iron and Steel Federation, New structural system buildings using innovative materials (HP).

16　A. Kojima et al., "Super high HAZ toughness technology with fine microstructure imparted by fine particles", Nippon Steel Tech. Report, 380 (2004), 33.

17　The Committee of Steels for Bridges, Japan Iron and Steel Federation, Bridge High Performance Steels, (2007.2).

18　C. Miki, "High performance steel for bridge structures (BHS)", Bridge and Foundation Engineering, 2005-8, 41.

19　A. Yoshie, "Recent Progress of Plate Products fro Ships, Infrastructures and Transportations", Proc. the 191th Nishiyama Memorial Lecture, Iron and Steel Institute of Japan, (2007), 127.

20　I. Kozasu, Proc. Intn'l. Sympo. on Accelerated Cooling of Steel, AIME, (1986), 3.

21　A. J. DeArdo, Proc. Intn'l. Sympo. on Accelerated Cooling of Rolled Steel, CIM, (1988), 3.

22　K. Okamoto et al., Proc. Intn'l. Sympo. on Physical Metallurgy of Direct-Quenched Steels, TMS, (1993), 339.

23　A. Yoshie, Journal of Japan Society of Naval Architects and Ocean Engineers, 885(2005), 49.

24　S. S. Hansen et al., Metall. Trans., 11A(1980), 387.

25　A. Yoshie et al., ISIJ International, 36 (1996), 444.

（中信微合金化技术中心　王厚昕　译，
钢铁研究总院　东　涛　校）

康力斯（Corus）公司制板厂轧制高 Nb 钢的性能和经验

Bill Timms

Technical Manager, Plates Corus, Scunthorpe, United Kingdom

摘　要： 从 2004 年末到 2006 年初，康力斯（Corus）制板厂轧制了大量高铌钢（约 0.05% C，约 0.09% Nb），主要是为了评估生产 25mm、−22℃ 落锤试验要求的 X65 钢板的可行性。为研究这些钢的潜力，采用了多种轧制工艺，并且为进一步开发的可能性，生产了 15~50mm 范围内不同尺寸的管线钢。

本文探究了高 Nb 钢的一些性能及这些性能是怎样受轧制工艺影响的。原定的目标未达到，却得到了强度和韧性良好配合的 20mm 厚板。另外，发现一些具有相对较低的压下比的高温轧制工艺仍可以得到好的落锤试验结果。

为保证 Nb 沉淀物在轧制之前全部溶解，充分再加热的重要性也被体现出来。

关键词： 康力斯公司，高铌，组织，板材，管线

1　炼钢和浇铸

自 2004 年末至 2006 年初期间，Corus 钢板厂进行了一系列高铌钢的轧制。这种类型的高铌钢并不是新型钢种，在以前的管线钢项目中已经使用（例如 Cantarell 海上油田项目[1]），并以良好的强度和韧性特征著称。

Corus 公司的 Scunthorpe 工厂过去生产了大量高铌钢铸坯。这是一个开始时以煤炭和铁矿石作为原材料的联合钢厂。炼钢是通过具有钢包和真空脱气精炼设备的碱性氧气炼钢过程完成的。铸坯均采用双流式浇铸成 230mm 厚的板坯。大多数板坯通过扒皮机进行表面修整，但为了研究钢板表面质量，大量钢板需利用手动火焰清理。

常规的铌微合金钢（如管线钢或结构钢等）的铌含量在 0.02%~0.04% 之间。所谓的"高铌"钢，含铌量在不大于 0.09% 范围内。下面的原则被用于确定钢的基本合金成分：保持低的 C（0.05%）、Ti（0.015%）含量用来控制板材再加热过程中的奥氏体晶粒尺寸，Cr

（0.25%）、Ni（0.15%）、Cu（0.25%）对钢的强度和韧性起作用，降低 P 含量以便减小偏析的效果，S 含量在 0.001%~0.006% 之间，碳当量 $C_{eq} \leq 0.38$，冷裂纹敏感系数 $P_{cm} \leq 0.16$。其合金含量如表 1 所示。

表 1　所选取高铌钢铸坯的化学成分（质量分数,%）

项　目	81913	67126	67665
铸造时间	2004-11-16	2005-12-28	2006-01-11
C	0.054	0.042	0.047
Si	0.16	0.18	0.19
Mn	1.61	1.51	1.49
P	0.013	0.008	0.009
S	0.005	0.006	0.001
Cr	0.25	0.25	0.25
Ni	0.16	0.16	0.15
Al	0.037	0.025	0.036
N	0.0059	0.0063	0.005
Cu	0.25	0.26	0.25
Nb	0.093	0.093	0.096
Ti	0.015	0.012	0.012
H	2.0×10^{-4}	2.6×10^{-4}	1.0×10^{-4}

2　表面质量

板坯表面质量在轧制之前已通过手工和机械火焰清理处理，没有任何表面缺陷的迹象。一方面是因为这种钢的微合金含量相对较高；另一方面是因为碳含量低并且远离包晶区。

在每块钢板轧制过程及随后的制管操作中，对材料的表面质量进行了评估。如果在钢板中发现一个小区域有横向裂纹，那么裂纹将通过抛磨被去除。除此之外，没有发现其他的裂纹或者冶金缺陷。这种情况是由板材是否经过火焰清理处理决定的。因而得出这种高铌钢的表面质量是非常好的，而且低碳含量的有利作用抵消了高合金含量导致的所有消极作用。

3　板材轧制和性能评审

Corus 公司的两个钢板厂都在英国，其中一个在 Scunthorpe（Scunthorpe Plate Mill，SPM），另一个在 Motherwell（Dalzell Plate Mill，DPM）。两厂为常规钢板厂，都能进行较大范围的轧制，产品厚度从 6~150mm。两个厂都没有加速冷却装置。

利用不同工艺进行了一系列轧制。工作的主要目标是：证实高铌钢是否能达到 25.4mm 厚、落锤试验温度为 -22℃ 的 X65 管线钢板的要求。之后利用不同轧制工艺和不同铸件，轧制了一系列 20mm 左右厚度的钢板。对于 HIPERC[2] 项目，同时轧制了一小部分厚度从 15~50mm 的板材。

下面为主要的研究结果。

3.1　25.4mm X65 的轧制

第一块高铌钢板取自 81913 的铸坯，在 SPM 和 DPM 钢板厂轧制成 25.4mm 厚的钢板。总计轧制了 21 块钢板。这种轧制是第一次尝试去研究这种板材的力学性能。

从初轧温度到终轧温度 800℃，轧制工艺中的压缩比为 3∶1。在表 2 及图 1~图 3 中总结出了钢板的力学性能和微观组织的数据。

表 2　取自 81913 铸坯的 25.4mm 厚高铌钢的拉伸和冲击数据

项　目	Scunthorpe 钢板厂		Dalzell 钢板厂		"X65" 钢板要求
	最小	最大	最小	最大	最小
屈服强度 /MPa	476	540	495	518	460
极限抗拉强度/MPa	527	610	553	591	531
-40℃冲击功（平均）(1/4厚度，横向)/J	168	382	164	278	40

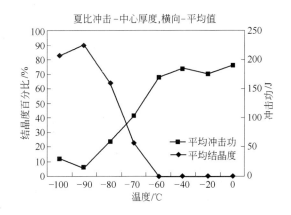

图 1　25.4mm 厚高铌钢板的典型夏比冲击转变点

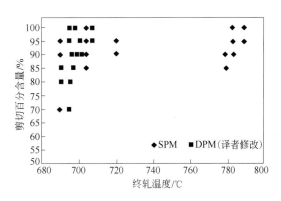

图 2　25.4mm 厚钢板 -22℃ 落锤剪切值

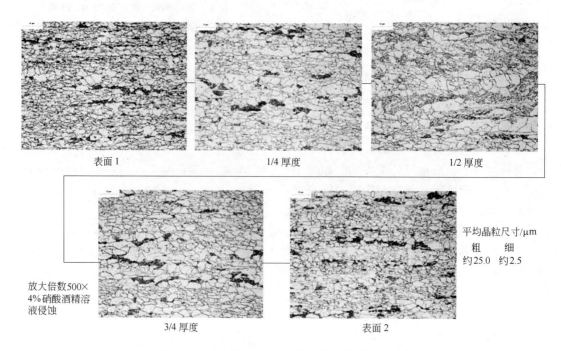

表面 1　　　　　　　　　1/4 厚度　　　　　　　　　1/2 厚度

平均晶粒尺寸/μm
　　粗　　　细
约25.0　约2.5

放大倍数500×
4%硝酸酒精溶
液侵蚀

3/4 厚度　　　　　　　　　表面 2

图3　DPM 轧制 25.4mm 厚钢板的典型微观组织

从表 2 中可以看出尽管有一块钢板没有达到极限抗拉强度的最低要求，但强度基本满足。冲击性能好，心部 50% 横向裂纹扩展转变温度大约为 -75℃，1/4 处冲击性能更好。-22℃ 的落锤试验剪切面积百分比没有达到至少 85% 的要求。图 2 中右边的那些点是在更高的终轧温度下完成轧制的。

微观组织主要是细小的铁素体，但贯穿板材厚度方向上有大约 25μm 的粗大铁素体岛。有证据表明在大部分板材的中心线上有适度的偏析和与相变相关的产物。

对板材还进行了一些其他试验。总结试验结果可知：因为 S 含量及不适宜的偏析，钢板无抗氢致裂纹性能；温度达到 -40℃ 时，裂纹尖端张开位移超过 0.25mm；虽然夏比冲击值在中心线位置个别偏低，但在埋弧自动焊焊管中焊接热影响区的冲击强度值大致较好。

因为这是首次轧制，其部分目标是看这种钢怎样完成，以及评估得到了哪些力学性能。我们意识到 3:1 的压缩比，不可能得到好的落锤试验结果。因而在首次轧制基础上进行了一个工艺相似而压缩比为 4:1 的轧制，但其

结果与前者相似，落锤试验结果也不好。

25.4mm 厚钢板的轧制表明，强度和冲击韧性好，但 -22℃ 的落锤试验性能难以达到技术要求。

3.2　20mm 轧制——X65/X70

在 SPM 轧制了 20.9mm 厚的板材，其中压下比为 4:1，终轧温度 800℃。选择这个厚度和宽度是为了与 Balgzand-Bacton 干线管道合同所供应的高强度、高韧性要求管线进行直接比较。铸坯是含 0.005% S 的 81913。表 3 给出了对照的结果。

表3　取自 81913 铸坯的 20.9mm 厚
高铌钢的力学性能对比

项　目	结果范围	BBL 要求
屈服强度/MPa	522 ~ 533	470 ~ 590
极限抗拉强度/MPa	585 ~ 592	560 ~ 670
屈强比/%	89 ~ 90	92 最大
伸长率(200mm)/%	18 ~ 20	17 最小
-40℃冲击（剪切面积）(1/4 厚度，横向)/%	90	85 平均最小值　75 单个最小值

续表3

项　目	结果范围	BBL 要求
-40℃冲击功（平均） （1/4 厚度，横向）/J	168～210	100 平均最小值 75 单个最小值
落锤（剪切面积） -22℃/%	100 100	85 平均最小值 75 单个最小值
落锤能量（-22℃）/kJ	8.868～ 16.332	没有详细说明

　　从表3中看出高铌钢满足 BBL 合同中所有板材要求，并高于 X65 的强度。

　　夏比冲击上平台能量大约是175J，并且在中间厚度位置50%的裂纹扩展转变温度在-100℃以下。含0.005% S 的铸坯被认为具有良好韧性。

　　图4为材料进行有限落锤试验转变曲线。

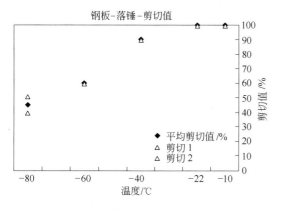

图4　20.9mm 厚高铌钢板落锤试验转变曲线

　　这种板材完全超出了上平台 -22℃，并且把落锤试验温度维持在一个合理的、更低的温度。我们认为更低含 S 量的铸坯，不如使用含0.005% S 铸坯，其板材能量吸收的水平高。

　　微观组织评估表明，除了晶粒尺寸得到细化，其组织类型与之前 25.4mm 厚板材所看到的类型相似，是铁素体、珠光体混合组织。在1/4厚度处，大晶粒的尺寸约为20μm，而大多数晶粒非常细小，约1.7μm，属于典型的细晶粒。

3.3　20mm 轧制——不同终轧温度的落锤试验

　　大量轧制钢板的厚度为20.6mm，强度要求低于 X65。由这些结果看出，需在工艺上尝试一些重大改变，尤其是终轧温度。特别是将高温处理作为高铌钢设计的原始概念的一部分。

　　从67126（0.042% C，0.006% S）铸坯上选取的几块钢板，利用3∶1的压下比进行轧制，终轧温度每次增加50℃，从750℃开始依次为：750℃、800℃、850℃、900℃、950℃等。中间板保温时间受终轧温度影响非常大，在950℃保温时间最短。

　　参数的设置结合了所有铸坯最高的 S 含量、3∶1的压下比、终轧温度高达950℃，通过这样设置的参数可以得到该材料的冲击极限和落锤试验温度所处的参数范围。

　　图5为钢板小区域（横向、心部）50%

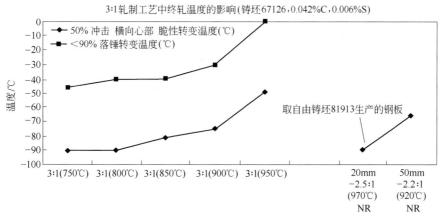

图5　20.6mm 厚高铌钢板的落锤试验和冲击转变数据

裂纹扩展转变温度和上平台落锤试验温度与轧制工艺的关系。

图5表明钢板终轧温度为950℃时，其夏比冲击转变温度为 – 50℃，当终轧温度为750℃或800℃时，冲击转变温度降至 – 90℃。后面钢板表明，与 Corus 公司轧制的其他高铌钢板有相似的转变结果。落锤试验转变点被看作切变降至90%以下的点，这是因为这一工作的重点是确定上平台温度范围。除终轧温度为950℃的钢板外，其他所有钢板的上平台温度都降至 – 30℃或更低。当终轧温度在900℃以上时，冲击试验和落锤试验温度变化更快。

所有这些板材的强度都超过了 X56。

图5右侧的两个点为利用正火轧制工艺将两块板材（取自81913，0.005% S）分别轧至20mm 和50mm 厚度，可以看出它们具有很好的夏比冲击转变温度。50mm 厚板材心部的横向裂纹扩展转变温度为 – 65℃。

在很高的轧制温度下，落锤性能和冲击韧性处于较高水平很有可能是因为其中含铌0.093%，T_{nr} 温度也比较高。T_{nr} 温度不是由实验决定的，可能与粗轧阶段中最后几道次的温度范围一样。表明以上采取的所有工艺中，在保温之前再结晶就开始被抑制。

3.4　20mm 轧制——铸坯再加热温度的影响

在部分高铌钢轧制过程中，研究了1170 ~ 1200℃范围内再加热温度的影响。为了得出再加热温度的影响，我们只选择了一种轧制工艺。钢板经5∶1的压下比和800℃的终轧温度轧制，受再加热温度影响的结果可以从图6中看出。

不足的是有一个明显趋势：更高的再加热温度能获得更高的强度。当考虑铌溶解于奥氏体的温度时，这一点并不奇怪。有不同的公式决定这个温度。

用下面的公式来计算铌（CN）的固溶度积：

$$\lg[\,Nb_xC + (12/14)N\,] = -6770/T + 2.26$$

$$(1)$$

碳含量为0.05%，铌含量为0.09%，氮

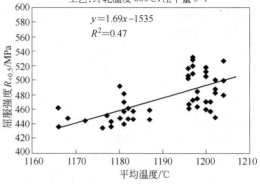

图6　再加热温度对20.6mm 厚高铌钢板屈服强度的影响

含量为0.005%，得出固溶温度为1210℃。这表明钢中有部分铌没有起到强化作用，并随再加热温度进一步降低至固溶温度以下时这部分铌的比例增加。这可能对屈服强度的影响大于对极限抗拉强度的影响，并且实际情况也是如此。

3.5　其他轧制

这项工作主要着眼于高铌钢是否适合管线钢的应用，并非有意把钢轧制成不同的结构钢。这是因为结构钢标准 EN10025：2004指出铌含量应该低于0.06%。但在这项工作中，通过各种正火轧制（NR）和热机械（TM）工艺开发出的钢的性能，对结构钢有吸引力。在某些情况下，用高 Nb 钢生产某一特定产品所需的工艺将比目前存在的符合标准要求的传统钢要简便些。

4　结论

Corus 公司成功地运用各种不同工艺轧制出不同厚度的高铌钢。该钢不满足25.4mm 厚X65管线钢 – 22℃落锤试验的原定目标。但生产出了比 – 22℃落锤试验结果好的，20mm 厚、强度高于 X65 管线钢的钢板。试验的终轧温度在一个较宽的温度范围进行，当终轧温度维持在900℃时，可以得到好的落锤试验温度和夏比冲击值。诸多钢板证实

让尽可能多的 Nb 固溶的再加热温度的重要
性。虽然这项工作主要是关于管线钢，但
高铌理念获得的力学性能对于在结构钢领
域将很有吸引力。

致　谢

Corus 公司长材产品事务部的 P Smith 允许
发表这篇论文。Corus 公司长材产品事务部的
A. J. Trowsdale，Corus RD&T 的 I. W. Martin、
S. E. Webster 和 Corus Tubes Energy Business 的
M. J. J. Connelly。本文也提交给了 2009 年 6 月
在英国伦敦举行的 ERC5 会议。

参 考 文 献

1　Minfa Lin，Richard L Bodmar，Effects of Composi-
　　tion and Processing Conditions In A 0.03% C-
　　0.09% Nb X70 Linepipe Steel，40th MWSP CONF
　　PROC，ISS，1988 p573-589.
2　European Research Fund for Coal and Steel，Project
　　Title：A novel，high-performance，economic steel
　　concept for linepipe and general structural use
　　（HIPERC）. Contract number RFSR-CT-2005-00027.

（云南大学　张亚江　译，
北京科技大学　段琳娜　校）

近年一些英国造船合同中关于含铌
结构钢的应用及其焊接研究

Norman A. McPherson

BVT Surface Fleet

1048 Govan Road, Glasgow, G51 4XP, Scotland, UK

摘　要： 英国造船行业一般倾向于将含铌钢应用局限在屈服强度在 350MPa 的高强钢中。随着厚规格钢在造船行业的应用，一般总会在钢中添加 Nb 来实现强韧性的匹配。在传统海军的合同中，强度级别为 270MPa 的钢是很常见的，但最近舰艇设计发生了变化，以至于这些较低强度的钢被高强度和优良韧性的钢级所取代。本文将对这些问题的原因进行讨论，如钢的化学成分。

本文介绍近年来含铌钢在海军舰艇制造行业的应用。对含铌钢的焊接性尤其是热影响区的韧性进行描述。因为薄板（小于 8mm）在这种钢中的应用占有很大的比例，因此，介绍了该钢的激光焊接。决定选用钢级为 460MPa 的钢板来进行一个航空母舰合同中的飞行甲板和挂钩的制造，并评价了两种不同工艺生产的 460MPa 级别钢的埋弧焊接性能。

关键词： 电弧焊，激光焊接，微合金，造船业

1　引言

过去 20 年里，英国的造船业已有明显萎缩。现在有两个聚焦于海军舰船合同的建造点。一个用于建造潜艇，一个用于建造小型的特殊工艺船只。其他一些地点主要用于对船只的修补。BVT 水面舰队的这两个建造点位于英格兰南海岸的朴次茅斯和苏格兰西海岸克莱德河河口的格拉斯哥。尽管这些地方还没有出现商业船只的建造，但现在这里的船只建造标准更像是按照商业建造的要求。

10 年前完成的海军合同主要采用低强度/低韧性钢，例如表 1 中列出的劳埃德 A 级和 D 级钢。这些是用于护卫舰的典型钢种。图 1 为 23 型护卫舰。其他远东海军合同中的海上巡逻艇和护卫舰也是用相同钢级的钢材。

表 1　劳埃德 A 级钢与 D 级钢的比较

钢级	$w(C)$ /%	$w(Si)$ /%	$w(S)$ /%	$w(P)$ /%	$w(Mn)$ /%	$w(Al)$ /%	$w(N_2)$ /%	屈服强度 /MPa	极限抗拉强度 /MPa	韧性（在 X℃） /J	X/℃	板厚 /mm
劳埃德 A 级	0.15	0.20	0.015	0.018	0.82	0.035	0.0055	290	450	170	20	12
劳埃德 D 级	0.11	0.23	0.005	0.011	0.64	0.039	0.0050	298	428	204	−20	11.5

图 1　HMS Argyll-23 型护卫舰

最近英国海军合同中 6 艘驱逐舰开始使用劳埃德 D 级钢，见表 1。强度与 A 级钢相同，但具有更高的韧性要求。设计阶段未考虑建造重量的要求意味着在不损害结构完整性前提下不得不降低钢板的厚度。

在上部结构选用铝是不可行的，因为基于以往经验，英国皇家海军担心该材料的防火性能。目前不可能用复合材料来做上部结构，但从美国的研究来看，这种材料将来有可能得到使用。故选择较薄的更高强度的 DH36 来取代劳埃德 D 级钢。因此，将有 82% 的钢板采用劳埃德 DH36 钢，并且 4~5mm 厚的钢板被大量使用，第一艘这个级别的船——HMS 勇敢号（如图 2 所示）预备试船。

图 2　45 型驱逐舰——HMS Daring

2　45 型驱逐舰

用于这一合同的钢材主要由两个欧洲钢铁厂提供。4~5mm 厚钢板由欧洲唯一可生产 4mm 厚钢板的钢厂生产。该厂拥有 1 台 4 机架热轧机。其他钢材是由一家现代化东欧钢厂通过高水平自动化轧制生产的。

不同厚度钢板的化学成分见表 2。在生产 4mm 和 5mm 厚钢板时，加入非常少量的铌可以确保最小增加 40~50MPa 的屈服强度，这使铌的微合金化作用凸显出来。而在添加微合金元素之前，屈服强度仅接近规定所要求的下限。对于 8mm 以上的厚板，铌的加入可同时确保强韧性。但是在 6~7mm 厚钢板中不添加铌元素，是因为其性能是通过更高含量的 C-Mn-Al 钢的轧制获得的。表 2 给出了典型板材的力学性能。其中，韧性结果是通过对特定试样尺寸公认的变化因数进行修正，而得到的修正符合劳埃德规则中对于钢材生产、测试、认证中的规定。

表2　不同生产厂的不同厚度钢板的化学成分和性能

钢级	厚度 t /mm	$w(C)$ /%	$w(Si)$ /%	$w(S)$ /%	$w(P)$ /%	$w(Mn)$ /%	$w(Nb)$ /%	$w(Al)$ /%	$w(N_2)$ /%	屈服强度 /MPa	冲击功 ($-20℃$)/J
DH36	4, 5	0.100	0.20	0.008	0.013	1.30	0.012	0.035	0.0050	440	90
	6	0.165	0.35	0.009	0.017	1.44	0.001	0.037	0.0045	415	204
	$6.5 < t < 8$	0.150	0.35	0.005	0.016	1.31	0.030	0.045	0.0050	415	190
	>8	0.110	0.27	0.008	0.023	1.26	0.032	0.032	0.0040	493	68

在这种船只中薄板（小于8mm）的比例占到了63%，在薄板结构件的生产中主要关注的是要确保变形最小。因此，采用了最小化的切削热和焊接热输入。此外，还发现许多其他重要因素会导致薄板变形[1~3]。

一种可以减小薄板变形的工艺路线是采用某些形式的激光焊接。因此，对超过一定厚度的DH36钢板的焊接性能进行了研究。这一工作已经进行过详细报道[4]，表3简要概括其结果。这一钢板的化学成分0.013% C-0.42% Si-0.006% S-0.013% P-1.35% Mn-0.025% Nb-0.035% Al-0.005% N$_2$-0.017% Ti，这是一个正常的化学成分。普遍认为薄板变形顺序，自动CO$_2$激光—CO$_2$激光辅助MIG—Nd-YAG激光辅助MIG—SAW。从表3中可以看出，这与焊接过程中10mm厚等量焊接金属体积的增量相关。表3中也列出了对于焊接金属韧性来说，辅助MIG工艺比自动激光焊接工艺效果更好。自动激光焊接工艺在焊接金属中倾向产生高硬度区，这一区域的韧性很差。

表3　DH36钢板激光焊接测试的焊接数据

板厚/mm	焊接工艺	焊缝韧性 ($-20℃$) /J	焊接热影响区韧性 ($-20℃$)/J	焊缝显微硬度		焊缝区域 /mm^2	10mm 等量 焊缝/mm^2
				平均 (HV0.1)	最大 (HV0.1)		
15	CO$_2$激光焊接	32	43	300	350	38.6	24.4
12		37	73	330	375	25.4	21.2
10		35	53	360	375	21	21
12	CO$_2$激光辅助熔化极气体保护电弧焊	64	42	280	325	44.6	37.2
9		85*	43	290	340	27.3	30.3
6		57	47	286	340	19.9	33.2
8	Nd：YAG激光辅助熔化极气体保护电弧焊	57	45	255	280	42.2	52.8
6		52	40	248	265	28.2	47.6
4		53	49	250	270	18.7	46.8
10	埋弧焊	49	72	199	224	180	180

造船厂最好的选择是用激光辅助MIG工艺，可适应不同的坡口组对方式，并有能力改变焊缝金属的化学组成。其次可选择在CO$_2$工艺基础上的Nd-YAG纤维光学技术。对这一特殊情况来说，采用激光辅助工艺能够明显提高焊缝金属的韧性。由于激光焊接可以降低结构件的变形，因此，安装激光焊接设备是有经济利益的，船厂也会非常渴望运用这项技术。

摩擦焊拥有一些优势，其最高温度在焊

缝中心约 4mm 的位置，为 930℃ 左右[5]。HSLA 钢的显微硬度小于 200。然而，对于造船业中这一工艺被考虑使用之前，需要解决与工具磨损和适用的板材厚度相关的很多问题。

这些研究的目的是解决采用埋弧焊工艺时的变形问题[1~3]。其中一个使用人工神经网络（ANN）的研究结论[7,8]是高强度低塑性钢对变形和屈曲不敏感。一般认为高强钢的固有刚度是抵抗变形/屈曲的一个主要因素。从以上工作，希望开发研究高强度薄板（也可能为带钢热连轧生产），延展性处于可接受范围的下限。这种钢很明显添加了铌，其添加量大约为 0.05%。在澳大利亚一些用 X80 级热轧钢带中有相似的研究报道，这具有很多积极的作用。

在以上的讨论中就应该注意到铌在部分船板钢已经得到使用，在一些实例中不愿意去改变现状。单纯从技术方面考虑，在 45 型驱逐舰用钢中是否使用含铌或不含铌[10]的其他合金体系是没有特殊的技术原因。炼钢、铸造和加工在过去 30 年里有了显著的进步，因此，

添加微合金元素的某些原因现在可能要重新考虑。例如，在二次精炼技术大规模提高以前钛元素从来没有作为有竞争力的微合金元素考虑[8]。尽管仍有一些关于控氮的问题，但这个问题远不及以前严重。这些技术能够将钛控制在一个非常狭小的范围内。随着钛的成本变得更为有利，这一情况有可能促使钛在更大范围内应用。它在控制 HAZ 韧性中具有显著优点。铌在 HAZ 中具有一些复杂的作用[11~14]，并且 Ti-Nb 微合金化的有益使用可很好地改善 HAZ 性能[16]。但是，只要以能够降低 HAZ 韧性来迎合母材性能，铌将继续被用于船板钢中。

3 未来项目

最新的建造计划是要为英国皇家海军建造两艘航空母舰[15]。这些船只将会在英国的 4 个建造厂的 4 个主要秘密基地打造。最后在苏格兰东海岸罗塞斯的巴布科克工程服务公司进行组装。这有可能是一个很复杂的工程，并且它的顺利完工将依靠强有力的项目管理方法。图 3 为船只的示意图。

图 3　未来航空母舰的设想图

虽然大多数钢都采用 DH36 级别，但按照厚度这个项目完全达不到驱逐舰的设计方案。但是，EH46 钢会大量被用在建造飞行甲板和挂钩上。尽管最初的设计厚度最大为 35mm，然而通过反复试验，使用 EH46 钢板的飞行甲板已经降到 22mm

厚。这是在最初用 DH36 级钢设计生产飞行甲板和挂钩的基础上发展而来的。EH46 有两种潜在的基本钢板加工路线，一种是淬火加回火（QT）工艺，另一种是 TMCP 工艺。对使用 EH36 进行的综合评估如表 4 所示。

表 4　飞行甲板用钢的评估

钢　级	EH36	EH46（调质）	EH46（控轧控冷）
吨　位	3051	2593	2593
单位成本指数	85	100	91
总成本指数	259335	259300	235963
焊接时间	基准	约少于27%	约少于27%
焊材成本指数	基准	大于17%	大于17%
焊材利用率	基准	低于29%	低于29%
焊接总成本	基准	便宜	便宜
可焊性	基准	更复杂	基准
总体评估			最佳选择

这表明通过使用高强度钢能够降低板厚和板重。QT 板有很多缺点，比如要求预热、成本和实用性。总的来说，使用 TMCP-EH46 对这个项目产生最大的综合效益，并节约了成本。

EH46 钢板进行初步评估是在整个项目施工现场中使用 20mm 厚钢板来进行焊丝和工艺评估。表 5a 第一行是该板的化学成分，这种 Cu-Ni-Nb-V 低碳钢是用于海上设备的典型 TM-CP 钢。在这种特殊的钢板中添加了 0.01 的钛用以改善热影响区的韧性[16]。

表 5a　EH46 钢板的化学成分　　　　　　（%）

板厚/mm	生产厂	C	Si	S	P	Mn	Nb	Al	N_2	Ni	Cu	V	Ti
20	A	0.09	0.37	0.003	0.010	1.61	0.037	0.048	0.0055	0.300	0.210	0.077	0.010
35	A	0.13	0.49	0.004	0.018	1.49	0.035	0.039	0.0063	0.019	0.012	0.071	0.003
35	B	0.046	0.31	0.005	0.007	1.62	0.041	0.033	0.0040	0.012	0.011	0.002	0.013

表 5b　EH46 钢板的力学性能

板厚/mm	生产厂	屈服强度/MPa	冲击功（-40℃）/J
20	A	485	70
35	A	468	96
35	B	468	407

对于表 6 中每一焊接过程来说，焊接热影响区夏比冲击韧性和断裂韧性都是满足要求的。手弧焊接评估纯粹是为了结构的完整性，尽管没有得到正视，但在一些造船厂可能被应用。其主要关注的是具有高热输入的埋弧焊。当船的设计更加精细时，会发现甲板的某些区域厚度增加到 35mm。所有钢板由两个厂家提供。一个提供了 TMCP 工艺生产的 20mm 厚板，另一个提供了 TMCP 和加速冷却（AC）生产的钢板。

两种钢板的化学成分见表 5a。TMCP 工艺生产的只有 Nb-V 钢，而用 TMCP-AC 工艺生产的是超低碳钛处理 Nb 钢。加速冷却对高韧性有显著的影响。

仅用 TMCP 工艺的厂是一个传统的钢板生产厂，尽管长期以来都在改进，但还是没有能力生产出 35mm 的厚板。由于采用不同的化学成分（表 5a），35mm 厚板是由同一公司的另一钢板厂生产的。但是，TMCP + AC 钢板是在一个具有自己设计特性的现代轧钢厂生产的。Brammer[17] 强调试图扩大原来的生产范围的危险性，这会导致产品在力学性能和板形控制方面的不一致。

图 4 为利用相同的焊接道次焊接的两种工艺生产的 35mm 厚钢板的焊缝的宏观组织图。

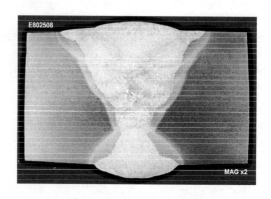

图 4　35mm 厚的 EH46 钢板埋弧焊

−40℃ HAZ 的韧性结果如表 6 所示，可以看出焊接过程对基体热影响区的影响。这也说明基体的韧性应比 HAZ 的韧性要求高。此外，尽管合同中没有要求，但是还要进行一些断裂韧性的测试。表 6 给出了焊接热影响区的这些数据。

表 6　EH46 钢板埋弧焊的热影响区性能

项　目	20mm 厚钢板（控轧）			25mm 厚钢板（控轧）			35mm 厚钢板（控轧＋加速冷却）		
焊接工艺	韧性（−40℃）/J	最大硬度	−10℃裂纹张开位移	韧性（−40℃）/J	最大硬度	−10℃裂纹张开位移	韧性（−40℃）/J	最大硬度	−10℃裂纹张开位移
埋弧焊	120	256	0.365	58	266	0.44	201	218	0.72
药芯焊丝电弧焊	134	285	0.61	—	—	—	—	—	—
金属芯焊丝电弧焊	113	301	0.61	—	—	—	—	—	—
人工金属（电极）电弧焊	154	270	0.66	—	—	—	—	—	—

图 5a 和图 5c 为 35mm 厚钢板基体的典型光学显微照片。从图 5c 中可以看出 TMCP + AC 钢的晶粒非常细小，而仅用 TMCP 工艺的钢呈现高碳钢带状组织，也表明碳含量从

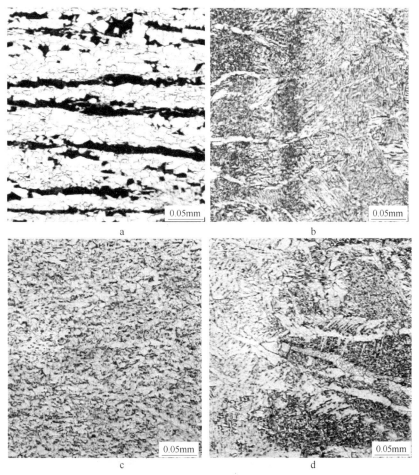

图 5　35mm 厚 EH46 TMCP 钢板的光学显微组织（a、b）和
35mm 厚 EH46 TMCP + AC 钢板的光学显微组织（c、d）

0.13%减少到0.046%对微观组织产生的有益影响，且对韧性有积极的作用。

焊接热影响区微观组织也不同，这些能从表6中的韧性值不同推测出来。两个HAZ微观组织显示在原始奥氏体晶界上都有铁素体存在，并且可能有更多证据表明材料加速冷却时产生铁素体板条。剩余组织以针状铁素体为主。TMCP钢焊接热影响区硬度增加了36%，TMCP+AC钢焊接热影响区硬度增加了18%。并且TMCP钢CTOD试验的断裂面上突然出现II型pop-in（突跃），在TMCP+AC试样中没有出现这一现象，如图6所示。根据Wiesner和Pisarski[18]的研究，pop-in现象是由垂直于疲劳预裂纹的平面分离造成的。

图6　焊接热影响区裂纹尖端张开位移试验断裂面
a—控轧钢基体中出现II型pop-in；
b—控轧+加速冷却钢基体中
没有出现II型pop-in

在这种情况下，可以忽略II型pop-in。现在通常认为这种分离与晶体织构有关，并且是TMCP钢种的典型现象。在终轧温度下，再结晶得到抑制，产生一个平行于钢板表面的、压扁的、被拉长的奥氏体晶粒组织。在压扁的奥氏体向铁素体的转变后使得钢板表面出现择优取向。在35mm钢板基体上区域试验中，TMCP+AC钢板有85%的变形量，TMCP钢板有67%的变形量。明显看出，分层现象在钢板中没有产生弱化的平面，并且它与晶粒组织有

关，与之前的证实的报道（例如洁净度和偏析）无关。

4　成本因素

在海军造船的特殊区域都要求减少钢板重量。这主要通过减少板厚、其他重量以及控制方法得以实现。如上所述，减重是通过减少板厚和增加钢板强度来完成的。

如用7mm厚的DH36钢板替代8mm厚的D级钢板，也就是说可以减少12.5%的重量。不同级别的钢的价格不同，如DH36钢每吨的价格增加50英镑，相当于成本增加了7%。因此，对于这种情况，这是个节省成本的有效行为，特别是对于航空母舰来说。此外，厚度减小意味着焊接时间缩短。从微合金化观点看，微合金元素（例如铌）能够在薄板中实现所要求的高强度。

现阶段应该在商业船只建造中重视这种影响，典型商业货船的费用受钢材影响很大，而海军船只相反，见图7。

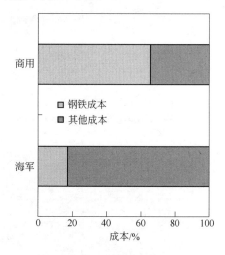

图7　海军及商业建造船只中的
钢价所占的比例

5　结论

由于更薄钢板的逐渐使用，海军船只中微合金钢的用量呈现上升趋势。

铌是当前海军舰艇用钢的主要微合金元素，它可以提高钢的强度，或者与其他微合金

元素一起增加钢的强度。

铌微合金钢的热影响区韧性的稳定性仍然是一个问题。

致 谢

作者衷心感谢 BTV 水面船队允许出版该论文。

参 考 文 献

1 N. A. McPherson, 'The management of thin plate distortion' Presented at Joint 3 Conference, Lapeennranta, Finland, August 2007.

2 N. A. McPherson, 'Thin plate distortion-the ongoing problem in shipbuilding', Journal of Ship Production, 2007, Vol. 23, No. 2, p. 94-117.

3 N. A. McPherson, 'A vékony lemez deformáció csökkentése vezetési (menedzsment) vagy technológiai feledat?', Hegesztés-Technika, 2007, XVIII, évfolyam 2007/1, 9-15.

4 N. A. McPherson, N. Suarez-Fernandez, D. W. Moon, H. C. P. Tan, C. K. Lee and T. N. Baker, 'Laser and laser assisted arc welding processes for DH 36 steel microalloyed steel ship plate' Science and Technology of Welding and Joining, 2005. Vol. 10, p. 460-467.

5 D. Forrest, J. Nguyen, M. Posada, J. DeLoach, D. Boyce, J. Cho and P. Dawson, 'Simulation of HSLA-65 friction stir welding', Proceedings of the 7th International Conference on Trends in Welding Research, 2005, Georgia, USA, p. 279-286.

6 T. J. Lienert, L. Stellwag, Jr., B. B. Grimmett and R. W. Warke, 'Friction stir welding studies on mild steel' Welding Journal, 2003, January, p. 1-9.

7 M. P. Lightfoot, G. J. Bruce, N. A. McPherson and K. Woods, 'The application of artificial neural networks to weld induced deformation in ship plate', Welding Journal, 2005. Vol. 84, 23s-30s.

8 G. Bruce and M. P. Lightfoot, Lightfoot, 'The use of artificial neural networks to model distortion caused by welding'. International Journal of Modeling and Simulation, 2007, 27(1), p. 4341-4351.

9 B. Phillips, J. Ritter, J. Donato, C. Chiperfield, F. Barbaro, D. O'Brien, I. Brown, G. Powell, J. Norrish, M. Jones, G. Goetz and C. Lau, 'Assessment of X80 grade steel as a demonstrator deck panel in ANZAC ship 10', DSTO Australia presentation, 2003.

10 N. A. McPherson, 'Through process considerations for microalloyed steels used in naval ship construction', to be published in Ironmaking and Steelmaking, 2008.

11 V. P. Deshmukh, S. B. Yadav, A. K. Shah and D. K. Biswas, 'Influence of niobium on structure/property relationships in C-Mn shipbuilding steel' Journal of Materials Engineering and Performance, 1995, Vol. 4, p. 532-542.

12 R. E. Dolby, 'The effect of niobium on the HAZ toughness of high heat input welds in C-Mn steels', Welding of HSLA [Microalloyed] Structural Steels Conference, Rome, 1976, p. 212-234.

13 Y. Li, D. N. Crowther, M. J. Green, P. S. Mitchell and T. N. Baker, 'The effect of vanadium and niobium on the properties and microstructure of the intercritically reheated coarse grained heat affected zone in low carbon microalloyed steels.', ISIJ International, 2001, Vol. 41, No. 1, p. 46-55.

14 G. R. Wang, T. H. North and K. G. Leewis, 'Microalloying additions and HAZ fracture toughness in HSLA steels', Welding Journal, 1990, 14s-22s.

15 Anon., 'Aspects of the design of the UK's future aircraft carrier', Warship Technology, 2008, January, p. 11-13.

16 F. B. Pickering, 'Overview of titanium microalloyed steels', Titanium Technology in Microalloyed Steels, Ed. T. N. Baker, Institute of Materials, 1997.

17 M. Brammer, 'Steelplant upgrades for higher strength products', Microalloyed Steels: Production, Properties, Applications Conference, London, November, 2007.

18 C. S. Wiesner and H. G. Pisarski, 'The significance of pop-ins during initiation fracture toughness tests', 3R International, 1996, Vol. 35, No. 10/11, p. 638-643.

（昆明理工大学 刘刚伟 译，
北京科技大学 段琳娜 校）

大型集装箱船用高强度钢板

Chang-Sun Lee, Sangho Kim, In-Shik Suh, Kyung-Keun Um, Ohjoon Kwon

Technical Research Labs, POSCO

Geodong-dong, Nam-gu, Pohang, Gyungbuk, 790-785, South Korea

摘　要：制造大型集装箱船需要具有良好的强度、韧性、焊接性匹配的厚钢板。通过化学成分和 TMCP 工艺参数的优化开发出大厚度的 EH36、EH40 和 EH47 高强度钢板。为了提高钢板的强度和韧性，三种钢板中都添加了 0.02% 的 Nb。在 Nb 和 B 的作用下，EH40 和 EH47 钢板的强度显著提高。通过提高 TiN 析出的热稳定性进而改善 HAZ 韧性生产出热输入超过 550kJ/cm 的 EH36 钢板。具有热稳定性的 TiN 析出能有效抑制热影响区晶粒长大，使热影响区具有较好的韧性。这类钢板的母板和焊接头都表现出非常好的力学性能。

关键词：EH30，EH40，EH47，集装箱运货船，大线热焊接

1 引言

随着世界经济的发展和运输量的不断增长，为了降低成本和提高运输效率，大型集装箱船的需求量不断增加。韩国造船商在集装箱船舶工业中处于领先地位，拥有 8000～12000 TEU 的集装箱船。为提高集装箱船的运输效率，迫切需要减少船体的重量。集装箱船有一个用来装卸集装箱货物的开放式上甲板，因此，为了确保结构整体的安全性，在制造集装箱船时需要采用高强度厚板。

造船商希望能够缩短整体生产周期，提高收益。因此，要求钢板具有良好的焊接性且对预热、短焊缝、补焊长度的限制更宽松。大线能量焊接时热影响区的韧性对减少造船业总产量生产周期同样非常重要。在韩国和日本的造船厂，热输入高于 300kJ/cm 的气电焊已在立焊过程中广泛使用。在大线能量焊接的情况下，尽管可能会对厚板的强度有影响，但还是很有必要通过降低碳当量（C_{eq}）来实现良好的可焊性和热影响区的韧性。

采用 TMCP 工艺可以有效生产低碳当量（C_{eq}）的高强度、高韧性厚板[1,2]。SMYS 分别为 355MPa、390MPa 和 460MPa 的船用厚板，已经通过优化的化学成分并应用新型多功能间歇式冷却设备（MULPIC）的 TMCP 工艺实现了开发。而且，通过提高 TiN 颗粒的热稳定性，大热输入焊接 355MPa 钢级的厚板已被开发出来。本文主要介绍该产品开发理念状况、以及钢板和焊接接头的力学性能。

2 普通热输入的高强度钢板

2.1 性能标准

EH36、EH40 和 EH47 钢板和焊接接头的性能标准如表 1 所示。钢板强度和夏比冲击韧性的性能标准采用国际船级社（IACS）标准。最大热输入为 300kJ/cm 的药芯焊丝电弧焊（FCAW）和气电焊（EGW）的焊接工艺被考虑用于焊接集装箱运货船船壳边板、纵向隔板和舱口栏板的垂直立式焊。焊接接头的性能标准也是遵照国际船级社（IACS）标准。

表1 普通热输入焊接的高强度钢板性能标准

钢 种	母材性能			焊接接头性能		
	屈服强度 /MPa	抗拉强度 /MPa	$A_{KV}(-40℃)$ /J	输入热量 /kJ·cm^{-1}	抗拉强度 /MPa	$A_{KV}(-20℃)$ /J
EH36	≥355	490~620	≥34	≤300	≥490	≥34
EH40	≥390	510~650	≥37		≥510	≥41
EH47	≥460	570~720	≥46		≥570	≥46

注：还没有制定 EH47 船体结构标准，所以引用 E460 高强度调质钢的焊接结构标准。

2.2 合金设计

一般而言，降低碳含量和碳当量可以获得韧性良好的焊接接头。但由于碳含量和碳当量对钢板的强度也有贡献，所以应该确定这两个值以实现母材和焊接接头性能的最佳平衡。

EH36、EH40 和 EH47 的碳含量、碳当量 C_{eq} 和裂纹敏感系数 P_{cm} 如图 1 所示。按照 EH36、EH40 到 EH47 的顺序，其碳含量逐渐降低，碳当量逐渐升高。随着强度从 EH36、EH40 到 EH47 不断增加，需要添加合金元素如硼、铜、镍、铬。众所周知，硼是一种可以提高钢的淬透性的元素[3,4]。然而，过量的硼会导致韧性恶化。对于 EH40 和 EH47 钢，加入少量的硼会使强度增加，而不会降低钢的韧性。铜、镍和铬通过固溶强化提高 EH47 钢的强度。加入 Ti 的目的是细化晶粒。3 种钢都加入 0.02% Nb 有助于提高钢板的强度和韧性。在 Nb 和 B 元素的作用下，EH40 和 EH47 钢板的强度大幅增加，因为在固溶状态下，Nb 能

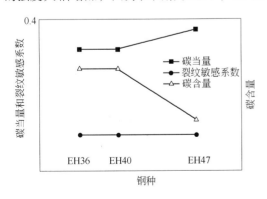

图 1 EH36、EH40 和 EH47 的碳含量、碳当量 C_{eq} 和裂纹敏感系数 P_{cm}

够增强 B 对力学性能的影响[5]。

2.3 制板工艺

TMCP 工艺生产的厚板有时会在板厚方向产生较大的力学性波动。主要原因是在厚度方向上有不均匀塑性变形和冷却速率的波动。用户要求厚板在厚度方向要有均匀的性能和在每个厚度位置上具有良好的性能，例如，次表面、1/4 厚度、中间厚度。为了在不同厚度位置上获得好的力学性能，应该精确地控制轧制工艺和加速冷却参数。图 2 为含硼钢板在不同冷却速度下维氏硬度（HV10）在厚度方向上的分布，其表明了降低冷却速度会减少硬度在厚度方向的不均匀性。因为钢板强度会随冷却速度降低而降低，所以为了弥补因降低冷却速度所损失的强度，应该优化轧钢工艺的终冷温度。

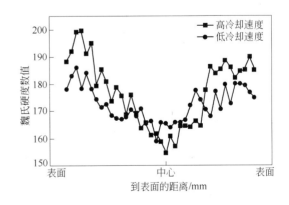

图 2 不同冷却速度下，EH40 钢板 厚度方向的硬度分布

希望能够通过降低终冷温度（FCT）满足厚钢板对强度的要求，图 3 为厚度 1/4 处和心

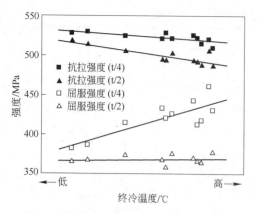

图 3 终冷温度对 EH36 钢厚度 1/4 处和
心部位置强度影响

部位置上屈服和抗拉强度随不同终冷温度的影响变化。两个位置上的抗拉强度都随终冷温度的降低而增加。然而，屈服强度变化规律与抗拉强度不同。1/4 位置处的屈服强度随终冷温度降低而降低，这与屈服行为的变化有关。随着终冷温度的降低，低温相的体积分数会增加，导致屈服行为由不连续屈服到连续屈服变化，同时屈服强度也降低。图 4 是厚度 1/4 处的微观组织中贝氏体面积分数随终冷温度降低而增加。另外，心部位置的屈服强度不会随着最终冷却温度发生改变，原因可能是心部冷却速度太低不足以发生组织转变。

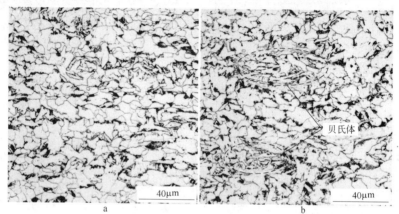

图 4 高终冷温度（a）和低终冷温度（b）时 EH36 钢板厚度 1/4 处的显微组织

轧制工艺对于提高韧性和屈服强度也非常重要。通过夏比冲击试验确定的韧—脆转变温度（DBTT）随开轧温度降低而降低，这种规律在心部比厚度 1/4 处的韧性提高得更明显。为了获得良好的心部性能，采用轧制成形系数

高的大压下量[6]。

2.4 钢板的性能

图 5 是 EH40 和 EH47 钢板的微观组织照片。EH40 钢中形成的是细小不定形铁素体和粒

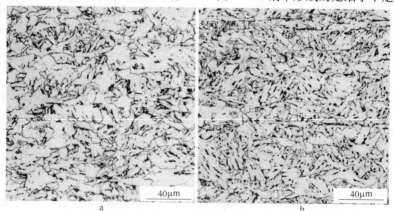

图 5 EH40（a）和 EH47（b）钢板厚度 1/4 处的微观组织

状贝氏体，EH47 钢中以粒状贝氏体为主。与 EH36 的微观组织（图 4）比较，EH47 的硬相（粒状贝氏体）增加，屈服强度更高。EH46 开发显微结构中黑色区域由珠光体转变成退化珠光体和马奥组元（M-A）。

表 2 是开发钢板的力学性能，都满足 IACS 标准的要求。厚度 1/4 处和心部之间强度的差别不大，原因是厚度方向上的微观结构被控制得很均匀。此外，心部的夏比冲击功也很好，主要是由于对轧制工艺精确控制，获得了非常细小的微观组织。

表 2　开发钢板的力学性能

钢种	厚度 /mm	位置	屈服强度 /MPa	抗拉强度 /MPa	均匀伸长率 /%	A_{KV} (-40℃) /J
EH36	85	1/4t	413	523	34	308
		1/2t	372	503	33	241
EH40	88	1/4t	430	546	31	344
		1/2t	400	534	33	218
EH47	75	1/4t	500	618	20	330
		1/2t	462	587	21	281

表 3　EH36 和 EH40 的焊接条件

钢　种	焊接位置	保护气	位　置	极　性	电流/A	电压/V	速度 /cm·min^{-1}	热输入 /kJ·cm^{-1}
EH36	3G	100% CO_2	表面	直流反接	400	42	3.8	265
			根部	直流反接	400	42	3.3	305
EH40	3G	100% CO_2	表面	直流反接	390	43	2.8	358
			根部	直流反接	385	43	3.3	300
EH47	1G	100% CO_2	填充/盖面	直流反接	361	36	31.0	26
			根部	直流反接	270	30	17.5	28

表 4 是开发钢板焊接接头的拉伸性能。钢板厚度中间的拉伸强度分别满足 490MPa、510MPa 和 570MPa 的要求。所有断裂都出现在母材上，表明热影响区没有发生软化。

表 4　焊接接头的抗拉性能

钢　板	位置	抗拉强度/MPa	断裂位置
EH36	表面	554	母材
	中心	524	母材
	底部	544	母材
EH40	表面	562	母材
	中心	523	母材
	底部	549	母材
EH47	表面	633	母材
	中心	656	母材

2.5　焊接接头的性能

根据 JIS Z 3158 标准，采用斜 Y 坡口试验评价钢板的焊接裂纹敏感度。测试板焊接的热输入为 17.5kJ/cm，采用的焊材为 AWS A5.29 81T1-K2。室温下，3 种钢板都没有发现任何冷裂纹；另外，依照 JIS Z 3101 标准，热输入为 16.7kJ/cm 时进行了硬度测试，随钢种不同，测得最大硬度在 215～280HV 范围内。

不同焊接工艺如药芯焊丝电弧焊、亚埋弧焊和气电焊都被广泛用于造船业。对开发钢种采用不同方法进行焊接对焊接接头进行评价，焊接条件如表 3 所示。通过双丝单极气电焊（EGW）焊接 EH36 和 EH40 钢板，热输入在 265kJ/cm 到 358kJ/cm 之间。采用二氧化碳气体保护焊（FCAW）焊接 EH47 钢板，其热输入约为 20～30kJ/cm。

-20℃时测量焊接接头的夏比冲击韧性，在每个厚度位置上取横向试样，缺口位置分别在焊接金属、熔合线、熔合线 +1mm、熔合线 +3mm、熔合线 +5mm。测试结果如图 6 所示，尽管在全厚度方向和缺口位置上表现得比较分散，但实验数据能够满足 IACS 标准的要求。结果表明 EH36 和 EH40 钢板可以在高达 300kJ/cm 的热输入下焊接。

3　大线能量焊接钢板

3.1　改善大线能量焊接热影响区韧性

通过抑制奥氏体晶粒长大可以提高粗晶热

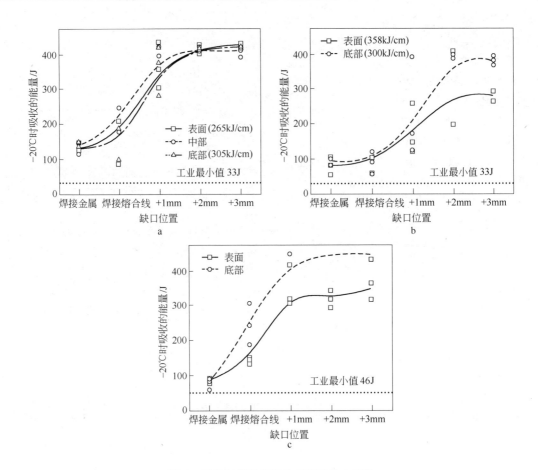

图 6　开发钢板焊接接头的夏比冲击韧性
a—EH36；b—EH40；c—EH47

影响区（HAZ）的韧性。奥氏体长大可能会
导致显微组织中最终形成上贝氏体或铁素体，
从而降低韧性。在热输入相对较低时，传统的
TiN 析出方法一般用于提高热影响区的韧性。
然而，对于大线能量焊接，大多数的 TiN 颗粒
在传统钢中被溶解或者粗化，所以很容易出现
奥氏体晶粒长大。因此，传统的 TiN 析出技术
不能改善大线热焊接中热影响区的韧性。

　　增加高温下 TiN 析出的热稳定性可以抑
制粗晶粒热影响区奥氏体晶粒长大。钢中
少量的固溶 Ti 将会抑制 TiN 晶粒的长大。
增加 N 的含量将 Ti/N 调整到亚理想配比状
态，有利于抑制焊接过程中奥氏体中 TiN 晶
粒的溶解。图 7 表明如何通过增加 N 含量
降低奥氏体晶内 TiN 析出的溶解度来移向亚
理想配比状态，同样这些热稳定性的 TiN 沉

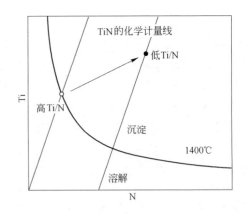

图 7　Ti/N 比率与 TiN 热稳定性的关系

淀能够有效地抑制粗晶热影响区奥氏体晶
粒的长大。

　　图 8 为两种钢在模拟焊接热影响区的 TiN

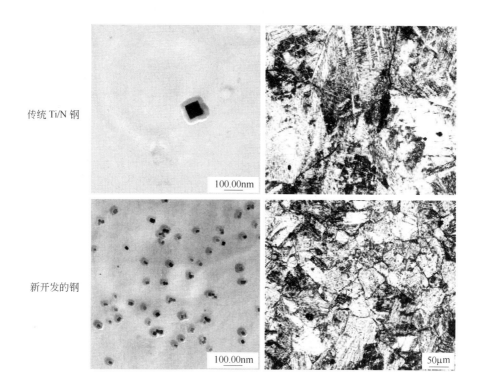

图 8　TiN 晶粒萃取复型的透射电镜的显微照片及传统 TiN 钢和
开发钢的原奥氏体晶粒的光学显微照片

颗粒的萃取复型的透射显微照片，焊接条件是峰值温度 1400℃ 和 $\Delta t_{800\sim500}$ 40s。在传统 TiN 钢中，模拟热影响区很少出现 TiN 析出，然而高氮 TiN 钢的模拟热影响区有许多尺寸在 10 ~ 20nm 细小的 TiN 析出。这个结果表明传统钢中的 TiN 沉淀在高温下很容易溶解和粗化，但是新开发的钢具有热稳定性的 TiN 晶粒在高温1400℃ 下依然非常稳定。

　　图 9 所示的是模拟焊接热影响区奥氏体晶粒大小随峰值温度的变化曲线。高 N 钢模拟焊接热影响区中的奥氏体晶粒远比传统钢小。表明高氮钢中奥氏体晶粒在温度高达 1400℃时仍能保持很细小。综上实验数据可以得出以下结论：高氮钢中 TiN 沉淀在温度高达1400℃ 时非常稳定，以至于能够有效地钉扎奥氏体晶粒和抑制熔合线附近奥氏体晶粒长大。通过具有热稳定性的 TiN 析出，开发出大线能量焊接用 EH36-TU 钢板。

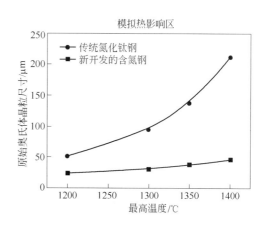

图 9　模拟焊接热影响区奥氏体
晶粒尺寸随峰值温度的变化

3.2　EH36-TU 的大线能量焊接

　　利用以上热稳定化的 TiN 析出技术开发出了具有高达 600kJ/cm 热输入的大线能量焊接用 EH36-TU 钢板。钢板的合金元素是为了满足不同类型船对力学性能的要求，以及优化 Ti/N 比率确保热影响区 TiN 的热稳定性。调整其他元素减少自由氮的含量。应用加速冷却减少昂贵合金的添加以及提高焊接性能。EH36-TU 钢中的 C_{eq} 和 P_{cm} 分别保持在 0.34 和 0.17。可以通过精确地控轧控冷技术生产最大厚度为 80mm 的 EH36-TU 钢板。

    钢板厚度 1/4 处的力学性能实验值满足 EH36 的标准要求，见表 5。在钢板厚度 1/4 处可以观察到细小的针状铁素体，见图 10。

表 5　EH36-TU 种类钢板大线能量焊接的力学性能

位置	屈服强度 /MPa	抗拉强度 /MPa	均匀伸长率 /%	A_{KV} (−40℃) /J
1/4t	444	562	23	311
标准要求	≥355	490~630	≥21	≥34

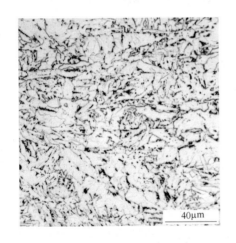

图 10　80mm EH36-TU 级钢板大线能量焊接的微观组织

    采用前后气电焊焊接钢板，焊接条件见表 6，热输入约为 627kJ/cm。图 11 是 80mm 厚的 EH36 钢气电焊焊接头的宏观照片。结果表明 EH36-TU 级钢板焊接接头厚度方向各个位置的拉伸性能都非常好。图 12 是 −20℃ 时夏比冲击韧性的测量值。焊接接头的韧性满足 EH36 钢级的要求，甚至在钢板最差的位置和方向（如横向厚度中间处）也都满足要求。

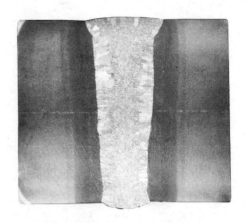

图 11　80mm 厚 EH36 级钢气电焊接接头的宏观照片

表 6　80mm 厚 EH36 级钢大线能量焊接的气电焊焊接条件

焊接位置	保护气	极性	电流 /A	电压 /V	速度 /cm·min⁻¹	热输入 /kJ·cm⁻¹
3G 垂直向上	100% CO_2	DCEP	400	44	3.2	627

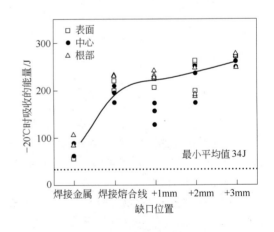

图 12　EH36 级钢大线热焊接头横向夏比冲击韧性

4　结论

    EH36、EH40 和 EH47 钢级厚板已经应用到大型集装箱船。通过化学成分、轧制、冷却条件的精确控制，获得了良好的力学性能和焊接性能。EH36、EH40 和 EH47 钢级的钢板即使在厚度的中间区域也能够满足 IACS 标准的要求，厚度方向的微观结构非常均匀。焊接接头也表现出极好的性能，所以高达 300kJ/cm 的热输入焊接能够应用于造船厂。

开发了 EH36-TU 大线能量焊接钢板，热焊接头具有良好韧性。由于 TiN 粒子在高温下的热稳定性增加，熔合线附近的奥氏体晶粒尺寸要比传统钢的晶粒尺寸小得多。大线能量焊接头具有非常良好的拉伸性能和冲击性能，即使在厚度中间处也能满足 EH36 钢级标准的要求。

参 考 文 献

1　T. Kubo, Y. Nakano, O. Tanigawa, H. Ishii and P. W. Marshall, A 100mm Thick API 2W GR. 60 Steel Plate Produced by TMCP and its Applicability to Offshore Structures, *Proc. 13th Int. Conf. Offshore Mechanics and Artic Engineering*, Houston, Texas, USA, Vol. Ⅲ, 1994, p 307-314.

2　F. Hanus, J. Schütz and W. Schütz, One Step Further-500MPa Yield Strength Steel for Offshore Con-

structions, *Proc. 21st Int. Conf. Offshore Mechanics and Artic Engineering*, Oslo, Norway, Vol. Ⅲ, 2002, p 167-172.

3　J. E. Morral and T. B. Cameron, Boron Hardenability Mechanisms, *Proc, Int. Symp. On Boron Steels*, TMS-AIME, Milwaukee, 1979, p 19-32.

4　Y. Ohmori and K. Yamanaka, Hardenability of Boron-Treated Low Carbon Low Alloy Steels, *Proc, Int. Symp. On Boron Steels*, TMS-AIME, Milwaukee, 1979, p 44-60.

5　Ph. Maitrepierre, J. Rofes-Vernis and D. Thivellier, Hardenability of Boron-Treated Low Carbon Low Alloy Steels, *Proc, Int. Symp. On Boron Steels*, TMS-AIME, Milwaukee, 1979, pp 1-18.

6　Y. Okayama, H. Yasui, K. Hara, Y. Ueshima, F. Kawazoe, S. Umeki, H. Kato, and M. Hoshino, Production of High Quality Extra Heavy Plates with New Casting Equipment, *Nippon Steel Technical Report*, Nippon Steel Corporation, No. 90, 2004, p 59-66.

（昆明理工大学　李珊珊　译，

谭峰亮　校）

采用 TMCP 工艺生产的 Nb 微合金钢在商业用船和海洋平台上的研究与应用

Man-joo Huh，Jong-min Park，Jung-hyun Kim，Han-jin Cho，Ki-hyoung Han

Welding Engineering R&D Team，DSME

Aju-dong，Geoje-si，Gyeongsangnam-do，656-714 Korea

摘　要： 大宇造船海洋株式会社已将由 TMCP 工艺生产的含 Nb 钢广泛应用到商业用船和海洋平台上。尤其是，将 Nb 添加到 EH40 钢，集装箱船上抗扭箱用厚板、液化天然气运输船（LNGC）用 E 级钢以及海洋结构用要求 CTOD 性能的 API 2W Gr50 钢。大宇造船海洋株式会社研制的含 Nb 微合金钢板具有良好的焊接性和断裂韧性。

关键词： Nb 微合金钢，EH40，API 2W Gr50，造船，焊接性

1　引言

集装箱船上的抗扭箱使用超过 65mm 的厚规格钢板。高强度等级钢板，如 EH36 已成功应用，这些钢板需要具有良好的焊接性。同时，API 2W Gr 50 钢也成功应用于海洋结构工程如 TLP 平台、FPSO。然而，到目前为止，这些钢种还是依靠进口。因此，很难满足国内的需求。韩国大宇造船海洋株式会社研究了含 Nb TMCP 控轧钢如 EH36/40 钢、E 级钢和 API 2W Gr 50 钢分别在抗扭箱、液化天然气运输船和海洋结构工程中的应用。

2　EH40 钢的焊接性

为了提高最大厚度为 80mm 的厚规格钢板的焊接性，有必要采用串列气电立焊。大宇造船海洋株式会社采用串列焊条的气电立焊对由韩国浦项钢铁公司生产的含 Nb 微合金 EH40 钢进行焊接实验。表 1 是 EH40 钢的化学成分，其中 Nb 的含量为 0.017% 。采用串列气电立焊对 EH40 钢进行焊接，其中输入能量为 55kJ/mm。焊接件的力学性能见表 2，数据表明尽管焊接件的拉伸强度比母材低，但也符合要求。同时，所有焊件的冲击韧性均满足要求。因此，采用串列气电立焊可以成功地焊接含 Nb 的 EH40 结构钢板。

3　E 级钢的焊接性

液化天然气运输船越来越大型化，所以用于制造液化天然气运输船的钢板越来越厚。因此，这些钢板应该具备被大能量焊接的可能。大宇造船海洋株式会社已经评价了 E 级 TMCP 轧钢的焊接性。E 级钢的化学成分见表 3。

表 1　EH40 的化学成分　　　　　　　　　　　　（%）

C	Si	Mn	P	S	Ni	Cr	Mo	V	Cu	Ti	Nb	N	C_{eq}
0.062	0.17	1.58	0.004	0.001	0.20	0.10	0.004	0.002	0.10	0.018	0.017	0.004	0.367

表2　EH40 焊接件的力学性能

性　能		标　准	母　材	焊　件
抗拉强度/MPa	根　部	510～650	569	511
	边　部			517
冲击功(-20℃)/J	根　部	≥41	436	焊接金属 42
				熔合线 299
				熔合线+1mm 387
				熔合线+3mm 280
				熔合线+5mm 400
	心　部		413	焊接金属 70
				熔合线 79
				熔合线+1mm 48
				熔合线+3mm 167
				熔合线+5mm 405
	边　部		394	焊接金属 64
				熔合线 276
				熔合线+1mm 195
				熔合线+3mm 390
				熔合线+5mm 408

表3　E 级钢的化学成分　　　　　　　　　　　　　　　　　　　（％）

序　号	C	Si	Mn	P	S	Al	Nb	Ti	N	C_{eq}
E1	0.082	0.245	1.35	0.015	0.002	0.028	—	—	0.0039	0.307
E2	0.079	0.250	1.45	0.015	0.002	0.036	—	—	0.0037	0.327
E3	0.080	0.249	1.44	0.015	0.002	0.035	0.01	0.01	0.0039	0.320

钢板的厚度为 20mm。以 E3 为例，具含有 0.01% Nb 和 0.01% Ti。采用具有埋弧焊工艺的串列焊条进行焊接实验，输入能量为 4.6kJ/mm。图 1 是不同成分钢板焊接接头的硬度分布图。观察图 1 可知，E3 焊缝区的硬度只是比其他不含 Nb、Ti 的 E1 及 E2 钢稍微大一点。实验结果表明，E3 具有良好焊接性很有可能是因为含有 Nb 和/或 Ti 元素。

焊缝区和热影响区在 -20℃ 的冲击韧性见图 2。数据表明 E1 焊缝区的韧性值比标准值低 34J。而对于 E2 和 E3，韧性值均比标准值高。含 Nb 的 E3 焊缝区的韧性值最高。因此，实验结果表明 E3 的焊接性最佳。

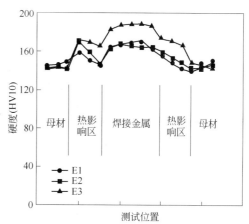

图 1　不同成分钢板的焊接接头的硬度分布

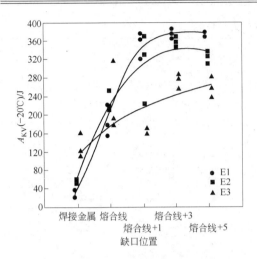

图 2　不同成分钢板焊接接头的冲击韧性

4　API 2W Gr 50 钢的焊接性

　　表 4 是应用于该实验的钢板的化学成分。

在钢中添加 0.012% Nb 是为了提高材料的性能。钢板的厚度为 70mm。为了证明应用这种钢级钢板的可能性，输入不同能量进行焊接实验研究。表 5 是焊接接头的力学性能。

　　与标准要求相比，抗拉强度和冲击韧性都非常好。应用于海洋结构工程的 API 2W Gr 50 钢需要符合 CTOD 性能标准，韩国浦项钢铁已经证实了输入能量分别为 0.7kJ/mm（FCAW）、3.0kJ/mm（SAW）和 4.5kJ/mm（SAW）时，焊接热影响区的 CTOD 性能均非常良好。大宇造船海洋株式会社对焊缝金属进行实验，实验结果见表 6，数据表明焊缝金属的 CTOD 值较高。实验结果表明含 Nb API 2W Gr 50 钢具有非常良好的焊接性，可以应用于海洋结构工程。

表 4　API 2W Gr 50 钢的化学成分　　　　　　　　　　（%）

C	Si	Mn	P	S	Al	Cu	Ni	Cr	Mo	Nb	Ti	N	C_{eq}
0.07	0.27	1.46	0.003	0.002	0.033	0.27	0.25	0.014	0.002	0.012	0.015	0.0041	0.35

表 5　API 2W Gr 50 焊接接头的力学性能

工　艺	能量输入 /kJ·mm^{-1}	抗拉强度/MPa		冲击韧性（-40℃）/J				
		标准值	测试结果	标准值	焊接金属	熔合线	熔合线 +2mm	熔合线 +5mm
药芯焊丝电弧焊	0.7	≥ 490	584.8	≥ 27	76	72	298	332
埋弧焊	4.5		540.9		228	342	355	355

表 6　API 2W Gr 50 焊接头的 CTOD 性能

工　艺	能量输入 /kJ·mm^{-1}	缺口位置	温度/℃	屈服强度/MPa	裂纹尖端张开位移/mm
药芯焊丝电弧焊	2.5	焊接金属	-10	563	0.70
埋弧焊	4.0			475	1.89

5　结论

综上所述，最终得出如下结论：

（1）输入能量非常大的情况下，Nb 微合金 E36 钢的焊接性非常良好。

（2）Nb 微合金 E 级钢的焊接性非常好，特别是在大能量输入的情况下，焊缝区和热影响区在 -20℃条件下仍然具有非常高的夏比冲击功。

（3）由于具有非常良好的焊接性和 CTOD 性能，Nb 微合金 API 2W Gr 50 钢成功用于海洋结构工程。

（钢铁研究总院　谭红亮　译，
贾书君　校）

420～550MPa级大厚度海洋平台用钢的
组织和力学性能

Hua Wang[(1)], Wanshan Zhang[(2)]

(1) Anshan Iron and Steel (Group) Corporation Anshan, 114021, Liaoning, China

(2) University of Science and Technology Beijing, Beijing, 100083, China

摘　要：鞍钢研制的超高强度海洋平台用钢已经得到九国认证机构的认证。超低碳、铌微合金化以及优化的热机械加工（TMCP）使得这种大厚度钢板具有优良的性能。0.03%～0.05% C 含量的 Mn-Nb 系钢（含有少量的 Cr、Ni、Cu、Mo）可以得到 420MPa、460MPa、500MPa 和 550MPa 级的强度，并且在 -60℃具有优良的韧性。这种低碳的技术路线可以使大厚度钢板在宽范围在线得到均匀的中温转变组织：针状铁素体和/或贝氏体。

关键词：含 Nb 的，大厚度，海洋平台用钢，TMCP

1　引言

近年来，中国轮船和海洋工程制造业发展迅速，造船能力已位居世界第二。2008 年，造船能力达到 2300 万吨，消耗钢铁 1300 万吨。鞍钢有 50 年的生产船板的历史，约生产了 1000 万吨船板。现在，鞍钢有 4 条中厚板生产线，其中有世界最大的 5500mm 宽厚板轧机。鞍钢现在每年生产中厚板 600 万吨，其中 70% 为船板钢。鞍钢是最早获得九国认证机构认证的钢厂。鞍钢的产品多样化、标准化，包括成系列的普碳、高强度和超高强度 TMCP 钢板。例如：A、B、D、E 级6～100mm 厚钢板和 32、36、40（A、D、E、F）级 6～80mm 厚超高强度钢板。所有级别的钢板都可以满足 Z15、Z25 和 Z35 抗 Z 向撕裂要求。

利用先进的炼钢和轧钢设备，通过 TMCP 工艺得到的高性能钢具有以下优点：高韧性，低合金成分以及较短的生产流程[1,2]。为了开发高性能 TMCP 钢，整个生产过程的物理冶金过程都应该得到控制[3,4]。应用物理冶金理论，通过细化奥氏体晶粒尺寸、控制轧制和冷却速度，可以得到针状铁素体和贝氏体组织[5,6]。

优化合金成分同 TMCP 技术一样，是获得这种高性能钢的关键[7]。本文研究了用于生产超高强度钢的合金设计和组织控制。同时研究了工业试制厚板的组织和力学性能。

2　超低碳设计-碳含量对组织和力学性能的影响

研究了碳含量对低碳贝氏体钢组织和力学性能的影响，化学成分见表 1。4 种试验钢中加入的 Cu、Ni、Mo 含量在同一级别，碳含量的范围是 0.01%～0.1%。

表1　不同 C 含量钢的化学成分

（质量分数,%）

钢号	C	Si	Mn	S	P	Nb	Ti
1	0.01	0.24	1.73	0.005	0.01	0.05	0.01
2	0.03	0.30	1.77	0.005	0.01	0.04	0.02
3	0.05	0.29	1.77	0.005	0.01	0.05	0.02
4	0.10	0.31	1.79	0.005	0.01	0.04	0.02
Cu, Ni, Mo(总量)≤1.2							

这些不同碳含量的钢经控制轧制，然后直接淬火或空冷。表 2 列出了这些钢的力学性能。可以看出，当碳含量为 0.01%（1 号）时，尽管添加了一定量的 Mo、Ni、Cu，其屈

表 2　试验钢的力学性能

钢号	冷却方式	R_m /MPa	R_{el} /MPa	断裂伸长率/%	冲击功 （一半尺寸）/J		
					20℃	-20℃	-40℃
1-1	直接淬火	498	380	31	143	134.7	145.3
1-2	空　冷	495	365	32	157	122	119
2-1	直接淬火	843	712	14.5	99.3	102.7	94.7
2-2	空　冷	625	472	22	79.7	135.7	121.7
3-1	直接淬火	955	770	11.3	76.3	74	78.3
3-2	空　冷	695	475	22	103	98	109
4-1	直接淬火	1235	978	11.5	45	46	43
4-2	空　冷	783	493	19.5	107.7	58	58

服强度仍低于 400MPa。然而，当碳含量在 0.03%～0.05%（2 号和 3 号）范围内的时候，在直接淬火之后，其屈服强度高达 700MPa，并且这一范围内碳含量的改变对屈服强度的影响不大。此外，如果碳含量高达 0.1%（4 号），对淬火钢来说，屈服强度大于 900MPa，但是韧性变得相对较差。另外，如果这些钢的碳含量在 0.03%～0.10% 范围内，在空冷的条件下，其屈服强度在 470～490MPa，并没有大的变化。从表 2 中的实验数据还可以看出，随着碳含量的增加，空冷和直接淬火后钢强度的差别越来越明显。

为了保证整个截面上强度的均匀性，必须考虑较低的碳含量。尽管 0.01% C 的钢在不同冷速下的强度大致不变，但并没有达到高强度的要求。从表 2 的结果看出，对于 0.03%～0.05% C 的钢，控制加速冷却的过程，可以得到屈服强度 500～700MPa 级别的钢。

从图 1 的钢的显微组织可以看出，1 号

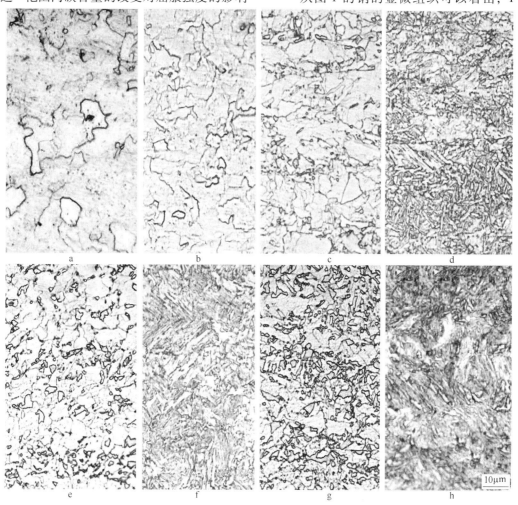

图 1　钢的组织
a，c，e，g—1 号、2 号、3 号、4 号分别空冷后；b，d，f，h—1 号、2 号、3 号、4 号分别直接淬火后

造 船 板

（图1a和图1b）空冷和直接淬火后的组织非常相似。冷速对组织转变的影响不大。这两种组织都含有多边形铁素体（PF），准多边形铁素体（QF）和少量的针状铁素体（AF）。由于铁素体基体中位错密度非常低，因此强度不会达到很高的水平。图1c和图1d是2号钢空冷和直接淬火后的组织，可以看出，空冷后的组织由QF，AF、GB和少量M/A构成。如果直接淬火，则得到以贝氏体铁素体为主的组织。从图1e和图1f可以看出空冷和直接淬火后，3号和2号的组织很类似。空冷试样中有更多的M/A出现（图1g），这导致抗拉强度增加（表2）。但是，4号钢直接淬火的组织只含有贝氏体铁素体和/或板条马氏体（图1h）。尽管铁素体基体的固溶碳会增加强度，但由于板条马氏体对韧性的有害，因而低温冲击功较低（表2）。因此，低的碳含量也使得2号和3号钢具有良好的韧性。

3 低碳 Mn-Nb 合金体系的连续冷却转变组织

Nb 可以用来细化原奥氏体晶粒尺寸。同时，利用控轧控冷可以得到少量的细化珠光体。为开发 420 ~ 550MPa 级钢板，利用了超低碳贝氏体钢的概念。合金设计的方法是 0.03% ~ 0.05% C-Mn-Nb，并依据钢板的强度和厚度添加 Cu-Cr-Ni- (Mo)。460MPa 级钢不同冷却速度（0.5℃/s、1℃/s、5℃/s 和 20℃/s）下的组织见图2。0.5 ~ 1℃/s 冷却时可以得到部分多边形铁素体。在连续冷却的组织中（图2a和图2b），存在一些珠光体或粗大的 M/A 岛。超过 5℃/s 的冷速可以得到针状铁素体和板条贝氏体。贝氏铁素体和/或板条马氏体在 20℃/s 冷速下被发现。板条铁素体的宽度随着冷速的增加变窄。460MPa 级钢的试样在不同温度下等温。试样的组织见图3。可以看出，630℃等温900s后得到的相是多边形铁素体（图4a 中白色的相）。当等温温度为 600℃ 和 580℃时（图3b和图3c），除了多边形铁素体外还出现了准多边形铁素体。另外，当等温温度为 550℃ 和 530℃ 时，等温转变组织主要由针状铁素体构成（图3d，图3e）。当等温处理温度为 480℃时，显微组织

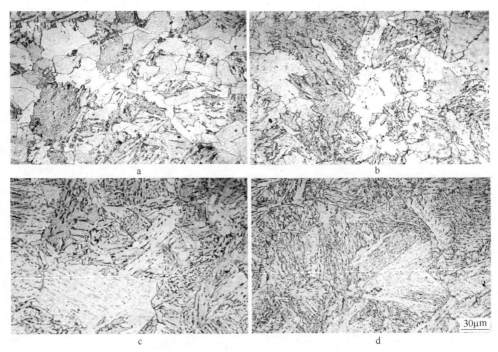

图2　460 级钢在不同冷却速度下的连续冷却组织

a—0.5℃/s；b—1℃/s；c—5℃/s；d—20℃/s

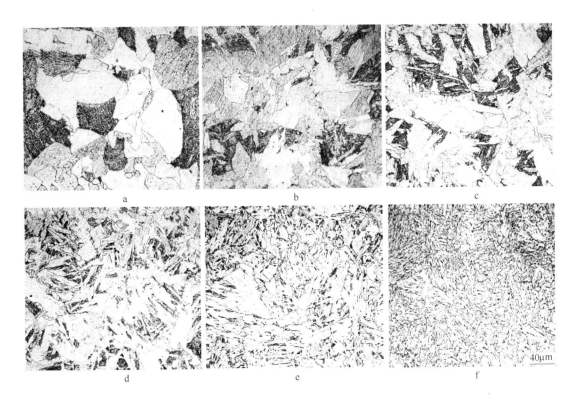

图 3　试样等温热处理后的组织

a—630°等温 900s；b—600℃等温 900s；c—580℃等温 900s；

d—550℃等温 900s；e—530℃等温 900s；f—480℃等温 900s

中只有板条贝氏体出现（图 3f）。

图 4 是 550MPa 级钢的连续冷却转变组织。可以看出，0.5℃/s 连续冷却时，组织主要由准多边形铁素体和退化珠光体和/或 MA 组成。然而，当冷速高于 1℃/s 时，贝氏体成为主要的相，随着冷速的增加，板条变窄，MA 细化并且更加分散。与 460MPa 钢比较可见，如果厚板中心的冷却速度在 0.5℃左右时，550MPa 钢的淬透性略高于 460MPa 钢，因而得不到贝氏体组织。固溶强化对增加芯部强度起了重要的作用，且没有降低韧性。

对于 460MPa 级和 550MPa 级低碳 Mn-Nb 系钢，即使冷却速度小于 1℃/s，转变的组织仍由少量珠光体，准多边形铁素体和/或针状铁素体构成。如果冷却速度大于 5℃/s，贝氏铁素体可以均匀转变。另外，试样在高冷却速度下得到的组织与低冷却速度下的组织差别不大。因此，低碳 Mn-Nb 系钢可以用来开发厚板。

4　厚板的均匀组织和性能

工业化试制的 460MPa 级钢的化学成分见表 3。两炉钢添加的合金元素有所不同。这些钢板通过控制轧制成 16mm、30mm、60mm 和 80mm 并通过加速冷却生产。控制了冷却速度、冷却开始和终止温度。

表 3　460MPa 级钢的化学成分（质量分数，%）

钢号	C	Si	Mn	P	S	Nb	Ti	其他
1	0.032	0.25	1.58	0.0089	0.0027	0.048	0.014	总计 ≤1.0
2	0.040	0.27	1.45	0.009	0.003	0.049	0.020	总计 ≤1.5

表 4 列出了 2 炉钢的力学性能。可以看出，虽然 1 号钢中的合金元素加入量少，厚度为 16mm 和 30mm 的板仍能达到 460MPa 级并

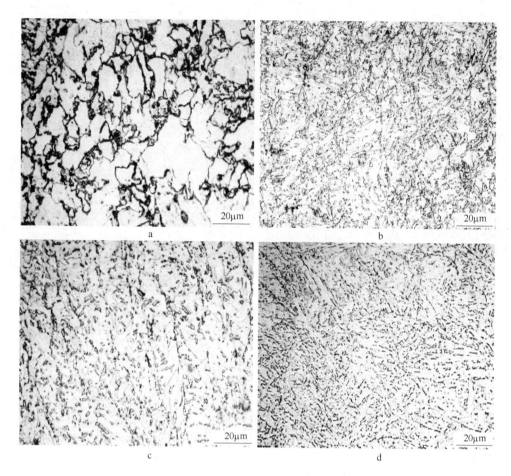

图 4　不同连续冷却速度下的显微组织

a—0.5℃/s；b—1℃/s；c—5℃/s；d—10℃/s

具有良好的韧性。但 60mm 厚板不能达到 460MPa 级。虽然 2 号钢中合金元素的添加量只是略为增加，但 80mm 厚板的屈服强度仍可以达到 460MPa。

表 4　轧态 460MPa 级钢 1/4 厚度处的力学性能

钢号	厚度/mm	下屈服强度/MPa	R_m/MPa	A/%	A_{KV}（-40℃）/J		
1	16	460	570	32.5	360	424	394
	30	465	595	26.5	386	330	375
	60	405	520	28.5	311	330	335
2	80	475	590	30	298	295	298

从图 5 可以看出，对于 30mm 厚钢板，表

面和 1/4 厚度处的微观组织主要由粒状贝氏体组成，并含有少量的针状铁素体，中心部位的 MA 岛尺寸要比外部的略大一些。30mm 板的微观组织在厚度方向上是比较均匀的。然而，作为同成分钢（1 号），60mm 厚板的显微组织不同于厚度为 30mm 的板。在 1/4 厚度处和 1/2 厚度处，其主要的组织是准多边形铁素体和大块 MA 区。60mm 厚板的组织和成分导致了其较低的强度。图 6 是 2 号钢 80mm 厚板的微观组织图。在 0.5～1℃/s 冷却速度下冷却，其中心部位的微观组织是准多边形铁素体和大块 MA 区。从图 7 中大块区域的 SEM 形貌可以看出它是由贝氏体组成的。这种准多边形铁素体和贝氏体的双相组织以及合金成分可以使得厚板基体在 TMCP 加工后得到很高的强度。

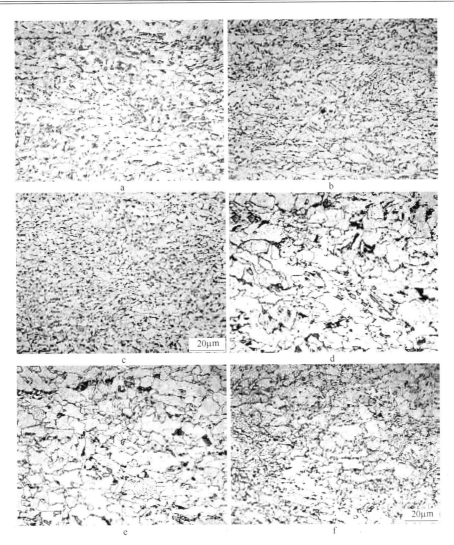

图5　1号钢的轧态组织

a—厚度为30mm板的1/2厚度处；b—1/4厚度处；c—表面；
d—60mm厚板的1/2厚度处；e—1/4厚度处；f—表面

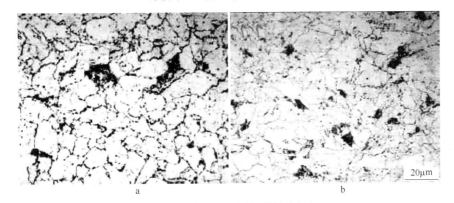

图6　2号钢80mm厚板的轧态组织

a—1/2厚度处；b—1/4厚度处

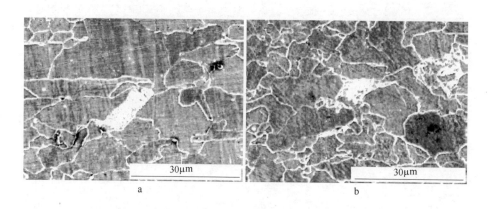

图7　2号钢80mm厚板的 SEM 形貌
a—1/2 厚度处；b—1/4 厚度处

图8显示，30mm 厚度板厚度 1/2 处的屈服强度比表面小 10MPa。但是对于 60mm 厚板来说，厚度 1/2 处的屈服强度是 390MPa，且在厚度 1/4 处有明显的下降。表面到芯部的屈服强度的变化范围有 40MPa。然而，对于 2 号钢 80mm 厚板来说，芯部的屈服强度比 1/4 厚度处的屈服强度低 20MPa，且 1/2 厚度处和 1/4 厚度处的屈服强度都高于 460MPa。

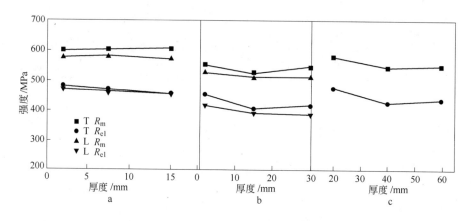

图8　厚度截面中横向和纵向的强度
a—1 号，30mm 厚板；b—1 号，60mm 厚板；c—2 号，80mm 厚板

5　开发的厚板的力学性能

鞍钢研发的超高强度的船板钢和海洋平台用钢已经通过 9 个国家的认证。由于优化了合金成分和采用了控轧控冷的工艺，14～80mm 的钢板强度可以达到 420MPa、460MPa、500MPa 和 550MPa。表5列出了 460MPa 级钢板的强度。可以看出，14mm、50mm 和 80mm 厚板中心和 1/4 厚度处的强度无论在纵向还是横向都可以达到 460MPa。头部和尾部的力学性能几乎一样。整个钢板的力学性能非常均匀。表6列出了 550MPa 级钢板的力学性能。可以看出其性能非常均匀和优良，甚至 80mm 厚板也是如此。

460MPa 级和 550MPa 级钢板在 -60℃ 下的韧性见表7和表8。可以看出，460MPa 级钢板在 -60℃ 下的冲击功是优良的，A_{KV}（-60℃）从 200～300J。时效后的冲击功也非常好。550MPa 级钢板的冲击功也能满足标准。

表5　460MPa级钢头部和尾部性能比较

厚度/mm	试样方向	位置	R_{el}/MPa	R_m/MPa	A/%	位置	R_{el}/MPa	R_m/MPa	A/%
14	T	H	530	640	21.0	T	535	650	21.0
	L	H	515	635	20.0	T	525	645	20.5
	T	H	530	645	20.0	T	545	655	20.0
	L	H	515	640	22.5	T	510	620	23.0
50	T1/4	H	480	630	27.5	T	465	620	25.5
	L1/4	H	490	595	28.5	T	495	600	28.5
	T1/2	H	495	635	24.0	T	480	595	28.5
	L1/2	H	470	615	27.5	T	465	605	20.5
80	T1/4	H	470	595	27.0	T	470	600	27.5
	L1/4	H	465	590	28.5	T	475	590	26.5
	T1/2	H	495	615	24.0	T	485	610	22.0
	L1/2	H	470	595	26.0	T	465	590	23.5

表6　550MPa级钢头部和尾部性能比较

厚度/mm	试样方向	位置	R_{el}/MPa	R_m/MPa	A/%	位置	R_{el}/MPa	R_m/MPa	A/%
14	T	H	580	720	18.5	T	580	715	16.5
	L	H	565	695	20	T	565	705	18.5
	T	H	575	720	16.5	T	575	720	17
	L	H	560	695	17	T	560	690	20.5
50	T1/4	H	590	705	25.5	T	590	715	23.5
	L1/4	H	575	690	28	T	580	715	25.5
	T1/2	H	580	700	22.5	T	590	720	21.5
	L1/2	H	570	690	26	T	575	700	25.5
80	T1/4	H	590	705	26.5	T	585	750	25
	L1/4	H	580	700	25.5	T	565	710	28
	T1/2	H	590	715	25	T	590	720	25
	L1/2	H	570	690	27	T	570	700	26.5

表7　460MPa级钢板轧态和时效处理后的韧性

厚度/mm	试样方向/位置	首或尾	冲击功(-60℃)/J			时效后的冲击功(-60℃)/J		
14	T1/4	H	278	266	256			
	L1/4	H	268	272	279	248	254	272
	T1/4	T	278	242	236			
	L1/4	T	292	290	292	282	280	268

厚度/mm	试样方向/位置	首或尾	冲击功(−60℃)/J			时效后的冲击功(−60℃)/J		
50	T1/4	H	286	272	276			
	L1/4	H	282	290	284	262	273	265
	T1/2	H	278	282	284			
	L1/2	H	280	260	286	275	262	257
	T1/4	T	281	282	264			
	L1/4	T	278	282	290	264	262	276
	T1/2	T	274	210	272			
	L1/2	T	286	282	298	264	267	270
80	T1/4	H	198	196	222			
	L1/4	H	226	184	206	202	180	175
	T1/2	H	204	206	210			
	L1/2	H	220	228	236	200	212	218
	T1/4	T	234	244	246			
	L1/4	T	244	224	242	224	210	214
	T1/2	T	240	213	226			
	L1/2	T	198	210	220	201	183	180

表8　550MPa 级钢板轧态和时效处理后的韧性

厚度/mm	试样方向/位置	首或尾	冲击功(−60℃)/J			时效后的冲击功(−60℃)/J		
14	T1/4	H	362	372	340			
	L1/4	H	385	380	405	310	365	355
	T1/4	T	370	372	340			
	L1/4	T	360	365	375	354	345	365
50	T1/4	H	280	250	278			
	L1/4	H	250	345	245	310	330	325
	T1/2	H	325	315	322			
	L1/2	H	360	320	365	345	338	341
	T1/4	T	285	325	312			
	L1/4	T	300	295	280	310	315	310
	T1/2	T	380	380	400			
	L1/2	T	380	345	375	315	306	315
80	T1/4	H	205	58	40			
	L1/4	H	365	320	340	65	54	180
	T1/2	H	240	65	280			
	L1/2	H	275	260	320	250	74	70
	T1/4	T	245	270	300			
	L1/4	T	310	370	320	198	295	250
	T1/2	T	280	330	300			
	L1/2	T	320	292	280	270	370	300

6 结论

通过以上研究得出如下结论：

（1）0.03%~0.05% 碳含量的含 Nb 低合金钢，可以在很宽的冷却速度范围内得到均匀的贝氏体组织。420MPa 到 550MPa 级钢板具有高强度和优良的韧性，可以作为厚规格海洋平台钢板来使用。

（2）鞍钢生产的低碳贝氏体 TMCP 船板钢和/或海洋平台用厚钢板具有优良的力学性能。这些钢板可以满足造船业不断增加的需要。鞍钢是中国第一个通过九国认证机构对 80mm 厚 TMCP 超高强度结构钢要求的钢铁企业。

参 考 文 献

1　I. Kozasu. Hot rolling as a high-temperature thermo-mechanical process. Proc. Microalloying 75 （Washington, DC）, Union Carbide Corp. , New York, 1977, p. 120-135.

2　C. Ouchi Development of steel plate by intensive use of TMCP and direct quenching processes, ISIJ International, 2001, 41, p. 542-553.

3　I. Kozasu. Metallurgical framework of direct-quenching of steel. Proc. THERMEC' 97 （Wollongong）, TMS, Warrendale, PA, 1997, p. 47-55.

4　A J. DeArdo. The physical metallurgy of thermomechanical processing of microalloyed steels. THERMEC' 97, eds. by T. Chandra and T. Sakai, TMS, Warrendale, 1997. p. 13-30.

5　C. J. Shang, Y. T. Zhao, X. M. Wang et al. Formation and Control of the Acicular Ferrite in Low Carbon Microalloying Steel, Materials Science Forum, 475-479, 2005, p. 85-88.

6　Y. T. Zhao, C. J. Shang, S. W. Yang, X. M. Wang and X. L. He. The Metastable Austenite Transformation in Mo-Nb-Cu-B Low Carbon Steel, Materials Science and Engineering：A, 433, 2006, p69-174.

7　J. Li, C. J. Shang, X. L. He, et al. Effect of Carbon Content on Microstructure and Properties of High Performance Bridge Steel. Iron and Steel, 41 （12）, 2006, p. 64-69 （in Chinese）.

（北京科技大学材料学院　张　旭　译）

一种大线能量焊接用高强度含铌船板钢的研制

Ching-Yuan Huang, Fon-Jen Chiu, Yeong-Tsuen Pan

中国钢铁公司钢铁铝业研究开发部，台湾，中国

摘 要： 建造 8000TEU 集装箱船所用的 EH40 船板钢的性能要求是：大厚度，高强度及良好的低温韧性。采用一次大线能量焊接工艺来提高巨型船的施工效率。开发大线能量焊接 EH40 船板钢时，我们面临两方面的挑战：一个是焊接接头的软化；另一个是焊接热影响区韧性的恶化。为了解决因大线能量焊接工艺而引起的软化问题，提出了一种在提高铌含量同时，并添加铜和镍的方法保证强度。另外，Ti-B 处理是改善大线能量焊接热影响区韧性恶化的一个十分有效的方法。在原奥氏体晶界处形成的 BN 颗粒能够阻止贝氏体和魏氏体铁素体的形成，同时这些位于奥氏体晶粒内的沉淀相有利于晶内针状铁素体的形成。这种针状铁素体组织能够提高热影响区的低温韧性。

关键词： 针状铁素体，EH40 船板钢，大线能量焊接，铌钢，钛-硼

1 前言

为了增加运输效率，并减少输送成本，集装箱船的尺寸逐渐增大。在中国台湾，有几个 8000TEU（标箱）的集装箱船正在建造。这些大型集装箱船设计使用接近 75mm 厚的超大厚度 EH40 船板钢。随着板厚的增加，焊接成本也相应地有所升高。为了降低焊接成本，中国台湾船舶建造公司采用了一种大线能量焊接工艺（热输入为 400kJ/cm）。在早些年，中国钢铁公司（CSC）已成功开发出了大线能量焊接用结构钢板（SM570），用于建造中国台北 101 大楼，该应用仅需满足室温韧性的要求。与大线能量焊接-SM570 板相比，大线能量焊接 EH40 板对于 CSC 来说是一项新的挑战，因为它需要良好的低温韧性（−40℃）。

在开发大线能量焊接 EH40 板的过程中，人们面临着两方面的挑战：一方面，当使用超大能量焊接时（400kJ/cm），阻止焊接接头的软化；另一方面是保证热影响区的韧性不降低。关于软化，研究了一种强化法可以有效防止强度和韧性的降低。众所周知，韧性的恶化归因于大晶粒的形成并且其与焊接金属相邻区域（HAZ）能够促进非预期的贝氏体、魏氏体铁素体的形成。在大线能量焊接时，很难避免毗邻焊接金属的奥氏体晶粒发生长大，提高韧性的方法是控制粗晶区内的奥氏体相变，从而获得晶内针状铁素体，进而延迟裂纹扩展。

目前，在大线能量焊接过程中，在粗晶区获得针状铁素体组织有两种冶金方法。一种是控制氧化物和硫化物的尺寸和分布，如 TiO、MgO 和 MnS，它们在不高于 1400℃ 时仍处于热力学稳定状态，它们能够钉扎奥氏体晶界阻止其移动，同时也可作为铁素体的形核位置[1~4]。但是，氧化物会导致钢板的韧性降低，并且在通常炼钢过程中，氧化物的沉淀析出反应不易控制。另一种是添加硼元素，进而形成 BN 颗粒促进针状铁素体的形成[5,6]。在大线能量焊接的缓慢冷却阶段，BN 沉淀相可作为针状铁素体的形核中心，又能够减少钢板中的自由 N 原子，故可提高大线能量焊接热影响区韧性。与氧化物技术相比，在制造过程中 B 原子更容易控制。在本文中，介绍了一

种 Ti-N 处理的含铌 EH40 钢的大线能量焊接热影响区韧性的提高方法。

2 实验材料和实验方法

Ti-B 微合金化、CuNi 合金化的含铌钢在真空熔炼炉中冶炼并浇铸成 210mm × 210mm × 600mm 的铸锭。为了控制 TiN 颗粒的尺寸和分布，所有钢材中 Ti/N 比应低于 3.4。在大线能量焊接过程中，为了提高钢材的强度相应地添加了一定量的 Cu 和 Ni。表 1 给出了一种试验钢的典型的化学成分。

表 1 实验用钢板的典型化学成分

项目	C	Mn	Si	P	S	Nb	其他	碳当量
EH40	0.08	1.45	0.20	0.01	0.002	0.01 ~ 0.03	Cu,Ni, Ti,B	0.35

注：$C_{eq} = w(C) + w(Mn)/6 + w(Cr + Mo + V)/5 + w(Cu + Ni)/15$。

利用控轧控冷工艺（TMCP）对铸锭进行了实验室轧制。将铸锭加热至 1200℃，保温 1.5h 后进行热轧，最终的板厚为 60mm，终轧温度为 800℃，随后进行加速冷却，终冷温度为 500℃。

轧制完成后，在台湾船舶建造公司（TSBC）内对钢板进行焊接。采用热输入接近 400kJ/cm 的 SEGARC Ⅱ 法[7]评价 60mm 厚的 EH40 级钢板的大线能量焊接性。它能够一次成功焊接 60mm 厚的钢板。焊接参数列于表 2。

表 2 SEGARC Ⅱ 工艺焊接参数

坡口角度	根部宽度/mm	电压/V	电流/A	速度/cm·s^{-1}	热输入/kJ·cm^{-1}
20	9	38	400	2.3	395

图 1 为热模拟工艺图。

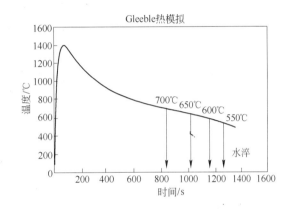

图 1 模拟热影响区热循环工艺示意图

3 钢板的微观组织与性能

图 2a 为 Ti-B 处理轧态钢板的典型微观组织。组织中包含了少量的非整形铁素体和大量的魏氏铁素体及针状铁素体。与没有经过 Ti-B 处理钢明显不同，无 B 钢是由不定形铁素体、魏氏铁素体和针状铁素体组成（图 2b）。

在 Ti-B 处理钢中，溶解的 B 原子能够

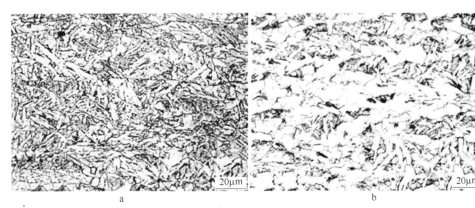

图 2 轧态钢的金相显微组织
a—Ti-B 处理；b—无 B 处理

隔离奥氏体晶粒晶界，同时阻止不定形铁素体的转变，并提高贝氏体的淬透性。因此，它能够阻止魏氏铁素体和针状铁素体的形成。因为 Ti/N 比控制适当，在 Ti-B 处理的钢中分布了大量的（Ti，Nb）（C，N）颗粒，如图 3 所示。

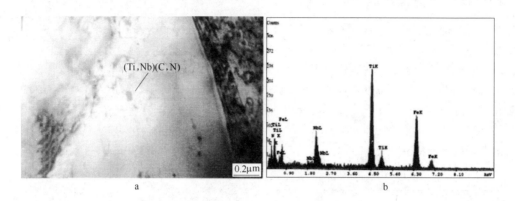

图 3　Ti-B 处理钢原奥氏体晶界处(Ti,Nb)(C,N)颗粒的 TEM 照片（a）和 EDAX 分析图谱（b）

大线能量焊接 EH40 钢板的平均力学性能列于表 3，其达到了 EH40 的规范要求。

表 3　Ti-B 处理的轧态大线能量焊接 EH40 钢的力学性能

Ti-B EH40	屈服强度 /MPa	抗拉强度 /MPa	伸长率 /%	−40℃，夏比 V 形缺口 冲击功/J
最小值	418	554	23.7	215
平均值	444	574	25.9	253
最大值	465	596	27.9	265
EH40 标准值	≥390	510 ~ 650	≥22	≥41

4　热影响区的力学性能

经验表明：经400kJ/cm 大线能量焊接后，Ti-B 处理的 EH40 钢可能会发生明显软化。在某些情况下，大线能量焊接接头的屈服强度（R_e）低于 EH40 钢的标准要求的最小值（屈服强度390MPa）。人们发现，增加铌含量将会增强大线能量焊接 EH40 钢的抗软化性能，具体结果见图 4。

Ti-B 处理的 EH40 钢经 400kJ/cm 大热输入焊接后热影响区的典型力学性能列于表 4。

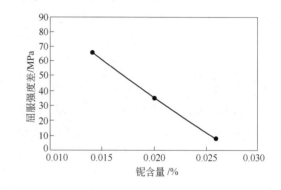

图 4　铌对经 400kJ/cm 大线能量焊接的 EH40 钢板的屈服强度差（抗软化能力）影响关系曲线

表 4　400kJ/cm 大线能量焊接接头的典型力学性能

屈服强度 /MPa	抗拉强度 /MPa	−40℃，V 形缺口 夏比冲击功/J	
		FL	FL + 1
405	540	133	226

Ti-B 处理 EH40 钢接头的屈服强度能够达到 EH40 标准中的最小值（390MPa）要求。图 5 表明：当实验温度为 − 20℃ 时，Ti-B 处理和无 B 处理的 EH40 钢的热影响区的夏比冲击功的变化随 V 形缺口位置的变化而变化。需要指出，与无 B 处理钢（A1）

相比，Ti-B 处理钢（B1）的热影响区冲击
吸收功明显较高。

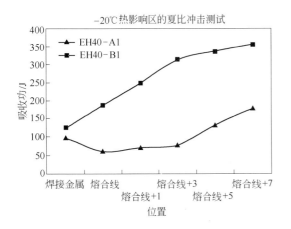

图 5　400kJ/cm 大线能量焊接热影响区试样
（T-方向）的夏比冲击功与 V 形缺口位置的关系
（B1：Ti-B 处理，A1：无 B 处理）

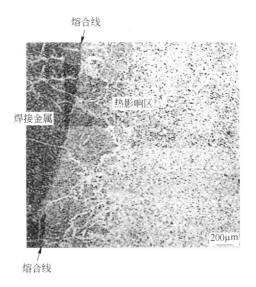

图 6　金相照片表明了使用 SEGARC Ⅱ
焊接 Ti-B 处理钢的热影响区宏观组织

5　热影响区显微组织

　　使用 SEGARC Ⅱ 焊接后，Ti-B 钢焊接接
头的微观组织见图 6。

　　与熔合线相毗邻的粗晶粒区的宽度是
400μm。在粗晶粒区只有 1~2 个奥氏体晶粒。
图 3 表明，实验钢板中的 Ti/N 比得到了有效
控制，且当峰值温度不高于 1400℃ 时，细小
的、弥散分布(Ti,Nb)(C,N)颗粒会阻止奥氏
体晶粒长大。但是，毗邻熔合线（FL）的粗

晶粒区的峰值温度高于 1400℃，（Ti,Nb）
(C,N)颗粒会溶解，从而导致奥氏体晶粒发生
长大，其尺寸会超过 300μm。(Ti,Nb)(C,N)
颗粒会抑制毗邻粗晶粒区的其他区域中的奥氏
体晶粒长大，这将使得奥氏体晶粒细化，进而
形成多边形铁素体。

　　Ti-B 处理钢的粗晶粒热影响区的显微组
织是由大量的细小不定形铁素体组成，其沿原
奥氏体晶界分布，并与奥氏体晶粒内部的铁素
体相连接，具体结果见图 7。

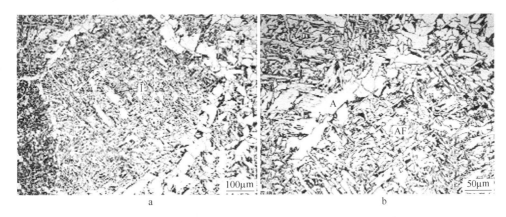

图 7　使用 400kJ/cm 大线能量焊接 Ti-B 处理钢热影响区内的
粗晶粒组织形貌（a）和比（a）放大倍数高的形貌（b）
A—不定形铁素体；AF—针状铁素体；I—晶内形核铁素体

图 8 表明交错针状铁素体与一般的堆焊组织相似。

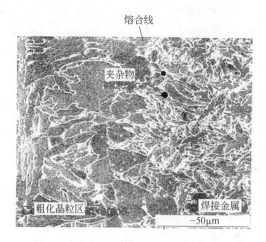

图 8　Ti-B 处理钢热影响区粗晶粒的 SEM 照片

与堆焊工艺相比，Ti-B 处理含铌钢的热影响区针状铁素体板条尺寸明显较大。人们普遍认为堆焊过程中交错针状铁素体的形成是由大尺寸的非金属夹杂物引起的，包括硫化物、氧化物等。在含铌钢的热影响区中同样观察到

了这种类似交错针状铁素体组织[9]。

经 Ti-B 处理 EH40 钢，其热影响区内任何位置的冲击吸收功均高于标准最小值 46J，表明大线能量焊接热影响区中占主导地位的针状铁素体具有良好的韧性。当实验温度降至 −40℃ 时，FL 和 FL + 1 的夏比冲击吸收功分别是 133J 和 226J（见表 4），可见 Ti-B 处理的含铌钢很适合制造大线能量焊接 EH40 钢。

6　Ti-B 处理含铌钢中的针状铁素体形成机制

众所周知，在堆焊过程中，非金属夹杂物（氧化物或硫化物）可作为晶内铁素体的形核核心，如图 8 所示。但是，在经 Ti-B 处理的含铌钢大线能量焊接热影响区中并未发现大量的氧化物或硫化物。该结果表明针状铁素体具有其他的形核源。在热影响区中，我们发现 BN 沉淀相取代了夹杂物，它形成于原奥氏体晶粒晶界处，同时也位于针状铁素体的板条之中（见图 9）。

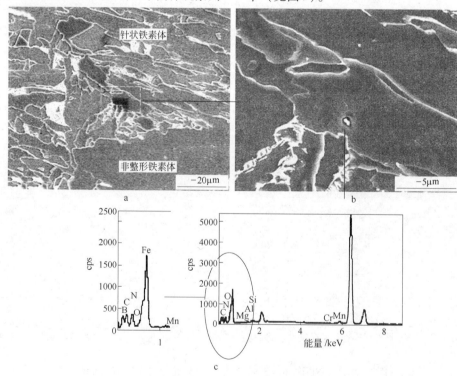

图 9　400kJ/cm 大线能量焊接 Ti-B 处理含铌钢热影响区中的 BN 颗粒
SEM 照片（a），比（a）的放大倍高的 SEM 照片（b）和 BN 颗粒的能谱分析（c）

因为在无 B 处理的钢中无法观察到这么多的针状铁素体组织，所以我们有理由相信针状铁素体的形成与 BN 沉淀相关。发生 γ→α 转变时，BN 沉淀相位于原奥氏体晶界或晶粒内部，这将造成沉淀相附近贫 B、贫 N。该情况会引起相变温度升高，进而有利于不定形铁素体和针状铁素体的形核。文献［10］指出 Mn 对相变也有相同的作用。

为了验证 Ti-B 处理含铌钢晶内交错铁素体板条的形成机制，采用分段冷却模拟热影响区的显微组织，具体热模拟工艺见图 1。图 10 给出了不同终冷温度条件下的模拟热影响区显微组织。结果表明：经 700℃ 模拟热处理后的

显微组织主要由沿奥氏体晶界分布的非整形铁素体组成；而经 650℃ 模拟热处理试样的显微组织主要由整形铁素体加少量位于奥氏体晶粒内板条铁素体组成。通常，通过扩散机制获得类等轴晶内铁素体可很好地确定基体的晶界。对比图 10a 和图 10b 的组织，发现图 10b 中的晶内整形铁素体的体积分数大于图 10a。这表明整形铁素体相变受扩散机制控制，还有相变分数随着温度降低而增多（提高了相变驱动力）。如图 10c 所示，当温度连续冷至 600℃ 时，在奥氏体晶粒内可观察到大量的交错铁素体板条（针状铁素体），仅有极少量的魏氏铁素体在非整形铁素体和奥氏体晶界处形核。

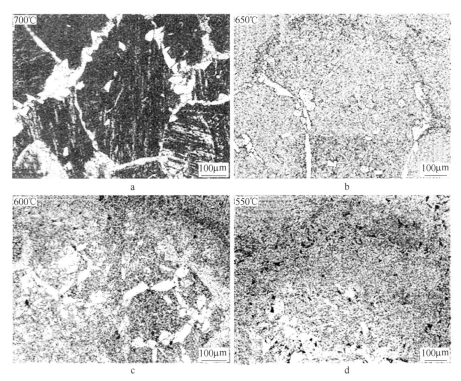

图 10 不同间歇温度条件下，4 种不同模拟热影响区热循环的金相组织
a—700℃；b—650℃；c—600℃；d—550℃

当温度连续降至 550℃ 时，显微组织主要由针状铁素体组成，这与图 7 中的焊接粗晶粒区中的组织十分相似。这表明：当温度降至不定形铁素体和晶内形核铁素体相变温度（650℃）以下时，针状铁素体相变将会取代魏氏铁素体或贝氏体，成为主要的微观组织。

文献［11］指出通过在奥氏体晶界处引入薄片状的非整形铁素体可使贝氏体组织转变为针状铁素体。在本研究中，在后冷却过程中奥氏体晶界处沉淀出 BN，可作为不定形铁素体的形核核心。一方面，晶界不定形铁素体的形成破坏了贝氏体或魏氏铁素体潜在

的形核位置。另外，由于不定形铁素体形成时排出碳原子，使得其周围的 C 富集，甚至当 α/γ 位向合适时，也不会形成贝氏体或魏氏铁素体。贝氏体或魏氏铁素体转变温度降低与 C 原子富集有关。另一方面，奥氏体晶

粒内的 BN 沉淀相可作为晶内铁素体板条的形核核心。因此，大线能量焊接 Ti-B 处理含铌 EH40 钢的组织是由仿晶界铁素体和大量的晶内针状铁素体组成，相变机制示意图见图 11。

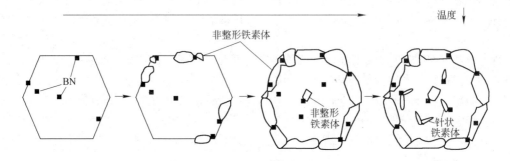

图 11　B 元素影响热影响区粗晶粒区相变的机制示意图

7　结论

为了建设容量为 8000TEU 的集装箱船，考虑安全性和缩短建造时间，大厚度，高强度的 EH40 钢板应具有良好的低温韧性和优良大线能量焊接性能。在开发大线能量焊接 EH40 钢板的过程中，我们面临两项挑战。一个是解决焊接接头的软化问题，另一个则是解决热影响区韧性恶化的问题。使用 Ti-B 处理含铌钢可解决这两个难题。具体结果如下所示：

（1）由于可溶解的 B 原子在奥氏体晶界偏聚析出，使得 Ti-B 处理含铌钢的典型显微组织由少量的不定形铁素体、大量的魏氏铁素体和针状铁素体组成。晶界上分布的固溶性 B 原子能够抑制不定形铁素体相变并提高贝氏体的淬透性，因此能够促进魏氏铁素体和针状铁素体形成，进而使得强度和韧性高于无 B 钢。

（2）随着铌含量的增加，大线能量焊接接头强度的下降逐渐缩小。通过增加铌含量，添加 Cu 和 Ni，大线能量焊接的软化作用将会得到补偿，最终大线能量焊接接头能够达到 EH40 标准的最低要求。

（3）通过 Ti-B 处理并控制 Ti/N 比小于

3.4 可使损失的大线能量焊接热影响区韧性得到补偿。良好的低温韧性归因于大线能量焊接热影响区粗晶粒区内具有大量针状铁素体组织。

（4）在原奥氏体晶粒晶界处形成的 BN 颗粒能够阻止晶粒内部形成贝氏体或魏氏铁素体，并能促进晶内针状铁素体的形成。大量晶内铁素体组织能够提高大线能量焊接热影响区的低温韧性。

参 考 文 献

1　M. Minagawa, K. Ishida, Y. Funatsu and S. Imai, Nippon Steel Technical Report, No. 90, 2004, pp. 7-10.

2　S. Ohkita and H. Oikawa, Nippon Steel Technology Report (Japanese), No. 385, 2006, pp. 2-6.

3　J. L. Lee, Y. T. Pan, ISIJ International, Vol. 35, No. 8, 1995, pp. 1027-1033.

4　J. L. Lee and Y. T. Pan, Metallurgical Transactions A, 24A, 1993, pp. 1399-1408.

5　Y. Ohno, Y. Okamura, S. Matsuda, K. Yamamoto and T. Mukai, Tetsu to Hagane, No. 8, 1987, pp. 1010-1017.

6　S. Shinichi, I. Katsuyuki and A. Toshikazu, JFE Technical Report, No. 5, 2005, pp. 24-29.

7 Web-site：www. kobelco. co. jp，Kobelco Welding Today，Vol. 9，No. 2，p. 5.

8 Bjorn E. S. Lindblom，Berthold Lundqvist and Nils Erik Hannerz，Scandanavian Journal of Metallurgy，Vol. 20，1991，pp. 305-315.

9 J. R. Yang，C. Y. Huang and C. S. Chiou，Materials transactions，JIM，Vol. 40，No. 3，1999，pp. 43-48.

10 S. Aihara, G. Shigesato, M. Sugitama and R. Uemori，Nippon Steel Technical Report，No. 91，2005，pp. 43-48.

11 H. K. D. H. Bhadeshia，"Bainite in Steel"，second edition，IOM Communications Ltd.，London，UK，2001，p. 265.

（昆明理工大学　李远征　译，

谭峰亮　校）

压力容器和集装箱用钢

超超临界火电机组用铁素体锅炉钢的研究与应用

刘正东　程世长　杨　钢　干　勇

钢铁研究总院，中国北京学院南路 76 号，100081

摘　要：本文简要介绍了电站锅炉蒸汽参数的提高对节能减排的重要意义及世界各国（中国、日本、韩国、欧美）在铁素体锅炉钢研发方面的战略性科技计划，介绍了超超临界火电机组锅炉建设对铁素体锅炉钢品种、规格和数量的需求。总结了 50 多年来铁素体锅炉钢的发展历程及 Nb 在锅炉钢中的重要作用。阐述了铁素体锅炉钢的成分设计及优化等对性能的影响、热加工性能模拟研究和持久蠕变性能实验与数据积累等，并展望了铁素体锅炉钢的应用前景。

关键词：超超临界机组，铁素体锅炉钢，研究与应用

1　发展超超临界火电机组技术的重要意义

中国经济高速发展，资源和能源短缺已成为瓶颈问题。2002 年以来电力短缺问题突出，严重地影响了中国国民经济又好又快的发展和人民生活质量的提高。近年来国家发展对电力需求之大和增速之快，大大超出国家原定的电力发展规划，以至于对 2020 年我国电力需求的预测不得不做多次修正，规划的总装机容量已从 9.6 亿千瓦·时调整到 13.4 亿千瓦·时。在未来相当长的一段时间内，以燃煤发电机组为绝对主力的火力发电将仍然是我国电源结构中的绝对主体（表 1），这是由我国自然资源和国情决定的。相对而言，我国的煤炭资源是丰富的，但是我国开采煤炭的 50% 以上用于发电（见表 2），按此发展中国的煤炭资源难以支撑经济的快速发展，而且煤矿的开采能力不能满足经济发展对用煤量的要求，只能进行超负荷开采，这是造成近年来矿难频发的根本原因。

煤是一种化石燃料，储量有限，不可再生，燃煤发电过程产生大量的 CO_2、SO_2、NO_x，污染环境，提高火电机组运行参数是实现节能减排的最重要手段。机组运行参数越高，

表 1　中国 20 年发电装机容量及其构成

年份	容量/亿千瓦	火电比例/%	水电比例/%	核电比例/%	新能源/%
2000	3.19	72.10	24.87	0.66	—
2005	4.70	74.80	23.20	1.90	0.14
2007	7.13	77.73			
2020	13.4			4.00	

表 2　中国煤产量及火电用煤情况

项　目	2002 年	2003 年	2004 年	2007 年	2020 年
年煤产量/亿吨	12.50	16.60	17.50	25.23	
火电年用煤量/亿吨	7.00	8.50	9.30		
电煤比重/%	56.00	51.20	53.14		

机组的热效率就越高，煤耗就越低，就越节约资源和能源，见表 3。目前，我国火电行业以初蒸汽温度和压力较低的亚临界机组为主力机型，发电平均煤耗非常高，污染严重。2007 年全国供电煤耗为 357g/(kW·h)，比 2006 年降低 10g/(kW·h)。一年内降低煤耗 10g/(kW·h) 是非常不容易的，这主要是全年关停了 553 台计 1438 万千瓦小火电和投运了一

批超（超）临界机组的贡献。华能集团玉环电厂投运的我国首台百万千瓦超超临界火电机组商业运行半年后现场测试，其供电煤耗为 283.2g/(kW·h)，比 2007 年全国平均煤耗低 73.8g/(kW·h)。2007 年全国火力发电 26980 亿千瓦时，若全部采用超超临界机组发电，则全年可节约 2 亿吨标准煤，减少 CO_2 排放约 5.4 亿吨。另外，多开采 2 亿吨标准煤，消耗宝贵的资源，消耗能源，也加重了对运输的压力（产煤区和用煤区距离遥远），更重要的是也不可逆转地污染了中华民族生存的环境。人们都认为大气是公共资源，可以不加约束地共享，但随着人类经济活动的加剧，大气资源变得越来越有限，也需要各国间协调分配，有偿使用。历经 7 年的努力，《京都议定书》终于获得占 1990 年全球温室气体排放量 55% 以上的 100 多个国家和地区的批准，具备了国际法效力。它规定在 2008～2012 年，发达国家的二氧化碳等 6 种温室气体的排放量将在 1990 年的基础上平均减少 5.2%。《京都议定书》表面上是环境问题，实质是经济、能源、政治问题。目前中国温室气体二氧化碳排放量已位居世界第二，到 2025 年可能超过美国，居世界第一位。因此大力发展高效超超临界火电机组技术是我国实现节能减排战略目标和保障国家能源安全的最重要措施之一。

表 3　火电机组运行参数与煤耗的关系

机　型	蒸汽压力/MPa	蒸汽温度/℃	发电煤耗/g·(kW·h)$^{-1}$
中压机组	3.5	435	455
高压机组	9	510	372
超高压机组	13	535/535	351
亚临界机组	17	535/535	323
超临界机组	25.5	566/566	300
超超临界机组	27	600/600	273
超超临界机组	30	600/600/600	256
超超临界机组	35	700/720	223

2　超超临界火电机组用钢战略研究计划

超超临界火电机组用耐热钢研制周期长、投入大，因此耐热钢的研发需要明确的国家战略性计划支持。欧洲 1983～1997 年间实施了 COST501 计划，研制 30MPa/600℃/620℃ 参数下耐热钢，1998～2003 年间实施了 COST522 计划，研制大于 30MPa/650℃ 参数下耐热钢，目前欧洲正在实施 COST536 计划。1998 年欧共体又组织实施为期 17 年的 Thermie 计划（又称 700℃ 计划），研制 37.5MPa/700℃ 参数用耐热钢。美国政府在 1986～1992 年间实施了 CCT 计划，为发展超高效机组提供材料技术支持，1992 年开始实施 Combustion2000 计划（后并入 Vision21 计划）。

日本 20 世纪 60 年代从欧美引进超（超）临界机组技术后，从 1981 年开始国家超超临界耐热钢研究计划（1981～2001 年），第一阶段针对 31MPa/566℃/566℃/566℃ 参数，第二阶段针对 34MPa/593℃/593℃/593℃ 参数。1997 年政府又资助日本金属材料研究所开展 650℃ 蒸汽参数铁素体耐热钢基础研究，并把该研究作为日本政府的"超级钢研究计划"的最重要组成部分之一。通过引进、吸收、仿制、创新，日本在超超临界火电机组用钢研制方面，已超越欧美，成功地走在世界的前列。2003 年以来，韩国政府设立科技计划支持 620℃ 蒸汽参数铁素体耐热钢的研发。

中国政府从 2003 年开始把火电机组用钢研制列入国家科技计划，2003 年和 2006 年分别在"863"计划中设立课题对 T122、S30432 和 650℃ 蒸汽参数铁素体锅炉钢进行预先研究。2007～2011 年国家科技部又设立超超临界火电机组用高端锅炉钢国产化研制专题，由钢铁研究总院、宝钢股份公司、攀钢集团公司、天津钢管厂、哈尔滨锅炉厂、东方锅炉厂、西安热工研究院和北京科技大学等单位组成研发联盟，推进中国先进锅炉钢的研制和国产化工作。另外，2007 年宝钢股份公司与钢铁研究总院签订了超超临界火电机组用耐热钢研制战略合作协议，针对中国市场的需求，共同研制先进耐热钢。

3　中国超超临界火电机组建设对高端锅炉钢的需求

中国第一台 60 万千瓦超临界火电机组（24.2MPa/566℃/566℃）于 2004 年 11 月投运，2006 年 12 月中国第一台 100 万千瓦超超临界火电机组（26.25MPa/600℃/600℃）投运，短时间内实现了火电机组参数的飞跃。截至 2007 年底，中国发电设备制造企业承接和投标的 60 万千瓦超临界火电机组约 220 台，60 万千瓦超超临界机组 76 台，100 万千瓦超超临界机组 94 台，超（超）临界火电机组在中国的发展呈现极为迅猛的势头。超（超）临界火电机组制造所需锅炉管的尺寸规格见表 4。需求的关键锅炉钢管品种包括 T/P91、T/P92、T/P122（HCM12A）、S30432（Super304H）、S31042（HR3C）等。这些关键锅炉钢管除 T91 外，目前基本上全部依靠进口。

表 4　超（超）临界火电机组对锅炉钢管规格的需求

规格/mm × mm	需求量/t·万千瓦$^{-1}$
$\phi(31 \sim 146) \times (3 \sim 20)$	60
$\phi(159 \sim 245) \times (10 \sim 30)$	4
$\phi(273 \sim 711) \times (20 \sim 130)$	18
$\phi(720 \sim 1066) \times (20 \sim 100)$	3
其他特殊管材	5
钢管需求90t/万千瓦，合金钢占70%	

据表 4 数据，截至 2007 年底中国已订货或招标的 390 台超（超）临界火电机组共需锅炉钢管 245 万吨，其中合金锅炉钢管 170 万吨。另外，根据测算 100 万千瓦超临界火电机组建设需要 T/P91 钢管约 1100t，TP347H 钢管约 600t，100 万千瓦超超临界火电机组建设需要 T/P91 + T/P92 钢管约 1500t，S30432 和 S31042 钢管约 860t，如 2008 ~ 2012 年按4 亿 ~ 5 亿千瓦火电机组增量计算，其中超临界机组增量为 1.5 亿千瓦，超超临界机组增量为 3 亿千瓦，则需要 T/P91 + T/P92 钢管约 63 万吨，TP347H 钢管约 9 万吨，S30432 和 S31042 钢管约 25 万吨，以上总计 97 万吨。如果考虑汽轮机配套和机组维修用管等需求约 30 万 ~ 50 万吨，则 2008 ~ 2012 年上述锅炉钢管的总需求量在 130 万 ~ 150 万吨之间。毫无疑问，中国是世界上超超临界火电机组用钢最大的市场所在。

4　铁素体锅炉钢的发展历程

与奥氏体锅炉钢相比，铁素体锅炉钢具有传热好、热膨胀小、经济性好和焊接适应性好等优点。迄今，火电机组用铁素体锅炉钢的发展历程可大致划分为 4 代或 4 个阶段（见表5）。在过去的 50 年中，高温高压条件下铁素体耐热钢的使用温度（蒸汽）从 560℃ 提高到 620℃ 左右。针对 650℃ 蒸汽条件，已开发了若干铁素体耐热钢，如 SAVE12、NF12、9Cr-3W-3Co（NIMS）、15Cr-6W-3Co 以及不采用碳化物强化的 18Ni-9Co-5Mo 马氏体时效钢等，但是现阶段还不能确认这些新钢种可成功应用于电站锅炉的建设，其性能指标及其稳定性尚需进一步考核，而这些工作才刚刚起步。实际上，在表 5 中还应列入 20 世纪 60 年代中国钢铁研究总院刘荣藻教授研究组开发的 G102 钢，其成分特点将在下面介绍，该钢的最高使用温度可达到 600℃ 左右，并已在电厂有接近 40 年的成功使用经验，尤其值得指出的是该钢采用的多元素复合强化手段为铁素体锅炉钢的开发起到了重要的推动作用。

表 5　典型 9% ~ 12% 铁素体耐热钢的发展

代	年代	主要合金元素优化	典型钢种	最高使用温度/℃
第一代	1960 ~ 1970	添加 Mo 或 Nb、V	EM12，HCM9M，HT9，F9，HT91	565
第二代	1970 ~ 1985	优化 C、Nb 和 V	T91，HCM12，HCM2S	593
第三代	1985 ~ 1995	以 W 代替 Mo	HCM12A(T/P122)，NF616(T/P92)，E911(T/P911)	620
第四代	1995 ~	优化 C、N，增加 W，添加 Co	NF12，SAVE12，9Cr-3W-3Co	650

5　铁素体锅炉钢的成分设计和优化

锅炉钢管在高温高压和腐蚀环境下长期服役，考核锅炉钢的关键技术指标是持久强度和抗多种环境腐蚀能力。锅炉钢的成分设计和优化要以此为目标。但是，无论是持久强度还是抗环境腐蚀能力都需要长时间数据，既需要大量的资金投入又需很长的时间。因此，开展锅炉钢应用基础理论研究并不断积累和吸收以往经验对锅炉钢的成分设计和优化极为重要。目前的铁素体锅炉钢的主成分之一的铬含量基本上在 9% ~ 12% 之间，表 6 示出了几种主要铁素体锅炉钢的典型化学成分。

表 6　典型 9% ~ 12% Cr 铁素体锅炉钢的化学成分　　　　（质量分数,%）

钢　号	C	Si	Mn	Cr	Ni	Mo	W	Nb	V	N	B	Cu	Co	Fe
G102	0.08 ~ 0.15	0.45 ~ 0.75	0.45 ~ 0.65	1.6 ~ 2.1	—	0.5 ~ 0.65	0.3 ~ 0.55	—	0.18 ~ 0.28		<0.008	Ti 含量 0.08 ~ 0.18		
T/P91	0.08 ~ 0.12	0.20 ~ 0.50	0.30 ~ 0.60	8.0 ~ 9.5	≤0.40	0.85 ~ 1.50	—	0.06 ~ 0.10	0.18 ~ 0.25	0.03 ~ 0.07	—	—	—	余
T/P92	0.07	≤0.50	0.30 ~ 0.60	8.5 ~ 9.0	≤0.40	0.30 ~ 0.60	1.50 ~ 2.00	0.04 ~ 0.09	0.15 ~ 0.25	0.03 ~ 0.07	0.001 ~ 0.006	—	—	余
T/P122	0.07 ~ 0.14	≤0.50	≤0.70	10.0 ~ 12.5	≤0.50	0.25 ~ 0.60	1.50 ~ 2.50	0.04 ~ 0.10	0.15 ~ 0.30	0.04 ~ 0.10	0.0005 ~ 0.005	0.30 ~ 1.70	—	余
T/P911	0.09 ~ 0.13	0.10 ~ 0.50	0.30 ~ 0.60	8.5 ~ 9.5	0.10 ~ 0.40	0.90 ~ 1.10	0.90 ~ 1.10	0.06 ~ 0.10	0.18 ~ 0.25	0.05 ~ 0.09	—	—	—	余
NF12	0.08	0.2	0.5	11	—	0.2	2.6	0.07	0.2	0.05	0.004	—	2.5	余
SAVE12	0.10	0.3	0.2	11	—	—	3.0	0.07	0.2	0.04	0.07Ta 0.04Nd	—	3.0	余
9Cr-3W-3Co	0.08	0.3	0.5	9.0	—	—	3.0	0.05	0.19	0.004	0.014	—	3.0	余

G102 采用 W-Mo 复合固溶强化和 V-Ti 沉淀析出强化，同时加入 B 以进一步提高持久强度。由于 G102 的合金元素含量低，其最高使用温度在 600℃ 左右。这个钢是在 20 世纪 60 年代开发的，其成分设计思路对后续钢种的开发有重要参考作用。1978 年 T91 钢成功开发后，基本奠定了铁素体锅炉钢的主成分基调，后续开发的钢种基本上是在传统 9% ~ 12% Cr 钢的基础上进行合金元素的优化以不断提高强度，典型铁素体锅炉钢的持久强度曲线如图 1 所示。碳含量一般控制在 0.10% 或更低，以确保低的碳当量。铬含量高，有利于抗腐蚀性能的提高，但是铬含量高将提高铬当量，如 Schaeffler 图所示（图 2），将可能导致 δ 铁素体的出现，从而导致钢的持久强度的降低。实验结果表明，当铬含量超过 11%，δ 铁素体的出现基本上是不可避免的。当铬含量为 15% 量级时，钢中 δ 铁素体含量可达到 30% 以上。虽然铬含量高对抗腐蚀性能有益，但过多 δ 铁素体所带来的问题使铬含量为 15% 量级的铁素体锅炉钢开发前景暗淡。目前已开发

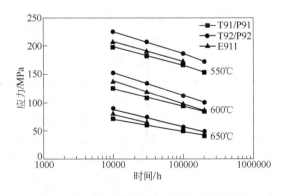

图 1　典型铁素体锅炉钢的持久强度曲线

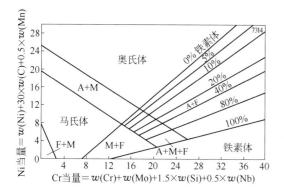

图 2　不锈耐热钢的典型 Schaeffler 图

的铁素体锅炉钢中，在 600℃ 蒸汽参数下，T/P92 钢具有高的持久强度值。在 650℃ 蒸汽参数下，9Cr-3W-3Co 钢具有高的持久强度值。T/P92 钢已在超超临界机组建设中获得了应用，9Cr-3W-3Co 钢已完成工业试制，其应用性能正在进一步考核中。T/P92 钢和 9Cr-3W-3Co 钢的铬含量均为 9% 量级，抗蒸汽腐蚀等性能不能满足使用要求，需要进行内表面处理。T/P122 钢的铬含量为 12% 量级，即使是在 ASME CC2180 规范成分范围内，该钢的 δ 铁素体含量可达到 30% 甚至更多。近年 ASME 已把该钢的许用应力值下调了 27%。尽管 T/P122 钢存在上述问题，也不应简单地否定该钢种，钢铁研究总院和宝钢股份公司正对 T/P122 钢开展深入研究，拟在此基础上，研制一种介于 T/P92 和 9Cr-3W-3Co 钢之间，可用于 600～620℃ 蒸汽参数使用的新型铁素体锅炉钢。

6　铁素体锅炉钢的热加工性能模拟研究

　　热加工性能研究对锅炉钢的锻造、穿管或挤压工艺的制定具有重要指导意义。采用实验方法研究了 9%～12% Cr 锅炉钢热压缩变形过程的本构关系模型。试验用 T122 钢样品取自热锻退火棒料，化学成分（质量分数,%）为：0.12C, 0.38Si, 0.58Mn, 0.007P, 0.007S, 11.37Cr, 0.37Ni, 0.38Mo, 1.93W, 0.05Nb, 0.20V, 0.058Ti, 0.0028B, 0.86Cu, 0.067N, 0.037Al, 余量 Fe。压缩通过在一对平锤之间

对圆柱样品进行镦粗来实现，实验的变形条件主要指加热温度、压头位移速度和位移大小等，对应于变形温度 T、应变速率 $\dot{\varepsilon}$ 和变形程度 ε。热压缩试验在 Gleeble3500 动态材料试验机上进行。压缩试样尺寸为 $\phi10mm \times 15mm$。根据对 T112 钢平衡相转变和加热过程中组织变化的研究，变形温度选择为 900～1200℃，间隔 50℃，应变速率为 $0.01s^{-1}$、$0.1s^{-1}$、$1s^{-1}$、$10s^{-1}$。热压缩试验时，首先以 10℃/s 的加热速率加热到 1200℃，保温 5min，再以 2.5℃/s 的速度冷至设定的热变形温度保温 30s 后，按预先设定的变形温度和应变速率进行压缩变形，最大真应变为 0.7。热压缩试验规范如图 3 所示，变形结束后对样品喷氢冷却，以冻结高温变形组织。由 Gleeble3500 系统自动采集真应力、真应变、载荷、位移、温度、时间等数据。在实验数据处理过程中考虑摩擦和变形热的影响。

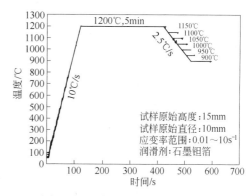

图 3　T122 钢试样热压缩试验规范

　　分别对 7 个变形温度（900℃，950℃，1000℃，1050℃，1100℃，1150℃，1200℃）、4 个应变速率（$0.01s^{-1}$，$0.1s^{-1}$，$1s^{-1}$，$10s^{-1}$）条件下的应力-应变曲线进行拟合，然后以各拟合所获得的材料常数的平均值作为初始值，进行非线性最小平方优化，拟合和优化采用 MATLAB 编程。经采用 MATALB 编程优化后的 T122 耐热钢两阶段型本构方程及参数如下：

　　当 $\varepsilon \leqslant \varepsilon_c$ 时，

$$\sigma_{(e)} = \sigma_0 + (\sigma_{ss(e)} - 15)\left[1 - \exp\left(-\frac{\varepsilon}{\varepsilon_r}\right)\right]^{1/2}$$

当 $\varepsilon > \varepsilon_c$ 时，

$$\sigma = \sigma_{(e)} - (\sigma_{ss(e)} - \sigma_{ss})\left\{1 - \exp\left[-\left(\frac{\varepsilon - \varepsilon_c}{\varepsilon_{xr} - \varepsilon_c}\right)^2\right]\right\}$$

其中：$\sigma_{ss(e)} = 252.525 \cdot \sinh^{-1}\left(\dfrac{Z}{8.031 \times 10^{18}}\right)^{0.1457}$

$$\sigma_{ss} = 291.7238 \cdot \sinh^{-1}\left(\frac{Z}{6.408 \times 10^{18}}\right)^{0.1845}$$

$$\sigma_0 = 11.933 \cdot \sinh^{-1}\left(\frac{Z}{30289}\right)^{0.148}$$

$$\varepsilon_r = 0.011582 + 0.080272 \cdot \dot{\varepsilon}^{-0.01141}$$

$$\varepsilon_c = 1.6264 \times 10^{-6} \cdot \left(\frac{Z}{\sigma_{ss(e)}^2}\right)^{0.42062}$$

$$\varepsilon_{xr} = 18.252 \cdot \left(\frac{Z}{\sigma_{ss(e)}^2}\right)^{-0.13635} + \varepsilon_c$$

$$Z = \dot{\varepsilon}\exp\left(\frac{Q}{RT}\right)$$

计算曲线与试验结果如图 4 所示，当 T122 钢在 900 ~ 1050℃、10s^{-1} 和 900 ~ 950℃、1s^{-1} 变形时，随变形量的增加，流变应力增大。一方面，这是由于随着应变的增大，合金中的位错密度逐渐增加。随着应变的继续增加，回复软化速度逐渐增大，直到位错增殖和抵消达到动态平衡，流变应力趋于饱和，在应力-应变曲线上出现流变应力不随应变而变的稳态应力特征。另一方面，当 T122 钢在 1100 ~ 1200℃、0.01s^{-1} 和 1100 ~ 1200℃、0.1s^{-1} 变形时，随着应变量的增加位错密度增加，流变应力增加到一个最大值。当位错密度（应变量）达到一个临界值后，开始发生动态再结晶，此时位错密度很快下降，直到发生完全再结晶，流变应力减小到一个稳定值，在应力-应变曲线上出现峰值应力的特征。

比较图 4 中计算流变应力曲线和试验曲线可以发现，不同变形条件下的计算结果与试验结果吻合得较好。毋庸置疑，图 4 中计算曲线

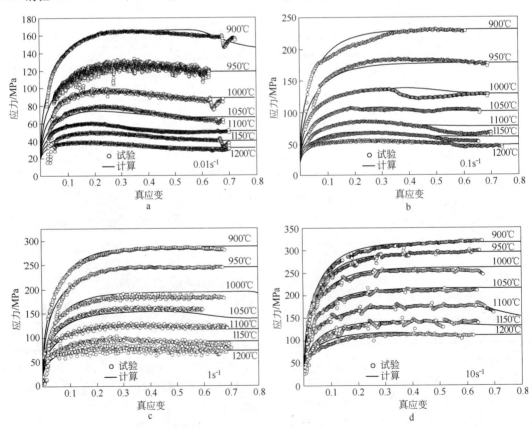

图 4　T122 钢计算和试验的真应力-真应变曲线

a—0.01s^{-1}；b—0.1s^{-1}；c—1s^{-1}；d—10s^{-1}

与试验曲线存在明显不一致的地方，例如900℃、0.1s⁻¹条件下应变量为 0.1 ～ 0.35 之间的曲线和1000℃及1150℃、0.1s⁻¹发生动态再结晶后曲线。这些不一致可能是由模型中没有包括循环再结晶等现象所造成。

7　铌在锅炉钢中的作用

　　超超临界火电机组用锅炉钢主要分为铁素体型和奥氏体型两种。铌是这两种类型的锅炉钢重要的合金化元素。典型铁素体锅炉钢化学成分如表6所示，沉淀强化元素铌的控制含量一般为 0.05% 左右，钒的控制含量一般为 0.20% 左右。迄今，发现铁素体锅炉钢的沉淀析出相主要是 MX、M₂₃C₆、Laves 和 Z 相，其中前3种析出相的形态见图5。一般 M₂₃C₆ 和 Laves 相较粗大，沿晶界分布，而 MX 较细小，一般为纳米级，多弥散分布于晶内和晶界。研究已表明典型铁素体锅炉钢都存在纳米级的超细强化相 MX，比如 NbC、VC、Nb（C，N）、V（C，N）等，MX 相大量弥散地分布在晶界和晶内，尤其是 T91 中翼状 MX 相的存在使钢的强度显著提高，而且由于它良好的稳定性才保证这类钢的高温持久强度。在锅炉管服役过程中，保持组织的稳定和控制析出相的长大是保证锅炉钢性能稳定性的关键。MX 相是保证铁素体锅炉钢高温高压长期服役条件下性能稳定的关键之一，化学相分析的结果表明铌是 MX 型沉淀析出相的重要组成元素，因此，铌元素是支撑锅炉钢长时间组织稳定性的最关键合金元素之一。

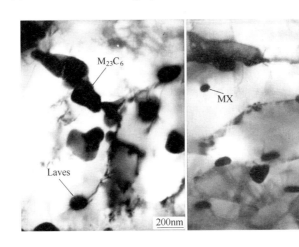

图5　铁素体锅炉钢（T122 钢）长期时效后典型析出物形态

　　长期试验或长期服役后，铁素体锅炉钢中可能出现 Z 相，Z 相非常粗大，一些研究认为 Z 相形成的同时，消耗了一定数量的 MX 相，因此这一演变过程将对锅炉钢的持久强度有非常大的不利影响。然而，铌在这一过程中的作用机理并不明确，需要进一步研究。

　　典型奥氏体锅炉钢的化学成分如表 7 所示，铌是主要的合金化元素，TP347H 钢和 TP347HFG 钢的中限铌含量为 0.65%，S30432 钢和 S31042 钢的中限铌含量为 0.45% 左右。铌元素对奥氏体锅炉钢的组织和性能稳定性同样起到重要作用。

表 7　典型奥氏体锅炉化学成分　　　　　　　　　　　　　（质量分数,%）

钢　号	C	Si	Mn	Cr	Ni	Mo	W	Nb	N	B	Cu	Fe
TP347H	0.04 ～ 0.10	≤1.00	≤2.0	17.0 ～ 20.0	9.0 ～ 13.0	—	—	0.32 ～ 1.00	—	—	—	余

续表7

钢　号	C	Si	Mn	Cr	Ni	Mo	W	Nb	N	B	Cu	Fe
TP347HFG	0.04 ~ 0.10	≤1.00	≤2.0	17.0 ~ 20.0	9.0 ~ 13.0	—	—	0.32 ~ 1.00	—	—	—	余
S30432	0.07 ~ 0.13	≤0.30	≤1.00	17.0 ~ 20.0	7.5 ~ 10.50	—	—	0.30 ~ 0.60	0.05 ~ 0.12	0.001 ~ 0.010	2.50 ~ 3.5	余
NF709	0.15	0.5	1.0	20	25	1.5	—	0.2			0.1Ti	余
S31042	0.04 ~ 0.10	≤0.75	≤2.0	24 ~ 26	17 ~ 23	—	—	0.2 ~ 0.6	0.15 ~ 0.35			
SAVE25	0.10	0.1	1.0	23	18	—	2.5	0.45	0.2		3.0	余

　　TP347HFG 钢是在 TP347H 钢的基础上开发的。TP347H 钢虽然具有较好的抗高温腐蚀性能，但抗高温蒸汽腐蚀性能还有待于进一步提高。通过改进热处理工艺，将软化处理温度提高到 1250 ~ 1300℃，使得这类 MX 型 NbC 碳化物充分固溶，而在随后的较合适冷却期间所析出的 NbC 限制了晶粒长大，又提高了蠕变强度。新工艺得到的晶粒细化可达 8 级以上，从而使 TP347HFG 钢具备了更优良的抗高温蒸汽腐蚀性能，对提高过热器管的稳定性起到了重要的作用。这个过程中铌起到了非常关键的作用。

　　最近一段时间，根据设计单位的要求，中国国内锅炉制造厂在 S30432 钢供货技术条件中附加了晶间腐蚀性能要求。实际上，该附加技术条件大大增加了 S30432 钢生产的技术难度和成本。钢铁研究总院对该技术问题进行了深入系统的实验研究，研究表明 C 和 Nb 含量对该钢晶间腐蚀性能有直接影响。实验结果归纳在图 6 中，可以确定图 6 中 ABCD 线的左部分和上部分范围钢在不低于 1100℃ 固溶状态不发生晶间腐蚀，在 AD 线以下肯定发生晶间腐蚀。在 ABCD 区域内是否发生晶间腐蚀有待进一步试验结果补充。上述试验结果表明，C 含量在 0.081% ~ 0.110% 范围内，Nb 在大于 0.69% 可保证无晶间腐蚀，但是，Nb 含量已经超过 2004 年版 ASME 标准，只是按 2002 年版 0.2% ~ 0.8% Nb 是可以按上限 Nb 含量生产。目前按 2004 年版 ASME 标准和 ASME Code Case2328-1 规定只能按不大于 0.081% C

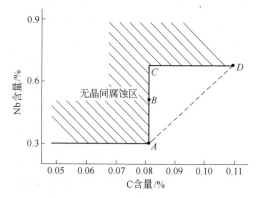

图 6　S30432 钢 C、Nb 含量与晶间腐蚀
关系图（不低于 1100℃ 固溶状态）

生产才能保证该钢产品无晶间腐蚀。

　　根据本文第 3 部分对中国 2008 ~ 2012 年（5 年期）间超超临界火电机组建设计划对主要锅炉钢的需求，采用上述锅炉钢中铌含量的中限值进行计算，则未来 5 年间中国主要锅炉钢生产将需要 2900t 纯铌。而由于其他电站建设用钢也含铌元素及建设计划的扩大，未来 5 年中国超超临界火电机组建设用钢需要的纯铌量可能要超过 3500t。

8　中国火力发电用钢数据库（CISRI Creep Data-Base）

　　数据库是对已有知识的总结、规范化和有序化，锅炉钢的持久蠕变数据对设计师具有最重要的参考意义。欧盟由四十多家企业集团组成的欧盟蠕变委员会（ECCC）和日本国立金属材料研究所（NIMS）均已建立了耐热钢持久蠕变数据库，一些耐热钢的持久强度试验时间超过 $10 \times 10^4 h$，最长点数据已达到了 20～30 年。中国在这方面起步很晚，但已建立数据库并开始积累数据。钢铁研究总院于 2007 年建立了中国火力电站用钢数据库，并命名为 CISRI Creep Data-Base，该数据库已于 2008 年 5 月申请并获得中国国家版权局的版权（2008SRBJ2578）。CISRI Creep Data-Base 数据库基于 C/S 网络结构采用 Visual Basic 6.0 和 SQL Server 2000 商用软件编制，成功实现了对数据的检索、制表、绘图和数据分析等功能，数据库源程序共计 11089 行。该数据库以超超临界机组锅炉、转子和叶片用钢的性能数据及服役特性为核心，以各国标准、相关文献、性能数据为支撑，设计了数据库的用户系统和管理系统，其结构见图 7。

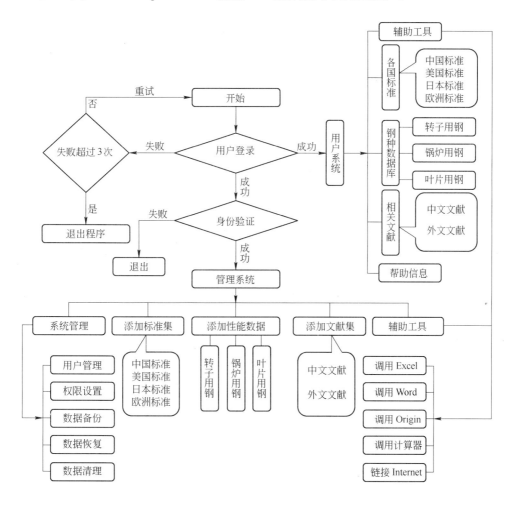

图 7　CISRI Creep DataBase 功能与结构示意图

持久蠕变数据来源于国内外公开发表的资料和中国国内研究和生产单位几十年来的数据积累，并正在不断录入新的数据，这些数据极为珍贵，该软件将有效服务于冶金、机械和电力行业的科技工作人员。钢铁研究总院正在组织研究各种持久蠕变试验机和实验标准的相容性和统一性问题，以便把中国国内的实验资源有效整合而有序地开展实验工作，尽快丰富数据库的数据资料。该数据库的建设和不断完善将对中国超超临界火电机组用钢的研发、应用和机组材料设计标准的形成起到非常重要的支撑作用。

9 总结——发展与展望

铁素体锅炉钢研究和应用是建设超超临界火电机组最重要的基础之一。世界主要能源消耗国家均先后制定了国家锅炉钢研究战略计划以支撑火电机组蒸汽参数的不断提高。目前，日本、欧洲和美国在该重要技术领域处于领先地位，日本和欧美研制的铁素体锅炉钢已基本上能满足 600℃ 蒸汽参数火电机组的建设要求，正在研制 650℃ 蒸汽参数火电机组建设用钢，并已获得原型钢，转入工业试制阶段。在这一关乎国家能源安全和经济安全的重要技术领域，中国是后来者，但是未来几十年中国是世界上高级锅炉钢的最大市场所在，仅仅未来 5 年，超超临界火电机组建设所需要的高级锅炉钢为 130 万 ~ 150 万吨，对应地需要纯铌量 3500t。尽管中国在这一领域起步晚，但已制定了国家研究计划，并组建了横跨冶金、机械和电力系统的产学研用联盟，共同推进中国先进锅炉钢的研制和生产，相信在不久的将来，中国的锅炉钢研制和生产将取得较大的进展。

致 谢

作者非常感谢中国国家科技部(2003AA331060，2006AA03Z513，2007BAE51B02，2008KR0442)和宝钢股份公司对本研究的经费支持，也感谢巴西矿冶公司和中信金属有限公司邀请参加本次会议。

参 考 文 献

1 刘正东，程世长，包汉生，等．超超临界火电机组用锅炉钢技术国产化问题．2008 年特殊钢技术研讨会，中国青海西宁，2008 年 7 月 29 日．

2 徐英男．中国发电设备用钢的现状和发展趋势．超超临界火电机组用钢铁材料国际研讨会 2005．中国北京，2005 年 4 月 12-13 日．

3 刘正东，程世长，包汉生．超超临界火电机组用铁素体锅炉钢成分设计与优化研究．钢铁研究总院内部研究资料，2006-2008 年．

4 胡云华，刘荣藻，赵海荣，等．102 钢中各种强化元素的强化功能研究[J]．钢铁研究总院学报，1985，5(4)：383-390．

5 包汉生，刘正东，程世长．铁素体锅炉钢中铬当量与 δ 铁素体对应关系研究．钢铁研究总院内部研究资料，2008 年．

6 Z. D. Liu, S. C. Cheng, H. S. Bao, W. T. Fu, G. Yang, L. M. Wang, Effect of vanadium content on microstructure and properties of T122 steel, International Symposium on USC Steels for Fossil Power Plants, Beijing, China, April 12-14, 2005, pp100-110.

7 曹金荣，刘正东，程世长，等．应变速率和变形温度对 T122 耐热钢流变应力和动态再结晶行为的影响[J]．金属学报，2007，43(1)：35-40．

8 S. C. Cheng, Z. D. Liu, H. S. Bao, Effect of Carbon Content and Niobium Content on Intergranular Corrosion of ASME S30432 Austenitic Heat Resistant Steel, Symposium on Heat Resistant Steels and Alloys for USC Power Plants 200, Seoul, Korea, July 3-6, 2007, pp201-207.

9 杨素宝，刘正东，程世长．"超超临界火电机组用钢持久蠕变数据库的开发"．钢铁研究总院内部研究报告，2008 年 5 月．

10 J. Hald, Microstructure and long-term creep properties of 9-12% Cr steels, International Journal of Pressure Vessels and Piping, 85 (2008), pp30-37.

11 F. Abe, M. Tabuchi, H. Semba, M. Igarashi, M. Yoshizawa, N. Komai, A. Fujita, Feasibility of MARBN steel for application to thick-section boiler components in USC power plants at 650℃, 5th EPRI International Conference, Oct., 3-5, 2007, Marco Island, Florida, USA.

（钢铁研究总院结构材料所 刘正东 译，中信微合金化技术中心 王厚昕 张 伟 校）

欧洲标准 EN13445 中对非燃式压力容器抵抗脆性断裂的设计

Peter Langenberg[1]，Rolf Sandström[2]

（1）IWT Aachen，Muehlental 44，D-52066，亚琛，德国；

（2）KTH Stockholm，Dept. of Materials Science and Engineering，

Brinellv. 23，S-100 44，斯德哥尔摩，瑞典

摘　要：在焊接高强度钢和双相不锈钢中，由于缺少两种材料的详细设计规范和合适的材料数据，脆断的危险性具有很大的不确定性，这成为安全零件（如压力容器）最特别关注的方面。为了解决这一问题，从经济性和抗脆断安全性设计出发，开发了新的方法。这些方法都是基于过去 15 年欧洲研究的断裂力学的原理。由于欧洲压力容器标准 EN13445（第 1 次出版是在 2002年）现行版本对高强度钢的使用存在严重的局限性，因而新的设计原则被用于这一标准中。实际上，没有断裂力学分析，屈服强度高于 460MPa 的钢就不能使用，双相不锈钢的厚度不能超过30mm，但并不包括具有高韧性的高强度钢。

新方法可以确定厚度、强度、冲击韧性和热处理对脆断危险性的影响。在推导过程中，残余应力的影响已经被考虑进去。首先，通过由零件厚度决定的最大裂纹尺寸可以得到最小安全设计温度，然后根据夏比冲击韧性和断裂韧性之间的相互关系，开发了针对最终用户的实际设计方法。这种方法在大规模试验中得到证实。本报告将详细介绍欧洲的标准化进展，并根据研究结果、现代材料力学方法和现有经验将新型钢种纳入到标准中。

关键词：高强度钢，压力容器，焊接，断裂韧性，脆断，韧性关系，EN13445，欧洲标准

1　引言

20 世纪 90 年代，EN13445 作为非燃式压力容器的欧洲标准得到发展，其 PED97/23/EC 框架于 1997 年在欧共体的官方期刊上发表。新标准是在整个欧洲的多位专家努力工作十多年后于 2002 年出版。但是，这样一个欧洲标准化委员会全体成员国制定的全新标准并不是最理想的。不过它表明了两个问题：

（1）该标准体现了欧洲压力容器的实际技术；

（2）尽管该标准接受度最小，但折中了不同欧洲成员国标准。

在这一新标准出版后，许多国家的标准（如德国国家标准 AD-Merkblatt 或法国国家标准 CODAP）并未废除，但是这些标准都适用于 PED 标准（当保留每个国家的国家标准允许按照实际情况考虑）。从实用性和经济的观点出发，这一新标准在使用中所产生的问题阻碍其在所有成员国中应用是可以理解的。

但是，2002 年到现在已经过去了 5 年，CENTC54 的专家们已开始修订该标准在应用之初遇到的问题。只有一个欧洲国家——芬兰，自 2002 年开始使用该标准，并为此提出建设性的意见。欧洲国家的其他专家也愿意为EN13445 更具竞争力做出贡献，并将最新的研究发现（例如 ECPRESS）放入其中[1]。另外，自 2000 年 ASME 开始用 EN13445 中最新知识修订他们的标准，并且加大对欧洲标准的压力，从而提高自己在国际范围内的竞争力。ASME

的最新修订版同时适用，这一修订版说明欧洲和美国之间复杂的标准化过程是不同的。

考虑 EN13445 修订版的第二部分内容，新的工作小组在本文作者的召集下从 2003 年开始工作。本文对新的条款进行了评估和定义，修改了以下三个部分：

（1）EN13445-2-prA3　表 A2-1 的修订；

（2）EN13445-2-prA4　B4.3 章——服役钢板要求的修订；

（3）EN13445-2-prA5　附录 B 的整体修改，以及方法 1 和方法 2，是关于为避免脆断时对钢铁材料的选择。

下面介绍具体情况。

1.1　修改 prA3——EN13445-2（2002）表 A2-1 的修订

当 2002 年第一稿出版时，压力容器钢列在附录 A 的表 A2-1 中，同时附录 A 包含了最大钢板厚度的规范限制条件。因为首次出版时并不是所有材料都被列入折中的欧洲材料标准中，因而这些材料不能全部满足 PED 的安全性要求，因此必须进行修订 JWGB，确定在这个表中列出不同折中欧洲标准中包含的所有材料及其最大厚度的折中结果，并且表格由规范的附录 B 转变为提供信息的附录 D。对于这次改动，公认的解释是所有压力容器钢是同时包含的，因此能够满足一致性的假设（CE 标记）。在 EN13445-2 表 A2-1 中不必限制厚度，因此关于脆断的厚度极限分别由 EN13445 第二部分附录 B 的方法 1、2 或 3 给出。因此本表的多信息性改变是为了使没有经验的使用者能够熟悉多种欧洲等级及牌号。图 1 概括性描述了修订内容，其中没有限制的厚度值是直接给出的，变得越来越直观。

D.2 按产品种类归类的欧洲标准钢级

此表中的引文不包含标准的日期，但是日期在 Bibliography 参考文献条款中给出

1	2	3	4	5	6	7	8		9	10
序列	产品形式	欧洲标准	材料描述	钢　级	材料编号	热处理 t_g	厚度/mm		材料按 CR ISO 15608 进行分类	备注
							最小	最大		
1	钢板、钢带	EN10028-2	高温性能	P235GH	1.0345	N	0	250	1.1	
2	钢板、钢带	EN10028-2	高温性能	P265GH	1.0425	N	0	250	1.1	
3	钢板、钢带	EN10028-2	高温性能	P295GH	1.0481	N	0	250	1.2	
4	钢板、钢带	EN10028-2	高温性能	P355GH	1.0473	N	0	250	1.2	
5	钢板、钢带	EN10028-2	高温性能	16Mo3	1.5415	N, NT	0	250	1.2	e
6	钢板、钢带	EN10028-2	高温性能	18MnMo4-5	1.5414	NT	0	150	1.2	
7	钢板、钢带	EN10028-2	高温性能	18MnMo4-5	1.5414	QT	150	250	1.2	
8	钢板、钢带	EN10028-2	高温性能	20MnMoNi4-5	1.6311	QT	0	250	3.1	
9	钢板、钢带	EN10028-2	高温性能	15NiCuMoNb5-6-4	1.6368	NT	0	100	3.1	

图 1　按 EN13445-2-修订本 prA3 中建议的，在表 D2-2 中所摘取的第一页

1.2　修改 prA4——EN13445-2 中 B4.3 条款（钢板）

前面提到了最初芬兰公司应用 EN13445 标准并发现 B4.3 中所描述的钢板生产要求会导致大量检验和经济方面的缺陷，通过这样的负面经验可以看出，修订标准对于使用者接受 EN13445 标准是非常必要的。

图 2 给出了 B4.3 条款。第二部分列出了所有钢种的等级要求，但是测试数量不是该部

分所讨论的内容。JWGB 所有成员希望将测试归入 EN13445 第四部分——加工制造。要求负责第四部分的工作小组 D 对试验要求进行分类的第 8 条款进行修改。同样，TC54 同意将 prA4 归入修订方案中，这样就与 EN13445-4 的 prA3 相关联起来。图 3 给出了修订后的 B4.3 章。当 prA3 通过正式表决后，prA4 将被接受并准备出版。

B4.3　钢板的生产测试

　　根据 EN13445-4：2002-05 第 8 条款进行焊接钢板的生产测试。

　　接下来的要求是 EN13445-4：2002-05 第 8 条款新增加的要求。此外，如果材料厚度大于 12mm，需按照 T_{KV} 等于或高于 -30℃ 时的焊接工艺规范进行焊接钢板生产测试。

　　如果材料厚度大于 6mm，对于 T_{KV} 低于 -30℃，需要焊接生产测试[3]。

　　满足方法 1 或 2 的冲击功要求。

图 2　摘取自 EN13445-2 附录 B，2002

B4.3　钢板生产测试

　　根据 EN13445-4：2002-05 第 8 条款进行焊接钢板的生产测试。满足方法 1 或 2 的冲击功要求。

图 3　EN13445-2 prA4 修正

1.3　修改 prA5——EN13445-2，避免钢材脆断的选材方法的修订

prA5 的修订是 EN13445-2 中变化最大的部分。该修订是 JWGB 低温组通过 2 年 10 次会议形成的，主要有以下几个方面的变化：

（1）有关热、冷容器钢原理的变化；

（2）包括屈服强度达到 690MPa 的高强度钢和双相不锈钢；

（3）新方法 2；

（4）新方法 1。

这次变动主要来自于 ECOPRESS 工程的推动。除本研究结果之外，德国工业界要求标准的这一部分更具有经济性和实用性。

1.3.1　有关热、冷容器钢设计原理的变化

为了在低于室温 $T_R = T_{KV}$，$A_{KV} = 27J$ 且无其他冲击强度要求的条件下使用中高温容器钢，使用者可以根据新的 B.5 章定义的要求进行。对于判定冷、热环境用容器，其界定温度标准为 50℃。其中当正常的工作温度高于 50℃ 时归为热容器钢，相反当正常温度低于 50℃、高于 -272℃ 时归为冷容器钢，其细节由图 4 给出。

B.5　高温下使用的材料

B.5.1　总则

B.5 在压力设备中应用

　　（1）正常工作温度高于 50℃；

　　（2）开始、终止和可能的过程非正常情况温度不低于 -10℃；

　　（3）开始和终止工艺应该在 B.5.4 给出的控制条件下进行；

　　（4）压力测试条件按 B.5.5 规定进行。

　　如果任何要求都不能满足，将可以使用低温材料方法。

B.5.2　材料

　　材料应该具有规定的最小冲击功，按照夏比 V 形缺口冲击试验的试样标准（见 EN 10045-1：1990）进行测量。具体如下：

　　铁素体钢，冲击功不小于 27J；

　　第 8、9.3、10 材料组中的钢种，冲击功不小于 40J；

　　温度不高于 20℃。

B.5.3　焊接工艺评定和生产测试钢板

　　焊接工艺评定按照本标准第四部分执行。

　　钢板焊接生产测试按照本标准第四部分执行。

B.5.4　开始和终止工艺

　　为了避免开始和终止过程中脆断的发生，在低于 20℃ 时压力不应该超过设计压力的 50%。

B.5.5　压力测试

　　不应该在低于 10℃ 的温度下进行静水压测试。

图 4　EN13445-2 prA5 中新的 B.5 章，
公开调查后的情况

重要的是要注意设计温度低于 -10℃ 时的情况，例如为避免脆断，开始和终止操作需要

有特殊条件。

1.3.2　包括屈服强度达到 690MPa 的高强度钢和双相不锈钢

ECOPRESS 项目的目的是屈服强度达到 690MPa 的高强度钢和屈服强度达到 550MPa 的双相不锈钢能够被归入附录 B 的方法 2。在附录 B 列线图极限中，C-Mn 钢使用的屈服强度最大为 460MPa，厚度最大为 110mm（图 5）。

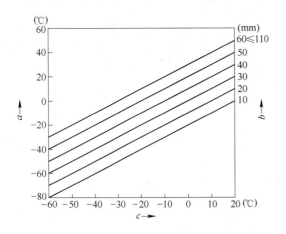

图 5　EN13445，2002 的列线图，图中指出屈服强度和厚度的极限

图 B.4-3　设计参考温度和冲击试验温度焊后热处理（PWHT）条件，
$310MPa < R_e \leqslant 460MPa：27J$

ECOPRESS 中，对 P500（图 6a）和 P690（图 6b）的基体金属进行了大量断裂力学和大规模试验。当焊接和焊后热处理时，这些钢材在低温度下表现出足够的韧性。只有过度的焊后热处理会显著降低 P690 试验钢焊件变形处的韧性。原因是钒在钢板中析出，钒含量可以从焊件尤其是焊件根部得到，钒在焊后热处理中形成的碳化物直接导致脆裂。在铌合金钢中能够避免这一现象。

该研究的第二部分与现有断裂力学方法的修订有关。该方法被用于 EN13445 第一版列线图的发展。这些列线图并非直接来自 Sandström 提出的原始计算模型[2]，但可从该模型的基础和对 EN13445 第二部分作

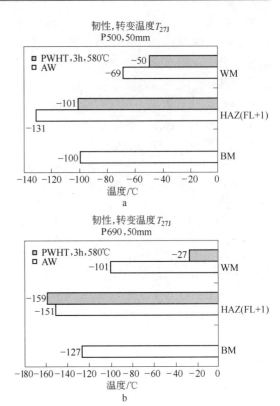

图 6　P500（a）和 P690（b）的韧性

出贡献的成员国的经验之中得到。这是一个折中的办法，因此比计算所得到的图更加保守。

新断裂机制是以计算模型为基础的，主要通过项目结构整体性方法的最新发现得出，从而修订 Sandström 模型。最新的发现是在 Wallin-Master 曲线概念与断裂韧性转变温度、夏比冲击功转变温度 T_{27J} 与失效分析曲线（两种评定方法）之间的经验相互关系共同作用下产生的。在分析的基础上，失效分析曲线可以允许引起表面裂纹驱动力在零件上（如压力容器）产生。图 7 概括性地证明了该方法，其细节可以从参考文献[3~5]中得到。这些方法已被低温下焊接和焊后热处理试样的大规模试验证实。计算断裂温度与实测温度如图 8 所示。结果分布在 1∶1 线周围 20K 的区域内，因此，20K 被作为模型中的一个安全要素。图 9 对实验进行了概括性的介绍。

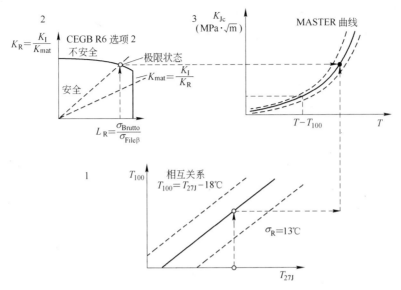

图 7　断裂力学方法中断裂极限状态的主要起源

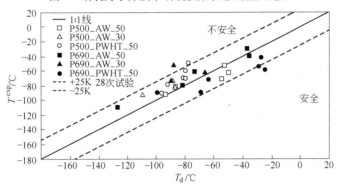

图 8　ECOPRESS 项目中的验证试验

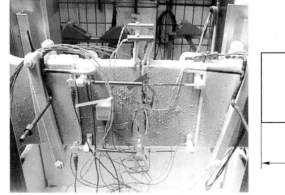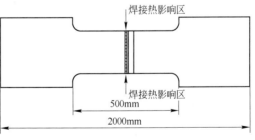

钢　号	P500			P690		
t/mm	30	50	80	30	50	80
BM	no	3	3	no	3	3
AW	3	5	no	3	5	no
PWHT	no	6	no	no	6	no

图 9　ECOPRESS 项目中进行的宽板试验

1.3.3　EN13445 第二部分的修订：附录 B

在原表基础上，JWGB 对方法 2 的修订是为了包含屈服强度达到 690MPa 极限厚度 80mm（最大厚度测试）的高强度钢。这一方法的细节见作者和 Sandström 发表的论文[6]。

经过长时间激烈的讨论，附录 B 方法 2 的修订如下：

（1）瑞典不允许将 P690 列线图加入到修订版中，因为缺少此钢的经验，极限设定为 P500（该观点没有得到其他成员国的共鸣）；

（2）但是，瑞典对强度 550MPa 级厚度 50mm 的奥氏体铁素体双相钢没有意见；

（3）新的计算模型将适用于从 500MPa 到 265MPa 以下的所有钢级；

（4）对于 ≤265MPa、≤355MPa、≤460MPa、≤500MPa 的每一强度等级，分别对应于焊后热处理（PWHT）和气体保护焊（AW）提出列线图；

（5）对于奥氏体铁素体双相钢，引进了低于 385MPa 的三个图，460MPa 的一个图和低于 550MPa 的一个图；

（6）对于屈服强度不小于 460MPa 的低等级钢来说，要求 A_{KV} 用 40J 代替 27J。

图 10a、图 10b 为 PWHT 条件下高强度 P500 和奥氏体-铁素体钢列线图。

最后，发现方法 1 与方法 2 存在矛盾。因此，低温组针对 C、C-Mn 钢提出了一个建议，这样可以与方法 2 兼容。为了实现这个建议，发现建立一个更加简单的表格是必须的，这个表格需基于以下情况：

（1）表 D2-2 列出 EN 标准中屈服强度小于 355MPa 的所有 C 钢和 C-Mn 钢的名称；

（2）PWHT 条件下，极限厚度的计算以设计温度 T_R 等于 T_{KV}（$A_{KV}=27J$）为基础。其中 T_{27J} 由作为钢级条件参数的工艺标准给出；

（3）AW 条件的极限厚度是 35mm；

（4）因为没有 Ni 含量为 3%～5% 钢现成的经验或研究结果，所以该计算模型只限于 Ni 含量低于 1.5% 的钢；

（5）含 3%～5% Ni 和含 9% Ni 的钢的极

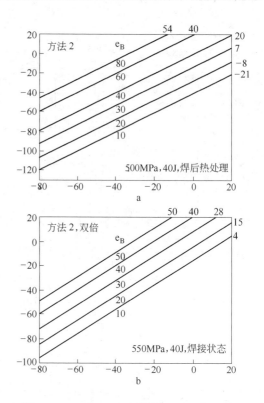

图 10　PWHT P500 列线图（a）和奥氏体-铁素体钢列线图（b）（$R_e \leqslant 550MPa$）

限厚度与由 EN10028 第 3、4 部分给出的极限厚度相比较，当 $A_{KV}=27J$ 时，$T_R=T_{KV}$；

（6）与焊件明确要求相关奥氏体钢的表格进行修改；

（7）与 EN10269 相关的结构件的总体修改要求，材料要满足安全性的要求。

图 11 给出了铁素体钢方法 1 的新表格的一部分。从图中可以看出，计算模型允许最大厚度为 76mm 的 P265 GH 和最大厚度为 52mm 的 P355 NH 的 T_{27J} 都为 -20℃。

目前的现状是德国工业协会所持的观点与该类型常见钢级经验相矛盾。当采用标准时，厚度极限会导致不经济的结果。修订后该标准的应用机会会受到限制。为覆盖行业经验，下面列出了可以暂时接受的解决方法：

（1）对 PWHT P355 和 PWHT P265 列线图 $T_R=T_{KV}$ 条件下的虚线进行扩展；

（2）对于两个强度级别的钢来说，冲击功从 27J 增加到 40J；

根据表 D.2-1 编号	欧洲标准 EN	钢级	材料编号	最大参考厚度 e_B 焊接状态	最大参考厚度 e_B 焊后热处理	设计参考温度 T_R /℃	材料根据 CR ISO15608：2000 分类	备注
				钢板、钢带				
1	10028-2：2003	P235GH	1.0345	35	90	−20	1.1	圆形
2		P265GH	1.0425	35	75			
3		P295GH	1.0481	35	65		1.2	
4		P355GH	1.0473	35	55			
29	10028-3：2003	P275NH	1.0487	35	75	−20	1.1	
30		P275NL1	1.0488	35	75	−40		
31		P275NL2	1.1104	35	90	−50		
32		P355N	1.0562	35	55	−20	1.2	
33		P355NH	1.0565	35	55	−20		
34		P355NL1	1.0566	35	55	−40		
35		P355NL2	1.1106	35	55	−50		
36								
37								
38								

图 11　假定设计温度 $T_R = T_{27J}$，方法 1 新钢种的选择
（极限厚度由方法 2 计算得出）

（3）当上述条件满足时，不大于 265MPa 时允许厚度从 75mm 增加到 110mm，不大于 355MPa 时允许厚度从 65mm 增加到 110mm。

图 12a、图 12b 为 2007 年 5 月 30、31 日在柏林召开的最新一次会议上得出的折中方案。

2 结论

CENTC54 和 CENTC267 联合工作小组 JWGB 在过去的四年对第二部分进行了第一次修改，现在修改工作已经完成，并在 EN13445-2-prA、-prA4 和-prA5 三部分体现出来。为了使 EN 标准成为更实用的应用标准并使欧洲工业在欧洲及海外国家更有竞争力，主要的改变已经简要地在这个版本的基本介绍中用下划线标记出来。

主要的成果有：

（1）欧洲标准中关于钢种的新的实用性处理方法；

（2）减少了钢板上的测试点工作；

（3）包含基于计算模型的新的断裂力学的方法 2 和方法 1 的全部修订和对高强度钢和奥氏体-铁素体钢的扩展；

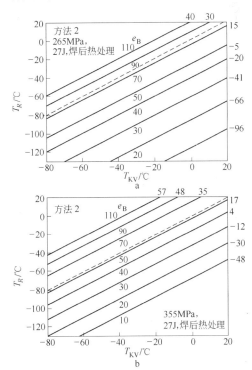

图 12　强度 265MPa 常规钢的新列线图，如果在 T_R 温度下 $T_{KV} = 40℃$ 时，虚线允许的使用厚度达到 110mm（a）；强度 355MPa 常规钢的新列线图，如果在 T_R 温度下 $T_{KV} = 40℃$ 时，虚线允许的使用厚度达到 110mm（b）

（4）考虑并接受了取代计算模型的操作经验；

（5）对受热和受冷冷压力容器材料的区别，其中受热容器不需要额外的低温测试。

在整个准备过程中发现，一些国家（如瑞典）对于接受 P690 的使用和计算模型的应用存在问题。尽管存在反对意见，还是引入了这个计算模型，但是作为一种折中，不包含 P690，而 P690 在其他国家已经被接受。

欧洲工业中其他三个具有重要意义的问题还没有得到解决：

（1）厚度大于 110mm 的钢板；

（2）相对于德国经验来说，EN 标准中降低相对保守，并导致不经济的解决方法；

（3）由于时间和人力的缺乏，低强度等级下计算模型的校准不能实现。

这些问题将在 2007 年夏天开始的 JWGB 新的工作中开始研究，可以预料到下个版本将有新的内容。低温组将开始这项工作，但这项工作离不开工业界的支持，在此一并感谢。

参 考 文 献

1　Langenberg P.，（Hrsg.），ECOPRESS，Economi-cal and safe design of pressure vessels applying new modern steels，European research project，5th framework RTD，project no. GRD-1999-10640，1/2000-5/2003，Final Report 12/2003，info：www. i-w-t. de.

2　Sanz，G.，Attempts to introduce a quantitative method of choosing steel quality with reference to the risk of brittle fracture，*RevMetall CIT*，Vol. 77，No. 7，1980，pp. 621-642.

3　Harrison，R. P.，K. Loosemore und I. Milne；Assessment of the integrity of structures containing defects，CEGB-Report R/H/R6，Revision 3，1986，Revision 4.，2000，British Energy Generation Ltd.（BEGL），Barnwood Gloucester.

4　BS7910，Guideline on methods for assessing the acceptability of flaws in metallic structures，British Standard Institutions，1999.

5　FKMHeft 258，Bruchmechanischer Festigkeitsnachweis，2001（info：www. vdma/fkm）.

6　Sandström R.，Langenberg P.，Siurin H.；New brittle fracture model for the European pressure vessel standard，Int. Journal for pressure and piping 81（2004），p. 837-845.

（北京科技大学　段琳娜　译，
钢铁研究总院　贾书君　校）

高性能压力容器用钢

J. Gottlieb, A. Kern, U. Schriever, G. Steinbeck

ThyssenKrupp Steel AG, Heavy Plate Profit Center, Duisburg, Germany

摘　要： 随着世界能源消耗的增长，人们不断加大对储存气体和工业液体的压力容器设备和仪器工程、设备建设的研究兴趣。根据相关标准和规范（例如 DIN EN 10028、ASTM、ASME），屈服强度最低达 460MPa 的非合金钢板或 Nb 微合金钢板被采用和生产。

　　本文讨论满足严格实际要求的现代焊接压力容器用钢的生产和性能。结合铌微合金化、新型轧制工艺和优化的热处理条件（必要条件下）能够得到晶粒细小的微观组织，可以满足材料性能的最高要求，尤其是韧性和抗脆性断裂性能。此外，关于现代压力容器用钢的加工性能的重要方面被重点强调。

关键词： 压力容器用钢，标准，微合金化，多级的

1　引言

　　由于钢铁具有承受载荷的能力、优异的加工性能和高回报的优点，已成为重型机械制造业中最重要的结构材料。其之所以重要主要是因为它的性能可以根据所需的技术要求进行调整，尤其是具有良好特定性能的高强度大厚钢板在很多工业领域都是不可或缺的。随着世界能源消耗的增长，人们对储存气体和工业液体的压力容器设备和仪器工程、设备建设的研究兴趣逐渐增加。此外，这类特定性能良好的钢被用于加工近海工程和风力设备中的高应变零件或长距离输送的特殊管线钢钢级。因此，近年来对特定性能良好的大厚钢板需求量不断增加。下文介绍对容器结构领域的先进钢材的研究。这里，主要介绍 Nb 的微合金化作用，这一作用能够在高热量输入焊接时满足最大的韧性要求。

2　容器和锅炉的特性

　　现代集装箱、锅炉和容器被分为以下几种类型：

　　（1）薄壁；

　　（2）厚壁；

　　（3）储罐；

　　（4）运输集装箱；

　　（5）丙烷瓶；

　　（6）贮气瓶。

　　普通（压力）容器主要有反应器、塔器和热交换机等（如图 1 所示）。它们通常为圆筒成形，在设计和施工过程中需要采取特殊的预防措施，防止低温和焊接风险。压力容器筒通常是将钢板卷曲然后沿纵向进行焊接得到的。另外，在末端（末端或者顶端）和圆筒连接的地方是环形焊缝。对于长的容器，如果钢板尺寸合适或者轧机能力有限，可将卷板焊接在一起。现在，大部分先进容器根据综合的标准来确定尺寸和设计。这里，ASME 标准是主要的相关标准。美国机械工程师协会出版的 ASME 标准规定了锅炉和压力容器中各零件的材料规格、设计规范、锅炉和包含核设施部件的压力容器的生产和测试。目前的 ASME 标准代表了成熟的安全概念。起源于北美的 ASME 标准现在已得到大约 90 个国家的认可，这一标准在不断更新并适用于任何新要求。因此，对于（压力）容器的设计有大量的国家适用

图 1　压力容器用钢的应用领域

准则，例如用于德国和遵循欧盟的压力设备标准（PED97/23）[1]的 AD 标准。

3　压力容器钢板的生产

用于生产（压力）容器的大厚钢板是由最小屈服强度为 460MPa 的低合金钢制成的，其厚度范围是 10 ~ 50mm。用于制造容器的钢级不仅对强度有所要求，更需要有高韧性、良好的冷成形性、高疲劳强度和良好的焊接性。特别是生产压力容器，对钢材的性能有更高的要求。

具有名义屈服强度的现代大厚钢板需要有合适的化学成分、轧制和热处理工艺。在 ThyssenKrupp 钢铁生产厂，根据顶底复吹炼钢（TBM）工艺生产。当气体从转炉底部吹入时会搅动钢液，从而使金属和炉渣得到更好的混合。通过 TBM 工艺会获得较低含量的磷和硫，并有很好的纯净度[2~4]。钢包冶金[4]同样重要（图2），它能够免去转炉炼钢工艺，严格控制目标化学成分并将硫的含量降到很低的水平，这对

炼钢　　　　　　　二次精炼　　　　　　　连铸

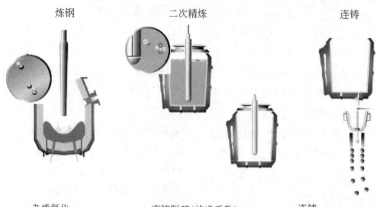

- 杂质氧化
  (Si,S,P,C)
- 钢水均匀化
- 优质钢水-炉渣-反应

- 直接脱硫(洁净系数)
- 精确合金化
- 脱气 (H_2)

- 连铸
- 外部快速凝固
- 低偏析

图 2　现代化的炼钢方法

纯净度非常有利，而且能够提高抗脆性断裂能力，并具有显著的韧性和变形性能的均匀性。

在钢铁的生产过程中，除了钢材的化学成分和现代钢厂的冶金方法之外，在成熟的冶金机制下，现代轧制和热处理技术的使用至关重要。这种情况下，正火处理钢和/或正火轧制钢、具有不同化学成分的热机械轧制和/或加速冷却钢都被用于容器和锅炉的生产。（压力）容器钢重要的生产工艺、典型的微观组织和导致的屈服强度的气面回顾如图3所示。

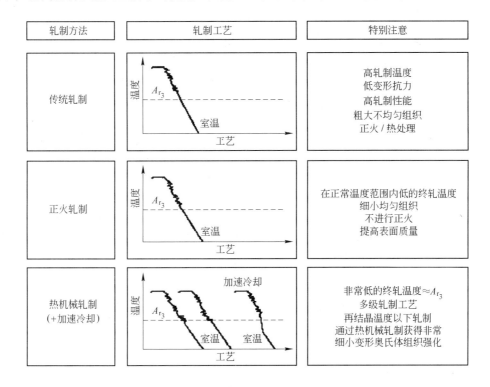

轧制方法	轧制工艺	特别注意
传统轧制		高轧制温度 低变形抗力 高轧制性能 粗大不均匀组织 正火/热处理
正火轧制		在正常温度范围内低的终轧温度 细小均匀组织 不进行正火 提高表面质量
热机械轧制 （+加速冷却）		非常低的终轧温度≈A_{r3} 多级轧制工艺 再结晶温度以下轧制 通过热机械轧制获得非常 细小变形奥氏体组织强化

图3　高强度钢的现代轧制工艺

压力容器工程中普遍使用的钢是碳含量小于0.20%的低合金钢。这类钢中含有Cr、Mo、Ni元素，并且根据所需的最小屈服强度和钢板厚度添加适量的微合金化元素Nb和V。（压力）容器厚钢板的普通交货标准除了DIN EN 10028外，还有ASTM或其他国家的交货标准[5~7]。图4给出压力容器钢级的种类、化学成分和屈服强度R_e、抗拉强度R_m、夏比V形试验冲击功。

环境温度下，除了力学性能外，压力容器钢通常满足450℃高温下的拉伸性能。这类钢必须具有搪瓷/表面涂层的适配性（例如液体肥料容器）。因此，压力容器钢的材料测试结果相对较高。

由于（压力）容器安全相关性要求高，对于厚钢板的供应，工程订单通常要遵循第三方检测。世界范围内的第三方检测机构有：

（1）德国劳埃德船级社；

（2）英国劳氏船级社；

（3）汉德技术监督服务有限公司；

（4）挪威船级社；

（5）法国维里他斯船级社。

提供（压力）容器钢的先决条件是要经过第三方检测机构的批准。第三方检测机构批准的基础符合DIN ISO 9001要求的有效质量管理体系和充分的安全生产。在规定的时间周期内，第三方检测机构对产品和系统审查给予恰当的认证并进行检测。ThyssenKrupp（蒂森克虏伯）是根据上述标准被认可合格的容器结构钢板供应商。

标准	生产	钢级		化学成分（最大）/%				拉伸试验（横向）			夏比 V 形缺口试验（d=16mm）	
				C	Si	Mn	其他①	R_{emin}/MPa	R_m/MPa	A_{min}/%	T/℃	$A_{V\ min}$/J
DIN EN 10025-2	N,AR	S235		0.17	—	1.40	Cu,Ni,Nb	235	360~510	26	20~-20	27
		S275		0.21	—	1.50		275	410~560	23		27
		S355		0.24	0.55	1.60		355	470~630	22		27
DIN EN 10028-2	N	P235		0.16	0.35	1.20	Cu,Ni,Nb	235	360~480	24	-20	27
		P265		0.20	0.40	1.40		265	410~530	22		
		P285		0.20	0.40	1.50		295	460~580	21		
DIN EN 10028-3/-5	N/TM	P275		0.16/-0.18/0.14	0.40/-	1.50/-	Cu,Ni,Nb	275	390~510	24	-20~-50	27
		P355		0.18/0.14	0.50	1.70/1.60		355	450~630	22		
		P420		-/0.16	-/0.50	-/1.70		420	520~660	19		
		P460		0.20/0.16	0.60	1.70		460	530~720	17		
ASTM	N	A516	60	0.21	0.40	0.90	Cu,Ni,Nb	220	415~550	25	-51	18
			70	0.27	0.40	1.2	Cu,Ni,Nb	260	485~620	21	-46	20
	N	A537	1	0.24	0.15/0.50	0.70/1.35	Cu,Ni,Nb	345	485~620	22	-62	20
	N	A633	A	0.18	0.15/0.51	1.00/1.35	Cu,Ni,Nb	290	430~570	23	-60	20
			C,D	0.20	0.15/0.50	1.15/1.50		345	485~620	23	-40	27
			E	0.22	0.15/0.50	1.15/1.50		415	550~690	23	-20	41
	N	A662	A	0.14	0.15/0.40	0.90/1.35	Cu,Ni,Nb	275	400~540	23	-60	20
			B	0.19	0.15/0.40	0.85/1.50		275	440~585	23	-45	20
			C	0.20	0.15/0.40	1.00/1.60		295	485~620	22	-32	34
	N	A738	A	0.24	0.15/0.50	1.50	Cu,Ni,Nb	310	515~655	20	30	27
			B	0.20	0.15/0.55	0.90/1.50		415	585~705	20		
			C	0.20	0.15/0.50	1.50		415	550~690	22		
			D	0.10	0.15/0.50	1.00/1.60		485	585~724	20		
			E	0.12	0.15/0.50	1.10/1.60		515	620~760	20		

①如果需要。

图 4　压力容器钢的标准

上一财政年度，ThyssenKrupp 生产了 10000t 不同厚度的钢板。根据各自的标准、钢板的厚度和所需的性能要求，在很多情况下钢板在轧制后需进行正火处理。

在锅炉钢板供应中，重要的方面通常是在供给的钢板中同时满足不同的质量要求，以便于在锅炉建设工程中使材料具有最灵活的使用。图 5 表明哪种质量结合通常在实际中如何使用。ThyssenKrupp 钢铁公司供应的大约 70% 的压力容器具有多种证书。这里，对于多级或者多证书钢，在相互制约的材料参数中能发现强度和韧性分布范围很窄。实例如图 6 所示。图为一系列不同厚度的压力容器结构的强度性

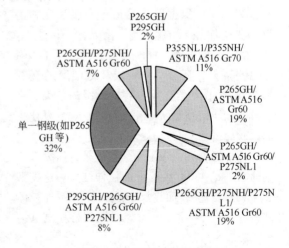

图 5　压力容器钢级的分布

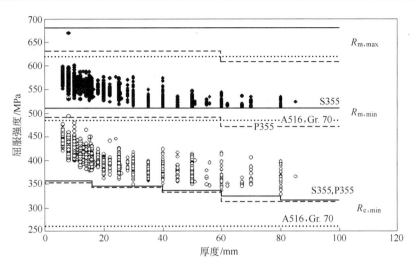

图6 多等级 S355N/P355N/ASTM516Gr.70 的强度性能

能，根据 DIN EN 10028 和 ASTM A516 Gr. 70，这些强度性能同时具有 S355J2 + N，P355N（L）特征。尤其是抗拉强度的允许值具有相对窄的分散范围。

对于压力容器钢来说，根据复杂的性能精确地调整钢的成分、轧制和热处理条件。含 Nb 钢有针对性地进行微合金化对获得期望的力学性能起着决定性的作用。综上所述，微合金化对于确保高温下的高韧性和相对高的抗脆断性尤为重要。

4 应用 Nb 能够提高力学性能

铌不是一种稀有元素，它在地球表面的含量为 24g/t，并且分布比钴、铅、钼广，甚至比钽普遍 10 倍。即使铌作为一种金属和氧化物具有很多有意义的用途，但它最突出的作用是在钢铁工业中的微合金化作用。铌作为不锈钢中稳定元素这一传统用途保留下来的同时，作为微合金化元素的作用显著增加，在热机械轧制工艺中，从大直径管道到其他钢铁产品的生产中，例如钢结构和汽车工业中，都有 Nb 的微合金化应用。当铌作为微合金元素使用时，其含量低于 0.10%[8,9]。

在钢中，当含碳量低于 0.20% 时，与钒的作用相反，铌的突出作用是在奥氏体化时立方形的碳氮化铌首先在上奥氏体区溶解，随后在 900 ~ 950℃ 的下奥氏体区重新析出（图7）[10]。

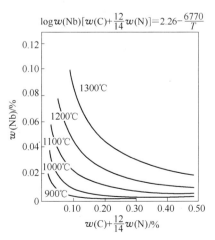
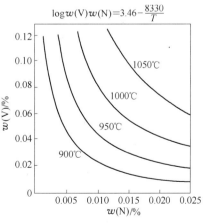

图7 碳氮化铌和氮化钒奥氏体的溶解度等温线

均匀分布的细小碳氮化铌（直径通常小于20nm）能够有效控制奥氏体尺寸和相变后的微观组织，从而显著细化晶粒。铁素体中的晶粒细化和析出强化过程能优化综合性能，因而这一综合性能可用于生产压力容器钢。图 8 为冶金学机理中铌相对于其他普遍使用的微合金元素的积极作用，这一作用决定了压力容器钢的性能。对铌作用的研究证明了铌含量不超过0.04% 时就能得到良好的综合性能。

微合金元素	细小的析出物	转变延迟	晶粒细化
Nb	+ +	+ / -	+ + +
V	+	○	○
Ti	+ / - ①	+	-

①取决于 Ti 含量。

+：积极作用；

-：消极作用；

○：无重要影响。

图 8　压力容器钢中 Nb 的冶金学作用

由于上面提到的对显微结构和力学性能的积极影响，（压力）容器钢中 Nb 的微合金化是合金化中最重要的部分。不论什么供应规格，都能看到规格中对 Nb 含量有明确的规定。当对低温韧性有特殊要求时，Nb 的微合金化作用尤为重要。先进的（压力）容器钢通常需要温度低于 -20℃ 的韧性指标。在这种情况下，ASTM 标准中对韧性指标的要求特别高（图 4）。它通常要求缺口冲击试验中的韧性能够承受 -51℃ 甚至更低。当力图在同一钢板中具有不同的品质时必须考虑这一要求。以P265GH/ASTM A516 Gr. 60 为例，会发现当试验钢中不含有 Nb 时，无法得到低试验温度（-51℃）时最低的冲击功（27J）。只有当加入 Nb 并且其含量符合标准中规定的 0.02% 的范围时，晶粒细化能够显著提高韧性（图 9）。由于添加 Nb 与未添加 Nb 钢相比，-50℃ 冲击功平均增加 60J。

除夏比 V 形缺口冲击功，转变温度 T_{27}（冲击功为 27J 时的温度，是描述脆性断裂的一个特征值）在 Nb 微合金化作用下变得更加

有利，实例如图 10 所示。根据 EUROCODE 3 附录 C 中的脆性断裂概念，低转变温度能够减小裂纹的扩展，因而提高脆性断裂敏感性。因此，Nb 微合金化作用对焊接结构的疲劳性能和钢板的极限允许厚度都具有积极影响。

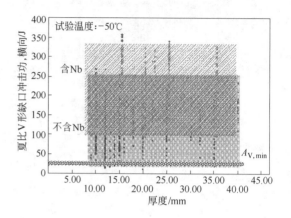

图 9　Nb 对 P265GH/ASTM A516Gr. 60 低温韧性的影响

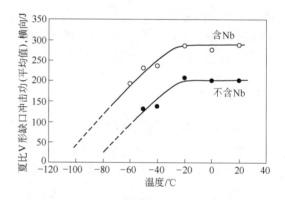

图 10　P265GH 的夏比 V 形冲击功

5　压力容器钢的加工性能

先进的压力容器钢非常适合随后的加工方法。在冷成形加工过程中，根据各自的屈服点，需要使用不同大小的成形力。同时，不得不考虑弹性的不同。由于在冷成形过程中，材料屈服强度增大而韧性降低。为了扭转因成形过程引起的性能变化并减小相关应力，相关零件应该在 550 ~ 620℃ 范围保温 4 ~ 6h 进行去应力热处理（图 11）。先进的（压力）容器钢

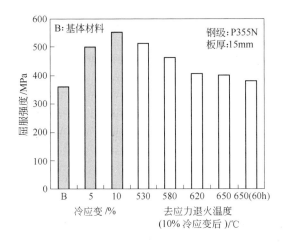

图 11 消除应力退火后 P355N 的强度性能

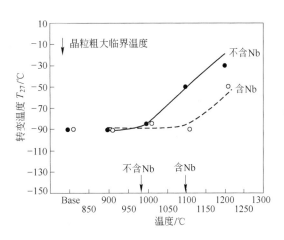

图 12 热成形温度对热加工后
P355N 韧性的影响

不合适明显延长退火时间[11]。

压力容器钢的后加工过程是利用热成形和冷成形将其加工为瓶、球形零件、管道、圆筒状壳体、圆锥体或部件。成形可在热处理之后进行，利用普通焊接工艺（包括埋弧焊）将各个零件焊接在一起。

热成形处理中，通常将（压力）容器钢板加热到 900～1100℃ 范围内。由于奥氏体晶粒长大，我们不得不考虑结构的改变。而奥氏体晶粒长大对成形和冷却后产生的微观组织产生不利影响，因此也会影响韧性。Nb 的微合金化作用能够带来有利影响。其形成的碳化物和碳氮化物能够抑制晶粒长大，并且能够提高晶粒长大的开始临界温度（图12）[12]。C-Mn

钢中，当温度高于 1000℃ 时，奥氏体晶粒长大引起韧性大幅度下降，Nb 微合金化容器钢在 1100℃ 成形和随后的冷却后韧性都不会改变。Nb 微合金化作用扩大了热成形温度范围。然而，无论热变形温度在 900℃，还是 1200℃ 热轧态的性能在正火处理后能够恢复[11]。

压力容器钢可用普通的焊接工艺进行焊接。焊接，特别是主体件的焊接应该避免在由于其他焊接所引起的应力集中或不规则的区域进行。焊接中重要的方面是焊件的冷裂纹安全性和面向应用的力学性能。对这两方面来说，存在大量影响因素（图13）。在 ThyssenKrupp

避免冷裂纹	焊缝性能
影响因素：	影响因素：

化学成分 – CET $\left(CET = w(C) + \dfrac{w(Mn) + w(Mo)}{10} + \dfrac{w(Cr) + w(Cu)}{20} + \dfrac{w(Ni)}{40} \right)$　　　　　　化学成分 – CET

钢板厚度 d　　　　　　　　　　　　　　　　　　　　　　　　　　　　　　　　　钢板厚度 d

焊缝金属氢含量 H_D　　　　　　　　　　　　　　　　　　　　　　　　　　　预热温度 T_0

热输入 Q　　　　　　　　　　　　　　　　　　　　　　　　　　　　　　　　　热输入 Q

预热温度 T_0　　　　　　　　　　　　　　　　　　　　　　　　　　　　　　焊缝几何形状 F

残余应力

图 13 结构钢焊接的制约条件

钢铁公司，对本领域进行了系统的、基础性的研究，结果满足压力容器钢焊接结构承载能力的最高要求。这类钢在气体保护焊中利用低含氢量的高级填充金属时，由于其较低的碳当量而具有高的冷裂纹安全性。EN 1011 中所阐述的避免冷裂纹（CET 概念）所需考虑的条件表明压力容器钢中，厚钢板焊接过程中必须预热去氢和缓慢冷却焊缝。

压力容器钢的焊接条件影响焊缝的力学性能（图 13）。最重要的是要确定冷却时间 $t_{8/5}$，在这一时间内许多重焊接技术变量相互作用形成核心特征。该特征与热输入是成比例的。

6 结论

能源的重要性不断提高，导致压力容器制造的重要性不断增加。具有低屈服点（从 235MPa 开始）的先进压力容器钢能满足强度、韧性和抗脆断裂安全性的最高要求。调整钢的成分可以生产出满足不同的、压力容器钢国际标准要求的多等级压力容器钢。因而，作为微合金元素的 Nb 的作用非常显著。尤其是它能够细化晶粒尺寸，从而提高材料的韧性，使钢具有高的抵抗脆性断裂能力。此外，加工性能也得到提高。

实际发展不得不考虑越来越多的低温下更高的韧性要求。为满足这一要求，未来，压力容器钢包括低温设备中铌钢中铌的使用将不断增加。

参 考 文 献

1 Richtlinie 97/23 des EU-Parlaments über Druckgeräte v. 09. 07. 1997.

2 J. Degenkolbe，B. Müsgen：Stahlbau Handbuch/ Band 1，Teil A，(1993)．Köln，p. 453-483.

3 J. Degenkolbe：Thyssen Technische Bericht 1/93 (1993)，p. 19-30.

4 A. Kern，H. Lücken，T. Nießen，U. Schriever：Stahlbau 74 (2005)，Nr. 6，p. 430-435.

5 DIN EN 10028 (2003)，DIN EN-Normen，Beuth-Verlag Berlin.

6 ASTM (2008)．Annual Book of ASTM-Standards，Section 1，Iron and Steel Products.

7 DIN EN 13445-2 (2002)，DIN EN-Normen，Beuth-Verlag Berlin.

8 A. J. de Ardo，Niobium 2001，TMS，Warrendale (Pa)，(2001)，p. 437-445.

9 K. Hulka，C. Klinkenberg，H. Mohrbacher：Proc. Int. Conf on Recent Advances of Niobium Containing Materials in Europe，(2005)；p. 11-20.

10 K. Hulka，A. Kern，U. Schriever：Proc. Int. Conf. Microalloying(2005)，San Sebastian，p. 519-526.

11 B. Müsgen：Thyssen Technische Berichte 1/81 (1981)，p. 76-85.

12 A. Kern，W. Reif：steel research 57 (1985)，Nr. 7，p. 321-331.

（北京科技大学 段琳娜 译，
昆明理工大学 谭峰亮 校）

高附加值长材

生产微合金化钢的几点考虑

Bernhard Hoh

Process Technology Steel，Eichenweg 25，46569 Huenxe，Germany

摘　要：在 20 世纪 60~80 年代，连续浇铸是钢铁工业的一项重要的工艺变革。这项技术无论对提高炼钢生产效率还是改善产品质量都产生了深刻影响。然而，为保持产品竞争力和成本效益，需要一个统筹的炼钢方法。从炼铁和/或炼钢经过精炼到连铸，再到轧钢和后续工序的钢产品。整条生产路线应该整体可控。

关于连铸，有两个实例可以说明其发展趋势：中间包的设计和冶金，浸入水口的优化和高水平的结晶器液面控制。无止境的洁净钢研究已从连铸机本身转到钢包冶金。同样，表面质量无缺陷研究不再简单地专注于连铸技术，同时也考虑了炼钢工艺。

随着结构钢品种的合金设计转变，从普通的中碳锰钢到裂纹敏感的现代低碳微合金化 HSLA 钢，连铸机的设计和技术发展并驾齐驱。然而，维护设备使其处在良好状态从而生产出无质量缺陷铸坯依然是炼钢厂生产操作最重要的责任。

关键词：HSLA 钢，纯净钢，连铸，热塑性，表面缺陷

1　连铸的发展历史

连续浇铸（CC）是 20 世纪 60~80 年代钢铁工业一项重要的工艺变革。该技术对改进炼钢生产率和产品质量产生了深远影响。

世界上第一台连铸机是一台断面为 2050mm×（200~250）mm 的椭圆形铸机，于 1967 年在德国杜伊斯堡 Huettenwerke Krupp Mannesmann 厂（Mannesmannroehren-Werke 前身）开始生产运行。令人惊奇的是，这台铸机至今还在满负荷运行（见图 1）。由于采用特有的二冷设计—干法冷却（不使用喷雾冷却）和新设计的支撑辊，这台铸机几乎可以专门用于生产裂纹敏感的微合金化 API 钢种，为欧洲钢管公司的大直径钢管生产线提供铸坯。

在 1980~1990 年间，出现了近终形浇铸（NNSC）技术，并且成功应用于商业化板带钢生产。

在 1985 年，Schloemann Siemag（SMS）成

图 1　双流椭圆形连铸机[1]

功试运行了他们的薄板坯连铸连轧（CSP）生产线。第一条工业应用的 CSP 生产线则于 1989 年在纽柯克劳福兹维尔的印第安那厂投产。到目前为止，全球约有 40 条近终形连铸机（NNS）在满负荷生产或在建。

为满足市场对厚钢板日益增长的需求，钢铁企业转向厚钢坯浇铸。在 1997 年，德国的 Dillinger Huette 厂开始生产世界上最大截面的

连铸坯，其截面为2200mm×400mm。凝固结束后，其特有的立弯式连铸机让 Dillinger Huette 可以生产超过 100mm 的厚板，使之成为提供海洋行业、机械工程和其他结构领域用厚板的专业厂家。为加入到获利丰厚的厚板市场，一些钢铁企业投资兴建厚连铸坯铸机，比如中国首钢秦皇岛厂（（1600～2400）mm × 250mm 或 400mm），奥地利的 VoestAlpine Stahl（（740 ～ 2200）mm × 225mm 或 285mm 或 355mm），以及德国扎尔茨基特的 Salzgitter Flachstahl（（1100 ～ 2600）mm × 250mm 或 350mm）。

2　良好的炼钢——生产高质量铸坯的先决条件

为了保持产品竞争力和良好成本效益，炼钢需要一个统筹的方法。从炼铁和/或炼钢，经精炼后到连铸，整个炼钢工艺流程再到轧钢和后续工艺应要整合可控。关于连铸，有两个表明这个趋势的例子[2]。在改进冶金技术和中间包设计、浸入式水口优化和高水平结晶器液面控制后，洁净钢研究便从连铸机转向钢包冶金。

同样，无缺陷表面的研究不再简单地关注连铸技术，进一步考虑了合金设计和炼钢工艺。

"洁净钢"这个术语所描述的钢通常具有以下特点：

（1）溶质元素的含量低；

（2）残余元素的含量在控制水平范围内；

（3）在炼钢、钢包冶金、连铸等过程的氧化物生成率低。

"洁净"的定义并不是绝对的，它取决于钢的生产工艺及其终材的服役用途。因此，"洁净钢"的说法将不同程度地取决于钢材供应商和钢的应用领域。Alan W. Cramb[3]建议要更加准确地探讨高纯净度钢，这是因为钢中存在低含量水平的溶质杂质（S、P、N、O和H）和主要源于废钢但含量并不高的杂质元素（Cu、Pb、Zn、Ni 和 Cr）等诸多情形。

在洁净钢中，出现与氧化物夹杂有关的产品缺陷的频率通常要低。此外，为了改善钢材性能及其稳定性而严格控制钢的成分，这使人们更加了解纯净钢的意义。生产高纯净的、低残余杂质的洁净钢一个亘古不变的信条，就是持续地降低钢中的溶解杂质、残余元素和控制夹杂出现的频率、分布及尺寸。图2所示的数值与过去一些关于确定夹杂物尺寸和出现频率的研究结果非常类似。

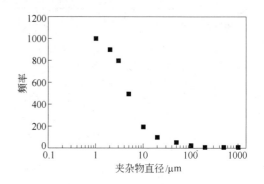

图 2　夹杂物直径和频率分布的关系[4]

这张图非常清楚地说明了洁净度的评估问题。钢中大尺寸的（宏观的）夹杂非常少，很难被发现。相比之下，那些非常细小的（微观的）夹杂的量微乎其微，几乎是难以被探测到。显然，5μm（0.005mm）大小的夹杂代表了允许微观夹杂和可能存在危害的宏观夹杂的分界线。这些偶然出现的大夹杂是钢厂在生产洁净钢时遇到的主要质量问题。

本文将重点说明生产洁净钢的冶金要点。对这类钢做如下定义：洁净钢是指钢中的氧化物夹杂不会对钢的使用性能或最终产品的性能产生不利影响。在实际浇铸过程中，氧化物的洁净度并不发生本质的变化。浇铸过程中具有代表性的两个关键阶段是：钢水充满中间包时的开浇阶段和钢水调包时钢水的湍流阶段[5]。

基于无渣出钢和良好的脱氧操作，洁净钢技术又可以通过提高合金化元素的收得率实现对合金化元素的窄成分控制。通过应用这些技术，能生产出在性能及其均匀性上均能满足用户需求的钢材产品。与此同时，会使钢材成材率处于良好水平，从而提高钢厂的整体经济效益。

现代高强低合金钢（HSLA）使采用相对低的合金含量生产高强度钢成为可能。这些钢的特点是采用低碳和添加生成碳化物、氮化物和/或碳氮化物的 Nb、V 和 Ti 等微合金化元素。另一方面，所有的微合金化元素又或多或少地表现出与 O 的亲和力，生成稳定的但并不期望的氧化物，降低了贵重微合金化元素的收得率。

众所周知，随着炉渣进入钢包的增加，Ti 的收得率不断降低。图 3 显示出钢中和炉渣中氧含量对合金化元素 Ti 收得率的重要性。目前，尚未有关于 Nb 的相应图表。尽管与 Ti 相比，Nb 与 O 的亲和力要低得多，但可以肯定 Nb 将遵循相同的规律。

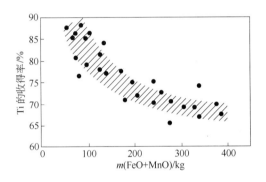

图 3　钢包炉渣中氧含量与 Ti 收得率的关系[6]

如果对钢和炉渣都进行适当脱氧，渣中 $\Sigma(FeO+MnO)$ 小于 1%，那么钢厂将会获得高达 98% 左右的非常经济的 Nb 收得率。由于 Nb 对钢材性能的显著作用，期望将钢中的 Nb 含量控制在较窄的波动范围内，以保证钢材力学性能的稳定性。

然而，由于 FeNb 的熔化温度高，Nb 在钢中不是熔化而是溶解[7]。所以，在为达到最后分析要求而进行必要成分调整时，一定要考虑到这是个需要花费时间的过程。

3　现代结构钢品种的市场发展和钢厂技改、轧制技术及合金设计的应用

竞争日趋激烈的厚板市场要求不断开发新钢板品种。随着屈服强度和抗拉强度不断提高，同时还要提高冲击韧性，降低韧性转变温度，材料的其他性能也要求持续改进。在世纪

交替之初，这种发展趋势开始表现得更加明显，不只是向更高级钢种发展，而且钢板尺寸更厚，结构钢厚板市场应运而生（图4）。

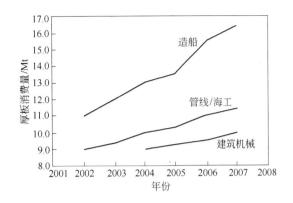

图 4　结构钢厚板市场[8]

高压陆上输气管线的中等厚壁用钢不断升级，X100/X120 已经被开发并即将敷设试验段。对于深海工程，厚度达到 50mm 的管线钢材料已经处于研发阶段，见图 5。

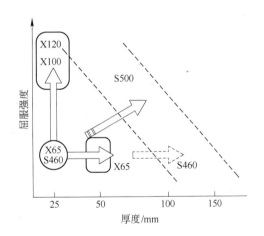

图 5　钢材应用发展趋势[9]

对于屈服强度下限为 500MPa 的建筑钢板，厚度已可达到 80mm，而 460MPa 级别的钢板厚度可超过 100mm。

直到 20 世纪末，新钢板轧机的市场还非常微弱。就在世纪交替时市场需求开始上升，新一代轧制力强大的板材轧机出现了，并配有一种新的装置——轧辊轴向移动系统（图6）。

这种技术装置另一个非常重要的优势是采

图6　工作辊弯曲和移动系统(CVC plus®)[10]

用了更大的轧制力和惯性动量，对用热机械轧制模式轧制厚规格板材尤为重要。在平整度、板形、厚度尺寸等方面，钢板的质量得到整体改善，尤其对于严格限制尺寸界限的板材，比如薄规格钢板。最后但同样重要的是，使用更少的道次可增加10%~15%的整体生产率。

世界上大多数的全新的厚板轧机，无论是尚在设备制造商的订单册里或是正处于安装过程中，都装备了窜辊系统。

4　无表面缺陷铸坯的研究——高温下钢的力学性能

当局部的拉伸应力超过钢的屈服强度时，裂纹就产生了。各种类型的裂纹产生的原因不同，或因热应力或因机械应力引起，弄清它们的产生机制需要认识拉应力在凝固壳中如何产生，以及什么是低塑性区（在这个区域钢容易发生裂纹）。

在连铸过程中，各种缺陷源于液固相变和微观组织转变，可发生在铸坯内部和铸坯表面。因此，铸态组织是铸坯质量的一个基础。

自铸机结晶器下端开始，铸坯壳就承受着各种各样的负荷：

（1）坯壳与结晶器间的摩擦力；

（2）支撑辊和不同段承接时的未对准；

（3）静态压力引起的鼓肚；

（4）弯曲和矫直力；

（5）相变和微观组织转变应力；

（6）热应力。

这期间，温度的变化将从结晶器里的凝固温度约1500℃下降到火焰切割时的700℃。即便在稳定的浇铸操作中，连铸机的设计、浇铸和维护操作，所浇铸的钢种等因素都严重影响表面缺陷的产生。

下文将针对低碳并添加微合金化元素为特点的高强度低合金钢（HSLA），简要讨论钢的化学成分对表面裂纹产生的影响。

5　碳含量对表面缺陷的影响

人们已熟知包晶区的碳含量易于造成低合金钢表面裂纹，如图7所示。

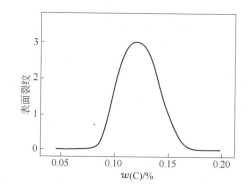

图7　低合金钢中的碳含量对表面开裂的影响示意图[11]

这种现象应结合凝固过程和随后冷却中的微观组织变化一起讨论。奥氏体（γ）晶粒尺寸会随着碳含量的变化而显著变化。如图8所示，在0.09%~0.16%C范围内，由于奥氏体具有较高的生成温度，因而晶粒尺寸最大。图8b显示了相应的用断面收缩率衡量的韧性值。

凝固坯壳的长大是不均匀的，并且取决于碳含量。另一个影响一次凝固组织和二次奥氏体晶粒尺寸的因素是冷却速率。结晶器是连铸过程中凝固和裂纹形成的最重要因素之一。结晶器传递热量的强度直接影响坯壳的长大，决定着坯壳能否进入辊区不产生断裂。由矿物组成的润滑剂（结晶器保护渣）能够帮助降低结晶器和凝固钢坯壳间的摩擦力。

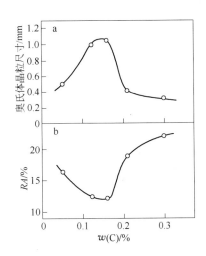

图8 碳含量对奥氏体晶粒尺寸（a）和
计算的韧性（RA）（b）的影响[11]

在结晶器里，由于振动的结晶器表面和坯壳表面间的摩擦力，轴向力会作用于坯壳上。这些力在结晶器相对于坯壳向上运动时呈现拉应力，而当结晶器的相对运动向下时则呈现压应力。

铸坯表面到冷却水之间的热传输机制非常复杂，如图9所示，该系统中最重要的部分是铸坯壳和结晶器表面之间的间隙。

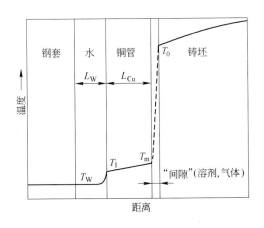

图9 铸坯表面和冷却水之间的温度变化[12]

只有铸坯壳和结晶器表面之间完美稳定的接触才能保证均匀传热，从而生成均匀的微观组织。

综合前面讲述的不同碳含量范围的结果，

归结于图10中。不同碳含量对微观组织的形成的影响是显而易见的。在包晶碳含量（图10b）区域内，钢不但会生成粗化的奥氏体晶粒，而且易于产生凹陷或局部收缩，阻碍热传递。这种局部的冷却延缓将会使奥氏体晶粒进一步长大，增加表面开裂的倾向。

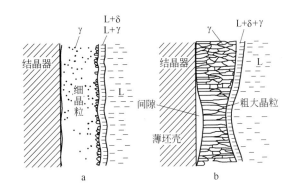

图10 不同碳含量下钢的奥氏体结构示意图[11]
a—低碳或高碳钢；b—中碳钢

工作的主要目标是优化有关碳含量的成分设计和降低裂纹倾向，应避免0.09%～0.16%的碳含量范围，宜将碳含量控制在0.09%以下。这样做可以提高材料的韧性。

6 微合金化元素对表面缺陷的影响

微合金化钢的碳含量低且添加Nb、V和Ti等微合金化元素，明显区别其他钢种。在连铸技术发展的最早期，钢厂发现在生产高强度低合金钢（HSLA）时比生产非合金化钢在产品表面更易出现表面裂纹，尤其是在铸坯的角部。图11显示了不同基本成分的钢产生横向表面开裂的程度。

从图11可以看出，在普通C-Mn钢中只存在非常短小的裂纹，而且不随温度发生变化，微合金化钢则因横向表面裂纹的敏感性而区别于其他钢种。在高温下，裂纹开始，深振痕以及它们沿奥氏体晶界的扩展是钢低热塑性的一个表现。

热塑性越低，材料的裂纹倾向则越高。图12描绘出典型HSLA钢的塑性与变形温度的关系。

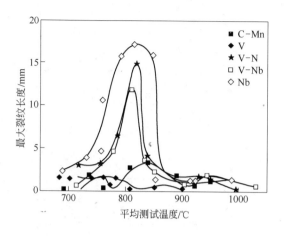

图11 不同钢种不同测试温度下
裂纹长度的变化[13]

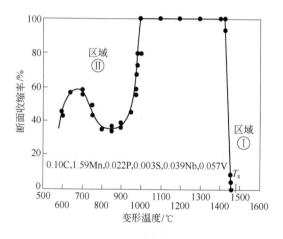

图12 典型 HSLA 钢的塑性-温度曲线[14]

该图显示出两个低塑性的变化区域：

（1）区域 Ⅰ。紧挨着固相线温度，此时钢几乎没有塑性。裂纹主要与柱状树枝晶一次结构有关。所谓的零塑性是由枝晶间的钢液中 S 和 P 偏析形成液膜引起的，是产生内部裂纹的主要原因。

（2）区域 Ⅱ。此高温塑性区是弯曲和矫直过程中在铸坯角部产生横裂纹常见问题的区域。造成该区域塑性损失的因素很多，弄清这个问题还需要进行更多细致的工作。

通过仔细分析钢的微观组织，研究裂纹敏感性发现高温塑性槽需要细分成两个脆性温度区。图 13 显示了 M. M. Wolf 的中温塑性槽

（Ⅱ）和低温塑性区（Ⅲ）之间的区别。

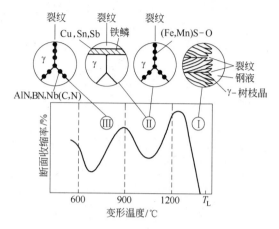

图13 热拉伸试验下低塑性（脆性）
温度区示意图[15]

如前所述，从凝固温度直到枝晶间的钢液凝固，铸坯塑性几乎保持为零。断面收缩率的增加表明由脆性转向韧性。

（1）随着温度的下降，中间温度塑性槽开口于1200℃左右，并一直延续到900℃。由于在这个温度区间内 S 在奥氏体中固溶度有限，细小的（Fe,Mn）S 沿着奥氏体晶界析出。解决该问题比较容易的解决办法是降低钢中的 S 含量，尤其是对低 Mn 钢，要提高 Mn/S 比以减少有害 MnS 的生成。

（2）在连铸过程中，产生与如 Cu、As 或 Zn 等残余元素有关的表面裂纹的另外一种机制，虽然这种方式并不重要，但是当采用废钢为基础原料炼钢时，对于之后的热轧将成为问题，会因残余元素的内在氧化物的富集造成铜穿晶开裂。

（3）就在900℃左右塑性几乎恢复时，紧接着第二低温塑性槽开始并延至约700℃。在该低塑性温度区，发现试样裂纹上有各种各样的氮化物夹杂。这些氮化物的相同点是它们都分布在奥氏体晶界上，尤其大的晶粒颗粒上。

在这些温度区间，纯铁并不发生脆化，而对于普碳钢尤其是微合金化钢种均出现脆化现象。这清楚地表明在没有析出相时脆化是不可能发生的。因此，钢的成分对于决定塑性降低

区域是至关重要的。图 14 显示在含 0.18% C 钢中 Nb 含量与断面收缩率的关系。

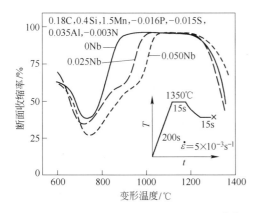

图 14 在含 Al 钢中 Nb 对热塑性的影响[16]

从图 14 中可以看出，Nb 含量的增加使得塑性降低区域移向高温区，低塑性槽变宽。既然知道氮化物析出相是造成塑性降低的主要原因，那么就很容易理解降低 N 含量将会改善这个问题。

N 含量高对塑性的影响是对钢的一些重要的如强度和韧性等低温性能不利。所以，降低 N 含量是非常有帮助的，在技术上和经济上，相对可行的 N 含量水平为 $50 \times 10^{-4}\%$。

氮化物形成元素 Ti 有利于塑性问题最小化，具有独特的作用。图 15a 显示出降低 N 的作用，图 15b 是 Ti 对塑性的影响。

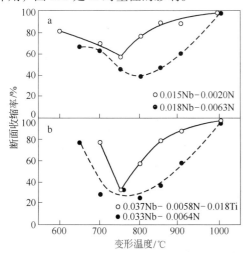

图 15 N 降低（a）或 TiN 形成（b）
对塑性的作用[17]

向钢中添加化学当量的 Ti 可有效地降低 N 含量至所要求的低水平，生成非常稳定的 TiN。由于固溶度更低，TiN 会在高温下析出，为后期生成更有害的氮化物留下较少的 N。

谈到氮化物，另外一个氮化物形成元素是 Al。图 16 清楚地表明，提高 Al 含量同样会引起塑性明显降低，尤其是当温度在 900℃ 以下时。

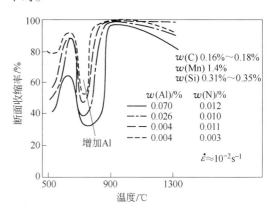

图 16 Al 对钢的热塑性的影响[18]

尽可能地降低钢中的 Al 和 N，使塑性槽变窄，从而最大可能地减少塑性损失。由此，炼钢和钢包冶金中使塑性槽问题最小化的意义是不言而喻的。

7 现代连铸技术

在连铸发展历程中，钢铁工业经历了包晶钢和 HSLA 钢的横向表面裂纹问题。在连铸技术应用的早期，重视质量的钢厂通常会对所有 HSLA 钢铸坯的表面和边部都进行或机器或手动的火焰清理。

图 17 所示的是微合金化 HSLA 钢连铸坯上常见的边部裂纹。这些缺陷在铸态铸坯表面并不可见。检测这些裂纹的标准程序是对一个浇铸批次和同一流的某些铸坯进行火焰清理。这种操作能够确保转到轧钢厂的钢坯没有缺陷。这也是排除所谓"锯齿形裂纹"（图 18）的仅有措施。

经过横向和纵向轧制，铸坯表面上先前的横向裂纹演变成典型 Z 形裂纹。

图17　典型的横向裂纹

图18　沿着钢板边部的锯齿形裂纹

随着钢板市场日益转向低碳微合金化钢种，在进行新的连铸机设计时应考虑生产这些微合金化钢带来的设计问题（见图19）。

对于每一个铸机，计算铸机全冶金长度的材料塑性。正如图19所示，弯曲和矫直段位于最大塑性值的部位。

另外一种技术是根据铸坯的宽度关闭几列水嘴以避免铸坯边部过冷，见图20。

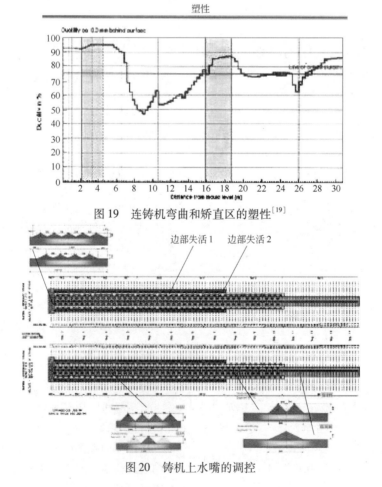

图19　连铸机弯曲和矫直区的塑性[19]

图20　铸机上水嘴的调控

尽管在铸机设计和工艺技术上取得进展，仍然不能够完全避免钢材上出现表面缺陷。虽然机械设备公司竭尽全力设计和开发具有生产无缺陷产品能力的铸机，但是最终还要取决于钢厂及他们的维护操作，是否能够使铸机处在良好状态和采取合理的炼钢和浇铸操作。

参 考 文 献

1 Mannesmannroehren-Werke AG, Continuously Cast Semi-Finished Products, 1990 Edition.

2 J. -P. Birat: Innovation in Steel Continuous Casting: Past, Present and Future, 3rd European Conference on Continuous Casting, Madrid, Spain, 1998.

3 A. W. Cramb (Carnegie Mellon University, Pittsburgh/PA, U. S. A.): High Purity, Low Residual and Clean Steel.

4 A. W. Cramb: Short Course on Clean Steel, Pittsburgh/PA, U. S. A. (1999).

5 N. Bannenberg: Metallurgical Fundamentals for Clean Steel Production with Low Residuals such as P, S, N, H, O or C, AISE: The Future of Flat Rolled Steel Production Proceedings, Vol. I, Chicago/Il, U. S. A., 1995.

6 H. Preßlinger et al: Berg-und Huettenmaunnische Monatshefte 136 (1991) Nr. 7, pp. 228-234.

7 Ferroniobium Alloying Techniques, Niobium Information No 6/1994.

8 H. -J. Kaiser, A. Kern, R. Grill, F. Schroeter: Grobblech aus Sonderbaustaehlen fuer hoechste Anforderungen, Stahl und Eisen 128 (2008) Nr. 4, pp. 91-97.

9 A. Streisselberger, K. -J. Kirsch, V. Schwinn: Process developments in TMCP to produce heavy plates in high strength steel grades, 2nd International Conference on Thermomechanical Processing of Steels, Liege, Bel-gium (2004) pp. 275-284.

10 Courtesy of SMS DEMAG AG.

11 Y. Maehara, K. Yasumoto, Y. Sugitani, K. Gunji: Effect of Carbon on Hot Ductility of As-cast Low Alloy Steel, ISS Continuous Casting, Vol. 9, 1997, pp. 183-190.

12 K. Schwerdtfeger: Heat Withdrawal in Continuous Casting of Steel, The Making, Shaping and Treating of Steel, 11th Edition, Casting Volume, AISE (2003).

13 D. N. Crowther, M. J. W. Green, P. S. Mitchell: The Influence of Composition on the Hot Cracking Susceptibility during Casting of Microalloyed Steel Processed to Simulate Thin Slab Casting Conditions, Materials Science Forum Vols. 284-268 (1998) pp. 469-476.

14 J. Hertle, U. Lotter, E. Sowka: 7th Japan-German Seminar on Fundamentals of Iron & Steel Making, preprints, VDEh (1987) pp. 229-250.

15 M. M. Wolf: Fine Intergranular Surface Cracks in Bloom Casting, Transactions ISIJ, Vol. 24, 1984, pp. 351-358.

16 G. Bernard, J. P. Birat, B. Conseil, J. C. Humbert: Rev. Met. 75(1978)pp 467-480.

17 C. Ouchi, K. Matsumoto: ISIJ 22 (1982), pp. 181-189.

18 G. Bernard et al.: Study of the Sensitivity to Cracking of Continuously Cast Steels Using Hot Ductility tests, Rev. Met 75, No. 7, 1978, pp. 467-480.

19 C. C. Geerkens, A. Weyer, M. Becker, D. Letzel: Slab caster concepts for the production of pipe and plate grades, presented at AISTech 2009.

20 Courtesy of SMS DEMAG AG.

（中信微合金化技术中心 王厚昕 翻译，
首钢技术研究院 季晨曦 校译）

Nb 对不锈钢长型材研究开发的影响

Marc Mantel[(1)]，Nicolas Renaudot[(1)]，Nicolas Meyer[(2)]，
Muriel Veron[(2)]，Olivier Geoffroy[(3)]

（1）Centre de Recherches，UGITECH，Schmolz + Bickenbach group
Avenue Paul Girod，73403 Ugine，France；

（2）SIMAP INPGrenoble-CNRS-UJF，Groupe Physique du Métal，
BP 75，38402 Saint Martin d'Hères -France；

（3）Laboratoire Louis Néel，CNRS，BP 166，38042 Grenoble-France

摘　要：一般而言，在铁素体不锈钢中添加 Nb 可以避免 Cr 的碳化物沉淀，提高抗腐蚀性和避免脆化。本研究表明，在铁素体不锈钢长材中添加 Nb 可以提高汽车制动器的软磁性能或提高汽车排气管焊接填料的性能。

第一方面是有关不锈钢棒材在电磁喷射器中的应用。在汽车工业中，为了提高汽车发动机效率和减少有害气体排放，提高汽车燃料喷射阀的响应时间是一个具有挑战性的难题。研究表明，低 Nb 稳定化可使再结晶形核快并且抑制不完全再结晶。由于软磁性良好，17% CrNb 铁素体不锈钢可以解决制动器的问题。第二方面是有关汽车排气管中的新型焊接填料丝 430LNb，使用这种焊丝进行焊接具有良好的抗盐侵蚀、抗循环氧化和抗热疲劳性能。

关键词：17% Cr 不锈钢，Nb 稳定化，磁损耗，焊接填料

1　引言

本文的目的是要证明两个事实：添加 Nb 可以显著改变不锈钢的冶金性能；然后是说明如何将这种改善用于开发新型不锈钢长材并用于汽车工业中。

第一部分讨论在汽车工业中，提高汽车燃料喷射阀的响应时间是一个具有挑战性的难题，因为响应时间是提高汽车发动机效率和减少有害气体排放最直接的方法。对于一个电磁喷射器，响应时间主要受制动器磁性的影响。采用 17% Cr 铁素体不锈钢可以有效解决制动器的问题，因为 17% Cr 铁素体不锈钢同时具有良好的软磁性和抗腐蚀性[1]。本项目的研究内容就是通过将微观组织调整到最佳状态，使材料在动态条件下的磁损耗最小。

为了更好地说明微观组织与磁损耗之间的关系，通过不同退火条件得到不同的微观组织形态、回复状态或是再结晶状态。低含量 Nb 的加入是为了扩宽微观组织的形成范围，因为在设计不锈钢的抗腐蚀性能时，Nb 是一种非常重要的合金元素[2]。第一部分主要介绍了退火过程动力学和微观组织的演变规律。Nb 的稳定化验证了这种方法的有效性，并证实了磁损耗与微观组织的相互关系。

本文的第二部分是关于排气管的新型焊接填料丝 430LNb，使用这种焊丝焊接具有良好的抗盐侵蚀、抗循环氧化和抗热疲劳性能。实际上，稳定化铁素体不锈钢板材（AISI 409、439、436 和441）在汽车排气系统已广泛使用，并且新型稳定化铁素体焊丝已经取代了奥氏体308LSi。

为了满足 AISI 441 应用扩大的需求，新型铁素体不锈钢焊材被开发，原因是为了改善排气系统前端的触媒转化器效率，废气排放趋于

更高温度，而 409Nb 焊丝已经不能满足需求。

本文表明新型焊丝 Exhaust™ F1 具有可焊性，其服役性能与 308LSi 和 307Si 奥氏体品种相同，甚至更好，用于铁素体钢种之间和不同钢种之间的焊接（配件包括碳钢、铁素体不锈钢和/或奥氏体不锈钢）。该材料的焊接性已通过排气系统中最常见的不同板材的焊接性能检验。通过测试抗腐蚀性、抗氧化性和热疲劳强度已确定材料的性能。测试采用专门设计的辅助实验，下面是有关实验的简单描述。与308LSi 实心焊丝（SW）和 430LNb 金属药芯焊丝（MCW）相比，Exhaust™ F1 的生产效率在本文中有介绍，同时使用 Exhaust™ F1 焊材进行的排气系统部件工业化焊接结果在文中也有描述。

2 Nb 对不锈钢磁性的作用

下面介绍材料和实验方法。

2.1 原始状态

表 1 是由法国优劲特（UGITECH）熔炼设备制备的两个铸锭的化学成分。在 1200℃左右进行热线材轧制，将材料加工成 $\phi12.5mm$ 规格。两种试样都是从全铁素体态开始，在 850℃左右对 430 钢进行额外的热处理去除从 1200℃冷却过程形成的马氏体。初始状态中，两个全铁素体品种具有相同的硬度（HV1＝145），主要的区别是沉淀析出物，如图 1 所示，430Nb 钢中的 Nb(C,N) 沉淀均匀分布；然而，在 430 钢中，Cr_2N、$M_{23}C_6$ 析出物主要分布在晶界及平行于轧向变形带的区域。

表 1 化学成分分析和 Nb 稳定化水平
（%；ΔNb 的化学当量关系见文献［2］）

（AISI）	C	N	Cr	Nb	Mn	Si	ΔNb
430	0.017	0.028	16.083	0.004	0.405	0.345	—
430Nb	0.015	0.012	16.284	0.27	0.324	0.35	0.076

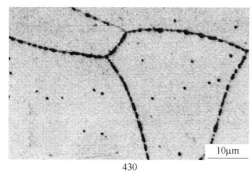
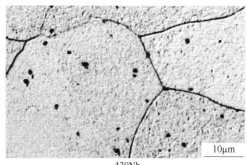

430 430Nb

图 1 经 Villela 试剂腐蚀后的初始态金相照片
（430 钢晶粒间有大量析出富集，430Nb 钢表现为较少的均匀析出）

2.2 实验室热机械处理

在初始状态，两类钢种所采用的是相同的热机械处理。首先，在室温下进行拉伸，名义应变量为 20%，应变速率为 $3×10^{-4}s^{-1}$。冷变形后在两个温度（750℃ 和 850℃）下进行 30s～1h 的盐浴处理，然后淬火。为了得到精确的差热曲线，将热电偶插入棒材心部沿棒轴钻的孔，结果显示盐浴的温度在 40s 后就达到 10℃ 以内。差热分析数据可以确定温度与时间的关系 $T(t)$，具体的原因这里不做详细的解释。

在氩气氛保护的电炉里，850℃温度下进行更长时间的热处理，2～16h。这种条件下，与等温阶段相比，加热阶段可以忽略不计。

2.3　表征

国际上采用测量棒材试样横截面心部的显微硬度 HV1 的方法研究软化动力学。软化是两种效应竞争的结果：退火开始阶段起主要作用的回复作用和保温时间开始的再结晶。

采用着色腐蚀（H_2O 110mL + H_2SO_4 12mL + HF 4mL + HNO_3 0.1mL，70℃）对晶粒结构进行分析。观察光学照片，可知偏振光下回复晶粒和再结晶晶粒的区别，并还可以确定保温时间。

为了表征磁性特性，将拉伸变形后的线材加工成方形截面 3mm × 3mm 的磁环，主要是为了避免宏观去磁场的影响。磁环直接进行退火处理。然后给磁环配备一个能够提供起磁电流的 n_1 圈的主线圈和 n_2 圈的次级线圈。采用 Ampere's 理论，采用 V_1 对激发场进行测量，通过对由磁通量变化（法拉第电磁法则）产生的 V_2 电压进行数值积分获得磁感应强度[3]。磁感强度峰值约 1T 时，当频率从 0.1Hz 变化到 400Hz 时产生的磁滞回线驱动了试样，实验装置示意图如图 2 所示。

3　结果

3.1　软化动力学

图 3 是 750℃ 和 850℃ 两个钢种硬度随退火时间的变化曲线。750℃，只发生回复；

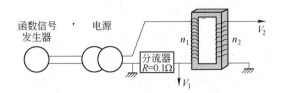

图 2　磁通量测量系统装置图

850℃，发生再结晶的等温时间，如箭头所示。750℃时，两个钢只发生回复，两者的动力学非常相似；但是 850℃ 发生再结晶时，两者有明显的区别。

3.2　再结晶

430 钢的再结晶速率比 430Nb 钢慢，具体如下：

（1）430 钢很大程度上推迟了再结晶开始时间。850℃时，430Nb 钢的再结晶于 3min 后开始，430 钢的再结晶于 30min 后才开始。

（2）430 钢的迟缓的再结晶行为表现为：再结晶开始后 16h，还可以看见变形晶粒。这些晶粒被称为岛状晶粒，因为它们被再结晶区包围着。对于 430Nb 钢，10min 后再结晶完成，并看不到岛状晶粒。

从微观结构看，再结晶导致两种实验钢的晶粒尺寸变大（从 25μm 长大到约 200μm），但是两者再结晶晶粒的形貌却大不相同（见图 4）。430Nb 钢再结晶后形成的是等轴晶粒，而 430 钢形成的是狭长枝状的不规则形状。

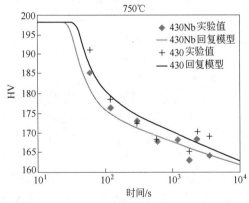
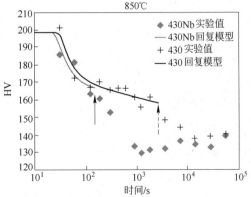

图 3　750℃ 和 850℃时，实验测定的软化动力学
（回复数据与（箭头之前）Verdier's 模型非常相符[4]）

430Nb:850℃, 15min

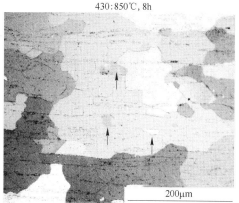
430:850℃, 8h

200μm　　　　　　　　　　　　　　　　200μm

图4　再结晶后的着色腐蚀金相照片
（430Nb—完成再结晶后的等轴晶粒；430—两种明显不同的区域：不规则的
大型再结晶晶粒和初始尺寸为 $30\mu m$ 的岛状晶粒（如箭头所示））

3.3　磁损耗

磁滞回线 $B(H)$ 的面积确定每一个周期的单位磁损耗能。图 5a 表明，磁损耗随磁化频率增加而增大。然而，磁损耗也与微观组织特征有关，如图 5b 所示。选择两个大小不相同

的微观组织：430Nb，处于形变态；430Nb 钢，处于完全再结晶状态（850℃，保温 30min）。低频率下，再结晶的微观组织能更有效地减少磁损耗，但是高于 550Hz 时，形变状态起主要作用。结果表明，频率是设计显微组织时应考虑的一个非常重要的参数。

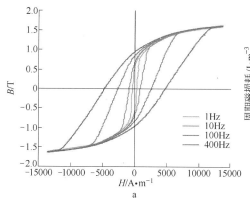
a

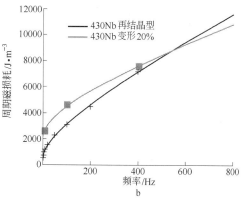
b

图5　不同磁化频率和 $B_{max}=1.6T$ 条件下，430Nb 钢再结晶态时的磁滞回线（a）和
两种显微组织的每个周期的磁损耗变化，实验点的分布符合
经典理论：$P = a + bf + c\sqrt{f}$ [3]（b）

4　分析说明

4.1　回复模型

Verdier 等人研究表明，再结晶开始之前，可使用基于位错的回复模型来描述软化动力

学[4]。该模型中，用动力学方程（1）来描述位错密度 ρ 的变化，式中，b 是 Burgers 矢量模量；$E(T)$ 和 $\mu(T)$ [5] 分别是杨氏模量和切变模量的温度函数；M 是泰勒指数；α 是相互作用系数；ν_D 为德拜频率；k 是玻耳兹曼常数；U_0 和 V 分别是活化能和体积。

$$\frac{\mathrm{d}\rho}{\mathrm{d}t} = -\frac{4bE(T(t))\nu_{\mathrm{D}}}{M^2\alpha\mu(T(t))}\rho^{\frac{3}{2}}\exp\left(-\frac{U_0}{kT(t)}\right)\times$$

$$\sinh\left(\frac{M\alpha\mu(T(t))b\sqrt{\rho}}{kT(t)}V\right) \quad (1)$$

方程（1）在非等温条件使用代数方法，在加热阶段采用由实验确定的 $T(t)$ 关系式。

测量再结晶开始之前的硬度值，通过活化参数确定修正模型（如图 3 所示）。硬度实验测量值与泰勒法则所得的位错密度相对应。加工硬化理论对室温下[6]体心立方的铁有效，假设其对体心立方的不锈钢仍然有效。通过与 Levenberg-Marquardt 优化方法计算的结果一致的位错密度对方程（1）中的活化参数进行调整。

430：$U_0 = 330\mathrm{kJ \cdot mol^{-1}}$，$V = 49b^3$

430Nb：$U_0 = 360\mathrm{kJ \cdot mol^{-1}}$，$V = 66b^3$

计算结果表明，在一定程度上，活化能与自扩散活化能 $Q = 215\mathrm{kJ \cdot mol^{-1}}$ 非常相近[7]，因此得出结论：回复中包含扩散过程。观察图 3 可知，模型对短时间处理（<2min）的软化动力学进行了准确描述，并明显发现硬度 HV 与长时间（>5min）非等温处理呈对数下降关系。

4.2　有关再结晶的讨论

与 430Nb 钢相比，发现 430 钢的再结晶开始时间发生延迟和"迟滞"情况，产生两种现象的原因可能是局部沉淀析出效应。对于 IF 钢，低温冷变形后晶界上的凸状物抑制形核[8]，如果凸状物的自由长度大于临界半径 r^*（抵消毛细现象影响时的半径）就会发生形核；在晶界处，r^* 与压力差 Δp 成反比。

根据沿晶界分布的沉淀物之间的距离 Λ 分成两种情况：

（1）如果晶界处只有少量沉淀且 $\Lambda \gg 2r^*$，凸状物（bulging）的自由长度相当于亚晶粒的尺寸 d_{sg}[9]。

（2）如果晶界处发生强烈的析出反应，凸状物（bulging）的自由长度取 d_{sg} 到 Λ 之间的最小值。

下列描述中，三种长度 Λ、d_{sg} 和 r^* 在退火过程中会增加，但是在不同速率下，回复、亚晶粒长大和沉淀粗化使每个晶粒的储能降低，Λ、d_{sg} 和 r^* 的长度加强。

通过 TEM（略）观察可知，430Nb 钢的 $\Lambda \gg 2r^*$，同时亚晶粒的长大会加剧形核；然而对于 430 钢而言，$\Lambda < d_{\mathrm{sg}}$，沉淀析出物粗化会加剧形核。当沉淀析出物与应力诱发晶界迁移相互作用时，畸形晶粒长大时发生首次形核，但是马上就被其他晶粒边界吞噬，然后继续长大时又满足再形核的要求（因为晶界的压力更高，希望获得再形核的临界晶粒尺寸大小比首次形核小[10]）。430 钢的实验结果表明，再形核和长大方向高度各向异性的结果是产生了形貌不规则的再结晶晶粒。由于所有晶界上沉淀物之间的距离太小导致不会发生再形核，所以岛状晶粒是畸形的晶粒。

4.3　有关磁损耗的讨论

一般认为磁损耗由三个部分组成：$P = P_{\mathrm{hyst}} + P_{\mathrm{cl}} + P_{\mathrm{ex}}$。每一循环的典型涡流能损耗与几何形状、陡化感应、电阻率和频率有关，然而磁滞损耗（P_{hyst}）和超额磁损（P_{ex}）主要受微观组织影响。P_{hyst} 为在准静态及对微观组织和矫顽磁场 H_{c} 具有同样依赖条件下的总损耗。换而言之，磁畴壁位移实验所得的缺陷对与能量损耗 P_{hyst} 结果一样的宏观矫顽磁场强度 H_{c} 起主要作用。"超额磁损"归因于涡流的空间分布，涡流与磁畴位移相关，和与典型模型相关的分布明显不同。由于微观组织影响移动壁，所以移动壁被认为是非独立的或者是整体"磁体"（MOs）。"超额磁损"的振幅与 MOs 位移的数值紧密相关，于是这个参数取决于微观组织。晶粒尺寸 d 是显微组织的主要参数，研究表明参数的影响主要受两个方面的作用。磁滞损耗随 $1/d$ 减少，但是"超额磁损"随 $\sqrt{df}$ 增加，频率 f 决定最佳晶粒尺寸。对于 430Nb，再结晶导致晶粒尺寸变大。只考虑微观结构方面，在高频实验中，再结晶显然对磁损耗产生不利影响。

5　430LNb—— 一种新型铁素体不锈钢焊丝在汽车排气管中的应用

下面介绍实验材料和步骤。

5.1　材料

为了与 308LSi 和 307Si 焊接填料对比，采用 430LNb 焊丝对 AISI 409、441 和 436 钢板进行焊接。另外采用 409Nb 焊丝对 AISI 409 钢板进行焊接，作为对比实验。实验用焊丝和钢板的化学成分见表2。

5.2　焊接工艺

为了能够测试焊接接头的力学性能，采用无间隙惰性气体保护金属极电弧对焊（gapless MIG butt welding）。焊接参数完全符合排气系统的焊接工艺标准。所有的焊接实验都采用相同的焊接工艺参数：308LSi，307Si，409Nb 和 430LNb。图 6 是其中一个焊缝的典型照片（采用 430LNb 焊丝的 441/441 焊接）。

表 2　实验用焊丝和钢板的化学分析　　　　　　　　　　（%）

钢 板	C	Si	S	P	Mn	Ni	Cr	Mo	Ti	Nb	N
409	0.007	0.5	0.004	0.021	0.2	0.1	11.2	0.01	0.18	—	0.010
436	0.040	0.4	0.004	0.022	0.5	0.1	17.2	1.20	—	0.54	0.024
441	0.014	0.5	0.003	0.020	0.5	0.2	17.5	0.02	0.15	0.55	0.018
焊 丝	C	Si	S	P	Mn	Ni	Cr	Mo	Ti	Nb	N
307Si	0.077	0.7	0.009	0.016	7.1	8.3	18.9	0.12	—	—	0.056
308LSi	0.014	0.9	0.008	0.018	1.8	10.3	19.9	0.11	—	—	0.045
409Nb	0.056	1.3	0.017	0.020	1.6	0.3	12.2	0.06	0.36	0.93	0.037
430LNb	0.017	0.4	0.002	0.018	0.3	0.3	18.0	0.04	0.01	0.32	0.017

图 6　采用 430LNb 焊丝的 441/441 焊接

5.3　晶间腐蚀实验

在 AISI 436 和 441 焊接件焊接处的心部取 20mm 宽的试样，在与焊接相同的条件下进行 ASTM A262-E 测试。AISI 409 焊件采用“修正” ASTM A262-E 测试[12]。

5.4　“浸渍-干燥”干湿交替实验

研究开发了一种特殊的“浸渍-干燥”实验方法，如图 7 所示，包括下面几个循环过程：

（1）为了再现湿蚀环境，在精心选好的溶液中模拟暴露于冷凝水或盐雾腐蚀环境进行周期性浸泡；

（2）转移到加热炉中模拟高速运行，发生有关的高温腐蚀和氧化机制。

5.5　热疲劳试验

开发了一种测试不锈钢板抗热疲劳性能的特殊热疲劳实验。文献 [13] 和 [14] 详细

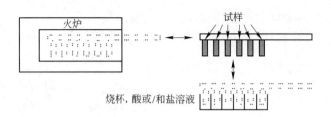

图7　"浸渍-干燥"实验——试样在溶液和火炉中交替处理

讲述了实验设备和程序。总之，对夹具式 V 形试样（clamped V-shaped）进行热循环、交替进行电炉加热和空冷处理（图8）。

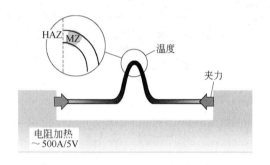

图8　热疲劳实验示意图

由于热诱导塑性应变使 V 形顶端积累损伤，最终导致试样失效。失效周期数反映试样的热疲劳寿命，失效周期数受热循环时的最高和最低温度、试样厚度和材料属性影响。一次热循环定义为从最高 900℃ 到最低 250℃，中间没有保温时间。每一个热循环持续的时间约 200s。试样的厚度保持恒定：1.5mm，每一种焊丝都对 3 号和 4 号试样进行实验。对采用不同焊丝的 441/441、409/409、436/436 焊件进

行比较。

6　结果与讨论

6.1　焊缝的焊接性能和基本性能

可焊性（包括流动性、润湿性和操作简易度）是所有焊丝测试中最基本的性能。相比之下，实验发现焊缝的显微硬度有很大的区别。

（1）采用奥氏体焊丝，铁素体母材和熔合区之间的硬度明显不连续（图9 为 409/409 和 441/441 焊接头剖面硬度分布图），主要原因是熔合区（特别是在 409/409 焊件中的熔合区）形成了大量的马氏体。

（2）采用铁素体焊丝，特别是 430LNb，熔合区和母材的硬度相差不大。

6.2　抗晶间腐蚀

任何一个焊接组合实验（AISI 409、441 和 436，分别采用 430LNb、308LSi 和 307Si 焊接填料）都未表现出晶间腐蚀的迹象[15]。

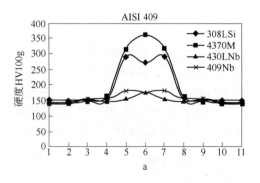
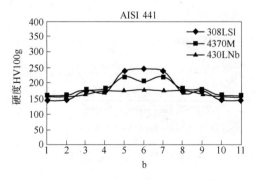

图9　409/409（a）和 441/441（b）焊接头剖面硬度分布图

（厚度为 1.5mm，采用不同焊丝，其中 4370M 与 307Si 两种焊丝相同）

6.3 干湿交替实验

在实验温度范围（火炉的温度 300 ~ 800℃），无论是什么介质，合成冷凝水（内部）还是在盐溶液（外部），采用 430LNb 焊丝和奥氏体形焊丝的焊接头的抗腐蚀性都没有较大的区别。图 10 为实验后的一个试样。

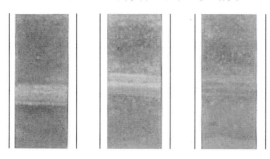

图 10 441/441 焊接组合的干湿交替实验

（人为合成条件：600℃，30 天）

6.4 热疲劳

图 11 是 409/409 和 441/441 焊接头的热疲劳寿命比较图，分别采用 308LSi、307Si 和 430LNb 焊丝。疲劳寿命表示为焊接试样与母材的寿命之比。实验数据表明，与 308LSi 和 307LSi 焊丝焊接相比，采用 430LNb 焊丝焊接的 409 焊件表现出非常好的抗热疲劳性能。

对于 441/441 和 436/436 焊接接头，采用 430LNb 焊接的寿命处在 308LSi 和 307LSi 之间（如图 11 所示）。观察金相照片可知试样中存

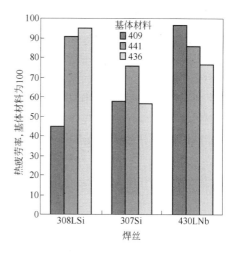

图 11 分别采用 307Si、308LSi 和 430LNb 焊丝焊接的 409/409、436/436、441/441 焊接头的寿命

（焊接头的寿命表示为接头与母材的寿命比）

在两种热疲劳裂纹扩展：在热影响区（HAZ），或者是母材（BM），或者是热影响区与熔合区（FZ）之间，见表 3 和图 12。

表 3 热疲劳裂纹区域

焊丝 基体材料	308LSi	307Si	430LNb
409	○	×	○
441	×	×	○
436	×	×	○

注：×—裂纹出现在热影响区和熔合区之间；

○—裂纹出现在热影响区或母材。

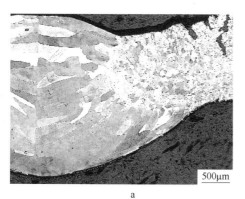
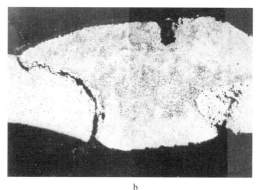

图 12 热疲劳裂纹

a—采用 430LNb 的 441 焊接头（裂纹出现在热影响区或母材，○）；

b—采用 307Si 的 441 焊接头（裂纹出现在热影响区和熔合区之间，×）

采用 307Si 焊丝的焊接接头的抗裂性能较低的原因可解释为在热影响区和熔合区之间发生了规则的裂纹扩展。对于 409 焊接接头，采用铁素体焊丝具有非常明显的优势。可以发现，使用奥氏体焊丝的熔合区有大塑性应变，由于与铁素体母材相比，奥氏体熔合区具有较高的热扩散率，导致焊缝附近的排气零件（触媒转换器、歧管）发生热诱导形变。

6.5　实际排气部件的测试

在合作伙伴 Faurecia（排气系统主要制造商）的框架条件下，采用 430LNb 和 308LSi 焊丝对不同外形的排气管进行 MIG 焊接对比测试，如图 13 所示。

a　　　　　　　　　　　　　　　　　　b

图 13　Faurecia 催化剂上的倒圆角焊接

a—AISI 409 跑道形触媒转换器上的直线形焊接；b—AISI 441 圆筒形触媒转换器上的弧形焊接

两种焊丝的焊接工艺非常相似，特别是焊接参数相当接近。由于电导率不一样，430LNb 的焊接电流稍微大一点。在焊接跑道形转化器容器时发现，采用 430LNb 焊丝的焊接速度稍微快一点。

7　结论

一般而言，在铁素体不锈钢中添加 Nb 可以避免形成 Cr 的碳化物沉淀，增加抗腐蚀性和防止脆化。本项目的研究结果表明在铁素体不锈钢长材中添加 Nb 还可以改善对汽车工业很有用的冶金性能。

通过低 Nb 稳定化可以改变碳氮化物析出物的位置——从晶间到均匀分布。很大程度上促进再结晶发生，减少再结晶的完成时间。在有析出物的应力诱发晶界迁移形核可以定量解释软化动力学的差别和晶粒形貌的差别。磁损耗对微观组织敏感，17% CrNb 铁素体不锈钢是解决磁损耗问题的一个非常有效的方法，原因是可以改善软磁性能并使其符合标准要求。

铁素体不锈钢中的 Nb 稳定化可以提高排气管中焊接接头中焊接填料的抗盐侵蚀、循环氧化和热疲劳能力。

在实验室采用特殊的实验方法研究了含铌不锈钢长材在汽车排气管的应用，为了比较焊接头的服役情况，分别采用 430LNb 焊丝和奥氏体焊接填料进行焊接试验。模拟盐侵蚀和高温腐蚀组合进行干—湿、腐蚀—氧化实验；严格控制试样的循环温度——250~900℃，实施热疲劳实验。所有的实验结果证明 430LNb 焊丝与广泛用于欧洲的奥氏体焊接填料性能一致，甚至要好。最后，由排气系统制造商制造的实际部件的实验也表明由 430LNb 焊丝焊接的接头具有更好的性能和质量。

参 考 文 献

1　K. Ara：*IEEE Transactions on Magnetics*，Vol. 25

(1989) , p. 2617.

2　M. Mantel,B. Baroux,D. Gex and P. Pedarre,Recrystal-
lization'90,edited by T. Chandra, The Minerals,Met-
als & Materials Society (1990) ,p. 345.

3　O. Geoffroy,in: Techniques de l'Ingénieur,edited by
T. I. Sciences et Techniques,volume D2080 (2006).

4　M. Verdier, Y. Bréchet and P. Guyot, *Acta Ma-
ter.* Vol. 47(1999) , p. 127.

5　M. Rouby and P. Blanchard, in Les aciers inoxyd-
ables, edited by P. Lacombe, EDP(1990).

6　E. Rauch, HDR Thesis, INPG(1993).

7　S. P. Ray and B. D. Sharma, *Acta Metallurgica*,
Vol. 16(1968).

8　H. Réglé, HDR Thesis Université Paris 13(2005).

9　J. Dunlop, PhD Thesis, INPG(2005).

10　P. Bate and B. Hutchinson, *Scripta Materialia*,
Vol. 36(1997) , p. 1995.

11　M. F. de Campos, T. Yonamine, M. Fukuhara,
F. J. G. Landgraf, C. A. Achete and F. P. Missell,
IEEE Transactions on Magnetics, Vol. 42(2006).

12　T. M. Devine and J. Drummond, 'An Accelerated
Intergranular Corrosion Test for Detecting Sensiti-
zation in Low Chromium Ferritic Stainless Steel',
in Corrosion NACE, 38(6) , 1982.

13　H. Sassoulas, P-O. Santacreu, 18ème *Journée de
Printemps de la SF2M-Dimensionnement en Fatigue
des Structures* : *Démarche et outils*,Paris,2-3 June
1999, p. 161.

14　P-O. Santacreu et al, *Thermal Stresses'* 99, Cra-
cow, Poland, June 13-17 1999, p. 245.

15　N. Renaudot et al. , SAE 2000 World Congress,
Detroit, Michigan, March 6-9(2000).

（谭红亮　译,贾书君　张　伟　校）

Nb,V,Ti 对中碳钢锻造过程中微观结构变化的作用

Nina Fonstein

ArcelorMittal, Global R&D, East Chicago, USA, 48312

摘　要: 中碳钢的 Nb、V、Ti 微合金化锻件可在无需额外热处理情况下,获得理想性能。长材的热锻造仅限于加热坯件并使之热变形及随后的自然空冷或控冷。微合金化元素的添加影响坯件加热过程中晶粒的长大速度、变形奥氏体再结晶参数、冷却时 γ-α 转变以及铁素体的强化析出。关于这个专题有很多公开发表的出版物,但对于 Nb、V、Ti 作用的对比定量,系统的研究并不是很多。该文章主要介绍了 Nb、V、Ti 对中碳锰铬钢的组织结构演变、最终铁素体-珠光体组织参数以及力学性能的影响。

关键词: 奥氏体,热处理,中碳,长材,调质,析出

1　介绍

自 20 世纪 70 年代开展降成本、降能耗、提高效率、取代调质处理以来,钒微合金化中碳钢锻造的零部件就被应用到汽车工业中[1~3]。锻造钢的主要成分碳含量在 0.3% ~ 0.6% 之间可达到 800 ~ 1000MPa 强度,能与热处理钢相媲美。钢中还含有锰(锰和铬)用来控制强度和组织结构。要想达到比热处理钢更好的加工性能,铁素体加珠光体组织结构是最适合的,而其中的 Nb、V 或 Ti 因其细化晶粒和析出强化的作用将对提高钢的强度起到关键的作用。组织结构的优化对于保持强度、冲击韧性和韧脆转变温度之间的平衡从而取代热处理钢是非常重要的。

对于无需热处理的锻造钢中微合金化元素的作用,许多出版物和专利都提出了十分合理的方案和实验数据[4~6],但是并没有足够的文献对不同的微合金元素进行比较并说明它们的共同作用。因此,本文对作者和几位博士共同进行的试验及数据进行了总结。

2　实验材料与实验过程

所研究的钢样主要成分为 0.3% C-1% Mn-0.6% Cr-0.5% Si(30C1Mn1Cr),另外还单独或复合添加了 Nb、V、Ti。实验室加热设备是 60kg 和 150kg 的空气感应加热炉,钢锭形变制成 50mm × 60mm 大小的试样。

钢样开始模拟循环锻造的过程如图 1a 所示。很明显,锻件的最终组织和相应的性能由结构变化的四个阶段控制:(1)钢坯预热过程中晶粒长大;(2)变形组织的动态再结晶;(3)冷却过程中的奥氏体转变;(4)在终冷和变形过程中产生强化析出。

对于不同钢样,预热到 1200℃ 时研究其晶粒的生长变化采用的是真空浸蚀技术,在不同的温度侵蚀 30min。等温下变形减小 20% ~ 30% 后在测量软化率 R[9] 的基础上做拉伸测试来研究变形奥氏体的再结晶(见图 1b)。

$$R = \frac{\sigma_{20} - \sigma''}{\sigma_{20} - \sigma'} \times 100\%$$

式中　σ_{20}——20% 的流动应力变形;

　　　σ'——等温前的屈服强度;

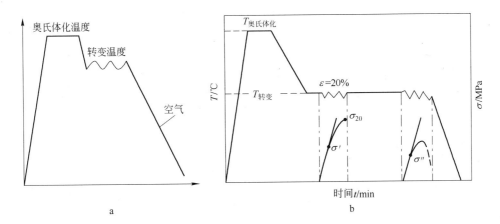

图 1 模拟循环锻造实验的过程（a）和预热/装载/等温/卸载的软化率测量图（b）

σ''——等温后的屈服强度。

通过透射电镜观察强化析出和珠光体形态的变化。

3 微合金元素在预热和变形过程中的作用

微合金钢的性能基本上取决于微观组织和强化析出物的数量和大小。起初的预热温度通过对初始晶粒大小（变形前）和变形后及相变后组织单元的尺寸的综合作用来影响性能。因此，系统研究不同奥氏体温度下微合金化元素对晶粒长大的影响是非常重要的。图 2 说明了不同微合金元素在不同温度下对奥氏体晶粒尺寸的影响。

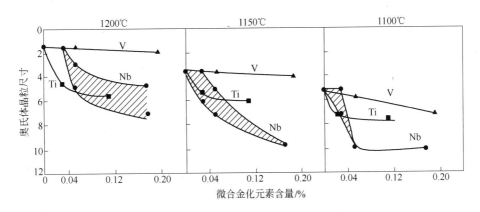

图 2 0.3% C-1% Mn-1% Cr 钢中微合金元素在不同温度下对奥氏体晶粒尺寸的影响

正如所料，由于 V 有较高的固溶度，V 在加热过程中对奥氏体晶粒长大的抑制能力比 Nb 和 Ti 弱。尽管在 1200℃ 加热温度下 Nb 可能会造成一定的混晶，但 Nb 细化组织结构的效果最好。

图 3 显示了软化率 R 在不同的微合金元素、奥氏体化温度、变形温度以及变形后等温时间条件下的变化。从图上可以看出，1150℃ 和 1200℃ 两个奥氏体化温度下，Ti 抑制再结晶的作用最小，而无论变形后等温时间多长，Nb 抑制再结晶的作用最大。

其原因是变形温度范围与碳氮化铌的析出温度（900～1000℃）是一致的。钒的析出温度范围较低，从而使抑制再结晶的作用发生在

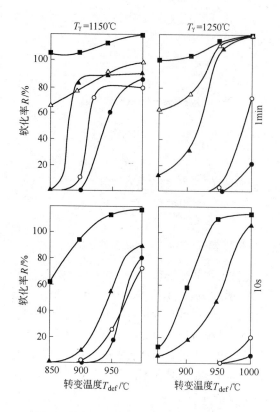

图3　微合金化元素对于30C1Mn1Cr钢在
不同变形温度下对软化率 R 的影响

■—0.03％Ti；△—0.05％V；▲—0.1％V；
○—0.045％Nb；●—0.14％Nb

变形温度900℃以下。

奥氏体化温度在奥氏体热变形时对再结晶的抑制作用取决于微合金化元素的固溶度和之后变形过程中的析出状况。因此，含铌钢奥氏体化温度的提高导致了再结晶抑制的加强。例如，在 T_a = 1150℃，钢的 Nb 含量为 0.14％时，再结晶的抑制发生在 T_{def} = 900℃，而 T_a = 1250℃时，发生在 T_{def} = 950℃，并且 Nb 含量大幅度降低为 0.045％。对于含 V 钢，奥氏体化温度的提高导致了 900℃变形温度以下再结晶的明显迟缓，并发现析出了钒的碳氮化物。对含 Ti 钢，提高奥氏体化温度的明显效果只体现在变形后短时间保温（10s）和变形温度低于900℃的条件下。保温1min时含 0.03％Ti 的钢晶粒长大导致 R>1。

晶粒的长大和微合金化元素溶解量的增加

可导致变形后再结晶时间的增加。由于析出和再结晶过程中的竞争以及初始时的互相抑制[10]，再结晶时间的延长给碳氮化物在变形晶粒边界的析出创造了机会。含 Nb 钢与此相类似，但另外增加了对再结晶的抑制。

更多的 V 或 Nb 的含量对再结晶的抑制作用更大，这样势必增加变形诱导析出物的数量，但这只适用于在固溶度极限范围内。从图4可以看出，1150℃，Nb 含量高于其溶解度时颗粒的聚集和数量的减少使延迟再结晶效应降低。

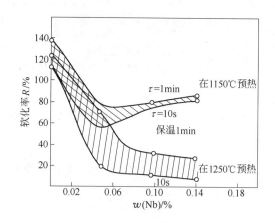

图4　Nb 对30C1Mn1Cr钢在1000℃
变形时软化率 R 的作用

4　微合金元素对奥氏体转化的参数和结果的影响

另一个决定锻造后的微合金钢性能的重要因素是变形奥氏体转变后的组织种类和微观形态。Nb、V、Ti 对相变和最终组织结构的影响的研究是采用高速变形膨胀仪 Barr 805 进行研究的。

微合金的添加不影响加热时 α-γ 转变参数：A_{c_1} 温度范围是 740～760℃，而 A_{c_3} 范围是 820～840℃。在 1℃/s 冷却速率与对应的几千克锻件在空气中的冷却速率相对比时，发现了明显不同的效果。如图5所示，所有的微合金元素都缩小铁素体形成的温度范围。由于变形过程中没有析出物，那么奥氏体稳定性的明显提高则认为是由于固溶 Nb 和 V（T_{fs} 降低）存

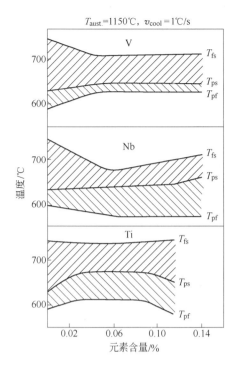

图 5 连续冷却时微合金元素的添加对
30C1Mn1Cr 钢铁素体形成温度（T_{fs}）、
珠光体形成温度（T_{ps}）和结束
温度（T_{pf}）的影响

在的原因。直到 Nb 含量为 0.05% 时，接近
1150℃ 固溶度下限，Nb 降低了铁素体形成温
度（T_{fs}）；进一步提高 Nb 含量时，铌的碳氮
化物明显促进铁素体形核（图6）。

Ti 在 1150℃ 奥氏体化温度下几乎不会固
溶，因此它不影响铁素体的形成温度。γ-α 转

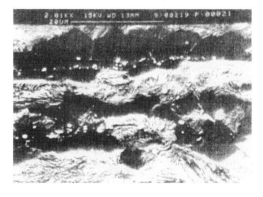

图 6 Nb 的碳氮化物在原始奥氏体晶粒
晶界的析出成为铁素体形核中心

变过程促使了 V 和 Nb 碳氮化物的析出，导致
了部分残余奥氏体稳定性下降并使 $\hat{T}_{ps}$ 温度相
对上升。含 Ti 钢中珠光体形成温度的上升很
可能与奥氏体晶粒细化有关。微合金元素对于
珠光体形成温度范围的影响是不同的：V 使其
范围缩小，而 Nb 和 Ti 使其扩大。重要的是，
Nb 有助于珠光体转变结束温度降低30~40℃。

奥氏体变形大大影响奥氏体分解动力学，
目前的研究中，对 30CMn1Cr1VNb 钢在
1150℃ 奥氏体化、在 850℃ 以 $0.8\,s^{-1}$ 的压缩率
压缩30% 后使用膨胀仪来研究其影响（图7）。
结果发现，变形促进奥氏体分解，因此，变形
后以 1℃/s 的速度冷却仅得到铁素体-珠光体
的混合组织，而未变形奥氏体以相同的速度冷

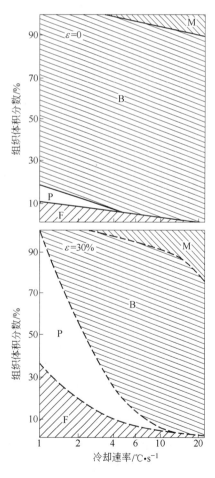

图 7 形变对不同冷却速度下冷却后的
含 0.05% V-0.05% Nb 的 30CMn1Cr 钢的
组织体积分数的影响

却几乎完全得到贝氏体组织。可以看到 A_{r_1} 和 A_{r_3} 也有所上升。在研究的微合金化钢中，变形奥氏体转变中的所有变化都与结构缺陷的增加有关。该缺陷是由奥氏体硬化（再结晶被抑制的时候）和由变形结束后到转变前之间的温度范围内产生的碳氮化物析出相造成的。

5 V、Nb 和 Ti 对最终材料结构及沉淀强化的影响

为了对比钒、铌、钛的含量对最终材料结构和性能的主要影响，所采用钢的基本成分是0.3% 碳、1.0% 锰、0.5% 硅、0.6% 铬、0.018%氮❶。钢在1200℃进行奥氏体化，在900℃、70%变形的作用下，以1℃/s的速度冷却。

一般来说，中碳钢中的珠光体含量在50%以上，考虑到这一点，很明显可以得出，与珠光体的数量以及形态相关的参数是最重要的。因此，珠光体的体积 V_p，珠光体团的尺寸 D_p（平均弦长）和层间距、渗碳体层的厚度一样是主要的微观结构参数。钒、铌、钛对 V_p 和 D_p 的影响见图8。

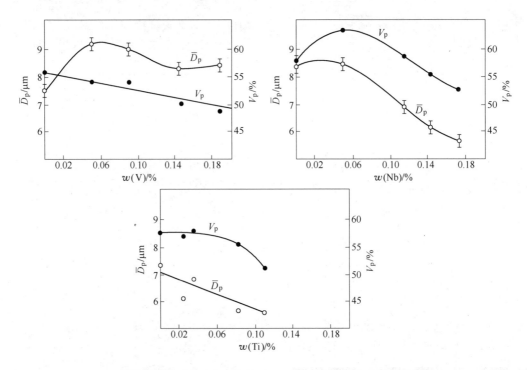

图 8 微合金化元素对珠光体量（V_p）和珠光体尺寸（D_p）的影响

在微合金化元素含量大于0.05%时，钒、钛、铌含量的增加导致珠光体量降低。珠光体量降低的值大于通过碳氮化物甚至碳化物中碳推算出来的值，这与奥氏体稳定性降低有关，主要是在 γ-α 转变前结构缺陷数量增加对其的影响。在含钛的钢中，假定氮主要以氮化物的形式存在，那么珠光体含量的降低就通过观察钛的含量来判断。然而，珠光体量 V_p 的降低要大于碳含量由于形成碳化物而减少的量。珠光体尺寸很大程度上决定于钛和铌的含量。特别是在铌含量超过固溶极限时（0.05%），延迟再结晶。

对铁素体显微硬度的分析可以看出最大的沉淀强化是由钒的碳氮化物提供的，其次是铌

---

❶ 图8中结果表明了增加氮含量的好处，导致更易形成碳氮化物而非碳化物。碳氮化物的特点是固溶度更低，能够在较宽的温度范围内析出，有利于产生大量的细小的析出粒子，最终促进组织细化。

的碳氮化物，最后是钛的碳氮化物。微合金化元素的含量对珠光体显微硬度的影响更为复杂。例如，钒含量增加导致珠光体显微硬度的增加有两方面的原因：一是珠光体晶粒细化；二是珠光体中铁素体的弥散强化。当铌含量为 0.05% 时，含铌的钢中珠光体显微硬度最大，此时奥氏体稳定性最强，珠光体转变温度最低。总体来说，含铌钢中的珠光体显微硬度比含钒钢中的低，原因有两点：一是含铌钢中铁素体层弥散强化低；二是珠光体开始转变的温度相对高。

钛的影响更加复杂，原因是钛能形成碳化物、碳氮化物和氮化物，这三者的固溶性和尺寸都不相同。然而钛的影响也可以类似钒和铌的影响进行分析。

在研究的钢中，三类碳氮化物能够被辨别：在形变前保温阶段，不能溶解大的粒子；形变过程中析出的粒子；在奥氏体后续的分解阶段析出的粒子。第一阶段典型的例子是钛的氮化物和铌的碳氮化物；其尺寸范围在 $0.1 \sim 1\mu m$，呈随机分布的立方结构。钒和铌的碳氮化物在形变阶段或形变后即刻析出。在亚晶界上，钒的碳氮化物的粒子尺寸达到 60nm，呈链状排列，而铌的碳氮化物尺寸范围在 $10 \sim 200nm$，呈多排链状。一般来说，最大的铌的碳氮化物晶粒出现在原奥氏体晶界上，并且随着离晶界距离的增大，逐渐细化。导致颗粒尺寸变化的原因有两方面：第一是析出温度不同；第二是在晶粒内部与晶界上的扩散速率不同。

实际上，钒的碳氮化物析出相在奥氏体中和铁素体中的尺寸是相同的（$10 \sim 50nm$），在奥氏体中析出物呈立方形状，与铁素体中析出的圆形析出物相比，电子束的穿透能力比较低。相反，铌的碳氮化物析出相在铁素体中要比在奥氏体中相对更细一些。

另外，弥散的碳氮化物析出相在先共析铁素体中形成，和单独析出相在珠光体中铁素体层片中形成一样，还发现存在一些成族的铌的碳氮化物。含铌钢中的析出相尺寸在 $2 \sim 300nm$，在含钒钢中是 $1 \sim 60nm$，在含钛钢中是 $50 \sim 500nm$。

值得一提的是，在含钒、含钛的钢中，析出相尺寸呈一个相对连续的范围。而铌的析出

相尺寸呈现两个独立的范围：小于 10nm 和大于 100nm。在所观察的钢中，中间尺寸的析出相没有观察到。通过添加各种元素，对复合微合金化钢进行微观组织分析可发现钒铌的碳氮化物和铌钛的碳氮化物的形成。钒铌的碳氮化物要比纯钒的碳氮化物略微粗大一些，而且在一个很宽的温度范围内析出，因此能够延迟再结晶和减缓奥氏体分解。这样的结果就是，铌钒复合微合金化钢的组织显著细化并且更加均匀，提高钢的强度和韧性。

在同时含钛和钒的钢中，钛与氮有很强的亲和性，降低了钒的碳氮化物的量。在理论上是可以通过用钛固定氮的方法得到钒的碳化物，实际上钒的碳化物在空冷的过程中没有足够的时间析出。导致的结果是在 V-Ti 钢中加入钛导致钢的强度降低，而韧性升高。在多种微合金化元素作用下，钢的强度和韧性的关系见图 9。

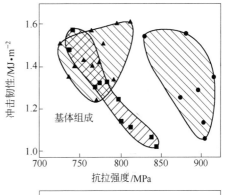

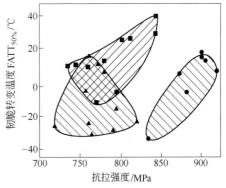

图 9　以 30C1Mn1Cr 为基，在几种微合金化元素作用下的抗拉强度、冲击韧性、韧脆转变温度的关系

●—钒铌复合；■—钒钛复合；▲—铌钛复合

在图 10 中我们可以看到被研究的钢的成分、组织（珠光体的量）、性能之间的关系。箭头指向微合金化含量增加的方向，数字显示珠光体的尺寸（D_p）。在被研究的钢中珠光体的量在 48% ~ 64% 这个范围表明珠光体被碳稀释，应该导致比较低的强度和比较高的韧性。

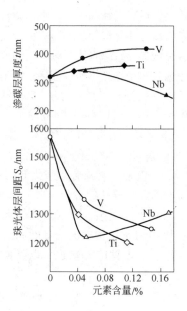

图 11　在 30CMn1Cr 钢中合金化元素对渗碳层厚度（t）以及珠光体层间距（S_o）的影响

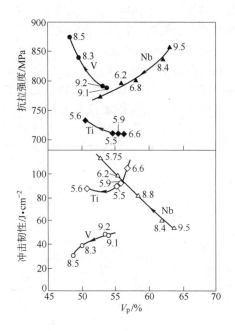

图 10　30CMn1Cr1 钢被铌、钒、钛微合金化后，组织结构参数与抗拉强度、冲击韧性的关系

众所周知，珠光体的强度主要取决于片层间距（S_o），但是珠光体的韧性主要依赖于渗碳体层的厚度（t），对这些参数的大部分定量研究都是采用碳复形法（这种方法使层厚值增加，但是能够看出变化的趋势），图 11 中的数据显示出微合金化元素的含量影响珠光体层间距（S_o）和渗碳体层厚度（t）。

珠光体层间距（S_o）与珠光体转变温度有很大的关系，在冷却至共析温度以下时，S_o 与温度差成反比。因此大部分微合金化元素都降低 S_o，但对于 Nb 来说，仅在含量小于 0.045% 时如此。相反，铌是唯一的能够降低渗碳体层厚度的元素，提高钢的韧性。通过以上数据（图9），可以很容易地发现多种元素联合添加的好处。

6　结论

通过上述分析可知，为得到最佳的性能配比结果，首先优化奥氏体化温度，使微合金化元素固溶量最大，避免不希望的晶粒长大，然后在足够低的温度下变形，防止在相变前发生奥氏体再结晶。

基于分析比较 Nb、V 和 Ti 对加热过程的晶粒长大、延迟再结晶、析出物尺寸以及珠光体结构细化和晶粒尺寸等方面的作用，可以得出，复合使用 Nb 和 V 能够获得中碳锻钢的强度与韧性的最佳匹配。

致　谢

上述介绍是与 A. Petrunenkov 博士一起在巴丁研究中心（俄罗斯，莫斯科）通过长期研究完成的，旨在总结铌、钒和钛在组织形成过程中、最终铁素体-珠光体的相关参数以及含锰和铬的中碳钢力学性能方面的作用。要特别感谢 E. Krokhina 和 I. Arabei 博士，他们在作者指导下完成了相关主题的博士论文，并贡献了他们的实验数据。

参 考 文 献

1 Fundamentals of Microalloying Forging Steels：Proc. of International Symposium, Goden, Colorado, July 8-19, 1986.

2 Microalloyed Bar and Forging Steels. -Proc. of International Conference, Hamilton, Canada, 26-29 Aug. 1990.

3 C. Bertrand, P. Mateous, J. M. Cabrera et al. Application of Recrystallization, Grain Growth and Precipitation of Model Hot Forging of Microalloyed Steels for Automotive components, Materials Science Forum, 1993, v. 113-115, pp. 391-397.

4 T. Chiba, M. Miayamoto, S. Ikeshota et al. Effects of alloying elements on strength and toughness of microalloyed steels, Proc. of Conference "New Steel products and Processing for Automotive Applications" Detroit, 26-29 Feb. 1996, pp. 101-107.

5 Fundamentals and Applications of Microalloying Forging Steels, -Proc. of Conference, Golden 8-10 July, 1996.

6 D. Matlock, G. Krauss, J. Speer, New Microalloyed Steel Application for the Automotive Sector, Materials Science Forum, 2005, v. 500-501, pp. 87-91.

7 E. Krokhina, N. Fonstein, A. Petrunenkov, Microalloying of Medium-Carbon Pearlitic-Ferritic Steel, Mat. Sci. &Heat Treat., 1987, v. 29, #7-8, pp. 504-507.

8 A. A. Petrunenkov, E. K. Krokhina, I. B. Arabei, Microalloying of Medium-Carbon Steels for Forged Automotive Components, in Proc. of Seminar "Automotive Steels", organized by CBMM in TCNIICHERMET, Moscow, pp. 177-202, 1988.

9 H. Wess, A. Gittins, G. G. Braums et al. Recrystallization of Niobium-Titanium Steels in the Austenite Range, JISI, 1973, v. 211, No. 10, pp. 703-709.

10 S. Hansen, J. Vander Sander, M. Cohen, Niobium Carbonitride Precipitation and Austenite Recrystallization in Hot-Rolled Microalloyed Steels, Met. Trans., 1980, v. 11A, No. 3, p387-402.

11 N. Ridley, A Review of the Data on the Interlamellar Spacing of Pearlite, Metall. Trans. A, 1984, v. 15A, No. 6, p. 1019-1016.

（钢铁研究总院　贾书君　译，张　伟　校）

工程机械用钢

Nb 微合金化技术在预硬化工具钢厚板中的应用

Per Hansson

SSAB，Oxelösund，Sweden

摘　要：近几十年，硬化机械钢得到了很大的发展，它的硬度很高，约大于 380HBW，通常能够用作工具、机械工程钢在生产厂家都经过预硬化（即调质）处理。与传统的工具钢和机械钢相比，这些钢具有许多优势，最重要的有以下三个，分别是：（1）缩短加工时间，因为其省去所有的热处理过程；（2）可靠的力学性能；（3）新产品可以在短时间内投放市场。

本文主要介绍市场上两个钢种的开发情况，其表观硬度分别为 300HBW 和 450HBW。与传统的具有相似硬度的工具钢相比，该产品的合金含量较低，切削性能优良。本文讨论了在生产过程中，通过减少和去除昂贵的合金元素并利用 Nb/Ti 微合金化，有效控制奥氏体晶粒尺寸，同时提高韧性的原理。另外，重新设计的钢在冷作或热作模具方面具有多种用途，合金含量低仍能够制备新钢种，同时取代普通的机械/工程钢级。

关键词：预硬化钢，连续铸造，钢的洁净度，力学性能，模具加工

1 引言

迄今为止，预硬化钢主要用来生产耐磨钢（其硬度约大于 360HBW）和高强度（$R_{p0.2} > 690\text{MPa}$）结构钢。通常，在制造部件的过程中，对弯曲度和焊接性要求十分严格的部件才会使用该级别钢。在部件的制造过程中，钢材或多或少应具备机械加工性能，因此，机械加工性能只是次要的性能指标。然而，在近几十年硬化机械钢得到了快速发展，它具有高硬度，其值已接近甚至超过 380HBW。钢铁厂不得不开发专门以机械加工为主的预硬化钢。在工具和机械/工程部件中可以找到相应的例子。图 1 为 Q&T（淬火 + 回火）钢在不同应用领域中的示意图。

通常，钢厂生产的工具钢、工程机械钢以退火态交货，且模具、零部件在经过粗加工后一般需要进行调质热处理。然而，这些工艺明显有不足之处，例如在热处理过程中其尺寸会发生变化，不能忽略的裂纹开裂及热处理模具部件力学性能的不确定性。因此，为了满足成品的尺寸要求，热处理后需投入大量的工作和时间。

为了供应在机械加工过程中尺寸稳定性好的工具机械钢，我们已成功开发了 TOOLOX 钢（商业名称）。此外，这些钢具有可靠的力学性能。

2 钢的研发

开发这些新钢种的主要目标如下：

（1）开发现有标准没有包括的新钢种；

（2）供应的预硬化钢，在工模具加工时无需热处理；

（3）供应钢种具有可靠的力学性能；

（4）在机加工过程中，产品具有好的尺寸稳定性。

2.1 化学成分和铸坯加工

目前，在工具钢市场常用的材料中熟知的有 P20（塑料模具钢）、H13（热作钢）、D2（冷作钢）。相比而言，供货态 TOOLOX 33 与 P20 只有硬度相似。还有，与 P20 相比，

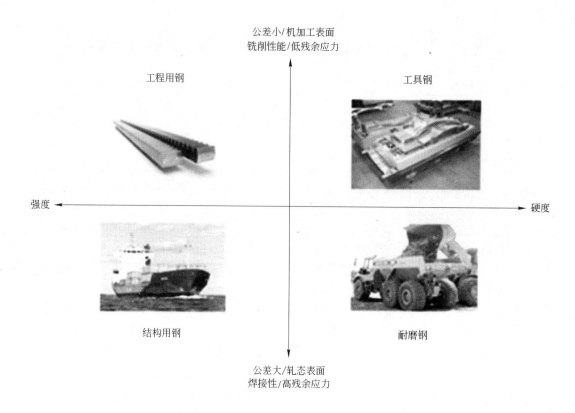

图1　不同类型钢材应用和不同钢级需求示意图

TOOLOX 33 具有很好的 ESR-品质和更好的机械加工性能。TOOLOX 44 交货硬度为450HBW（接近45HRC）。尽管硬度更高，但是 TOOLOX 44 具有与 P20 非常接近的电渣重熔性能和机加工性能。该钢种的典型化学成分如表1所列。

表1　典型化学成分　　　　　　　　　　（质量分数,%）

级　别	C	Si	Mn	P	S	Cr	Mo	V	Nb	B
P20	0.40	0.30	1.45	Max. 350×10^{-4}	Max. 350×10^{-4}	1.95	0.20	—	—	—
H13	0.40	1.0	0.4	Max. 300×10^{-4}	Max. 300×10^{-4}	5.2	1.35	1.00	—	—
D2	1.55	0.25	0.30	Max. 300×10^{-4}	Max. 300×10^{-4}	11.5	0.70	1.00	—	—
TOOLOX 33	0.24	1.1	0.8	90×10^{-4}	15×10^{-4}	1.0	0.25	0.11	0.017	20×10^{-4}
TOOLOX 44	0.32	1.1	0.8	90×10^{-4}	15×10^{-4}	1.3	0.8	0.14	0.017	20×10^{-4}

钢厂中所生产的 TOOLOX，常用 Ti 来控制不同生产工序中奥氏体晶粒尺寸。此外，在焊接过程中，Ti 能够有效控制焊接热影响区（HAZ）奥氏体晶粒的长大。

钢的洁净度和中心线偏析控制非常重要，因为它对性能有很大的影响，如抛光性、蚀刻性、疲劳寿命、韧性等。传统上，当最终产品要求较高时，需对制造工具钢铸锭进行电渣重熔。与之相比，开发的 TOOLOX 钢通过连铸坯工艺生产，拥有与电渣重熔同等水平的钢水洁净度和偏析水平，可作为电渣重熔产品。高洁净度钢水连铸时，采用轻压下（CSR）工艺可简化钢材和铸坯的生产工艺。

图 2 是（uphill teemed）工具钢铸锭的硫印检验，其尺寸为 746mm × 1089mm × 1700mm，化学成分为 0.48% C，0.36% Si，0.88% Mn，1.49% Cr，0.009% P，0.048% S。硫印检验表明在铸锭的心部等轴线方向有大量 A-偏析和 V-偏析。铸锭的外围部分，即柱状区没有宏观偏析，同时显示树枝晶间距离较短。众所周知，小铸锭的凝固时间较短，这样能够减少宏观偏析，这表明柱状区的凝固发生

图 2　铸锭（746mm × 1089mm × 1700mm）的硫印检测[1]

在相对较高的温度梯度，抑制了 A-偏析和 V-偏析的形成。在大铸锭里，仅有亚表面区域在如此高的温度梯度凝固。

小铸锭凝固温度梯度的相关原则也适用于连续铸造生产钢板中。在连续铸造过程中，在高温梯度下钢的凝固产生树枝晶间距离较短。还有，在 BOF 出渣的过程中甚至到全部浇注完成时，可使用全程保护浇铸。

Lagerstedt 和 Fredriksson 使用与上述铸锭（见表 1）相同的化学成分进行连铸试验，发现这种钢在相当高的温度梯度下凝固，从铸锭壳体外一直到中心生成一个柱形的区域。可以看到在很短的凝固时间下会抑制 A 和 V 型宏观偏析，事实上，在高的温度梯度下小的枝晶间可形成少量的显微偏析，见图 3。Lagerstedt 和 Fredriksson[1] 的研究表明在连续浇铸中被轻压下凝固成块状可有效控制和抑制典型的中心偏析结构，因此可在凝固板的中心区域消除枝晶间钢水的流动。观察图 2 和图 3 的宏观结构可知在不同的凝固条件下宏观偏析有很大的不同，同时由于合金元素在凝固状态时扩散速率很低，导致这些区别存在于最终产品中。

2.2　钢铁的洁净度

为了评估两个新开发钢级的洁净度，确定

290mm 厚板坯未采用轻压下控制

无 CSR
290mm 板

有 CSR
有 CSR

图 3　Lagerstedt 和 Fredriksson 重点研究的板坯铸态组织

两钢种中夹杂物的数量，并与普通的工具钢进行了对比。如图4和图5所示，结合二次冶金和CSR连铸的转炉炼钢能够生产夹杂物种类和尺寸都类似于模铸和电渣重熔钢的钢铁产品。假设夹杂物为球状时确定夹杂物的等效直径。

在塑料模铸时经常使用的方法是：如铸模表面夹杂物小于25μm，被视为不可见，即这些夹杂物不影响模具的质量。此外，判断夹杂物可能产生的影响，不得不考虑夹杂物的长宽比，并且这个值应该尽可能的低。

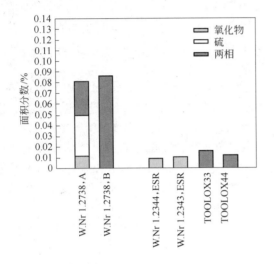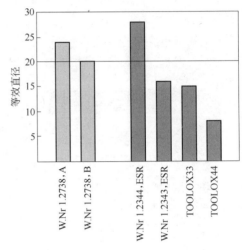

图4　钢表层下夹杂物的面积分数和等效直径

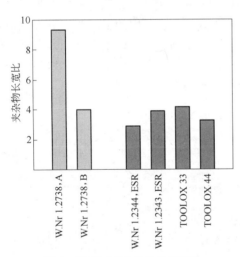

图5　钢表层下夹杂物的长宽比

2.3　钢板和锻件产品

为了优化板材以及锻件的韧性，有必要有效地控制最终的奥氏体晶粒尺寸大小。高凝固速率下的铸钢可能是利用微合金化技术在再加热、轧制及任何后续热处理操作中控制奥氏体晶粒尺寸大小。

假设初始奥氏体晶粒的尺寸大小分别为

400μm和800μm，理论计算能预测60mm厚钢板终轧后的奥氏体晶粒，如图6所示。计算得出最后一道轧次的奥氏体晶粒尺寸（12号）是25μm。此外，图6显然表明在奥氏体热变形之前，所选择的化学成分对钢铁的加热温度影响不大。第7道次之后就消除了晶粒尺寸的差异。粒径尺寸计算值和测量值的比较见表2。奥氏体晶粒尺寸的实验值与预测值一致。热轧后冷却，TOOLOX钢板在低于880℃时奥氏体晶粒一般不会长大。

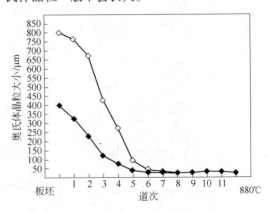

图6　60mm厚板，计算的奥氏体晶粒演变

表 2　TOOLOX 钢板淬火后所观察到的微观组织

板厚/mm	等级	计算的奥氏体晶粒尺寸/μm	实测的奥氏体晶粒尺寸/μm
60	TOOLOX 33	25	25
60	TOOLOX 44	25	18

图 7　锻造操作

采用锻造工艺制备大厚板，而铸坯的宽度用作锻造的厚度，参阅图 7。利用一个相对较长的铁砧将锻造板的高宽比控制为 6:1（1700mm:290mm），这提供了一种全厚度变形，并开创了生产 320mm × 620mm 锻件（厚度×宽）的可能性，其具有良好的洁净度及很好的力学性能。三个不同的锻造商已经对这种锻造工艺进行了测试，如图 7 所示。

通过 MicDel[2] 可以预测 300mm 厚锻件的奥氏体晶粒尺寸大小，见表 3，数据表明奥氏体晶粒平均尺寸和预测值一致。

表 3　TOOLOX 33 调质锻棒的奥氏体晶粒尺寸大小

项　目	锻造厚度/mm	条号	晶粒尺寸/μm	实测的晶粒尺寸/μm
TOOLOX 33	300	1	278	250

另一个铸件检验结果显示出更大的奥氏体晶粒尺寸，然而这主要是采用不利的变形制度锻造引起的。

板和锻件之间的奥氏体晶粒尺寸存在明显差异，见表 2 和表 3，原因如下：

（1）钢板轧制过程中应变速率（$d\varepsilon/dt \approx 3s^{-1}$）和锻造速率（$d\varepsilon/dt \approx 0.5s^{-1}$）不同；

（2）轧制和锻造中单个道次的间隔时间不同；

（3）钢板在变形过程中和变形后的冷却比锻造操作时快。

锻造的主要缺点是从最后的变形冷却到 880℃时会出现奥氏体晶粒生长，然而，温度低于 880℃时通常不会发生奥氏体晶粒生长。尽管奥氏体晶粒尺寸的计算值大，合适的微合金化元素应用能够有效控制奥氏体晶粒尺寸。

2.4　冲击韧性

与传统的硬度相当的钢级相比，低碳、低合金含量的新型预硬化工具钢能够生产出韧性更好的工具钢产品。图 8 是不同工具钢典型冲击韧性和夏比 V 形冲击功的比较图。

与 P20 相比，TOOLOX 33 的韧性更高，抗缺陷性能更好。表 4 所列的是失效前缺陷尺寸最大允许值。利用 30mm、均匀拉伸应力为 500MPa（根据 BS 7910 标准测定）的钢板[3,4] 预测半椭圆缺陷（$a/2c = 0.5$ 和 0.25）。评估过程中应用了室温条件下的夏比 V 形缺口冲击试验值。评估结果表明 TOOLOX 33 的临界

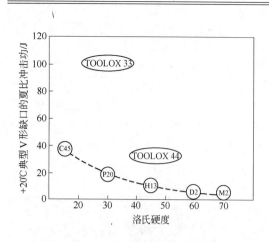

图 8　不同工具钢典型韧性的比较

缺陷尺寸允许值较大，室温下 TOOLOX 33 的
代表性冲击功约 100J（$K_{mat} = 113.6MPa \cdot \sqrt{m}$），
比 P20 高，室温下 P20 的代表性冲击功为 15J

$(K_{mat} = 43.6MPa \cdot \sqrt{m})$。高韧性 TOOLOX 33
钢的另一个优点是在非稳定性裂纹扩展之前韧
带允许发生更多的塑性变形。

表 4　最大允许缺陷尺寸

级　别	a_c/mm ($a/2c = 0.5$)	a_c/mm ($a/2c = 0.25$)
TOOLOX 33	17.3	12.8
P20 / W. Nr 1.2311	3.9	2.0

2.5　焊接性

传统工具钢的焊接性差，原因是碳含量和
合金含量都高。表 5 是常用工具钢的化学成
分，从表中可看出高含碳量和高合金含量要求
高焊接预热温度。

表 5　传统工具钢和新开发钢种的典型化学成分和碳当量

级　别	C	Si	Mn	Cr	Mo	Ni	V	$T_{preh}/℃$
P20	0.40	0.30	1.45	1.95	0.20	—	—	200 ~ 250
H13	0.40	1.0	0.4	5.2	1.35	—	1.00	325 ~ 375
D2	1.55	0.25	0.30	11.5	0.70	—	1.00	~ 400
TOOLOX 33	0.24	1.1	0.80	1.0	0.40	0.2	0.10	min 175
TOOLOX 44	0.31	1.1	0.70	1.3	0.80	0.1	0.11	250 ~ 300

当判断表 5 给出的钢种化学成分的焊接性
时，著名的 CE_{IIw} 碳当量将不适用。在 Deardn
和 O'Neill[5] 的早期研究中没有包括传统工具
钢中的合金含量。此外，当焊接低合金结构钢
时，限制 HAZ 的硬度，使断裂风险最小化，
也就是说将微观结构中马氏体量降到最低。相
反，焊接工具钢时 HAZ 将马氏体化，使焊材
和基体的性能一致。

与传统工具钢相比，TOOLOX 钢的合金含
量很低。工具钢经常使用补焊，这些新牌号钢
使补焊更为容易。P20 和 TOOLOX 33 相比，
表 5 表明低合金含量的 TOOLOX 33 的预热温
度低 50 ~ 75℃。H13/D2 和 TOOLOX 44 相比
较，所需的预热温度差距更大，达到 100 ~
150℃。焊接完成后，TOOLOX 系列钢需要在
580℃ 去应力回火，以达到最佳性能。

焊接 TOOLOX 钢时使用与 TOOLOX 44 成
分相同的金属板制成的固体金属焊丝
（$\phi1.6mm$）。焊接试验结束后，试样已去
应力。

在对制造塑料部件的模具进行补焊的过程
中，关键是塑料部件表面不受焊接的影响，因
此准备了一个焊接样品用于评价焊接性能。将
试样的一半表面抛光，另一半表面抛光后进行
蚀刻，在蚀刻面没有发现焊接痕迹。

2.6　导热性

设计工具钢时，热导率是一个很重要的参
数。因为高的热导率有以下优点：

（1）在塑料铸模成形时，塑模可减少冷
却时间。

（2）可降低模具高温裂纹的风险。

考虑到以上提及的目标，新钢级采用低合金含量。比较 TOOLOX 系列和 H13（调质到45HRC）的热导率（图9），都可以用于塑料模具。与 H13 相比，TOOLOX 的热导率得到改善，由于具有很好的热导率，所以缩短了塑料模具的生产周期。采用 MouldFlow 计算的结果表明浇注 Terulan 塑料时可缩短将近5％的生产周期。

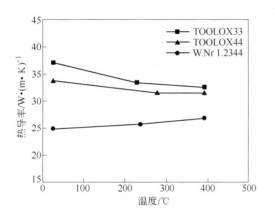

图9　热导率的比较

2.7　应用

这些应用于塑料模具、冷成形以及模铸和工程/机械的新型工具钢具有优良的性能。图10 是标准模具生产比较图。

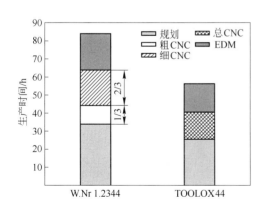

图10　模具生产时间的比较

3　结论

开发了两种新型预硬化工具钢，作为模具制造用钢时不需要进行额外热处理。

（1）结合第二次精炼和连铸，可生产出洁净度与 ESR 重熔铸锭同等级的钢板。目前，如果能适当结合浇铸温度、浇铸速度和轻压下，可以控制或消除连铸坯的中心偏析。

（2）应用微合金化能够控制奥氏体晶粒长大。锻造中同样适用。

（3）与等硬度的传统钢比较，新型钢的冲击韧性得到提高。

（4）与传统钢比较，开发的新型钢的合金含量更低，热导率比传统的 H13 更好。

参 考 文 献

1　Lagerstedt A. , Fredriksson H. , Stränggjutning av-verktygsstål. ISBN KTH/MG-UND-02/01-SE, TRITA-MG 2002：01. In Swedish.

2　Siwecki T. , Modelling of Microstructure Evaluation during Recrystallization Controlled Rolling. ISIJ International, vol. 32 （1992）, No. 3, p. 368-376.

3　Larsson C. , Hansson P. , Kihlmark P. , Toughness of HRC 33/44 Tool Steels Weldments With Yield Strength 1100MPa. 1st Int. Conference Super High Strength Steels, Rome 2005, Ed. Associazione Italiana di Metallurgia, ISBN 88-85298-56-7.

4　BS 7910：1999：（incorporating Amendment No. 1）, British Standard Institution,London,2000.

5　Dearden J. , O'Neill H. , A Guide to the Selection and Welding of Low Alloy Structural Steels, Institute of Welding Transactions, Oct. 1940, pp. 203-214.

（昆明理工大学　李远征　译，
谭峰亮　张　伟　校）

铌在舞钢建筑结构用宽厚钢板中的应用

常跃峰　韦　明　刘利香

（舞阳钢铁有限责任公司，中国河南舞钢，462500）

摘　要： 本文重点介绍了舞钢铌微合金化的应用现状和利用铌开发的建筑结构用高强钢板，证明了以含 Nb 钢为代表的微合金技术和 TMCP 轧制工艺的有机结合，使宽厚钢板的应用领域更加广泛，适用性更强。

关键词： Nb，微合金，建筑结构，宽厚板

1　前言

　　宽厚钢板作为造船、桥梁、管线等行业的主用钢材已被人们认识多年，近年来又被普遍用于建筑结构、电站锅炉、海洋平台、工程机械和石油化工等特殊领域，以高强度、高韧性、低屈强比、抗层状撕裂、高耐磨性、耐候性等优势被世人认可。尤其是含 Nb 钢为代表的微合金技术和 TMCP 轧制工艺的广泛使用，使宽厚钢板的适用性更强，应用范围更广。多年来，舞钢利用铌微合金化技术，开发生产了一大批高技术含量、高附加值产品，其中屈服强度为 235 ~ 460MPa 系列建筑结构用宽厚板，具有其他钢级和品种无法可比的优越性，在北京奥运场馆建设中得到广泛应用。

2　舞钢含 Nb 钢和微合金化现状

2.1　舞钢含 Nb 钢品种和产能

　　舞钢积极采用铌微合金化技术，利用铌显著的细化晶粒、推迟再结晶、降低铁素体转变温度和析出强化的作用，开发生产了大量性能优越、用途重要的宽厚钢板，典型产品有：采用 TMCP 工艺生产"西气东输"用针状铁素体 X70 管线钢，采用非调质工艺生产"西电东送"压力钢管用 CF 型低碳贝氏体钢，采用调质工艺生产屈服强度 590 ~ 960MPa 级工程机械用超高强度钢，采用 Nb-Ti 复合技术生产的 S355N、A709 HPS485W 新型桥梁钢和 BB503、BB41BF 高炉炉壳用钢，采用 Nb-V 复合强化生产的屈服强度 390 ~ 460MPa 级建筑结构用钢和其他低合金高强度钢等。采用铌微合金化技术丰富了舞钢的宽厚板产品种类，也显著提高了舞钢产品的实物质量和市场竞争能力。

　　舞钢铌微合金化品种主要有桥梁及港口机械用钢、造船及海洋平台用钢、高层建筑用钢、工程机械用钢、管线钢、锅炉及容器用钢、高炉炉壳用钢、低合金高强度钢、压力钢管用钢、抗层状撕裂钢等（见图 1、图 2）。

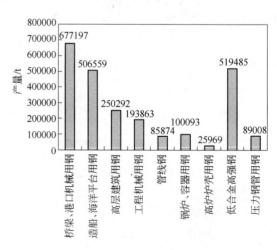

图 1　舞钢含 Nb 钢 2005 ~ 2008 年各品种产量

从 2005 年 1 月到 2008 年 8 月共生产含 Nb 钢 245 万吨，占舞钢宽厚板总产量 599 万吨的 40.86%（图 3），2005 年、2006 年、2007 年、2008 年 1～8 月分别消费 FeNb 266t、270t、374t、388t，逐年增加，2005 年至今吨钢消耗 FeNb 0.216kg，其中含铌钢吨钢耗 FeNb 0.53kg（图 4），在国内处于领先水平。

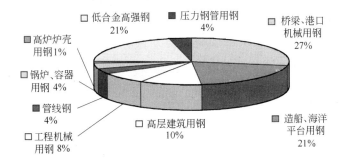

图 2 舞钢含 Nb 钢 2005 年至今各品种所占百分比

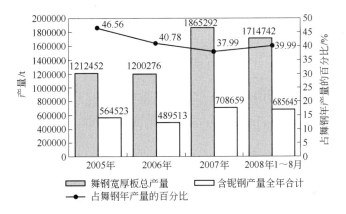

图 3 舞钢含铌钢年产量及占总产量百分比

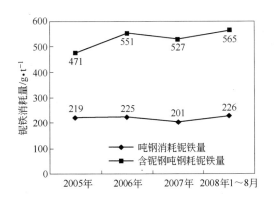

图 4 舞钢吨钢消费 Fe-Nb 量

2.2 舞钢低合金钢中微合金化的分类

舞钢铌微合金化采用 Nb、Nb-V、Nb-Ti、Nb-V-Ti 四种形式。铌是最重要的微合金化元素，单加铌是抗拉强度 500MPa 级控轧钢的首选，由于 Nb(C,N) 析出相作用，原奥氏体晶粒会更细小，从而导致更细小的再结晶晶粒的形成，获得高强度和高韧性的理想结合。

Nb-Ti 复合能够最大限度地发挥铌的作用，同时 Ti 形成高温下稳定的氮化物，可在热加工前的再加热过程以及焊缝中，尤其是紧靠焊缝熔融边界的热影响区（HAZ）中抑制奥氏体的晶粒长大，从而改善焊接 HAZ 的韧性，适应大焊接热输入工艺的需要。另外，由于形成的 TiN 消除了钢中的自由 N，对钢的时效性能的提高也是很有益的，此时铌以碳化物的形式存在，而不形成碳氮化物，在同样的加热温度下可以溶解更多的铌，提高了铌的作用，并改善了连铸坯的表面质量。

Nb-V 复合通常应用于正火型低合金高强度钢和 TMCP 工艺生产屈服强度 390～500MPa 级别的板材，因为正火型厚板单加 Nb 难以达到所要求的强度，需要添加少量的钒，其韧性主要由 Nb 的含量和 TMCP 工艺所决定，V 对强度的贡献是通过 V(C,N) 的析出强化实现的，且对韧性没有造成明显的破坏。

采用 Nb-V-Ti 复合再加入适量 Cu、Ni 和 Mo 合金化的方法，可以在不损失韧性的条件下达到更高强度级别，例如低碳贝氏体钢和针状铁素体钢，添加铌能增强钢的淬透性，这对利用 ACC 提高强度很有好处。

舞钢结合自身条件优化了加热、轧制、冷却等工艺参数，确保了铌微合金化功能优势的发挥，使其在细化组织、提高强度、韧性、焊接性能及特殊应用性能方面起到至关重要的作用。

3 舞钢建筑结构用钢板的开发

3.1 建筑结构用钢板的发展趋势

钢结构正在成为现代建筑的结构主体，代表了今后一个时期建筑结构发展的趋势，特别是高层重型钢结构和空间大跨度钢结构基于安全性、经济性、造型美观和空间利用效率等方面的考虑，对建筑结构用钢提出了高强度、高韧性、低屈强比、大线能量焊接、耐火、耐候性等多样化的性能要求。此领域也是以 Nb 为代表的微合金元素在钢中细化晶粒作用得到充分发挥的重点品种。

（1）高强度、高韧性。近年来，由于重型、高层、大跨度空间结构和非对称结构的发展，结构的承载重量越来越大，为减薄结构厚度和质量，降低焊接成本，屈服强度 390MPa、420MPa、460MPa 的高强度钢板在建筑结构中得到大量应用。北京奥运会主体育场（鸟巢）使用了厚度 110mm 的 Q460E/Z35 钢板，游泳中心（水立方）应用了 Q420C/Z15 钢板，中央电视台新台址应用了数万吨最大厚度达 135mm 的 Q390D/Z35、Q420D/Z35、Q460E/Z35 宽厚钢板。

由于实际结构中，缺陷不可避免，为保证材料在裂纹扩展之前有足够的塑性变形，采用高强度钢，往往会要求更高的低温冲击韧性，这是因为材料的屈服强度提高，所需的断裂力学 J 积分特征值几乎是随着屈服强度的平方增加的。高强度建筑结构用钢一般要求钢材具有良好的 -20℃ 或 -40℃ 低温冲击韧性。

（2）低屈强比。相同屈服强度水平的钢材，屈强比越低，材料越能将塑性变形均匀分布到较广的范围，避免应力集中而降低整体的塑性变形能力，抗震能力越强。以前常用的 345MPa 级建筑结构用钢，无论采用 CR 还是 TMCP 工艺均能很容易将屈强比控制在 0.83 以下，而含 Nb 高强度钢必须在较低的温度下轧制，利用显著的细化晶粒来提高强韧性，而细化晶粒对提高抗拉强度的贡献较小，结果是屈强比随屈服强度的提高而增加。建筑结构用高强度钢需要采用其他的方法，在提高强度的同时降低屈强比，这是 TMCP 工艺面临的新课题。

（3）大线能量焊接。简化焊接程序、提高焊接效率是钢结构制作一贯追求的目标，具备大线能量焊接性能的宽厚钢板是建筑结构用钢今后的发展趋势，国内部分钢结构制造厂埋弧焊已采用双丝焊、三丝焊，焊接线能量达到 90kJ/cm 左右。普通钢材高热输入焊接时，容易产生焊道热裂和热影响区脆化，只有优化成分设计和改善生产工艺，才能提高钢材的可焊性。通过降低钢中固溶氮含量，添加 Ti、Ca 等固氮元素，形成耐高温氮化物合金质点，同时降低碳当量到 0.41% 以下以及合适的控制轧制工艺等措施，宽厚钢板得到了良好的原始韧性，具备阻止 HAZ 的晶粒长大能力，屈服强度 345MPa 级钢板具备 85～100kJ/cm 大线能量焊接的性能。

（4）耐火、耐候性。"9·11"事件后，世界各国对建筑钢结构的耐火性能提出了迫切而严格的要求，建筑结构用钢的高温强度和耐火性能成为研究的热点，建筑结构用耐火钢的通常要求是加热到 600℃ 时屈服强度还能保持在常温值的 2/3 以上。国内外研究表明，

Mo + Nb复合能改善钢的耐高温蠕变性能，满足耐火钢的各项技术要求，并有较好的焊接性能。目前舞钢、武钢、鞍钢都已开发出合格的产品，只是缺少相应的建筑物设计规范，应用业绩很少。

普通级别可焊接耐候钢已开发多年，但在建筑结构中应用较少，需要进一步研究其应用性能。

3.2 舞钢建筑结构用钢板生产现状

舞钢作为中国生产特厚板历史最长、生产技术和工艺装备较为雄厚扎实的大型企业，对建筑结构用钢板进行了深入细致、卓有成效的研究开发，开发生产了235MPa、345MPa、390MPa、420MPa、460MPa所有强度级别和C、D、E所有质量等级的建筑结构用钢板，

建立了中国建筑结构用钢的系列产品体系。表1为建筑结构用高强钢熔炼化学成分。舞钢起草了《高层建筑结构用钢板》（YB 4104—2000）行业标准和《建筑结构用钢板》（GB/T 19879—2005）国家标准，建立了中国建筑结构用钢板的标准体系。舞钢钢板先后建造了一大批如上海东方明珠、广州电视塔、北京机场3号航站楼、中央电视台新台址、国家大剧院等著名建筑，尤其是2008年北京奥运会主体育场——"鸟巢"用Q460E/Z35专用板的开发，解决了特厚板内部疏松与厚度效应等技术难题，综合技术达到国际先进水平。

舞钢对于建筑结构用钢全部采用铌微合金化成分，（表1）以获得钢板的高强度、高韧性，同时可以降低焊接碳当量，提高钢材的焊接性能。

表1　建筑结构用高强钢熔炼化学成分　　　　　　　　　（%）

牌号	规格/mm	C	Si	Mn	Al	Nb	V	Ti	交货状态
Q235GJ	8 ~ 100	0.12 ~ 0.14	0.20 ~ 0.40	0.60 ~ 0.90	0.015 ~ 0.045	0.015 ~ 0.025	—	—	TMCP 或正火
Q345GJ	8 ~ 150	0.12 ~ 0.15	0.20 ~ 0.40	1.30 ~ 1.50	0.015 ~ 0.045	0.015 ~ 0.025	—	—	TMCP 或正火
Q390GJ	8 ~ 135	0.13 ~ 0.16	0.20 ~ 0.40	1.35 ~ 1.50	0.015 ~ 0.045	0.025 ~ 0.035	0.030 ~ 0.040	—	TMCP 或正火
Q420GJ	8 ~ 135	0.14 ~ 0.17	0.20 ~ 0.40	1.45 ~ 1.60	0.020 ~ 0.045	0.030 ~ 0.040	0.050 ~ 0.060	—	TMCP 或正火
Q460GJ	8 ~ 110	0.15 ~ 0.18	0.20 ~ 0.40	1.50 ~ 1.60	0.020 ~ 0.045	0.035 ~ 0.045	0.070 ~ 0.080	0.015 ~ 0.020	TMCP 或正火

3.3 Q460E/Z35 钢板主要技术难点

北京奥运会主体育场因其独特的外形，又被称为"鸟巢"，它的建造需要一种新型的建筑结构用钢材，110mm厚Q460E/Z35，在国内外建筑物史上，从未应用过460MPa级特厚板，无论钢板生产还是钢结构焊接施工都没有可供借鉴的成功经验。"鸟巢"用Q460E/Z35厚板的技术要求如表2所示，屈服强度460MPa、-40℃低温冲击、Z35抗层状撕裂性

能都达到了低合金高强度钢之最，屈强比不大于0.83、伸长率不小于20%，最大厚度到110mm，都突破了GB/T 1591标准要求。随着钢板厚度的增大，由于压缩比减小，轧制后冷却速度降低，不利于细化晶粒，再加上厚度效应，钢板的强度、韧性很难保证。同级别、厚度和技术要求的建筑结构用钢板在国内外首次生产使用，日本、欧洲等钢铁强国生产的同级别建筑结构用钢的厚度或者是Z向性能都没有如此之高。

表2　"鸟巢"用Q460E/Z35钢板性能技术要求

厚度规格/mm	R_m/MPa	$R_{p0.2}$/MPa	$R_{p0.2}/R_m$/%	A/%	Z/%	冷弯试验 b = 2a	-40℃A_{KV}纵向/J
110	550 ~ 720	≥420	≤0.83	≥20	≥35	弯曲180°	≥54

3.4　Q460E/Z35 生产的主要技术措施

舞钢公司对于 Q460E/Z35 的生产，实行"精料、精炼、精轧、精整"的方针，严格按质量计划和内控质量标准控制生产中的各个环节，通过一系列工艺技术保证措施，确保各项性能达到"鸟巢"的设计规范。

（1）微合金化成分设计。图 5 显示了要达到一定厚度的 Q460E 钢板所对应的强度时，所需的化学成分、碳当量和微合金含量的关系。

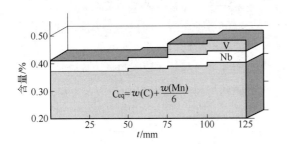

图 5　Q460E 钢板厚度与碳当量、
微合金元素含量的关系

供国家体育场用 110mm Q460E/Z35 钢板，技术条件要求焊接碳当量 $C_{eq} \leqslant 0.50\%$，实际供货控制在 0.47% 以下。成分设计中采用 Nb + V 复合微合金化，获得了良好的微观组织和强度、延性、韧性的完美结合，同时降低了焊接碳当量，提高钢材的焊接性能。通过对化学成分、生产工艺的优化，在保证高强度的同时，实现了尽可能低的焊接碳当量，保证现场顺利施工、焊接，解决了高强度和低碳当量之间的矛盾。

（2）洁净钢冶炼工艺。低磷、低硫以及严格氮含量控制可显著提高钢的断裂韧性，还可改善铸坯质量和降低轧制过程中的热变形抗力。建筑结构用钢全部采用洁净钢生产工艺，降低钢中的气体和夹杂物含量，以提高钢板的综合性能，尤其是提高抗层状撕裂性能。冶炼前对废钢等原料进行精选，减少带入钢中的外来夹杂。在电炉冶炼熔化期加强造渣、流渣，通过偏心底避渣出钢等措施将 P 控制在 0.012% 以下。在 LF 炉外精炼过程，加强造白渣，加强吹 Ar 促进钢水与渣的混合搅拌，经 VD 处理，将 S 控制在 0.005% 以下，同时进行 Ca 处理，改善夹杂物形态。

（3）大钢锭无缺陷浇铸工艺。为保证一定的压缩比，供货钢板全部采用钢锭成材，而钢锭厚度增大后，凝固过程中容易产生偏析、疏松、气孔等冶金缺陷。为此，舞钢研究开发了大钢锭无缺陷浇铸工艺。通过采用合理的锭型设计、合适的浇铸温度和浇铸速度，以及保护浇铸等技术措施，大幅度改善了大钢锭的内部质量。

（4）严格的控轧控冷工艺。微合金化控轧控冷钢板，具有良好的细化晶粒效果，为保证 -40℃ 低温韧性和减轻板厚效应，采取严格的未再结晶区控制轧制和随后的控制冷却，细化铁素体晶粒，提高钢板的强度和韧性，并通过形变诱导 Nb、V、Ti 的碳氮化物沉淀，提高基体的强度。

（5）热处理。正火钢板组织比较均匀，在屈服强度稍有下降的情况下，可改善钢板厚度芯部性能，并大大提高厚板的冲击韧性，得到强度、塑性、韧性的最佳匹配。Q460E/Z35 钢板通过正火改善组织，消除控轧产生的不良影响，得到了良好的综合性能。

4　结语

（1）宽厚钢板的产品发展趋势是高纯净度、高强度、高韧性并具有良好的焊接性和工艺加工性能。宽厚钢板生产技术的发展趋势是以 TMCP 为核心，不断提升微合金的优化、变形速率与温度的组合、在线快冷和热处理等工艺技术，开发出满足用户个性化需求的产品。

（2）舞钢积极采用铌微合金化技术，并结合自身条件优化了加热、轧制、冷却和热处理的工艺参数，充分发挥铌微合金化在细化晶粒、提高强度、韧性、焊接性能及特殊应用性能等方面的作用，开发生产了系列建筑结构用高强度钢。

（3）建筑结构用钢占低合金以及微合金化钢产能的主导地位，除此之外也应关注电站锅炉、海洋平台、工程机械和石油化工等特殊

领域，这同样是含铌微合金化钢今后应用的重
要领域。

参 考 文 献

1　常跃峰，王祖滨，赵文忠．低合金高强度宽厚
钢板的发展趋势[J]．钢铁，2007．
2　上田修三．结构钢的焊接——低合金钢的性能
及冶金学[M]．荆洪阳译．北京：冶金工业出版
社，2004．
3　Hiroshi Takechi．如何用铌改善钢的性能——含
铌钢生产技术．付俊岩译．北京：冶金工业出
版社，2007．

（舞阳钢铁有限责任公司科技部　刘利香　译，
　　　中信微合金化技术中心　王厚昕　校）

冶金工业出版社部分图书推荐

书　名	定价（元）
现代含铌不锈钢	45.00
铌·高温应用	49.00
铌·科学与技术	149.00
超细晶钢——钢的组织细化理论与控制技术	188.00
新材料概论	89.00
材料加工新技术与新工艺	26.00
合金相与相变	37.00
2004年材料科学与工程新进展（上、下）	238.00
电子衍射物理教程	49.80
Ni-Ti形状记忆合金在生物医学领域的应用	33.00
金属固态相变教程	30.00
金刚石薄膜沉积制备工艺与应用	20.00
金属凝固过程中的晶体生长与控制	25.00
复合材料液态挤压	25.00
陶瓷材料的强韧化	29.50
超磁致伸缩材料制备与器件设计	20.00
Ti/Fe复合材料的自蔓延高温合成工艺及应用	16.00
有序金属间化合物结构材料物理金属学基础	28.00
超强永磁体——稀土铁系永磁材料（第2版）	56.00
材料的结构	49.00
薄膜材料制备原理技术及应用（第2版）	28.00
陶瓷腐蚀	25.00
金属材料学	32.00
金属学原理（第2版）	53.00
材料评价的分析电子显微方法	38.00
材料评价的高分辨电子显微方法	68.00
X射线衍射技术及设备	45.00
首届留日中国学者21世纪材料科学技术研讨会论文集	79.00
金属塑性加工有限元模拟技术与应用	35.00
金属挤压理论与技术	25.00
材料腐蚀与防护	25.00
金属材料的海洋腐蚀与防护	29.00
模具钢手册	50.00
陶瓷基复合材料导论（第2版）	23.00
超大规模集成电路衬底材料性能及加工测试技术工程	39.50
金属的高温腐蚀	35.00
耐磨高锰钢	45.00
现代材料表面技术科学	99.00